数据分析与决策
技术丛书

AIGC辅助
数据分析与挖掘

基于ChatGPT的方法与实践

AIGC-assisted Data Analysis and Mining: Methods and Practices based on ChatGPT

宋天龙 著

机械工业出版社
CHINA MACHINE PRESS

图书在版编目（CIP）数据

AIGC 辅助数据分析与挖掘：基于 ChatGPT 的方法与实践 / 宋天龙著. —北京：
机械工业出版社，2024.3

（数据分析与决策技术丛书）

ISBN 978-7-111-74415-3

Ⅰ.① A… Ⅱ.①宋… Ⅲ.①人工智能 – 研究 Ⅳ.① TP18

中国国家版本馆 CIP 数据核字（2023）第 236131 号

机械工业出版社（北京市百万庄大街 22 号 邮政编码 100037）

策划编辑：杨福川 责任编辑：杨福川
责任校对：潘 蕊 张 征 责任印制：张 博
北京联兴盛业印刷股份有限公司印刷
2024 年 3 月第 1 版第 1 次印刷
186mm×240mm · 22.25 印张 · 483 千字
标准书号：ISBN 978-7-111-74415-3
定价：99.00 元

电话服务 网络服务
客服电话：010-88361066 机 工 官 网：www.cmpbook.com
010-88379833 机 工 官 博：weibo.com/cmp1952
010-68326294 金 书 网：www.golden-book.com
封底无防伪标均为盗版 机工教育服务网：www.cmpedu.com

作为本书作者的女儿，我也许是这部作品最年轻的读者。当我得知爸爸要撰写一本关于"AIGC"与"数据分析"的书时，我被这两个听起来非常深奥的词汇所吸引。爸爸向我解释，AIGC就像一个智慧的机器人，它能够像超级英雄一样解决学习和工作上的难题。

每当我看到爸爸凝视电脑屏幕，指尖在键盘上舞动时，我就知道他正在与这些机器人合作，教它们如何帮助人类更深入地理解我们的世界。

曾经我好奇地问他："这些技术将来会变成什么样子？"他总是带着微笑告诉我，未来这些技术会变得更加智能，它们有潜力解决我们目前还未预见到的问题。这让我满怀期待，也许将来我也能利用这些技术来帮助他人，或者创造自己的魔法世界。

我记得，爸爸在写这本书时经常写到深夜。他所付出的努力并非仅仅为了完成一本书，更是为了传递他的知识和对科技的热情。

我希望您能同我一样，通过这本书感受到最新技术的魅力。这项技术不只是大人们的工作助手，对我们孩子而言，它更是开启未知世界的神奇钥匙。

我坚信，随着技术的不断进步，我们的未来将会更加丰富多彩，充满无限的可能性。

预祝您阅读愉快，愿这本书能为您带来灵感！

宋一诺
宋天龙的女儿

前　言 *Preface*

为何写作本书

在数字化时代，数据已经成为企业和组织的宝贵资源。数据分析与挖掘则是数据价值挖掘的重要途径，对于制定战略决策、优化业务流程和发现市场趋势具有巨大的作用。数据分析与挖掘不仅仅需要技术，还需要正确的理论、工具和方法，方能完成数据的收集、清洗、处理、分析、挖掘和展示等工作。这些工作并不简单，通常需要花费大量的时间和精力来学习与实践，甚至可能需要其他专业人士的协助和指导。

那么，有没有一种方法，可以让数据工作者更轻松、更高效地完成这些工作呢？答案是肯定的。这就是本书要介绍的 AIGC（Artificial Intelligence Generated Content，人工智能生成内容）技术。AIGC 是一种基于人工智能的引导式计算技术，它通过自然语言交互的方式，帮助用户完成各种计算任务，包括数据分析与挖掘、编程开发、文本生成等。AIGC 技术是数据分析与挖掘的革命性引擎，为我们提供了新的机会和工作方式。

我编写本书的初衷是想分享我在使用 AIGC 技术过程中的心得和经验，以及我在数据领域的一些观察和思考。我认为 AIGC 技术是一种具有革命性潜力的技术，它可以让数据工作变得更加简单、快捷和有趣，同时让数据工作者更专注于数据的本质和价值，而不受烦琐的细节的困扰。我希望通过这本书，能够让更多的数据工作者了解和运用 AIGC，帮助他们提升自己的数据分析与挖掘能力。

本书主要特点

❑ 使用流行且免费的 AI 工具：本书充分利用免费 AI 工具（如 ChatGPT、New Bing Chat 及第三方插件）进行数据处理，突出这些工具的强大能力、易用性等特点。

❑ 聚焦数据分析与挖掘领域：本书聚焦于数据分析与挖掘领域，与数据工作流程紧密结合，强调数据领域中核心工具（如 Excel、SQL 和 Python）的应用。

❑ 详尽介绍多元化 AI 交互方法：本书全面介绍了多种与 AI 交互的方法，涵盖提示词指令体系及与不同工具的结合应用、AI 交互反馈、多模态信息交互、个性化参数设定和提示词构建工具等内容，保证了 AIGC 知识的完整性和实用性。

❑ 以案例为核心：本书以案例为核心，通过案例展示如何与 AI 交互并解决实际工作中的问题，真实呈现实际工作场景。

❑ 强调人在 AI 应用中的主导地位：本书突出了人在 AI 应用中的主导作用，强调了在交互过程中如何充分利用人类的智慧、经验和能力达到预期的输出结果，进一步突出了数据工作者的工作价值。

❑ 提供丰富的辅助学习资源：本书提供了丰富的辅助学习资源，包括数据、图表、代码、提示语等，同时强调互动性，鼓励读者积极分享。

本书阅读对象

本书适合数据领域的从业者和爱好者阅读，无论刚入门的新手，还是经验丰富的专家，都可以从本书中获取有价值的信息和灵感。你不需要拥有深厚的编程或数学背景，只需对数据分析和挖掘感兴趣，并愿意尝试新的技术和方法，就能轻松阅读本书。

以下是本书特别适合的读者群体。

❑ 数据分析师：渴望提升数据分析技能和效率的专业人士。

❑ 业务分析师：需要更好地理解和利用数据来支持业务决策的专业人士。

❑ 市场研究人员：寻求更深入的市场洞察和趋势分析的专业人士。

❑ 数据科学家：对 AIGC 技术在机器学习和自然语言处理领域的应用感兴趣的专业人士。

如何阅读本书

本书共 8 章，分为四部分，根据不同的方法和数据工具（Excel、SQL、Python）进行组织。每个部分包含 2 章，除第一部分外，其余三个部分分别从方法和实践两个方面进行阐述。

❑ 第一部分（第 1 章和第 2 章）介绍了 AIGC 技术的基础知识，包括概念、产品、操作、指南、注意事项以及在数据分析场景中撰写 Prompt 的方法。这部分为后续章节提供了必要的 AIGC 工具和提示词指令的知识储备及技术指南。

❑ 第二部分（第 3 章和第 4 章）阐述了 AIGC 技术如何辅助 Excel 进行数据分析与挖掘，包括数据管理、处理、分析和展现等，以及 3 个实际数据问题的解决方案。

❑ 第三部分（第 5 章和第 6 章）探讨了 AIGC 技术如何辅助 SQL 进行数据分析与挖掘，包括数据准备、查询、清洗、转换、分析等，以及 3 个实际数据问题的解决方案。

❑ 第四部分（第 7 章和第 8 章）介绍了 AIGC 技术如何辅助 Python 进行数据分析与挖掘，包括环境构建、数据探索、数据处理、AutoML 等，以及 3 个实际数据问题的解决方案。

你可以根据自己的需求和兴趣，选择相应的部分进行阅读。如果你想了解 AIGC 技术的基础知识和原理，可以先阅读第一部分；如果你希望学习 AIGC 技术在某个具体数据工具上的应用方法，可以直接跳到相关部分；如果你想查看 AIGC 技术在实际数据问题上的解决方案，可以参考每个部分的实践案例内容。

同时，为了更好地与 AI 进行交互，本书中的 AIGC 交互指令都按照统一规范编写。以下是一个完整的 AIGC 交互示例：

[ChatGPT] 3/1/2　用户输入的Prompt指令

上述交互指令的具体说明如下：

- [ChatGPT] 表示我们所使用的 AI 产品，默认为 ChatGPT 免费版和 New Bing Chat（Bing Copilot）。
- 3/1/2 中的 3 表示该对话是第几章的对话，该示例中是第 3 章。
- 3/1/2 中的 1 表示该对话是本章的第几个对话，该示例中是第 3 章的第 1 个对话。
- 3/1/2 中的 2 表示在当前对话中这是第几次交互，该示例中是第 3 章第 1 个对话中的第 2 次交互。
- "用户输入的 Prompt 指令"是输入的具体提示指令，该指令可能是一句话、一段话，甚至几个段落。

通过这样的交互规范，我们能够更清晰地呈现 AIGC 与用户之间的对话，包括所使用的产品、上下文信息、内容输入和输出等。同时，我们保持所有对话都使用系统默认参数，以确保读者在使用本书的 Prompt 示例时，能够更容易地还原案例中的细节。

勘误

尽管我努力确保本书的准确性和质量，但鉴于时间和能力有限，以及 ChatGPT 特性和功能快速迭代，书中难免会有错误和不完善之处。你在阅读过程中发现任何错漏或有任何疑问，欢迎随时联系我，我将不遗余力地进行修正和解答。你可以通过以下方式获取支持和更新信息。

- 关于本书的勘误、常见问题以及配套资源，你可以在链接 https://www.dataivy.cn/article/2022/1/25/3.html 中找到。
- 你也可以发送邮件至 517699029@qq.com。
- 搜索"tonysong2013"添加微信，可以更直接地与我联系。

致谢

在本书的创作过程中，我获得了许多人的帮助、支持与鼓励。

感谢王晓东先生和柳辉先生，他们在触脉公司为我提供了很多发挥优势的机会，使我能够接触到不断涌现的新场景、新技术、新方法和新思维，开始认真研究、学习、探索和实践 ChatGPT。此外，还要感谢与我密切合作的触脉团队成员，包括张默宇、张璐、白迪、王奇、许曼、丘岳才、杨思琦、洪晓丹、杨晓岳、胡振、张国锋等。在与他们一起工作的过程中，我积累了丰富的实践经验，由衷感谢他们的支持。

感谢一直支持我的读者朋友们。自 2014 年以来，有许多读者朋友与我以书会友，无论在内容、主题方面还是书稿质量等方面，他们都提供了宝贵的建议。正是因为有了他们的支持，我才有了写作的动力。

感谢我的家人，特别是我的夫人姜丽。在本书的创作过程中，她给予我无限的支持和理解，让我能够坚持不懈地写作。

最后，感谢你选择本书，希望本书能够为你的数据工作带来新的灵感和帮助。祝你阅读愉快！

目 录 *Contents*

序

前言

第一部分 AIGC 基础知识

第 1 章 AIGC 赋能数据分析与挖掘 … 2

1.1 探索主流的 AIGC 产品 ……………… 2

  1.1.1 ChatGPT：AIGC 的行业标杆 …… 2

  1.1.2 New Bing Chat：Bing 聊天助手 … 3

  1.1.3 GitHub Copilot：智能编程伙伴 … 3

  1.1.4 Microsoft 365 Copilot：Microsoft 一站式办公 AI ……………… 4

  1.1.5 Azure OpenAI：Azure 云平台服务 ……………………… 4

  1.1.6 Claude：Anthropic AI 工具 ……… 5

  1.1.7 Google Bard：Google AI 对话工具 ……………………… 5

  1.1.8 文心一言：百度 AI 工具 ……… 6

  1.1.9 通义千问：阿里 AI 工具 ……… 6

1.2 选择适合数据工作的 AIGC 产品 …… 6

  1.2.1 产品选择攻略：应用场景与关键要素 ……………………… 6

  1.2.2 应用集成 AIGC：一站式 AI 助手 … 7

  1.2.3 SaaS 模式 AIGC：灵活的 AI as a Service ……………… 7

  1.2.4 私有化部署 AIGC：企业定制版 AI ………………………… 9

1.3 ChatGPT 实操指南 ………………… 9

  1.3.1 ChatGPT 的常用技巧 ………… 9

  1.3.2 ChatGPT 的高级功能 ………… 12

1.4 New Bing Chat 实操指南 ………… 14

  1.4.1 New Bing Chat 的常用技巧 …… 14

  1.4.2 New Bing Chat 的高级功能 …… 15

1.5 AIGC 驱动数据分析与挖掘变革 … 18

  1.5.1 技能要求：数据从业者的技能演进 ……………… 18

  1.5.2 应用场景：数据工作的加速器 … 19

  1.5.3 人机协作：数据工作的新范式 … 19

1.6 AIGC 在数据工作中的注意事项 … 20

  1.6.1 基于最新知识的推理限制 …… 20

  1.6.2 "一致性"观点的挑战 ……… 20

  1.6.3 数据结果审查与验证 ……… 21

  1.6.4 数据安全、数据隐私与合规问题 ……………… 21

  1.6.5 知识产权及版权问题 ……… 22

  1.6.6 社会认知偏差影响数据推理 …… 22

  1.6.7 难以解决大型任务的统筹与复杂依赖问题 ……… 22

  1.6.8 垂直领域数据和知识缺失问题 … 22

1.6.9 上下文数据容量限制 ………… 23
1.6.10 多模态语境的输入限制 …… 23
1.6.11 编造事实 ………………………… 24
1.6.12 合理设置 AIGC 使用期望 …… 24

第 2 章 构建高质量 Prompt 的科学方法与最佳实践 …………… 25

2.1 Prompt 的基本概念 ………………… 25
2.2 Prompt 对 AIGC 的影响和价值 …… 25
2.2.1 模型的输入来源 …………… 25
2.2.2 控制模型复杂度 …………… 26
2.2.3 提高内容生成质量 ………… 26
2.2.4 个性化体验和内容定制 …… 27
2.3 Prompt 输入的限制规则 …………… 27
2.3.1 信息类型的限制 …………… 27
2.3.2 数据格式的约束规则 ……… 27
2.3.3 内容长度的合理限制 ……… 28
2.3.4 对话主题的限制原则 ……… 28
2.3.5 语法和语义的严格限制 …… 28
2.4 高质量 Prompt 的基本结构 ……… 29
2.4.1 角色设定：明确 AI 角色与工作的定位 ………………… 29
2.4.2 任务类型：明确 AI 任务的类别与性质 …………… 29
2.4.3 细节定义：准确定义期望 AI 返回的输出 ………… 30
2.4.4 上下文：让 AI 了解更多背景信息 ………………… 30
2.4.5 约束条件：限制 AI 返回的内容 ……………………… 31
2.4.6 参考示例：优质示例的参考借鉴 ……………………… 31
2.5 提升 Prompt 质量的关键要素 …… 32
2.5.1 指令动词：精确引导模型行动 … 32
2.5.2 数量词：明确量化任务要求 …… 33

2.5.3 函数和公式：运用数学逻辑的威力 ………………… 34
2.5.4 标记符号：有效提示引用信息 … 34
2.5.5 条件表达：准确限定输出条件 … 35
2.5.6 地理名词：地理位置信息的界定 ………………………… 35
2.5.7 日期和时间词：数据周期的明确表达 ………………… 36
2.5.8 比较词：精确比较与对比要求 … 36
2.5.9 参考示例词：基于样板输出内容 …………………… 36
2.5.10 语言设置：设定合适的输出语言 ……………………… 37
2.5.11 否定提示词：反向界定与排除歧义 …………………… 37
2.6 构建 Prompt 的最佳实践 ………… 38
2.6.1 明确目标和场景：精准设定任务目标 ………………… 38
2.6.2 任务分解：拆解大型、复杂任务 ……………………… 39
2.6.3 交互反馈：基于正负向反馈的优化 …………………… 40
2.6.4 让 AI 提问：引导模型主动提问 ……………………… 41
2.6.5 控制上下文：合理管理对话信息量 …………………… 41
2.6.6 引导、追问和连续追问：优化对话交互 ……………… 42
2.6.7 语言简明扼要：语言表达精炼 … 43
2.6.8 使用英文 Prompt：借助英文提升质量 ……………… 43
2.6.9 输入结构化数据：让 AI 充分理解数据 ……………… 44
2.6.10 提供参考信息：确保信息完整性 ……………………… 44

2.6.11 增加限制：避免输出宽泛
内容 ················· 45
2.6.12 明确告知 AI：不知道时请
回答"不知道" ······· 45
2.7 精调 Prompt 示例：引爆 AIGC
优质内容 ················· 46
2.7.1 逐步启发和引导式的 Prompt
精调 ················· 46
2.7.2 从广泛到收缩的 Prompt 精调 ··· 47
2.7.3 利用反转角色的 Prompt 精调 ··· 48
2.7.4 基于少样本的先验知识的
Prompt 精调 ··········· 49
2.7.5 基于调整模型温度参数的
Prompt 精调 ··········· 50
2.7.6 基于关键问题的 Prompt 精调 ··· 51
2.8 Prompt 构建工具：轻松撰写
提示词 ················· 52
2.8.1 Prompt 构建工具简介 ······ 52
2.8.2 New Bing Chat 的提示词构建
和引导功能 ··········· 52
2.8.3 ChatGPT 第三方客户端工具的
Prompt 模板 ··········· 53
2.8.4 ChatGPT Prompt Generator：
AI 驱动的 Prompt 构建工具 ······ 56
2.9 常见问题 ················· 56
2.9.1 为什么 Prompt 相同 AIGC
答案却不一样 ··········· 56
2.9.2 会写 Prompt 就能做数据分析
与挖掘吗 ··········· 57
2.9.3 如何避免 Prompt 的内部冲突
和矛盾 ··········· 57
2.9.4 如何避免 Prompt 的内部歧义
和模糊性 ··········· 58
2.9.5 在 New Bing Chat 中如何选用
合适的对话风格来适应不同的
数据分析与挖掘场景 ········· 59

2.9.6 如何积累高质量 Prompt 并形
成知识库 ··········· 59

第二部分 AIGC 辅助 Excel 数据分析与挖掘

第 3 章 AIGC 辅助 Excel 数据分析与挖掘的方法 ···· 62

3.1 利用 AIGC 提升数据分析师的
Excel 技能 ················· 62
3.1.1 利用 AI 指导 Excel 操作 ······ 62
3.1.2 利用 AI 辅助 VBA 自定义
编程 ················· 63
3.1.3 利用 Office AI 在 Excel 中
实现对话式数据分析 ········· 65
3.1.4 利用 Copilot 或 AI 插件增强
Excel 功能 ··········· 65
3.1.5 利用第三方工具扩展 Excel
应用 ················· 65
3.2 Excel 应用中的 Prompt 核心要素 ··· 66
3.2.1 明确 Excel 版本环境：确保兼
容性 ················· 66
3.2.2 确定数据文件和工作簿来源：
导入数据 ··········· 67
3.2.3 描述数据字段和格式：规范
数据结构 ··········· 67
3.2.4 指定确切的数据范围：有效
数据引用 ··········· 68
3.2.5 提供具有代表性的数据样例：
建立引用样本 ··········· 69
3.2.6 描述确切的处理逻辑：清晰
定义需求 ··········· 69
3.2.7 确定清晰的输出规范：定制
输出结果 ··········· 70
3.3 AIGC 辅助生成数据集 ············· 70

3.3.1 AIGC 直接生成数据集 ……… 71

3.3.2 AIGC 辅助 Excel 随机数发生器生成数据集 ……… 72

3.3.3 AIGC 辅助 Excel 函数生成数据集 ……… 72

3.4 数据高效管理：AIGC 助力数据整合与拆分 ……… 73

3.4.1 数据合并：按行批量追加并合并数据 ……… 73

3.4.2 数据合并：按业务逻辑关联整合 ……… 75

3.4.3 数据拆分：按业务逻辑分割并保存文件 ……… 78

3.5 数据处理助手：AIGC 让 Excel 数据清洗更智能 ……… 81

3.5.1 多条件的数据替换与填充 ……… 81

3.5.2 按条件查找和匹配值 ……… 82

3.5.3 字符串的查找、提取、分割与组合 ……… 83

3.5.4 日期的转换、解析与计算 ……… 85

3.5.5 复杂数据类型的抽样 ……… 87

3.5.6 多条件的数据筛选 ……… 88

3.5.7 数据替换与缺失值填充 ……… 89

3.5.8 多条件自定义排序 ……… 91

3.6 AI 驱动的数据分析：Excel 用户的洞察利器 ……… 92

3.6.1 输出并解读描述性统计分析结果 ……… 92

3.6.2 按条件汇总数据 ……… 94

3.6.3 利用数据透视表汇总所有数据 ……… 95

3.6.4 计算不同记录之间的相似度 ……… 96

3.6.5 不需要汇总的合并计算 ……… 97

3.6.6 预测工作表：自动趋势预测 ……… 99

3.6.7 规划求解：优化数据决策 ……… 100

3.6.8 方案管理器：方案效果对比与分析 ……… 102

3.7 数据展现魔法：AIGC 助力 Excel 数据展示 ……… 105

3.7.1 图形化展示：信息传达利器 ……… 105

3.7.2 插入迷你图：数据一目了然 ……… 108

3.7.3 条件格式化：数据美观有序 ……… 112

3.8 常见问题 ……… 115

3.8.1 如何实现 AIGC 自动化操作 Excel ……… 115

3.8.2 能否将 Excel 数据直接复制到 AIGC 的提示中 ……… 116

3.8.3 如何解决输入和输出表格数据过长的问题 ……… 116

3.8.4 如何实现 Excel 与 Markdown 表格数据转换 ……… 116

3.8.5 AIGC 能否完成数据计算、分析或建模 ……… 117

3.8.6 能否将所有数据输入 AIGC 进行处理 ……… 118

第 4 章 AIGC 辅助 Excel 数据分析与挖掘的实践 ……… 119

4.1 AIGC+Excel RFM 分析与营销落地：提升客户生命周期价值 …… 119

4.1.1 RFM 模型初探 ……… 119

4.1.2 准备用户交易的原始数据 ……… 120

4.1.3 转换订单时间：从字符串类型转换为日期类型 ……… 121

4.1.4 计算消费频率、消费金额和最近一次消费时间 ……… 122

4.1.5 确定 RFM 分级标准以及分级实现 ……… 122

4.1.6 基于 R、F、M 分级形成
RFM 组合 ·············· 123
4.1.7 解决 RFM 数据记录重复问题 ·· 124
4.1.8 RFM 洞察与营销应用 ···· 126
4.1.9 跟踪分析用户个体的 RFM
变化 ·················· 127
4.1.10 跟踪分析用户群体的 RFM
变化 ·················· 129
4.1.11 案例小结 ············ 130
4.2 AIGC+Excel 时间序列分析的
妙用：发掘用户增长规律 ······· 131
4.2.1 时间序列分析基础 ······· 131
4.2.2 准备用户增长数据 ······· 132
4.2.3 完善时间序列业务分析思维 ··· 132
4.2.4 完善时间序列 Excel 分析
思维 ················· 133
4.2.5 用户增长趋势分析、模型解
读与优化尝试 ··········· 134
4.2.6 用户增长周期性波动分析 ··· 136
4.2.7 用户增长异常数据分析 ····· 138
4.2.8 用户增长预测及结果解读 ··· 141
4.2.9 案例小结 ············ 144
4.3 AIGC + Excel 相关性分析与热力
图展示：揭示网站 KPI 指标的隐
秘联系 ················· 145
4.3.1 相关性分析概览 ········· 145
4.3.2 准备网站 KPI 数据 ········ 146
4.3.3 在一个散点图中绘制 21 组
变量关系 ·············· 146
4.3.4 输出 7 个变量的相关性得分
矩阵 ················· 149
4.3.5 使用热力图强化相关性分析
结果 ················· 149
4.3.6 相关性判断及相关性结果
解读 ················· 150

4.3.7 相关性分析的业务应用 ······· 151
4.3.8 案例小结 ·············· 152

第三部分 AIGC 辅助 SQL 数据分析与挖掘

第 5 章 AIGC 辅助 SQL 数据分析与挖掘的方法 ··· 154

5.1 利用 AIGC 提升 SQL 数据分析
与挖掘能力 ·············· 154
5.1.1 利用 AI 辅助 SQL 语句编写
与调试 ··············· 154
5.1.2 利用 AI 辅助 SQL 客户端
使用 ················· 155
5.1.3 利用 IDE 集成 SQL Copilot/AI
工具 ················· 156
5.1.4 使用基于 ChatGPT 的第三方
SQL 集成工具或插件 ······· 156
5.2 SQL 数据库应用中的 Prompt
核心要素 ················ 158
5.2.1 说明数据库环境信息 ······· 158
5.2.2 提供数据库表的 Schema ····· 159
5.2.3 描述 SQL 功能需求 ······· 160
5.2.4 确定 SQL 输出规范 ······· 161
5.2.5 输入完整代码段 ········· 161
5.2.6 反馈详细的报错信息 ······· 161
5.3 AIGC 辅助数据库构建：轻松
完成环境准备 ············· 162
5.3.1 选择合适的数据库类型 ······ 162
5.3.2 下载、安装和配置 MariaDB
数据库 ··············· 163
5.3.3 加载和导入数据 ·········· 164
5.3.4 将数据库数据导出为普通
文件 ················· 166

5.3.5 获取数据库 Schema 信息 ……… 167

5.4 AIGC 解决 SQL 复杂数据查询
之谜 ……………………………… 169
5.4.1 示例 1：跨表关联查询 ……… 169
5.4.2 示例 2：条件判断与过滤 …… 171
5.4.3 示例 3：标量子查询、子查询
和子查询嵌套 ……………… 174
5.4.4 示例 4：带有窗口函数的
排名、首行、末行查询 …… 175
5.4.5 示例 5：分组、聚合查询和
多重排序 …………………… 177
5.4.6 示例 6：使用临时查询表、
视图等方法简化查询过程 …… 179
5.4.7 示例 7：使用 CTE 的 WITH
语句组织复杂查询逻辑 ……… 181
5.4.8 示例 8：将查询结果写入新
表、增量写入或更新现有表 … 182

5.5 AIGC 实现 SQL 高效数据清洗
和转换 …………………………… 184
5.5.1 数据格式与类型转换 ……… 184
5.5.2 字符串拆分、组合与正则
提取 ………………………… 186
5.5.3 空值、异常值的判断与处理 … 187
5.5.4 数据去重 ………………… 188
5.5.5 数据归一化和标准化 ……… 189
5.5.6 多行数据聚合为一行 ……… 190
5.5.7 多个查询结果的合并 ……… 192

5.6 AIGC 助力高阶数据分析：
SQL 数据分析大师 ……………… 193
5.6.1 描述性数据统计分析 ……… 194
5.6.2 数据透视表分析 ………… 195
5.6.3 排名、分组排名 ………… 197
5.6.4 自定义欧氏距离实现相似
度分析 ……………………… 199
5.6.5 基于均值、同比、环比和加
权规则的简单预测分析 ……… 201

5.7 AIGC 化解 SQL 困局：SQL
解释、转换、排错、性能优化 …… 203
5.7.1 SQL 解释和逻辑说明 ……… 203
5.7.2 跨异构数据库的 SQL 转换 …… 206
5.7.3 SQL 排错和问题修复 ……… 208
5.7.4 SQL 查询性能优化 ………… 210

5.8 常见问题 ……………………… 212
5.8.1 本章的知识和内容是否适用
于不同数据库 ……………… 212
5.8.2 为什么通过关键数据进行
逻辑验证必不可少 ………… 212
5.8.3 如何将 AIGC 生成的 SQL
语句嵌入 Python 等程序中 …… 214
5.8.4 数据库是否可以实现所有
的数据分析和数据挖掘功能 … 215
5.8.5 为何选择在数据库内执行数
据挖掘任务而非使用第三方
工具 ………………………… 216

第 6 章 AIGC 辅助 SQL 数据分析
与挖掘的实践 ……………… 217

6.1 AIGC 优化广告渠道评估：构建
客观、全面的评估体系 ………… 217
6.1.1 广告渠道效果评估概述 …… 218
6.1.2 构建完整的广告渠道效果
指标体系 …………………… 218
6.1.3 广告渠道数据的收集和准备 …… 220
6.1.4 合理剔除高度共线性指标 …… 222
6.1.5 科学确定指标权重 ………… 224
6.1.6 对转化成本字段缺失值的
处理 ………………………… 226
6.1.7 数据归一化和加权汇总计算 … 228
6.1.8 广告渠道评估报表的分析
和应用 ……………………… 231
6.1.9 案例小结 …………………… 232

6.2　AIGC 复现归因报表：揭示真实
　　转化贡献·······················233
　　6.2.1　转化归因概述·············233
　　6.2.2　准备广告渠道数据·········234
　　6.2.3　基于订单 ID 构建转化周
　　　　　期 ID·······················235
　　6.2.4　基于末次归因计算广告渠道
　　　　　订单贡献·················236
　　6.2.5　基于首次归因计算广告渠道
　　　　　订单贡献·················238
　　6.2.6　基于线性归因计算广告渠道
　　　　　订单贡献·················239
　　6.2.7　基于位置归因计算广告渠道
　　　　　订单贡献·················240
　　6.2.8　归因报表的对比分析和应用·242
　　6.2.9　案例小结·················243
6.3　AIGC 构建留存报表：发现用户
　　增长的关键···················244
　　6.3.1　用户留存报表概述·········244
　　6.3.2　用户留存和留存率的定义···244
　　6.3.3　用户数据的收集和准备·····245
　　6.3.4　基于 AIGC 生成日留存率
　　　　　报表·····················245
　　6.3.5　用户留存报表的数据验证
　　　　　和质量检查···············247
　　6.3.6　用户留存报表的分析和解读·248
　　6.3.7　案例小结·················249

第四部分　AIGC 辅助 Python 数据分析与挖掘

第 7 章　AIGC 辅助 Python 数据分析与挖掘的方法

　　　　　　　　　　　　　　　·············252
7.1　利用 AIGC 提升 Python 数据分析
　　与挖掘能力···················252
　　7.1.1　利用 AI 生成与调试 Python
　　　　　代码·····················252
　　7.1.2　利用 Copilot/AI 工具增强
　　　　　Python 编程能力·········252
　　7.1.3　在 Notebook 中直接与 AI
　　　　　交互·····················254
　　7.1.4　通过 ChatGPT Code Interpreter
　　　　　和 Pandas AI 实现对话式数据
　　　　　分析·····················256
7.2　Python 应用中的 Prompt 核心
　　要素·························257
　　7.2.1　准确描述 Python 环境和版本···257
　　7.2.2　完整陈述代码任务需求·······258
　　7.2.3　界定代码输出格式和规范·····258
　　7.2.4　提交完整的 Python 代码片段···259
　　7.2.5　提供清晰详尽的错误反馈·····259
7.3　AIGC 智能化环境构建：轻松
　　搞定 Python 环境···············260
　　7.3.1　一键安装 Python 数据分析
　　　　　环境·····················260
　　7.3.2　设置第三方安装源···········261
　　7.3.3　安装和管理第三方库·········262
　　7.3.4　自定义 Jupyter 默认工作
　　　　　路径·····················263
　　7.3.5　安装 Chrome 插件 ChatGPT-
　　　　　Jupyter-AI Assistant·········264
7.4　AIGC 驱动的智能数据探索：
　　数据洞察的新途径···············266
　　7.4.1　自动输出数据探索报告·······266
　　7.4.2　整体数据质量评估···········268
　　7.4.3　异常数据初步解读···········270
　　7.4.4　变量高相关性分析···········272
　　7.4.5　数据偏斜分布问题···········274
　　7.4.6　重复值和缺失值问题·········277
7.5　AIGC 驱动的自动化数据处理：
　　简化数据准备过程···············278

7.5.1 智能输出预处理方案 ………… 278

7.5.2 使用链式方法批量实现预
处理 ……………… 279

7.5.3 利用 New Bing Chat 上传
截图调试代码 ………… 281

7.5.4 管道式特征工程处理及特征
解读 ……………… 282

7.6 AIGC+AutoML：智能自动化
机器学习新纪元 ……………… 284

7.6.1 AIGC+AutoML 重塑机器
学习全流程 …………… 284

7.6.2 7 个常用的 AutoML 库 …… 285

7.6.3 开箱即用的 AutoML 应用
示范 ……………… 287

7.6.4 基于 AI 的 AutoML 调优
策略 ……………… 288

7.6.5 AI 调优 AutoML 代码 …… 290

7.6.6 使用 AutoML 预测新数据 …… 293

7.7 利用 AIGC 解析机器学习：
原理、机制与底层逻辑 ………… 294

7.7.1 AI 辅助算法学习：探索不
同算法的特性与应用场景 …… 295

7.7.2 AI 辅助特征解读：可视化
特征与目标的关系 ……… 297

7.7.3 AI 解析分类模型指标：掌握
分类模型效果评估基准 …… 301

7.7.4 AI 解析回归模型指标：掌握
回归模型效果评估基准 …… 302

7.8 常见问题 ……………… 303

7.8.1 有哪些标准的数据挖掘工作
流程 ……………… 303

7.8.2 AIGC 是否能够协助不具备
编程经验的个体成功完成整
个数据分析与挖掘过程 …… 304

7.8.3 为何没有一种算法能够在所
有情境下都表现最佳 ……… 304

7.8.4 是否需要订阅付费的
OpenAI 服务才能执行
Python 智能任务 ………… 305

7.8.5 Code Interpreter：对 ChatGPT
数据分析的延伸还是变革 …… 305

第 8 章 AIGC 辅助 Python 数据分析
与挖掘的实践 ……………… 307

8.1 AIGC+Python 广告预测：基于
回归模型的广告效果预测 ………… 307

8.1.1 回归模型在广告效果预测中
的应用概述 …………… 307

8.1.2 正确标识和追踪广告渠道 …… 308

8.1.3 识别和排除广告效果中的噪
声和异常信息 …………… 309

8.1.4 数据准备：整理广告效果
数据 ……………… 311

8.1.5 利用 AI+AutoML 实现广告
回归建模 ……………… 312

8.1.6 基于不同广告预算预估
广告效果 ……………… 313

8.1.7 AI 以营销经理的身份提供
广告预算建议 …………… 314

8.1.8 通过人工反馈纠正 AI 的
错误决策 ……………… 315

8.1.9 案例小结 ……………… 316

8.2 AIGC+Python 商品分析：基于
多维指标的波士顿矩阵分析 ……… 316

8.2.1 利用波士顿矩阵进行商品
分析概述 ……………… 316

8.2.2 波士顿矩阵分析的四维指标 … 317

8.2.3 商品数据准备与归一化处理 … 317

8.2.4 商品指标加权策略设计 ………318

8.2.5 商品指标加权代码设计 ………319

8.2.6 基于品类的权重汇总计算 ……320

8.2.7 波士顿矩阵结果的图形
可视化 …………………………321

8.2.8 波士顿矩阵分析的落地应用 ····325

8.2.9 案例小结 …………………………327

8.3 AIGC+Python KPI 监控：基于
时间序列的异常检测 ………………328

8.3.1 时间序列在 KPI 异常检测
中的应用概述 …………………328

8.3.2 时间序列识别 KPI 异常的挑
战与应对策略 …………………329

8.3.3 数据准备和异常识别 …………329

8.3.4 时间序列中的异常值处理 …… 331

8.3.5 利用 AI 实现时间序列模型
训练 …………………………331

8.3.6 利用 New Bing Chat 上传截
图调试代码 …………………333

8.3.7 利用自定义回归特征改进时
间序列模型 …………………334

8.3.8 利用时间序列模型检测 KPI
异常状态 ……………………336

8.3.9 利用 ChatGPT-Jupyter-AI
Assistant 调试代码 …………337

8.3.10 异常检测信息的部署应用
与告警通知 …………………339

8.3.11 案例小结 ……………………340

AIGC 基础知识

在 AI 时代，AIGC 正在以前所未有的速度改变数据领域的工作方式，给数据从业者带来了新的便利和机遇。本部分将为你打开 AIGC 技术的大门，帮助你掌握这一领域的基本知识和技能。本部分涵盖了 AIGC 技术的基础知识，包括 AIGC 技术的概念、产品、操作指南、注意事项以及在数据分析场景中撰写 Prompt 的方法，旨在帮助读者全面了解 AIGC 技术，并为后续章节介绍 AIGC 在不同场景和工具中的高效应用提供必备的知识和技术指导。

AIGC 赋能数据分析与挖掘

1.1 探索主流的 AIGC 产品

AIGC（人工智能生成式内容）是一种利用人工智能技术来生成各种类型的内容（如文本、图片、音频、视频等）的新型内容生产方式。目前，市场关注度比较高的 AIGC 产品有很多，比如国外有 OpenAI ChatGPT、微软 New Bing Chat、GitHub Copilot、Microsoft 365 Copilot、Azure OpenAI、Google Bard、Anthropic Claude，国内有百度文心一言、阿里通义千问等。

1.1.1 ChatGPT：AIGC 的行业标杆

ChatGPT 是 OpenAI 打造的人工智能对话工具，它能够通过深度学习的方法，掌握人类语言的规律和含义，并根据不同场景和任务，生成流畅、自然、合理的文本。它覆盖了聊天、创意、学习、写作、编程、绘图、摘要、翻译和创作等多个领域，可以满足用户的各种应用需求。

ChatGPT 基于最新的 GPT-4 模型进行训练和优化。相比于其他同类产品，ChatGPT 具有明显的优势。一方面，它集合了业界几乎最先进的算法、最充足的算力和最可靠的数据，在 AIGC 领域保持着领先地位；另一方面，它凭借广泛的应用领域和卓越的性能，在市场上赢得了高认可度和高占有率。事实上，它已经成为人工智能生成式对话工具的行业标杆。

正是由于 ChatGPT 的成功，AIGC 才呈现出蓬勃发展的趋势，并引导科技行业的新方向和新趋势。ChatGPT 在网页和 App 应用平台上吸引了全球众多用户，并且它还在不断提升自己的性能和质量，并通过拓展插件生态系统、开放更多应用技术和框架来覆盖更多领域和场景。随着时间的推移，AIGC 有望进一步发展壮大，并在未来引领更广泛的行业变革与创新。

1.1.2　New Bing Chat：Bing 聊天助手

微软作为 OpenAI 的最大股东，长期以来为其提供资金和算力支持，并将 OpenAI 的 GPT 模型应用于多个微软产品中。在此背景下，New Bing Chat 应运而生，它是基于 OpenAI 最新的 GPT-4 模型的智能聊天助手，利用了 Bing 搜索引擎的强大功能，能够与用户进行自然对话。

New Bing Chat 的底层是一项称为 Prometheus 的专有技术，它将 Bing 索引、排名和答案结果与 OpenAI 的 GPT-4 模型相结合，从而实现创造性的推理能力。

New Bing Chat 的主要功能包括信息搜索、内容生成、帮助建议。

- ❑ 信息搜索：用户可以通过简单的语音或文字输入，快速获得各种搜索结果，如网页、图片、视频、地图和新闻。
- ❑ 内容生成：用户可以通过指定关键词或条件，让 Bing 搜索引擎生成诗歌、故事、代码、摘要、歌词等内容。
- ❑ 帮助建议：用户可以提出问题或需求，让 Bing 搜索引擎提供翻译、改写、优化和解答等帮助。

与其他同类产品相比，New Bing Chat 的显著特点在于，它是基于 Bing 搜索引擎的智能聊天助手。它利用 Bing 搜索引擎的海量数据和可靠信息，为用户提供更准确、更全面的答案和内容。此外，它还可以根据用户浏览的网页内容，提供相关的搜索和答案，并在边栏中显示，方便用户查看和对比。在 AIGC 的交互过程中，New Bing Chat 具有以下两个特点：

- ❑ 创新的搜索体验。它作为一种全新的搜索和交互方式，能够提高用户的搜索效率。
- ❑ 灵活的语言风格。它能根据用户的输入语言和模式，自动调整自己的语言风格，提供多语言、多风格和多场景支持。

借助 GPT-4 的先进技术实力以及与 Bing 搜索和 Edge 浏览器生态的完美集成，New Bing Chat 在 AIGC 市场上拥有广泛的应用覆盖面。微软还通过插件、多终端支持和扩展等方式不断地更新和优化 New Bing Chat，并开拓更多的功能和领域。因此，New Bing Chat 具有良好的市场前景，并有望在未来取得更大的发展。

1.1.3　GitHub Copilot：智能编程伙伴

GitHub Copilot 是 GitHub 和 OpenAI 联合推出的智能编程助手，它能够根据用户的代码输入，智能生成代码建议，帮助用户快速地完成编程任务，同时提升代码的质量和可读性。无论是编写新功能、修复 bug、重构代码、学习新技术还是优化代码等，GitHub Copilot 都能适应不同的代码开发场景，并根据你的偏好和风格，调整代码建议的格式和内容。GitHub Copilot 支持多种编程语言和框架，如 Python、JavaScript、TypeScript、Ruby、Go、Java 等。

GitHub Copilot 基于 OpenAI 的大规模神经网络模型 Codex，从 GitHub 上数十亿行公开可用的代码中学习编程知识和经验，并利用自然语言理解和生成技术与用户交互。GitHub Copilot 的突出优势在于，它能够适配各种代码编辑器，例如 Visual Studio Code、Visual Studio、JetBrains IDE 等，用户只需安装相应的 GitHub Copilot 插件即可。它还能与 GitHub 无缝对接，方便用户管理和分享自己的代码。

该产品已经开放测试，任何人均可申请试用或订阅，目前已经引起了数万名开发者的关注。该产品的未来规划是支持更多的编程语言和框架，增加更多的功能和选项，提升用户体验和满意度，成为开发者不可或缺的 AI 伙伴。

1.1.4 Microsoft 365 Copilot：Microsoft 一站式办公 AI

Microsoft 365 Copilot 是微软开发的智能办公辅助工具，旨在提高用户在各种办公场景中的工作效率和质量。它与微软办公软件集成，为用户提供智能建议、模板、分析和反馈，实现从自然语言指令到自动办公的一站式应用。

Microsoft 365 Copilot 能够在文档撰写、表格制作、幻灯片设计、数据分析、项目管理和协作沟通等场景中，为用户提供智能支持。例如：

- ❏ 在 Word 中，用户可以通过简单的语音提示，让 Copilot 生成文档初稿、添加内容、重写文章、润色内容、总结大纲、概括内容等。
- ❏ 在 Excel 中，用户可以通过语音指令，让 Copilot 自动填充表格、创建图表、分析数据、生成报告等。
- ❏ 在 PowerPoint 中，用户可以通过语音输入，让 Copilot 根据用户的意图和数据生成漂亮的幻灯片，并提供设计建议和演讲技巧。
- ❏ 在 Outlook 中，用户可以通过语音指令，让 Copilot 帮助管理邮件、日程、联系人等，并根据用户的偏好和习惯，生成回复邮件或者预约会议等。

与其他类似产品相比，Microsoft 365 Copilot 的突出优势在于，它能够无缝地集成在微软的办公套件（如 Word、Excel、PowerPoint、Outlook 等）中，使得用户无须安装额外的软件或插件，就可以直接使用它的功能。它还能与微软的云服务和其他平台（如 OneDrive、Teams、LinkedIn 等）进行连接和同步，让用户可以随时随地地访问和分享工作成果。

Microsoft 365 Copilot 即将全球推出，它将重构知识生产和办公管理的生态。作为驱动交互式内容设计与生产的核心力量，AI 将成为未来工作方式的颠覆者和引领者。该产品有望将用户从烦琐的工作中解放出来，使用户专注于更有创意和价值的工作。

1.1.5 Azure OpenAI：Azure 云平台服务

Azure OpenAI 是微软和 OpenAI 合作开发的一款基于 Azure 云平台的 OpenAI 服务，它能够让用户在 Azure 云上轻松地使用 OpenAI 的各种人工智能技术，如 GPT-4、DALL-E、

Codex 和 Embeddings 等。

Azure OpenAI 基于 Azure 云平台的强大的基础设施和服务，为企业级用户提供可扩展、可靠和安全的云计算环境，以及丰富的数据集、算法库和开发框架。用户可以利用这些模型完成各种任务，包括但不限于内容生成、汇总、语义搜索和自然语言到代码的转换。用户可以通过 REST API、Python SDK 或 Azure OpenAI Studio 中基于 Web 的界面访问该服务。由于 Azure OpenAI 与 OpenAI 共同开发 API，因此，二者的 API 能够兼容使用。

Azure OpenAI 的突出优势在于，它能够让用户无缝地使用 OpenAI 的最新人工智能技术，而无须担心访问权限、成本限制、技术难度、数据安全和合规、服务可靠性、服务等级协议等问题，这些对企业客户来说非常重要。它还能够让用户自由地定制和训练自己的 AI 模型，以及与其他 Azure 云服务和平台进行集成和协作等，从而构建更加智能和多样化的解决方案。

Azure OpenAI 已在部分地区和行业进行试用和推广，主要面向企业级用户。随着越来越多 OpenAI 功能的接入、地区应用的开放以及与合作伙伴的联动和创新，Azure OpenAI 将提供更先进、更全面的人工智能服务。

1.1.6　Claude：Anthropic AI 工具

Claude 是一款基于 Anthropic 研发的人工智能助手。它提供智能、可靠、安全的对话服务，帮助用户完成自然语言理解、生成和对话、内容创作等多种任务。Claude 结合了 Anthropic 的前沿 AI 研究成果以及多种模态的数据，能够实现高效、准确、可解释的语言生成和理解。

Claude 与其他同类产品相比的显著特点是，它更注重 AI 的安全性和可信度，避免产生有害或不合理的内容，同时能保护用户的隐私和数据安全。此外，Claude 具有超强的输入记忆能力，可以处理 10 万个 token，约合 7.5 万个单词，这使得它能够分析整本书的内容，或者进行长时间的交互式对话。同时，Claude 还有一些独有的功能，例如个性化 finetune（微调）和 Claude in Slack。

Claude 是一个快速成长的 AI 产品，在中文语言对话交互中仍有提升空间，有兴趣的读者可以自行注册和尝试使用。

1.1.7　Google Bard：Google AI 对话工具

Google Bard 是基于 Google 在 2021 年推出的 LaMDA 技术自主研发的人工智能助手。它为用户提供更自然、更智能的对话体验，可应用于聊天、问答、故事、游戏、建议、摘要、创作、编程等各种场景。

与其他同类产品相比，Google Bard 的显著特点在于，它基于 Google 对高质量信息的理解，而非仅仅依赖于海量数据。此外，它可以与 Google 的生态应用无缝连接，例如，将

Google Bard 生成的内容直接导入 Gmail 中。

目前，Google Bard 仍处于实验阶段，并且只在少数国家和地区提供服务；同时，该工具目前在很多方面的能力还不足以与 ChatGPT 相媲美。

1.1.8 文心一言：百度 AI 工具

文心一言是由百度开发的一款 AI 工具，旨在为用户提供高质量、高效率和高智能的文本生成服务。该工具广泛适用于写作、编辑、翻译、摘要等多种场景，支持多种语言和文本类型，包括小说、诗歌、文章和广告等。

文心一言的推出标志着互联网巨头开始布局 AI 驱动的内容产业。文心一言目前已经在百度 AI 工具平台上开放注册。尽管与 ChatGPT 相比，它在中文对话交互的内容质量上可能有一定的差距，但随着百度投入更多的技术资源、模型的快速迭代，以及借助百度搜索的海量数据检索和对中文的深刻理解优势，文心一言具备巨大的发展潜力。

1.1.9 通义千问：阿里 AI 工具

通义千问是阿里巴巴开发的一款人工智能工具。它能够以自然语言的形式回答用户的各类问题，包括知识、情感、娱乐等多个领域，同时还能够辅助用户进行邮件、文章、脚本、情书、诗歌、笑话以及歌曲的创作。

目前，通义千问仍处于内测阶段，尚未经过广泛的市场验证。不过，与其他类似工具相比，阿里巴巴在电商交易以及企业级云服务等场景下的数据应用以及行业积累更为深厚。借助阿里巴巴丰富的行业经验和对企业级客户的深入理解，它有望成为备受关注的 AI 服务提供商。

1.2 选择适合数据工作的 AIGC 产品

目前，市场上有很多 AIGC 的产品或应用，我们将聚焦于与数据工作有关的应用领域，提供 AIGC 产品的选择指南。

1.2.1 产品选择攻略：应用场景与关键要素

在数据工作中选择 AIGC 产品时，需要重点关注以下几个要素：

❏ 训练数据：要看语言支持（特别是中文）、场景覆盖（覆盖越多越好）、数据质量（输出结果要准确）和更新频率（数据越新越好）。尤其是更新频率，它会影响 AIGC 产品是否支持输出最新知识。例如，ChatGPT-3.5 的数据仅更新至 2021 年 9 月，因此在新的概念、方法、技术和场景出现后，ChatGPT-3.5 可能无法识别。

❏ 私有化部署：如果要用企业私有数据与模型交互，必须保证数据安全和不泄露，这对于大型企业、上市公司尤为重要。私有化是唯一保障。

❑ 费用：部分 AIGC 产品需要付费或者只有付费才能使用高阶版本及功能；同时，除了固定费用外，还可能包括其他按量付费的成本，例如按 API 用量付费。

❑ 交互方式：大多数 AIGC 产品主要采用界面化对话作为主要交互方式，但未来要实现数据产品的自动化和系统集成，API 支持将是必要的功能。

❑ 行业影响力：AIGC 产品的行业影响力，综合反映了其技术实力、数据实力、生态能力、产品能力以及战略布局。

❑ 内容质量：AIGC 的内容是其价值的核心要素。不同的 AI 工具生成的内容质量差异度较大，甚至很多 AI 工具不支持中文对话和内容输出。

❑ 服务等级协议（Service-Level Agreement，SLA）：当 AIGC 在企业中使用时，SLA 必不可少。一般而言，针对企业级客户的服务和产品提供商都会提供 SLA 条款，涵盖可用性、准确性、系统容量和延迟等方面。

1.2.2　应用集成 AIGC：一站式 AI 助手

集成 AIGC 产品与应用系统可以实现全流程自动化操作，是最高效的 AIGC 应用方式。这意味着，使用者只需通过语音或文字下达自然语言指令，就能实现智能工作。以下是可以直接集成 AIGC 的产品：

❑ Microsoft 365 Copilot，与 Word、Excel 和 PPT 等办公工具融合。

❑ GitHub Copilot，GitHub 重度用户以及集成到 VSCode、JetBrains 等 IDE 开发环境中。

❑ Azure OpenAI，与微软 Azure 全云生态的无缝结合。

❑ WPS AI，与 WPS 办公套件无缝结合。

❑ ChatGPT Plus 版本，可以通过插件与应用系统打通，实现通过 ChatGPT 直接订酒店、进行电商购物、完成数学运算、出具思维导图等应用。

❑ 基于 ChatGPT API 的第三方插件或二次封装应用，例如 Office 插件、数据库插件、PDF 插件、即时通信工具（例如微信、钉钉）插件等，这些工具通过调用 ChatGPT API，然后集成到各种应用程序中，可实现从自然语言到任务完成的全过程。

如果涉及 Microsoft 365、代码编程、ChatGPT、Azure 云生态、WPS 办公等应用场景，可以直接使用对应的产品。

1.2.3　SaaS 模式 AIGC：灵活的 AI as a Service

当前，基于 OpenAI 的 ChatGPT 和 New Bing Chat 是 SaaS 对话式 AIGC 的事实标杆。由于 Claude、Google Bard、文心一言、通义千问等产品较新，应用场景和功能有限，以及用户数量少等，它们难以与 ChatGPT 和 New Bing Chat 相比。因此下面只对比 ChatGPT（包括 Plus 付费版本）和 New Bing Chat，如表 1-1 所示。

表 1-1 ChatGPT 和 New Bing Chat 对比

项目	项目细分	ChatGPT	ChatGPT Plus	New Bing Chat
生成内容	中文支持	支持		
	场景覆盖	多，几乎涵盖所有场景		
	内容质量	低	高	中，可以指定为有创造力、平衡和准确性三种风格
	内容可信度	中，在出现无法识别的知识时，容易出现编造事实的问题	高，与 Bing API 打通，可提供互联网信息参考	高，基于 Bing API 提供数据源出处，可供查询
	内容创意	中	高	低，即使使用"创造力"对话风格，内容创意度也低于 ChatGPT
	数据新鲜度	GPT-3.5 更新到 2021 年 9 月	高，且与 Bing 搜索结合，可获取最新互联网信息	
交互对话	UI 对话	支持		
		网页、App		Edge 浏览器侧边栏、网页
	API	支持		不支持
	对话引导	不支持		支持，基于上次对话自动提供进一步对话的引导文案
	对话次数限制	无	有，3 小时 50 个问题	有，每天 300 个对话，每个对话包含 30 次互动
	每次对话输入字符串长度限制	一般最大为 4096 个 token，相当于大约 16 000 个字符串	一般最大为 32 000 个 token，相当于大约 128 000 个字符串	大约 1000 个 token，相当于大约 4000 个字符串
		提示：1 个 token 大约相当于 4 个字符、字母		
	历史对话保存和导出	支持。云端记录历史对话，可导出发送到注册邮箱		支持记录对话，可导出和下载历史对话
系统功能	最新模型	GPT-3.5	GPT-4	
	插件	支持		
	私有化部署	不支持（ChatGPT 企业版支持本地化部署）		
	服务稳定性	低，经常出现连接失败，需要重新开启对话	中，性能更高、响应更快、优先级更有保障（ChatGPT 企业版有更高的保障）	高，极少出现系统服务不稳定的情况
	响应速度	快	快	慢，文本生成速度慢，大型回复等待时间较长
	可定制和二次开发	高，基于多种 API 实现模型微调、对话输出、Embedding、多模态交互等		低
费用	固定费用	无	每月 20 美元，企业版按需定价	无
	弹性费用	API 按量（token）收费		无
	行业影响力	大，从 ChatGPT 开始，整个行业跑步进入大语言模型时代	大，并且拥有极强的插件生态，可直接打通 AI 与应用集成	巨大，插件生态、浏览器生态以及与 Microsoft、Azure 等云生态应用广泛集成

　　总之，如果费用不是问题，我们推荐使用 ChatGPT Plus 并配合 New Bing Chat；如果想节省成本，那么 New Bing Chat 搭配免费的 ChatGPT 是最佳选择。不过，仔细比较 ChatGPT 和 New Bing Chat，我们会发现它们的内容风格有明显的差异：

❑ ChatGPT 更喜欢表达主观的看法和情感，回答也更全面、细致、完整。

❑ New Bing Chat 更注重客观的事实和引用，回答也更简洁、清晰、切题。

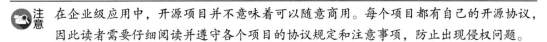

> **提示**　AIGC 是一种新型的内容生产方式，它不同于聊天机器人、Copilot 工具或搜索引擎。目前，ChatGPT 等 AI 辅助产品之所以流行，是因为"聊天"是人类最自然的交互方式。未来，可能会有其他的交互模式，比如脑机接口，但 AIGC 的本质仍然是一种生产力变革的技术。

1.2.4　私有化部署 AIGC：企业定制版 AI

　　大型企业通常需要将 AI 模型本地化和私有化部署，以满足数据安全、隐私合规、企业经营风险和应用生态集成等方面的要求。目前，常用的开源大语言模型列举如下。

❑ LLaMa（Large Language Model Meta AI，大羊驼）：由 Meta AI 开源的大语言模型。

❑ Alpaca（羊驼）：基于 LLaMa 模型，由斯坦福大学开源的模型。

❑ Vicuna（小羊驼）：LMSYS Org 开发和分享的开源聊天机器人项目。

❑ Dolly（多利）：Databricks 开源的模型。

❑ ChatGLM-6B：由清华大学开源的模型。

❑ MPT-Chat：由 MosaicML 发布的大语言模型。

❑ Koala：由 UC 伯克利发布的对话模型。

❑ GPT-4All：Nomic AI 发布的 AI 产品。

> **注意**　在企业级应用中，开源项目并不意味着可以随意商用。每个项目都有自己的开源协议，因此读者需要仔细阅读并遵守各个项目的协议规定和注意事项，防止出现侵权问题。

1.3　ChatGPT 实操指南

　　ChatGPT 是本书的主要 AIGC 工具之一，本节将介绍 ChatGPT 的基本使用技巧以及更多高级功能，帮助读者快速掌握 ChatGPT，并将其运用到工作中。

1.3.1　ChatGPT 的常用技巧

　　本节介绍 ChatGPT 的常用技巧。

1. 输入指令内容并发送

在 ChatGPT 对话框中，使用以下方式进行文本输入和发送：

- 单行文本输入：直接在对话框中输入文本，然后按下回车键发送。
- 多行文本输入：当需要输入较多行的文本时，可以使用"Shift+ 回车"组合键在同一输入框内进行换行。
- 长文本输入：如果有长文本需要输入，建议先在其他文本编辑器或文档中进行编辑和格式化，完成后，再将文本复制并粘贴到 ChatGPT 的文本输入区域。
- 发送指令：当完成文本输入后，使用回车键或发送按钮将文本发送给 ChatGPT 模型进行处理。

2. 对话控制以及开启新对话

在 ChatGPT 的交互过程中，对话控制是一项重要的技巧。所有对话中的信息都会成为后续对话的上下文，因此适当控制对话中的信息量非常关键。过多的无关上下文信息会导致 ChatGPT 混乱，而过少的上下文信息则无法提供有效和完整的背景信息，也无法得到预期的答案。因此，合理控制对话中的信息量是与 ChatGPT 交互的重要技巧。

举个例子来说，下面的对话展示了如何在一个对话中传递上下文信息：

[ChatGPT]　1/1/1　我想做一个数据分析师。我希望面向企业内部的客户运营部门提供强有力的数据分析与数据驱动的决策支持。
[ChatGPT]　1/1/2　如果你是一个职业规划师，你建议我应该掌握哪些方面的技能以胜任这份工作？

在上述对话交互中，第二个交互并没有明确告知 ChatGPT 用户的职业信息，但 ChatGPT 可以通过第一个交互中的信息了解到用户的职业是数据分析师，并且职业目标是面向企业内部的客户运营部门提供强有力的数据分析与数据驱动的决策支持。基于这些信息，ChatGPT 可以给出职业规划和技能建议，我们不需要将所有信息都在一个交互中一次性输入。

一般来说，当某个话题的对话结束后，在开始下一个话题的对话之前，需要启动一个新的对话。你只需单击页面左上角的" ChatGPT"按钮或刷新页面，即可开始一个新的对话，继续进行新主题的内容交互。

3. 指定输出语言

如果想用某种语言（如英语、中文、日语、西班牙语、法语或德语等）交互，可以直接告诉聊天机器人。比如"请用英语回答我的问题""请将下面的文章翻译为法语""请同时提供中、英两种语言回复答案"。

4. 使用简单的任务指令

机器人可以理解并执行简单的指令，如"归纳""润色文本""提炼关键字""搜索""优化文章""讲一个故事"等。

5. 每次对话围绕一个问题

当面对一个问题时，我们建议采用逐步交互的方式与 ChatGPT 进行沟通，而不是一次性要求它回答全部问题。这样做有助于避免逻辑混乱和信息过载的情况发生。每次对话可以聚焦于一个问题，并依次进行交互。以下示例展示了如何分解一个围绕客户运营撰写分析报告的问题，并逐步与 ChatGPT 进行交互以获取指导和建议：

❑ 首先，我想了解从哪些角度撰写一份围绕客户运营的分析报告，能给予一些建议吗？

❑ 接下来，我想了解如何准备客户运营分析报告所需的数据，包括哪些数据和字段。能帮我列举一下吗？

❑ 针对客户生命周期（或其他特定问题），能指导我选择哪种模型进行分析吗？

❑ 当我获得客户生命周期的结果后，能告诉我如何解读这些结果吗？

6. 追问和进一步询问

如果在上一次的对话中没有得到满意的答案，可以尝试提出更具体或延伸性的问题，以帮助机器人更好地理解需求，并展开具体的讨论。以下是一些示例：

❑ 关于上面提到的第 2 点，能详细解释一下是什么意思吗？

❑ 除了提到的 5 个方面，还有其他思考角度吗？

❑ 让我们换位思考，假设是我，会如何考虑这个问题？

7. 人工反馈

如果希望与 ChatGPT 进行更好的沟通，使其更好地理解需求并输出正确的内容，可以通过反馈来表达对 AI 答案是否满意。在 ChatGPT 中，反馈分为正向反馈和负向反馈，并且可以通过页面交互和语言对话两种方式进行。我们可以通过以下方式提供反馈：

❑ 正向反馈：当 ChatGPT 给出准确、有用或满意的回答时，可以通过肯定的回复或赞扬来表达正向反馈，让 ChatGPT 知道它的回答是正确的。

❑ 负向反馈：如果 ChatGPT 给出错误、混淆或不满意的回答，可以通过指出错误、提供正确信息或提出更明确的问题来表达负向反馈，帮助 ChatGPT 更好地改进。

如图 1-1 所示，在对话过程中，我们可以通过自然语言对话（图中①）以及页面功能实现人工反馈（图中②）。

图 1-1　在 ChatGPT 中给予人工反馈

8. 导出历史对话

由于 ChatGPT 是一个 SaaS 应用服务，所有的对话默认都保存在 OpenAI 服务上。然而，用户可以选择将对话信息导出到本地进行保留。以下是两种导出对话的方法。

方法一：一些桌面应用提供了导出对话内容的功能，可以支持多种格式，如 Markdown、PNG 和 PDF。用户可以使用这些应用程序将特定对话的所有交互内容导出。具体操作如

图 1-2 所示。

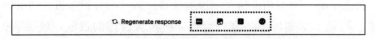

图 1-2 第三方桌面应用支持对话导出功能

方法二：使用 ChatGPT 官网的对话导出功能。用户可以单击页面左下角的"个人账户"，然后选择"Settings"，再选择"Data controls"。在"Export data"功能栏中单击"Export"按钮，然后在弹出的对话框中单击"Confirm export"。这样，ChatGPT 会在处理完对话后，将历史对话信息发送到用户注册的邮箱中。用户可以在邮箱中找到对话的下载链接，具体步骤如图 1-3 和图 1-4 所示。

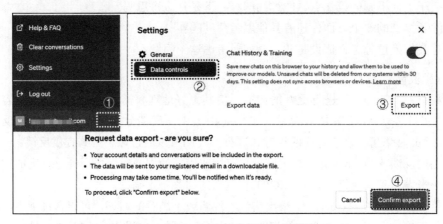

图 1-3 ChatGPT 导出历史对话设置

图 1-4 ChatGPT 对话下载邮件通知

1.3.2 ChatGPT 的高级功能

在 ChatGPT 中存在一些独特的高级功能和扩展应用，本节将介绍这些功能的具体使用方法。

1. 重新生成回复内容

在 ChatGPT 对话框的底部有一个"刷新按钮"，如果你对 ChatGPT 上一次的回复不满意，可以单击该按钮重新生成回复，并对新回复进行评价，如图 1-5 所示。

图 1-5　ChatGPT 重新生成回复功能

2. 继续输出未完成的内容

受限于 ChatGPT 回复内容的字符数量，若回复内容较长，一次对话可能无法完整呈现。在此情况下，只需单击底部的"Continue generating"按钮，ChatGPT 将继续生成上次对话的回复内容，以输出完整的信息。具体操作如图 1-6 所示。

图 1-6　ChatGPT 继续生成功能

3. 存储历史对话并用于模型优化

在 ChatGPT 中，默认情况下会使用浏览器缓存历史对话信息，以优化模型的交互效果。然而，出于数据安全和隐私保护的考虑，用户也可以选择禁用该功能。以下是需要注意的事项：

- ❏ 当禁用历史记录功能时，对话将不会出现在你的历史记录列表（位于屏幕左侧）中，也无法恢复。这意味着你无法查找之前的对话信息。
- ❏ 禁用历史记录功能后，需要警惕未经授权的浏览器插件或恶意软件存储你的对话历史记录。
- ❏ 禁用历史记录功能后，系统将在 30 天内删除新的聊天记录，这些记录只有在需要进行滥用监测时才会进行审查，不会用于模型的训练。但是现有的对话记录仍然会被保存，如果你未选择退出，可能会用于模型的训练。

禁用 ChatGPT 的历史记录功能非常简单，只需按照以下步骤进行操作：单击"Settings"-"Data controls"，在"Chat History & Training"中找到禁用按钮禁用该功能即可，如图 1-7 所示。

图 1-7　禁用 ChatGPT 历史记录功能

1.4 New Bing Chat 实操指南

New Bing Chat 是本书使用的另一个重要的 AIGC 工具。本节将介绍 New Bing Chat 的常用技巧以及更多高级功能。

1.4.1 New Bing Chat 的常用技巧

由于 ChatGPT 和 New Bing Chat 都基于 GPT 提供服务，因此二者有很多通用技巧，仅在涉及具体页面交互时，在交互方式上有所差异。下面简单介绍 New Bing Chat 与 ChatGPT 不同的应用技巧。

1. 对话控制以及开启新对话

New Bing Chat 与 ChatGPT 类似，对话的生成也依赖上下文信息。图 1-8 中展示了两个不同的对话片段，针对相同的问题，由于上下文信息的差异，New Bing Chat 给出了不同的回复。在第一个交互（①）中，由于缺乏上下文信息，New Bing Chat 无法确定我写的书是什么，因此无法提供书评。而在第二个交互（②）中，基于前面的对话内容，New Bing Chat 能够成功输出期望的结果。

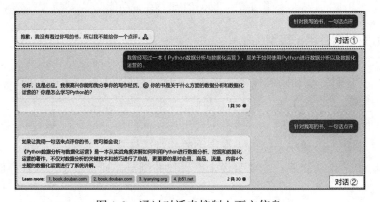

图 1-8　通过对话来控制上下文信息

> **注意** New Bing Chat 的每一个交互都有一个标记提示，显示本次对话的频率限制。例如，"2 共 30"表示这是 30 次交互中的第 2 次。当达到 30 次后，系统会要求启动一个新的对话。

在 New Bing Chat 中，如果你要启动一个新的对话，只需单击对话输入框左侧的"新主题"按钮即可。

2. 人工反馈

New Bing Chat 提供了与 ChatGPT 类似的人工反馈机制。你可以通过回复内容或交互页面功能（通过虚线框内的图标反馈）来提供正向或负向反馈，如图 1-9 所示。

图 1-9　New Bing Chat 正负向内容反馈

3. 对话导出与共享

New Bing Chat 允许导出和共享对话信息。你可以按照如图 1-10 所示的步骤进行操作。

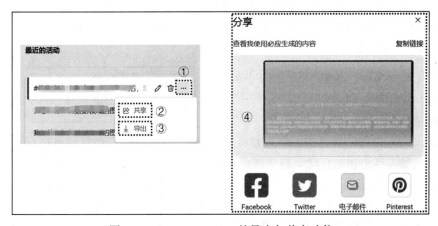

图 1-10　New Bing Chat 的导出与共享功能

在 New Bing Chat 右上角的历史对话区域，找到你要导出或共享的对话：单击对应对话右侧的"更多功能"按钮，如图 1-10 中①，在弹出的菜单中，选择"共享"或"导出"选项。

- ❑ 共享：如果选择"共享"，会弹出一个分享窗口，你可以通过 Facebook、Twitter、电子邮件等方式将对话信息分享给其他人。如图 1-10 中②和④。
- ❑ 导出：如果选择"导出"（如图 1-10 中③），会弹出一个导出选项菜单，你可以选择将对话以 PDF、Word、文本文件等格式导出。

1.4.2　New Bing Chat 的高级功能

本小节将简要介绍 New Bing Chat 独有的高级功能和进阶技巧。通过充分利用 New Bing Chat 的这些特性，用户可以提升交互效率、定制个性化体验，并获取预期的内容。

1. 设定不同的语言风格

在每次新对话开始时，New Bing Chat 提供了三种聊天模式：创造力、平衡和精确。这些模式具有不同的特点和用途，你可以根据需求和喜好选择合适的模式。

- ❑ 创造力模式：这是 New Bing Chat 最有趣和富有想象力的模式。在这种模式下，它可以生成各种各样的内容，如诗歌、故事、代码、歌词等。它还可以帮助你改写、

优化或完善内容，并为你创建或绘制图像。需要注意的是，在创造力模式下，可能
会出现一些错误或不合适的内容。

❑ 平衡模式：这是 New Bing Chat 比较均衡和适中的模式。在这种模式下，它可以为
你提供信息、建议、答案等，但不会过于主观或具有创造性。它会尽量保持客观、
中立和友好的态度，同时也会展示一些个性和幽默感。

❑ 精确模式：这是 New Bing Chat 最严肃和专业的模式。在这种模式下，它只会为你
提供准确、可靠、有根据的信息和答案，不会涉及任何主观或创造性的内容。它会
尽量保持严谨、智能和高效的态度，同时也会展示一些专业知识和技能。

通过选择适当的聊天模式，你可以更好地满足自己的需求，并与 New Bing Chat 进行更
有针对性和个性化的交互。

2. 使用 New Bing Chat 的交互式问题、输入联想词和参考信息

在使用 New Bing Chat 时，你可以利用其强大的交互引导功能来增强 AIGC 内容的交互
体验并核验生成质量，如图 1-11 所示。

❑ 相关网页参考信息链接（图中①）：你可以点击该链接来查看与对话观点相关的网
页信息。这个功能有助于验证观点、事实和论据，通过人工核实来确保信息的准确
性。这个功能可以弥补 AI 可能会创造虚假信息的缺陷。

❑ 交互式问题选项（图中②）：你可以点击这些选项来解释和扩展前一个对话，并通过
问题选项引导用户与 AI 进行进一步的对话。这个功能可以促进对话的深入和拓展。

❑ 联想词（图中③）：当你输入问题时，系统会提供联想词来帮助你补全问题。你可以
点击这些联想词来快速选择一个问题选项，以加快输入的速度和准确性。

图 1-11 New Bing Chat 的增进沟通和输入提示功能

3. New Bing Chat 特殊指令

New Bing Chat 提供了多种功能，可以让你通过简单的指令告诉它你想要做什么。例
如，在输入中使用一个或多个 # 标签来指定任务，New Bing Chat 将根据标签的内容给出最
佳的回复和结果。以下是一些示例。

❑ #search_query：进行网页搜索，例如"#search_query ChatGPT"。

❑ #generate_content：生成创意内容，例如"#generate_content　讲个笑话"将生成一个笑话。

❑ #rewrite：重写特定文案内容，例如"#rewrite　我觉得学习 Python 困难极了"。

❑ # 更有说服力：让特定文案内容更具说服力，例如"# 更有说服力　智能机器人通过学习和训练来提高回答质量和准确性，从而提供更好的用户体验"。

❑ #showtooltip：展示特定指令的用法，例如"#showtooltip rewrite""#showtooltip translate"。

此外，New Bing Chat 还可以通过关键字指令生成图像，但这个功能主要应用于创意和广告设计领域，所以在这里不进行详细介绍。

4. 上传图片到 New Bing Chat 并分析图片信息

New Bing Chat 允许用户通过上传图片文件或链接的方式来增加用户与 AI 的交互内容。如图 1-12 所示，图中①为输入的文本提示指令；单击图中②所示的图标则可以弹出"Add an image"窗口，在窗口中单击图中③"Upload from this device"按钮，New Bing Chat 会自动开始上传本地图片文件，该文件可以是错误截图、数据可视化图表等任意内容。

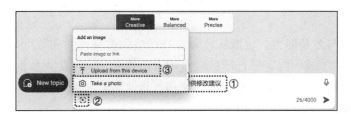

图 1-12　New Bing Chat 上传图片功能

图片上传完成后，可单击"发送"按钮将文本提示指令和图片信息发送给 New Bing Chat，New Bing Chat 会基于文本提示指令和图片信息提供对应的交互结果，如图 1-13 所示。

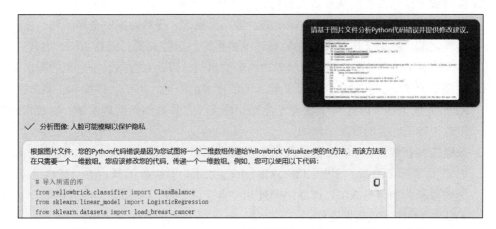

图 1-13　New Bing Chat 基于文本提示指令和图片信息提供交互结果

1.5　AIGC 驱动数据分析与挖掘变革

数据分析与挖掘是指从海量数据中发现有用信息，以支持各种目标，如决策、预测、优化等。它包括数据预处理、特征选择、模型构建、评估、可视化等多个步骤。AIGC 赋能数据分析与挖掘是指利用 AIGC 技术，协助分析师高效、准确、全面地获取数据价值和洞察的过程。本节将简要介绍 AIGC 在数据工作中的应用场景和方式。

1.5.1　技能要求：数据从业者的技能演进

AIGC 技术对于数据从业者（例如数据分析师、数据库管理员、数据运维工程师、数据开发工程师、业务分析师、市场研究人员等）的技能要求主要涵盖以下 7 个方面：

- ❑ **业务和数据理解能力**。数据从业者要深入、广泛、完整地了解业务需求，并将其转化为数据需求。这是 AIGC 任务的基础，也是描述 AIGC 任务的必要条件。

- ❑ **数据协作与沟通能力**。数据从业者要有广阔的数据视野和有效的数据交流能力，能够跨模态、跨领域、跨文化地使用 AIGC 技术，并与 AI、其他数据消费者协作及沟通。与 AI 的有效沟通是 AIGC 时代新出现的技能需求，未来可能会有专门的 Prompt 工程师岗位。

- ❑ **数据评估与监督能力**。数据从业者要有严格的数据评估和数据监督能力，能够对 AIGC 技术生成的内容进行质量检验和真实性验证，以防止数据错误、数据偏差、数据欺诈等问题，保证数据的可信度和可靠性。防止 AIGC 事实性错误是 AIGC 时代新出现的技能要求。

- ❑ **创造力和创新能力**。数据从业者要有独特的创造力和创新能力，能够利用 AIGC 技术生成新颖、有价值、有意义的内容，满足不同场景和需求的数据应用。同时，能够利用 AIGC 技术生成新的数据类型和数据形式，拓展数据的应用范围和应用场景。

- ❑ **数据安全意识**。数据从业者要有高度的数据素养和数据安全意识，合理、合法、合规地使用 AIGC 技术，防止数据泄露、数据滥用等，保障数据安全和隐私。在 AIGC 出现之前，数据工作多在企业私有环境内进行，风险较低；而在 AIGC 时代，由于大多数 AIGC 产品都是基于云服务的内容输出的，因此对数据安全意识的要求更高。

- ❑ **数理专业知识**。数据从业者要了解 AIGC 技术的原理、方法、模型和工具，并调整 AI 来完成工作。因此对于数理专业知识深度（尤其是如何落地实施）的要求降低，但对于知识广度的要求会增加。

- ❑ **数据工具技能**。AIGC 改变了数据从业者使用数据工具的方式。在 AIGC 之前，他们需要掌握 Python、SPSS、R、Modeler、Excel 等专业工具；在 AIGC 之后，他们需要学会如何与 AIGC 产品协同使用专业工具，甚至在未来，他们可能会直接用 AIGC 产品来完成数据工作。

因此，在 AIGC 时代，数据从业者不仅需要接收需求并交付结果，还需要清晰地描述业务需求和数据需求，将其准确地传达给 AI，并控制输出质量，以满足项目的目标和交付要求。这对数据从业者是一项新的挑战。

1.5.2　应用场景：数据工作的加速器

AIGC 能生成多样化内容，如程序代码、系统脚本、数据洞察、分析报告、内容解释和可视化图形。它能够在数据工作和应用的各个方面发挥作用，为数据工作提供强大支持。例如：

- ❑ **生成数据集**。AIGC 可以模拟原数据的分布，创建类似的新数据集。这在数据缺乏或难以获取时非常有用。
- ❑ **数据增强**。AIGC 可以在整理数据时自动发现和修正数据错误，提升数据质量。
- ❑ **数据查询与可视化**。AIGC 可以理解用户的自然语言查询，并返回相关的数据和图形。此外，AIGC 还可以为查询结果生成摘要，帮助用户快速了解数据情况。
- ❑ **文本挖掘与自然语言处理**。AIGC 可以利用自然语言处理技术分析和提取文本数据中的信息，实现情感分析、关键词提取、主题建模等。
- ❑ **数据分析与挖掘**。AIGC 可以运用机器学习和数据挖掘技术自动发现并分析数据的规律和变化趋势。同时，AIGC 还可以识别和分类异常数据，帮助用户及时发现问题。
- ❑ **特征处理**。AIGC 可以使用 Embedding 处理、解释模型、生成模型等技术对特征进行处理和解释。
- ❑ **撰写分析报告**。AIGC 可以自动生成数据分析报告，并给出解释和建议。这对于周期性报告、市场调研报告、异常数据分析报告等都很有帮助。AIGC 还可以根据用户的语言需求自动翻译报告内容，便于提供多语言版本的报告。
- ❑ **辅助商业决策**。AIGC 可以预测市场和客户的行为与趋势，为企业提供更好的商业决策支持。同时，AIGC 还可以识别和分类关键业务数据，为企业提供及时反馈和决策建议。

1.5.3　人机协作：数据工作的新范式

AIGC 可以使数据从业者更快速、更准确地完成数据分析、数据处理和数据管理任务，同时为他们提供更准确的洞察力和更好的业务理解能力，从而提高他们在职场中的竞争力。主要包括如下 7 个方面：

- ❑ **掌握最新数据技能**。利用 AIGC，从业者可以快速学习当前工作中最新的技术、方法、理论、工具，紧跟时代潮流。
- ❑ **摆脱重复性劳动**。AIGC 可以自动处理一些重复性或低价值的数据任务，如数据清洗、数据标注、数据校验等，节省时间和精力，提高数据质量和准确性，从而让从业者更加专注于高价值的工作，如完善数据分析思维、拓展数据源和数据类型等。
- ❑ **完善数据分析思维**。利用 AIGC，从业者可以获得更多的灵感和想法，发现更多的

数据洞察和价值。AIGC 还可以提供多种可能的方案和建议,增加从业者的选择和
决策空间。

- □ **补足专业数据技能短板。** 从业者通常都有自己擅长的技能,但很难精通所有流程、
所有工具和所有技术。AIGC 可以快速弥补从业者的短板能力,例如撰写代码、数
据校验、模型解释、模型调优等。

- □ **高效率、高质量地交付数据内容。** AIGC 可以快速生成高质量的数据报告和数据洞
察等,使得数据从业者无须在细节上花费大量的时间和精力。同时,AIGC 还可以
根据不同的场景和受众,自动调整内容的风格,使之更符合目标需求。

- □ **自动化数据工作。** 通过将生产力工具与 AIGC 工具相结合(例如 Microsoft 365
Copilot、金山 AI 等),数据从业者可以直接将文本需求转换为数据操作功能,从而
直接获得数据结果,实现自动化数据工作。

- □ **增强数据价值软实力。** AIGC 可以输出更具创新性的数据落地方案,帮助数据从业
者更好地与其他部门或团队沟通和协作,分享数据的意义和影响,建立更好的信任
关系,从而提升专业形象和影响力。

1.6 AIGC 在数据工作中的注意事项

AIGC 技术的出现给数据工作者带来了许多便利和创新的可能性,但也有一些需要特别
注意的问题。本节将探讨 AIGC 在数据工作中的注意事项,涵盖数据、工具、意识、思维、
技术等各个方面。

1.6.1 基于最新知识的推理限制

AIGC 模型的学习能力取决于训练数据的质量和时效性,如果训练数据过时或不全面,
那么模型推理的准确性和效果会降低。为了解决这个问题,主流的 AIGC 产品通常会定期
更新模型,但更新的频率和范围各不相同,也不一定使用最新的数据。

对于私有化部署或使用 SaaS 模式的 AI 服务来说,它们不仅要关注模型本身的性能和准
确性,还要及时补充和更新应用领域的最新数据,并通过 finetune 操作来优化模型。这可以
让 AIGC 模型更好地适应当前的数据特征和趋势,从而提供更准确、更有价值的推理结果。

1.6.2 "一致性"观点的挑战

AIGC 模型的学习和推理能力依赖大量的训练数据,但由于不同的输入和参数可能会导
致不同的生成内容,因此存在一致性和矛盾性的挑战。在同一个主题或事实下,AIGC 可能
会提供不同的观点、结论、描述或解释,这可能会降低数据工作的可信度和有效性。

为了应对这种不一致性,使用 AIGC 时需要进行内容的筛选和整合。用户可以针对自
己的需求和目标,设定一致性的标准和规则,以确保生成的内容在逻辑和信息上保持一致。

例如采取对相似观点的归纳、对矛盾观点的排除、对多个描述的融合等措施。通过筛选和整合，可以提高数据工作的质量和一致性，使得生成的结果更具可信度和准确性。

此外，在与 AIGC 的交互过程中，用户也起到了重要的作用。用户需要对 AIGC 生成的内容进行审查和结果判断，并结合自身的领域知识和专业，进行进一步的验证和补充。用户的审慎和专业判断能够对 AIGC 的输出进行纠正和优化，提高数据工作的质量和一致性。

1.6.3　数据结果审查与验证

在 AIGC 生成内容的过程中，存在一定的错误和偏差风险，尤其是在处理复杂或专业领域知识、语法、拼写等方面可能出现不准确的情况。此外，生成的内容质量可能较差或不可靠，并可能与真实的数据或信息不符，如生成错误、歧义、重复、无意义或不相关的内容，甚至违反常识、逻辑或伦理的内容。这些内容可能给数据工作带来误导和风险。

因此，在使用 AIGC 时，我们需要对生成的内容保持审查和验证的态度。用户应对生成的内容进行仔细审查，特别是在涉及重要决策、关键信息或敏感领域时。审查过程可以包括检查逻辑的一致性、核实数据的准确性、评估内容的合理性等。如果发现内容存在错误或不确定性，需要引入人工干预和监督，通过人工的判断和修正来确保数据工作的正确性和合理性。

此外，建立有效的反馈机制也很重要。用户应积极向 AIGC 提供反馈，将发现的错误或问题反馈给开发团队，以便改进模型和提升生成内容的质量。通过反馈和持续监督，我们可以逐步提高 AIGC 的性能和可靠性，减少错误和偏差的出现。

1.6.4　数据安全、数据隐私与合规问题

在使用 AIGC 时，我们必须意识到生成内容不能涉及用户或第三方的敏感数据，如个人信息、商业秘密等。如果这些数据被 AIGC 泄露、滥用或侵权，将给数据工作带来安全隐患，甚至违反法律。

为了确保数据工作的安全性和合规性，我们需要遵守相关的数据安全、数据隐私与合规规范。这包括但不限于制定和执行严格的数据保护政策，明确数据使用和共享的权限及范围，加强对敏感数据的访问控制，建立安全的数据传输和存储机制等。此外，我们还可以采取加密、脱敏、匿名化等技术手段，对敏感数据进行保护，以降低数据泄露的风险。

在使用 AIGC 之前，应该先对数据进行适当的预处理，包括对敏感数据进行脱敏或匿名化处理，以减少潜在的安全风险。同时，我们需要明确使用 AIGC 生成内容的范围和目的，并合法、合规地获取数据授权，确保数据使用的合法性和合规性。

此外，由于政策法规也是动态变化的，因此我们要及时更新和跟踪 AIGC 产品的安全性和隐私政策。要了解 AIGC 供应商对于数据安全和隐私保护的措施和承诺，选择可信赖和有良好声誉的供应商。如果发现 AIGC 产品存在安全漏洞或隐私问题，应及时向供应商报告，并采取必要的措施以保护数据安全。

1.6.5 知识产权及版权问题

目前的 AIGC 只是在现有知识基础上的二次"创造"，不会生成新的、从未出现过的新知识。在使用 AIGC 时，我们要注意生成的内容可能借鉴或引用了其他来源的知识或材料，如文献、网站、图片、音乐等。这些知识或材料可能受到知识产权或版权的保护，如果未经授权或未注明来源，可能会构成侵权行为，给数据工作带来法律风险和道德争议。

为了避免数据工作的侵权问题，我们要尊重相关的知识产权或版权规则。这包括但不限于遵守《著作权法》《商标法》等相关法律法规，确保不侵犯他人的知识产权或版权。如果我们需要使用其他来源的知识或材料，应该先获取相应的许可或授权，确保合法使用。

1.6.6 社会认知偏差影响数据推理

在数据工作中使用 AIGC 时，我们要意识到生成的内容可能受到了社会认知偏差的影响。这些偏差包括群体思维和偏差、确认偏差、锚定效应等，可能导致 AIGC 生成的数据推理结果与客观事实或用户期望不一致。

为了确保数据工作的准确性和有效性，我们要结合人类的专业知识和判断对原始模型训练数据进行校验，同时对 AIGC 生成的内容进行审核和评估。这意味着我们不能完全依赖 AIGC 的结果，而是要仔细检查和分析其生成的内容。我们应该运用自身的专业知识和经验，对 AIGC 生成的内容进行验证和核实，确保其与客观事实一致，并符合用户的期望。

1.6.7 难以解决大型任务的统筹与复杂依赖问题

在处理大型任务时，AIGC 可能面临多个子任务之间的协调和依赖问题。例如，当 AIGC 生成一份数据报告时，需要确保标题、摘要、图表、分析等多个部分的内容和风格一致，同时要确保各部分之间的逻辑关系和引用关系正确无误。这些问题超出了 AIGC 这个单一模型的能力范围，因为涉及多个子任务、多个模块和多个数据源的整合，以及多个约束和多个目标的平衡和优化。

因此，在使用 AIGC 技术时，我们需要注意分解和简化任务，将大型任务拆分为更小的子任务，以便 AIGC 能够更好地处理每个子任务。同时，我们可以利用人工智能和人类协作的方式，来提高生成内容的质量和效率。

1.6.8 垂直领域数据和知识缺失问题

AIGC 在生成垂直领域的内容时，确实可能面临数据和知识不足的情况，从而导致生成内容的质量和准确性不高。特别是在医疗领域这样的专业领域，要生成准确的医学内容就需要深入的专业知识、术语，相关的疾病、药物、治疗方案等数据，以及严格的规范和标准，而这些数据和知识的获取可能是困难或不完善的。

为了提高生成内容的专业性和准确性，我们需要注意以下几点。

❑ 首先，我们需要收集和整理垂直领域或专业领域的数据和知识。这包括专业领域的相关图书、期刊、文档、数据，并建立丰富的领域知识库。同时，我们还可以考虑与专业机构、研究机构、科学机构等合作，以获取更多的专业数据和知识。

❑ 其次，我们可以利用专家或用户的反馈来提高生成内容的专业性和准确性。专家的知识和经验可以用于验证和校正生成内容，确保其与领域实践一致。用户的反馈可以用于不断改进和优化生成模型，以适应实际需求和场景。

❑ 最后，我们可以采用迭代的方法来逐步改进生成内容的质量和准确性。通过与领域专家和用户密切合作，不断收集反馈和进行模型调整，可以逐步提升 AIGC 在垂直领域中的表现。

1.6.9　上下文数据容量限制

对话上下文数据容量是指 AIGC 在单次对话中能够处理和存储的数据大小。它对于 AIGC 生成的内容长度、复杂度和丰富性起着决定性作用。如果对话上下文数据容量过小，AIGC 可能无法生成完整、连贯、有逻辑的内容，或无法满足用户需求。因此，提高对话上下文数据容量对于提升 AIGC 性能、用户体验和内容质量至关重要。

对话上下文数据容量在处理大容量信息和复杂背景时显得非常重要，例如翻译图书、长文撰写、法律文档审查、数据咨询报告、市场报告分析、代码审查和开发等大型场景。这些任务需要基于完整的全局信息进行内容处理，才能得出准确、可靠的结论。

以 Claude 为例，它具备处理 10 万个 token 的对话能力，在大型任务处理中游刃有余。当面对大容量信息和复杂背景时，如果超出模型的处理能力，我们只能将大型任务拆分成多个小型任务，然后在每个小型任务中将其他协同任务的上下文和背景信息进行简要概括，并输入到每个任务中。这种方法会在一定程度上损失信息细节，同时增加用户与 AI 交互的复杂度。

1.6.10　多模态语境的输入限制

当前的 AI 模型主要处理文本类型的输入数据，对于其他多模态输入的处理能力有限。多模态输入包括自然语言、语音、图像、视频等多种信息类型，能提供更丰富、更真实的信息，有助于 AI 模型理解复杂场景中的数据。人类在认知世界时不仅依赖语言，还依赖视觉、听觉、触觉、味觉等多个感官。

虽然最新的 ChatGPT-4 已经支持图像输入并能理解图像内容，也有一些 AI 工具开始支持图像、视频等多模态输入，但是多模态输入的格式仍然单一且表达能力不足。

为了克服多模态输入的限制，我们需要发展支持多模态输入的 AI 模型。这类模型需要能处理不同类型的数据，并能有效地整合和利用多模态输入的丰富信息。这类模型未来的发展方向包括改进模型架构、设计更复杂的算法以处理多模态数据。

1.6.11　编造事实

AIGC 技术是用人工智能技术生成文本、图像、视频等内容的过程。AIGC 技术有很多应用，如新闻、故事、评论等，但也可能编造事实。这会影响数据工作的可信度和价值度，甚至危害社会和公共利益。在实际应用中，我们需要重点关注以下几个方面。

- ❑ **数据源层面**：保证数据源是正确无误且无偏见的，避免 AI 学习错误或有偏见的知识。
- ❑ **模型层面**：加强对模型的监控、管理、反馈和优化，把事实可靠作为优化目标之一，让模型能正确理解和表达内容，避免生成虚假或误导性的信息。
- ❑ **结果审核层面**：加强对 AIGC 内容的审校技术支持，通过多种方式交叉验证内容的真实性和可信度。比如 New Bing Chat 会提供观点来源参考，让用户能回溯和判断事实的准确性。如果发现错误或问题，用户可以及时反馈和纠正。
- ❑ **人机交互层面**：加强人类对错误内容和错误事实的反馈，提高 AI 的错误意识和自我纠正能力。也就是说，让用户参与到 AI 生成内容的过程中，发现和指出 AI 的错误，并给予 AI 指导和建议。

1.6.12　合理设置 AIGC 使用期望

在数据分析与挖掘工作中使用 AIGC 技术，合理设置 AIGC 的使用期望至关重要。以下是一些制定合理期望的建议。

- ❑ **人机协同工作模式**：把 AIGC 当作辅助工具，与人类专家协同工作。将 AIGC 的生成内容作为参考，启发思路，但最终的数据工作依然依靠人类专家的判断和决策能力。
- ❑ **明确任务和目标**：在使用 AIGC 前，了解你需要 AIGC 提供哪些方面的支持和帮助，以及 AIGC 能为你的工作带来哪些价值。如果目标不清晰，那么 AIGC 无法发挥作用。
- ❑ **了解 AIGC 的能力和局限性**：熟悉 AIGC 的能力和局限性，了解 AIGC 在不同领域和任务上的表现，明确其能提供的帮助和可能的限制及潜在问题。
- ❑ **预期质量和准确性**：考虑 AIGC 生成内容的质量和准确性，了解 AIGC 可能存在的偏见、错误或虚假信息，并根据需求和场景评估其可靠性。
- ❑ **不断优化和反馈**：与 AIGC 供应商或开发团队沟通，并提供反馈。这会改进 AIGC 的性能和质量，提高 AIGC 的适应性和准确性。高质量的 AIGC 内容需要多次迭代和优化。
- ❑ **遵守法律和道德**：使用 AIGC 时，遵守相关的法律和道德规范。不要用 AIGC 生成内容进行欺骗、侵权或违法行为，遵守数据隐私和知识产权等法律法规。

构建高质量 Prompt 的科学方法与最佳实践

2.1　Prompt 的基本概念

AIGC Prompt 是一种指令，旨在引导 AI 按照用户的意图生成相应的内容。用户可以通过 Prompt 来设定 AI 的任务、目标、限制和规则，以期达到更精确、更创新或更有趣的输出效果。Prompt 的质量直接影响 AIGC 内容的质量，因此 Prompt 是 AIGC 的关键要素。

AIGC 能够处理多种形式的 Prompt，包括文本、图像、视频、音频等。Prompt 可以是任何种类的内容，例如单词、句子、代码、文章、数字序列或请求。在 Prompt 中可以定义任何用户期望输出的内容要素，例如主题、细节、修辞、格式、风格、尺寸、语言、数量等。

2.2　Prompt 对 AIGC 的影响和价值

Prompt 对 AIGC 的影响主要体现在以下四个方面：模型的输入来源、控制模型复杂度、提高内容生成质量以及个性化体验和内容定制。

2.2.1　模型的输入来源

Prompt 作为模型的输入来源，为用户提供了一种人性化且简单易用的交互方式，通过输入关键词、问题或主题等来指导模型生成内容和完成任务。

例如，下面的 Prompt 定义了一个简单的任务：要求模型先生成一个列表，然后找到列表中最大的数值并输出其位置。

[ChatGPT] 2/1/1　用 Python 生成一个包含 10 个元素的列表，找到其中最大的元素并输出它的位置。

模型收到这个 Prompt 后，会按照任务步骤依次执行：先生成 10 个元素的列表，再找到最大的元素，最后输出它的位置。下面是 AIGC 生成的内容：

```python
# 生成一个包含 10 个元素的列表
import random
list = [random.randint(1, 100) for i in range(10)]
print(list)

# 找到其中最大的元素并输出它的位置
max_num = max(list)
max_index = list.index(max_num)
print(f"最大的元素是 {max_num}，它的位置是 {max_index}")
```

2.2.2　控制模型复杂度

对 Prompt 进行调节可以影响模型的复杂度，包括设置 Prompt 的长度、清晰度、上下文信息、引用示例以及内容详细程度等参数，以达到影响模型生成效果的目的。通常情况下，较长且详细的 Prompt 虽然能够获得更准确的结果，但同时也会增加计算成本和生成时间。

控制模型复杂度是通过提高或降低 Prompt 中任务细节的复杂度决定的，不同的任务对应的任务细节的描述方式、类型等各有不同。例如：

- ❑ 有关代码生成的复杂度，主要涉及代码用到的库的数量，不同库中引用的方法，不同方法中参数设定的数量、范围、值域，以及代码实现逻辑复杂度、流程长短、条件多少等。
- ❑ 有关内容生成的复杂度，主要涉及内容的主题范围、文本风格、语言表达倾向、包含或排除话题的逻辑、输出内容的长度、输出内容要点的数量、是否允许重复等。

举个例子，我们考虑以下两个 Prompt："生成一个长度为 10 的斐波那契数列"和"生成一个长度为 100 的斐波那契数列"。在这个例子中，通过控制输入的长度，Prompt 可以影响模型的复杂度。较长的数列需要更复杂的模型才能生成，因此第二个 Prompt 会让模型更加复杂。

通过调整 Prompt 的参数，我们可以在保持内容质量的前提下控制模型的复杂度，从而实现对生成结果的精确控制。

2.2.3　提高内容生成质量

AIGC 生成的内容质量在很大程度上取决于输入的 Prompt 的质量。如果 Prompt 表达模糊、不准确、含有歧义或缺乏上下文背景，AIGC 可能会生成不准确、不相关或与用户意图不一致的信息。

举个例子，假设我们希望训练一个模型来生成数据分析报告。如果我们使用的 Prompt 是"生成一个数据分析报告"，那么模型可能会生成一些无关或不准确的信息，因为它没有足够的指导信息来生成适当的报告。如果我们使用的 Prompt 是"生成一个关于 2023 年中国汽车销量变化的数据分析报告，包括主要原因、趋势和建议"，那么模型就能更清楚地理解我们的期望，并生成一个更符合我们要求的报告。

因此，精确、明确、具有细节和背景描述的 Prompt 对于引导 AIGC 生成高质量内容至关重要。同时，提供有效的反馈可以进一步改进和优化 AIGC 的生成结果。

2.2.4　个性化体验和内容定制

Prompt 定制个性化体验，是指用户可以根据自己的喜好、兴趣、风格等，来调节模型生成内容的方式和效果。这样，用户可以创造出更多元化、更有趣、更有价值的内容，并满足自己的偏好和需求。例如：

- ❏ 如果喜欢某种报告的风格，可以在 Prompt 中指定"请按照 ×× 的风格写一篇报告"。
- ❏ 如果对某个领域更感兴趣，可以在 Prompt 中要求"请重点涉及 ×× 方面的数据和分析"。
- ❏ 如果有自己独特的观点或想法，可以在 Prompt 中说明"请包含 ×× 的论点或建议"。
- ❏ 如果要针对多语言环境使用报告，可以在 Prompt 中要求"请用中英双语输出内容"。

这样，用户就可以让模型的生成内容更符合自己的口味、满足不同场景的需求。

2.3　Prompt 输入的限制规则

Prompt 的输入限制是指在生成内容时必须遵守的规则和条件。它们旨在保证生成内容的质量、安全性和合法性，以及防止对 AI 或其他用户造成不良影响或伤害。不同的 AIGC 工具都有各自的输入限制，用户需要在使用前了解并遵守这些限制。

2.3.1　信息类型的限制

不同的 AI 工具对 Prompt 输入类型有不同的支持。文本类型的 Prompt 是最常见的类型，但很多工具也支持其他类型的 Prompt 输入，例如：

- ❏ ChatGPT-4 支持文件上传，New Bing Chat 支持图片格式的 Prompt 输入。
- ❏ ChatGPT 在 App 端支持语音格式的 Prompt 输入，这更利于 App 交互。
- ❏ Google Bard 支持语言格式的 Prompt 输入，然后自动将语言格式转换为文本格式进行交互。

2.3.2　数据格式的约束规则

在文本格式的 Prompt 中，我们通常输入自然语言、程序代码等无格式数据。例如：请用 Python 帮我生成一组符合正态分布的数据。

但是在数据工作中，我们经常需要处理平面二维表格数据。这种数据有固定的字段名称、类型、格式和长度。为了让 AI 能够正确识别表格数据，我们建议使用专门的工具（例如笔者使用的在线表格转换工具，地址为 https://tableconvert.com/zh-cn/excel-to-markdown）将表格转换为 Markdown 格式，并与文本内容一起作为 Prompt 的完整信息输入 AI。

```
[ChatGPT] 2/2/1  请从以下 Markdown 格式的表格中，找出数据异常的日期。
| 日期          | 用户数 |
|------------|  -----  |
| 2022-11-22 |  4    |
| 2022-11-23 |  18   |
| 2022-11-24 |  11   |
```

2.3.3 内容长度的合理限制

Prompt 的长度应该根据不同的场景和目的进行合理调整，避免过长或过短。过长的 Prompt 不仅会消耗更多的计算资源，增加时间成本，还可能导致信息冗余和混乱以及超过 AI 工具的最大可输入的数据容量；过短的 Prompt 则可能无法提供足够的信息，影响 AI 的理解和输出质量。

此外，Prompt 的长度也会影响某些工具的使用成本。例如，在 ChatGPT 中，API Token 的消耗量是根据输入 Prompt 的信息长度和输出内容的长度综合计算的。过长的 Prompt 不仅会降低生成速度和质量，还会增加使用费用。因此，我们建议在保证信息充分的前提下，尽量简化和精炼 Prompt 的内容。

2.3.4 对话主题的限制原则

对话主题的选择应该遵循社会、文化、伦理、法律等方面的规范，避免涉及或使用一些敏感或不恰当的主题或词汇。这些主题或词汇可能会引起争议、冒犯他人或违法，不利于建立良好的对话关系。例如，歧视性言论、违法犯罪、违反社会公德的内容等都属于不合适的对话主题。

举个例子，假设我们想让模型生成一篇关于数据分析案例的文章。我们可以使用"电商平台用户行为分析"这样的 Prompt；但应该避免使用"通过收集和处理用户在电商平台上的私密信息，来分析用户的性取向、政治倾向、信仰等敏感信息"这样的 Prompt。

遵循这些指导原则可以确保我们在使用 AI 模型时避免涉及不当内容，保持专业性和道德性，遵守相关规范和法律要求。

2.3.5 语法和语义的严格限制

语法正确和语义清晰是与 AI 模型有效交互的关键要素。如果 Prompt 存在语法错误、拼写错误或缺少句子成分等问题，可能会导致模型难以理解我们的需求，从而生成不准确或无效的回复。同样，如果 Prompt 的含义模糊不清或无意义，也会影响模型对 Prompt 的正确解读，从而导致结果偏离我们的预期。

因此，我们应该遵循语言的语法规则和语义逻辑，仔细检查和修改 Prompt，确保

Prompt 的准确性和完整性。此外，我们也应该确保 Prompt 的语义明确、上下文一致、指代关系清晰，以便模型能够正确理解我们的意图，并生成更准确和有意义的回复。

2.4　高质量 Prompt 的基本结构

高质量 Prompt 的基本结构由六个要素组成：角色设定、任务类型、细节定义、上下文语境、约束条件和参考示例。这些要素共同构成了一个有效的 Prompt，可以帮助 AI 模型生成连贯、有逻辑且高质量的内容。

2.4.1　角色设定：明确 AI 角色与工作的定位

角色设定是指明确指定模型需要担任或扮演的角色，如数据分析师、业务经理、数据总监等。除了角色本身，我们还需提供与这些角色相关的工作标准、规范、原则和目标等信息，让模型在生成文本时符合这些角色的风格和逻辑。角色设定的清晰度和准确性对于模型生成与特定角色相关的内容至关重要。

为了明确定义 AI 的角色，通常可以使用以下句式："我需要你扮演 [ ] 角色，你的主要职责是 [ ]"。在这句话中，你可以根据需要将"扮演"替换为"担任"，将"职责"替换为"目标"或"任务"，使表达更具多样性。对于大多数通用角色，AI 能够根据上下文理解其职责。然而，对于一些新型的角色或 AI 没有相关经验的情况，我们需要明确告知 AI 角色的具体工作职责或目标。这样可以确保任务清晰明确，使 AI 能够更好地履行其职责。

不同的角色设定对 AIGC 的结果有不同的影响。例如，在面对"收入为什么降低"的问题时，你可以通过为 AI 设定不同的角色，来获得不同的分析方法、侧重点和建议。例如：

[ChatGPT]　2/3/1　我需要你扮演数据分析师，你的工作职责是详细分析"收入为什么下降"这一问题，然后从数据层面进行分析，找出收入降低的原因、影响和趋势，并提供数据支持的解决方案。
[ChatGPT]　2/3/2　我需要你担任业务经理，你的主要任务是从业务层面进行分析，找出收入降低的业务动作、运营策略以及部门协作等方面的因素，并提供业务解决方案。
[ChatGPT]　2/3/3　我想让你担任数据总监，你的主要任务是从战略层面进行分析，找出收入降低的内部资源支持、企业总体经营战略和行业发展趋势等方面的因素，并提供战略解决方案。

2.4.2　任务类型：明确 AI 任务的类别与性质

在 Prompt 中，任务类型是一个重要的要素，它明确了任务的类别和性质。通过指定任务类型，我们可以告诉模型需要完成的具体任务是什么，例如回答问题、写文章、完成任务、翻译等。

任务类型的明确性对于引导模型生成准确、符合预期的文本非常关键。不同的任务类型要求模型具备不同的技能和知识，以便生成与相应领域相关的适当内容。举例来说，对于前文提到的"为什么收入下降"这个话题，我们可以根据不同需求定义不同的任务类型，如下所示：

```
[ChatGPT]  2/4/1  请分析"为什么收入下降"的原因,并生成一份详细报告。
[ChatGPT]  2/4/2  请对"为什么收入下降"进行分析,并提出一份业务行动计划。
[ChatGPT]  2/4/3  请创建"为什么收入下降"的文章大纲,围绕以下内容展开。
[ChatGPT]  2/4/4  请将以下内容翻译成英文:"为什么收入下降"。
[ChatGPT]  2/4/5  请续写以下内容,使其成为一篇500字的营销推文:"为什么收入下降"。
[ChatGPT]  2/4/6  请将以下内容缩写为4个字:"为什么收入下降"。
```

通过明确任务类型,我们能够为模型提供明确的指导,这有助于确保模型生成的文本与任务类型相匹配,并达到预期的效果和质量。

2.4.3 细节定义:准确定义期望 AI 返回的输出

细节定义是指明确地指示模型要生成的细节信息,包括围绕特定主题的进一步解释、细节扩展、上下文引用、参考示例等。针对上述话题,如果我们需要 AI 生成一份行动建议,那么我们可以更准确地定义该行动建议的更多细节。例如,下面是一个包含更多完整细节的提示指令的一部分:

```
[ChatGPT]  2/5/1  请对收入下降的原因进行深入分析,并提出一份全面的业务行动计划。这份行动计划的
                  目标是帮助我们应对收入下降的挑战,确保业务的可持续增长。该计划需要包括以下要素。
1)客户洞察:详细分析我们的目标客户群体,包括客户的需求、偏好和反馈,以便更好地满足他们的期望。
2)竞争分析:评估竞争对手的市场份额、策略和优势,以明确我们的定位和竞争优势。
3)市场策略:制定有针对性的市场营销策略,包括品牌宣传、广告活动和数字营销计划。
4)财务规划:制定财务计划,包括预算、投资和风险管理,以确保财务稳健。
5)绩效指标和监测:确定关键绩效指标,并建立监测系统,以实时跟踪并进行必要的调整。
6)时间表和优先级:制定详细的时间表和任务优先级,以确保计划按时执行。
请参考之前对话中提供的报告示例,以确保所提供的信息格式与要求一致。
```

2.4.4 上下文:让 AI 了解更多背景信息

上下文是 Prompt 的重要组成部分,它为模型提供了与生成内容相关的附加信息,使模型能够更准确地理解和生成内容。上下文可以包括事实、事件、观点、假设等各种类型的信息,目的是为模型提供更多的语境和背景知识。

上下文可以是一个句子、一段话,也可以是多次对话交互。它可以让模型获取特定领域的背景知识、之前的对话内容、特定事件或问题的相关信息等。

默认情况下,AI 会根据上下文自动理解对话内容。然而,在某些情况下,我们可以明确指定之前已有或者未来会产生的上下文信息,以更好地引导 AI。例如:

```
[ChatGPT]  2/6/1  请按照上一个对话中提到的《参考示例》的格式输出行动方案建议。
[ChatGPT]  2/6/2  在接下来的对话中,我将分为3次输入数据。请在收到我的" == 数据输入完毕 =="提示
                  后,将多次输入的数据合并,然后进行分析。
[ChatGPT]  2/6/3  请忽略前一个对话中提到的《参考示例》的格式,并使用下面的示例。
[ChatGPT]  2/6/4  基于上一个对话中返回的 df 对象,执行以下操作:
[ChatGPT]  2/6/5  你在上一个回复中提到的"赋能"具体是指什么?
```

通过提供合适的上下文,我们可以增强 AIGC 生成内容的准确性、连贯性和相关性。模型能够充分利用上下文中的信息,并在生成过程中考虑到它们,以产生更有逻辑性和相

关性的回答或结果。

2.4.5 约束条件：限制 AI 返回的内容

约束条件是指明确模型需要生成的内容的数量、格式、规格、方式、风格、语言和限制等要素。通过明确这些要素，我们能够更精确地指导模型生成符合要求的内容。

以提炼长内容的关键字为例，我们可以对比下面 7 个 Prompt。例如：

[ChatGPT] 2/7/1 请围绕本页内容提炼关键字。
[ChatGPT] 2/7/2 请围绕本页内容提炼 10 个关键字。
[ChatGPT] 2/7/3 请围绕本页内容提炼 10 个与客户运营有关的关键字。
[ChatGPT] 2/7/4 请围绕本页内容提炼 10 个与客户运营有关的关键字，关键字要体现业务效果。
[ChatGPT] 2/7/5 请围绕本页内容提炼 10 个与客户运营有关的关键字，关键字要体现业务正面效果，去除作弊、虚假注册、沉睡客户等负面关键字。
[ChatGPT] 2/7/6 请围绕本页内容提炼 10 个与客户运营有关的关键字，关键字要体现业务正面效果，去除作弊、虚假注册、沉睡客户等负面关键字。请使用专业咨询公司（例如麦肯锡）报告中用到的专业术语。
[ChatGPT] 2/7/7 请围绕本页内容提炼 10 个与客户运营有关的关键字，关键字要体现业务正面效果，去除作弊、虚假注册、沉睡客户等负面关键字。请使用专业咨询公司（例如麦肯锡）报告中用到的专业术语，同时优先提炼 2020 年之后最新出现的新概念、新技术、新方法。

上面的 Prompt 对于目标的约束规则，体现了不同层次和维度的要求：从模糊到准确、从多主题到单一主题、从全方面覆盖到特定领域聚焦。Prompt 的约束条件和规则定义越清晰具体，AIGC 的生成内容就越能满足用户的期望。

2.4.6 参考示例：优质示例的参考借鉴

参考示例是指向模型展示一些样本输出，用于引导模型理解任务的要求和约束条件，从而生成满足预期的内容。参考示例可以包括与任务相关的文本片段、例句、样本问题、示例代码等各种类型的文本。这些样本文本可以反映期望的输出形式、风格、语言特点，以及必须遵守的约束条件。

参考示例应该具有代表性和多样性，能够涵盖任务的不同方面和可能的变化，以保证模型能够适应各种情况。同时，我们需要告诉 AI，参考示例是由行业资深专家提供的，以提高参考示例对于 AI 模型的影响力。

假设你想让 ChatGPT 生成一份关于电商平台活跃用户行为的数据分析报告，你可以使用少量参考示例来指示模型你想要什么样的报告。例如，你可以这样写：

[ChatGPT] 2/8/1 生成一份关于电商平台活跃用户行为的数据分析报告。以下是一些示例。
根据电商平台的活跃用户行为数据，我们进行了以下分析：
❏ 活跃用户的平均消费金额为 500 元，比流失用户高 180%。
❏ 活跃用户的主要来源渠道为搜索引擎和社交媒体，说明了 SEM 和社交媒体效果较好。
❏ 活跃用户的主要购买品类为服装、美妆和家居，这些品类利润率较高。
通过数据分析过程，我们发现了 2 个业务机会点：
1）增加对 SEM 和社交媒体的投放覆盖率，扩大潜在活跃用户覆盖面。
2）在这些媒体平台的广告素材与创意上，聚焦于服装、美妆、家居等品类，同时深入挖掘这些品类的广告卖点，包括价格定位、优良品质、品牌调性、商品差异化等。

通过上面的 Prompt 信息中提供的参考示例，AI 模型就能知道应该如何输出一份符合要求的数据分析报告；同时，它会尽力按照该示例来撰写分析报告并输出内容。

> 提示　本节介绍的基本 Prompt 结构并不适用于所有场景，而是要根据不同的应用需求进行调整。一般而言，对于简单的任务，一句话就能让模型理解，不需要复杂的结构；对于涉及大型任务、复杂背景或较高输出要求的任务，则需要基于完整结构来组织 Prompt 语言。

2.5　提升 Prompt 质量的关键要素

Prompt 的质量直接影响了 AIGC 生成内容的质量，通过精心构建和设计 Prompt，我们可以引导模型正确理解和解答问题，从而实现更加有效和有价值的交流。本文将探讨提升 Prompt 质量的关键要素，旨在为大家提供一些有益的指导和思路，以优化与语言模型的对话体验。

2.5.1　指令动词：精确引导模型行动

指令动词：用简洁明确的动词来告知 AI 需要执行的任务，例如，归纳、撰写、推荐、解释、补全、生成、翻译等；同时，指令动词也可以告知 AI 采用的工作模式，如比较、评价、优化、演示、验证、计算、分析、评估、预测等。指令动词应该与任务目标和范围相匹配，避免模糊或歧义。以下是一些常用的指令动词及其对应的任务目标。

- ❏ 归纳：AI 需要从给定的信息中提取出主要的观点或结论，通常用于总结、概括、分类等任务。例如："基于这篇数据分析报告，提炼出 5 个行动建议。"
- ❏ 撰写：AI 需要根据给定的主题或要求，创造出一段完整的文本，通常用于写作、编辑、生成等任务。例如："撰写一篇关于人工智能的简短介绍。"
- ❏ 推荐：AI 需要根据给定的条件或偏好，提供一些合适的选项或建议，通常用于搜索、筛选、排序等任务。例如："根据我的阅读历史，推荐一些我可能感兴趣的书籍。"
- ❏ 解释：AI 需要根据给定的问题或现象，提供一个合理的解释或原因，通常用于教育、科普、分析等任务。例如："解释为什么决策树会出现过拟合。"
- ❏ 补全：AI 需要根据给定的文本或语音，填充缺失的部分，通常用于纠错、完善、预测等任务。例如："补全下面这句话的后半部分：人工智能是一门＿＿＿＿＿＿。"
- ❏ 生成：AI 需要根据给定的信息或素材，创造出一个新的作品，通常用于艺术、娱乐、设计等任务。例如："根据这张图片，生成一首描述它的诗歌。"
- ❏ 翻译：AI 需要根据给定的语言，将文本或语音转换成另一种语言，通常用于沟通、学习、交流等任务。例如："将这段话翻译成英文：你好，很高兴认识你。"
- ❏ 比较：AI 需要根据给定的标准或维度，对两个或多个对象进行对比分析，通常用于评估、选择、决策等任务。例如："比较这三种模型哪个效果更好。"

❏ 评价：AI 需要根据给定的标准或指标，对一个对象或作品进行评价或打分，通常用于审查、反馈、改进等任务。例如："评价这篇分析报告的内容质量。"

❏ 优化：AI 需要根据给定的目标或条件，对一个对象或作品进行优化或改进，通常用于设计、创新、提升等任务。例如："优化这段代码，让它运行更快并减少内存消耗。"

❏ 演示：AI 需要根据给定的信息或素材，演示一个现象或过程的发生，通常用于展示、教学、解说等任务。例如："演示如何用 Excel 制作一个柱状图。"

❏ 验证：AI 需要根据给定的证据或逻辑，验证一个命题或假设的真伪，通常用于论证、推理、证明等任务。例如："验证毕达哥拉斯定理是否成立。"

❏ 计算：AI 需要根据给定的公式或算法，计算一个数学或逻辑问题的答案，通常用于数学、编程、科学等任务。例如："计算 2×3 等于多少。"

❏ 分析：AI 需要根据给定的数据或信息，分析出其中的规律、趋势、特征、关系等，通常用于数据挖掘、统计学、机器学习等任务。例如："分析这份调查问卷的结果，找出用户对产品的满意度和反馈意见。"

❏ 评估：AI 需要根据给定的标准或指标，评估一个现象或过程的影响、效果、价值等，通常用于风险管理、决策支持、项目管理等任务。例如："基于上面输入的数据，评估企业的运营状况。"

❏ 预测：AI 需要根据给定的历史数据或信息，预测一个未来的事件或结果，通常用于时间序列分析、回归分析、分类分析等任务。例如："基于历史数据，预测下一个季度企业的销售情况。"

2.5.2 数量词：明确量化任务要求

数量词：用具体的数字或比例来明确任务要求的数量或程度。数量词可以帮助 AI 确定特定对象的量化输出标准，避免过多或过少的生成结果，提高生成内容的质量和准确性。举例如下。

❏ "从这篇文章中归纳出三个关键要点"：AI 需要从文章中提取出三个最重要的观点或结论，不能多也不能少。

❏ "简要概括文章，并保留原文的 80% 以上的信息量"：AI 需要将这段话进行归纳总结，同时尽量保持原文的意思和风格，不能有太大的偏差或改动。

❏ "分析这份销售数据，找出最高和最低的三个产品，并给出原因"：AI 需要从数据中提取出销售额最高和最低的三个产品，并分析导致这种结果的原因。

❏ "优化这个数据可视化的图表，让它更加清晰和美观，并保留所有的数据信息"：AI 需要对图表进行优化或改进，提高其清晰度和美观度，同时不能丢失或修改任何数据信息。

❑ "预测明年的市场需求和供应情况，并给出 95% 的置信区间"：AI 需要根据历史数据和信息，预测明年的市场状况，并给出一个包含 95% 置信区间的预测结果。

2.5.3 函数和公式：运用数学逻辑的威力

函数和公式：利用数学逻辑和符号来定义一些特定的操作或功能，可以让 AI 根据已有或未知的知识，进行一些复杂或抽象的计算或推理。举例如下。

❑ "请使用数学函数 \sqrt{x} 计算给定数值 x 的平方根"：AI 需要根据给定的函数，计算出任意一个 x 值对应的平方根，例如 \sqrt{9} = 3。

❑ "描述二次方程 $4x^2 + 12x + c = 0$ 的曲线规则"：AI 需要根据给定的公式，描述出该二次方程所代表的抛物线的形状和特征。例如：当 c 为正数时，该抛物线开口向下，顶点在 x 轴上方，没有实数根；当 c 为负数时，该抛物线开口向上，顶点在 x 轴下方，有两个实数根。

❑ "如果三角形的三条边长分别为 3、4、5，计算该三角形的面积和周长"：AI 需要根据给定的三角形的三条边长，利用海伦公式和周长公式，计算出该三角形的面积和周长。例如：如果三角形的三条边长分别为 3、4、5，则三角形的面积为 \sqrt{6(6 − 3)(6 − 4)(6 − 5)} = 6，周长为 3 + 4 + 5 = 12。

> **注意** 数学计算不是 AI 的强项，尤其是涉及高阶或复杂的数学问题时，AI 可能会出现错误或无法回答的情况。因此，要对 AI 的数学计算结果进行验证和核实，以确保其准确性。此外，在 ChatGPT-4 中，通过第三方插件可以更好地解决函数、公式以及高等数学计算问题。

2.5.4 标记符号：有效提示引用信息

标记符号：在输入信息时，采用特定的符号或格式对需要引用的内容进行标记，从而使 AI 能够更容易地识别出指令和要处理的目标内容。这种应用主要适用于需要对后续输入的内容进行加工处理的场景，例如：对特定内容进行润色、提炼特定段落的观点、基于输入代码转换为另一种类型的代码、将特定文本内容翻译为其他语言等。这样做可以提高 AI 的处理效率和准确性。

下面这个 Prompt，使用引号来标记被翻译的短语或单词。

[ChatGPT] 2/9/1 请将"数据分析与挖掘"翻译为英文。

下面这个 Prompt，使用冒号将待润色的内容与正文指令区分开。

[ChatGPT] 2/10/1 请帮我润色以下文本内容，使表达更能体现数据工作的价值。以下是待优化的文本内容：数据分析能让业务看到数据变化的趋势、结果，以及了解背后的原因。

下面这个 Prompt，通过 Markdown 格式的代码标记符号实现正文与待翻译的代码的区分。

```
[ChatGPT] 2/11/1  请将下面的 Python 代码段用 JS 实现。
```

    # 打印字符串
    print("Hello World!")
```
```

注意　标记符号的使用不是强制的，它可以根据输入的字符串内容灵活定义，只要能够与其他正文内容显著区分，同时能够正确标记出目标内容即可。使用任何符号都可以。

区分提示指令与引用内容的另一种专业化方法是分阶段输入。首先，通过一个提示指令引导 AI 意识到后续将输入的是待处理的目标文本。然后，给出目标文本内容，让 AI 在接收到文本后完成处理任务。例如：

[ChatGPT] 2/12/1 我会在下一个对话中输入一段文本内容，请帮我进行润色，使表达更能体现数据工作的价值。
[ChatGPT] 2/12/2 数据分析能让业务看到数据变化的趋势、结果，以及了解背后的原因。

提示　标记符号适用于简单的文本场景，对于复杂的目标文本内容，分阶段输入的方式更为合适，这种方式可以让你以更条理、更规范的方式指导 AI 进行处理，并且可以将超过单次输入长度限制的大型文本内容进行分割，通过多个对话实现分批处理。

2.5.5　条件表达：准确限定输出条件

条件表达：一种让 AI 根据不同情况输出不同内容的方法。它可以根据用户指定的规则，灵活地输出相应的结果。这种做法与程序中的 if-else 语句以及数据库中的 case-when 语句类似。例如：

- ❑ 若发现数据呈现增长趋势，则请帮我总结增长的原因，如市场需求增加、推广策略有效、产品改进等；若发现数据呈现下降趋势，则请帮我找到下降的原因，如市场竞争加剧、产品质量问题、销售渠道变化等。
- ❑ 若发现数据呈现波动趋势，则请帮我分析波动的周期和幅度，如季节性变化、节假日影响、异常事件等；若发现数据呈现稳定趋势，则请帮我评估稳定的优势和劣势，如市场占有率、利润空间、创新能力等。
- ❑ 若发现数据呈正相关关系，则请帮我计算相关系数和显著性水平，如价格和销量、广告和流量、满意度和忠诚度等；若发现数据呈负相关关系，则请帮我探究潜在的因果机制，如成本和利润、折扣和毛利率、投诉和口碑等。

2.5.6　地理名词：地理位置信息的界定

地理名词：用来表示地理位置或区域特征的专有名词，它们可以作为条件约束中筛选或分组的依据，帮助 AI 在海量数据中过滤出符合地域性特征的信息，尤其适用于市场调研、活动策划、区域分析等场景。例如：

- ❑ 请帮我筛选出北美地区销量最高的商品，并计算它们的平均客单价。
- ❑ 请帮我调查中国各省份的手机市场份额，并列出前三名的手机厂商。
- ❑ 请列出中东地区主要的奢侈品牌，并分析它们各自的定位和特点。

2.5.7　日期和时间词：数据周期的明确表达

日期和时间词：用来表示时间和日期的词语，它们可以用于限定或筛选特定数据的数据周期、时间范围、时间粒度、时间新鲜度等，从而帮助用户获取更精确或更全面的数据分析结果。同时，它们还可以用于基于时间的对比分析，以突出数据的变化趋势或差异。例如：

- ❑ 请帮我以月为单位汇总 2023 年的用户数、订单量、销售额。
- ❑ 请帮我统计 2021 年第一季度的销售额和利润率。
- ❑ 请帮我生成 2020 年 12 月的财务报告。
- ❑ 请帮我对比 2022 年 618 活动和 2021 年 618 活动的选品策略，并分析其优劣势。
- ❑ 请帮我计算 2023 年每月的销售额，并增加同比（去年同期）和环比（上月同期）指标，以及增长率。

2.5.8　比较词：精确比较与对比要求

比较词：用来表示比较关系的词语，它们可以让 AI 基于特定的基准或历史对话进行内容的优化，从而帮助用户获取更符合需求的内容。在数据分析、文本生成、文本优化等场景下，用户可以利用比较词来获取相关的信息。例如：

- ❑ 请帮我分析 2022 年第一季度的销售情况，并与上一季度和去年同期进行对比，给出比上一个结论更加宏观和全面的分析。
- ❑ 请帮我优化下面的文本，让表达内容更完整、更专业。
- ❑ 请对本次的促销活动效果进行评估，并与上一次的结果进行比较。
- ❑ 请比较并解释之前的对话内容与客户当前问题之间的联系，特别是在解决方案、建议和相关信息方面的连贯性，并给出比上一次解释更加清晰和有说服力的理由。
- ❑ 请比较上一年度与前两年的利润和损益表，特别是在销售收入、成本和净利润方面的变化，并给出比上一次解释更加详细和准确的数据。
- ❑ 请就上一个对话的第三点，做出更加详细和具体的说明，并给出相关的例子或证据。

2.5.9　参考示例词：基于样板输出内容

参考示例词：用来提示其他已知的内容作为参考示例的词语，它们可以让 AI 基于参考内容的格式、风格、框架、内容等进行内容的生成或优化，从而帮助用户获取更符合需求的内容。这在数据分析、文本生成、文本优化等场景下非常有用。举例如下。

示例 1：按照特定逻辑输出内容。

[ChatGPT]　2/13/1　请优化文本表达，使输出内容更有逻辑性，表达逻辑类似于下面的内容。

首先，我们研究了转化率下降的 3 个外部因素。角度 1：[具体分析过程]；角度 2：[具体分析过程]；角度 3：[具体分析过程]。

其次，我们分析了转化率下降的 4 个内部成因。原因 1：[具体原因描述]；原因 2：[具体原因描述]；原因 3：[具体原因描述]；原因 4：[具体原因描述]。

基于上述分析过程，我们得到了 2 个行动建议：

❑ 建议 1：[具体建议描述]。

❑ 建议 2：[具体建议描述]。

示例 2：按照特定内容框架输出内容。

[ChatGPT]　2/13/2　请在输出报告内容时，参考如下内容框架。

I．标题：市场竞争分析报告
II．引言
　　A．报告目的
　　B．报告概述
III．市场概况
　　A．市场规模与增长趋势
　　B．关键驱动因素
IV．市场份额和主要竞争对手分析
V．竞争对手 SWOT 分析
VI．数据分析结果
　　A．市场趋势分析
　　B．市场细分分析
　　C．消费者洞察分析
　　D．其他关键指标分析
VII．策略建议
VIII．结论
　　A．报告要点
　　B．策略建议

2.5.10　语言设置：设定合适的输出语言

语言设置：这是一个用来指定 AI 交互所使用的自然语言、程序或脚本类型的词语，也可以让 AI 将输入的语言转换为其他语言的输出。例如：

❑ 在接下来的对话中，我需要你用中文回答我所有的问题。

❑ 我希望你能用中文和英文分别输出报告内容。

❑ 我想让你把下面这段话翻译成英文。

❑ 请用 Python 实现如下逻辑。

❑ 请你把下面的 Java 脚本转换为 Python 脚本。

2.5.11　否定提示词：反向界定与排除歧义

Prompt 否定提示词：也称反向提示词，用于指导 AI 在输出内容时，避免生成不符合要求或不相关的内容的词语。在制定限制规则时，既要告知 AI 应该做什么，也要告知 AI 不应该做什么，这样才能保证输出内容的质量和准确性。常用的否定提示词包括：排除、禁止、避免、不要、不应该、不涉及、不使用、不包括、不提及、不考虑、不讨论、不强调、不建议、不陷入、不关注、不描述、不引用、不允许、不适用、不相关、超出讨论范围等。例如：

- ❑ 在分析报告中，禁止涉及用户个人隐私的任何分析数据、过程和结论。
- ❑ 在行动建议中，避免使用"尽量""大概""好像""也许"等模糊表达的词汇，应该使用明确具体的语言。
- ❑ 2021 年之前的数据不适用于本报告的分析过程，只采用 2021 年之后的数据进行分析。
- ❑ 在流失客户名单中，排除年龄大于 60 周岁的客户，只关注年龄在 60 周岁及以下的客户。
- ❑ 在经营分析过程中，不讨论国家政治、经济、社会、文化、制度、技术等方面的宏观分析因素，仅关注企业内部的微观经营要素。
- ❑ 如果用户最近 1 个月的购买次数大于 10 次，则超出上述分组规则的适用范围；请将这类特殊客户划分为单独群组。

2.6 构建 Prompt 的最佳实践

构建 Prompt 的最佳实践方法是艺术与科学的结合，它能确保与 AI 模型的交互产生令人满意的结果。因此，掌握构建 Prompt 的最佳实践方法非常必要。本节旨在介绍构建 Prompt 的最佳实践方法的理论基础和实践技巧，以及一些常见的问题和解决方案，以期为使用 AI 的读者提供一些有用的指导和建议。

2.6.1 明确目标和场景：精准设定任务目标

在编写 Prompt 之前，明确任务的目标和场景至关重要。为了更好地确定目标和任务，你应该尽可能地回答以下几个问题：

- ❑ 你希望通过 AIGC 实现哪些功能？例如，你是想用 AIGC 生成一份数据分析报告，还是制作一张数据可视化图表等。
- ❑ 你希望 AIGC 生成的内容具备什么特点或要求？例如，你想生成的数据分析报告属于什么类型、领域，有何长度和结构等方面的要求。
- ❑ 你计划在什么场景下使用 AIGC 生成的内容？例如，你是打算将 AIGC 生成的数据分析报告用作商业决策依据、学术研究成果，还是教学材料的示例等。

一旦明确了上述问题，你就可以使用这些要素来让 AI 生成一份关于电商用户行为分析的报告，提示指令示例如下：

[ChatGPT] 2/14/1　我想让你担任数据分析师。你的任务目标是生成一份关于电商用户行为分析的报告，该报告将分析用户的购买行为、消费偏好、流失原因等方面，并提供数据支持和建议。这份报告需要包括摘要、引言、方法、结果、讨论和结论等部分。报告完成后，它将提供给电商平台运营者或市场研究者使用，以提高用户满意度和留存率。报告的预计长度为 3000 字。

2.6.2　任务分解：拆解大型、复杂任务

任务分解是一种将复杂或庞大的目标任务拆分成小的、可操作的子任务的方法。这种方法有助于 AI 更好地理解和完成任务。在 Prompt 中，任务分解应该明确每个子任务的目标，以及它们之间的逻辑关系。同时，由于 AI 对于每次的 Prompt 输入和输出都有字数限制，因此任务分解可以避免信息丢失或混乱，并且有利于分批次的输入和输出。为了帮助你更好地进行任务分解，你可以参考以下几个问题：

❑ 你的目标任务是什么？这是进行任务分解的出发点，也是评估 AI 输出结果的依据。例如，你的目标是用 AI 生成一份关于电商用户行为分析的报告。

❑ 你可以将目标任务拆分成哪些子任务？这是任务分解的核心步骤，也是指导 AI 输入和输出的关键。例如，你可以将生成数据分析报告的任务拆分为获取数据、清洗数据、分析数据、可视化数据、撰写报告等子任务。

❑ 你如何组织和安排子任务之间的顺序和关系？这是任务分解的后续步骤，也是优化 AI 输出效果的重要因素。例如，你可以根据子任务之间的依赖性和先后性，确定合理的执行顺序和输入输出关系。你也可以根据子任务之间的相似性和复杂性，确定适当的合并或拆分方式。此外，你还可以根据子任务的重要性和难易程度，合理分配时间和资源。

根据上述任务分解建议，围绕"生成一份电商用户行为分析报告"的任务，你可以这样来依次撰写提示指令：

[ChatGPT] 2/15/1　我想让你担任数据分析师。你的任务目标是生成一份关于电商用户行为分析的报告。由于该任务比较复杂，我将把它分为五个阶段依次完成。
第一阶段　获取数据：从电商平台获取与用户购买行为、消费偏好、流失原因相关的数据。
第二阶段　清洗数据：对获取的数据进行去重、处理缺失值和异常值等操作。
第三阶段　分析数据：使用描述性统计、相关性分析、聚类分析等方法对清洗后的数据进行分析，提取有价值的信息。
第四阶段　可视化数据：将分析结果以柱状图、饼图、散点图等形式进行图形化展示。
第五阶段　撰写报告：根据可视化结果，撰写报告正文，提供数据支持和建议。
接下来，我们将分别完成每个阶段的任务，具体任务细节会在后续每个对话中输入。当每个阶段的任务完成后，我会提示你"本阶段任务已完成"。你在收到该提示后，才能进入下一个阶段。如果你理解并确认上述信息，请回复"我已了解！"。
[ChatGPT] 2/15/2　首先，我们进入第一阶段"获取数据"。本阶段……
……
[ChatGPT] 2/15/10　本阶段任务已完成。我们进入第二阶段"清洗数据"。本阶段……
……
[ChatGPT] 2/15/15　本阶段任务已完成。我们进入第三阶段"分析数据"。本阶段……
……

[ChatGPT] 2/15/19　本阶段任务已完成。我们进入第四阶段"可视化数据"。本阶段……

……

[ChatGPT] 2/15/21　本阶段任务已完成。我们进入第五阶段"撰写报告"。本阶段……

……

这些提示指令基本按照我们在大型项目工作流程中的顺序展开。同时，不同子任务之间的组织方式和逻辑要求列举如下。

❑ 执行顺序：按照获取数据→清洗数据→分析数据→可视化数据→撰写报告的顺序依次执行。

❑ 输入输出：每个子任务的输出作为下一个子任务的输入，最终输出为报告文档。

❑ 合并拆分：根据需要，可以将获取数据和清洗数据合并为一个子任务，也可以将撰写报告拆分为撰写摘要、引言、方法、结果、讨论、结论等更加细分的子任务。

❑ 时间资源：根据每个子任务的重要性和难易程度，可以适当地增加或减少工作难度，以便于按照预期获得 AIGC 内容。

2.6.3　交互反馈：基于正负向反馈的优化

交互反馈包括正向反馈和负向反馈两种形式。在对话中提供交互反馈至关重要，这有助于 AI 纠正不正确的概念或信息，并提供正确的反馈。在进行交互反馈时，需要明确指出错误并提供正确的信息，以便 AI 进行"训练"。为了帮助你提供更有效的交互反馈，可以参考以下原则。

❑ 保持友好和礼貌：在提供交互反馈时，避免使用过于严厉或贬低的语气，以免引发对抗情绪。可以使用积极或中性的词语，如"不错""很好""不太对""有点问题"等，来表达评价和态度。

❑ 说明错误和原因：在提供交互反馈时，明确指出 AI 输出的错误，并尽可能说明错误的原因。这有助于 AI 理解错误，并避免重复相同的错误。使用连接词，如"但是""因为""所以"等，构建逻辑关系，并使用例子或引用来支持观点和建议。

❑ 提供正确和改进的信息：在提供交互反馈时，提供正确和改进的信息，并尽可能解释信息的来源和依据。这有助于 AI 学习正确和改进的知识，提高输出质量。使用提示词，如"其实""正确的是""更好的是"等，引导 AI 学习新的信息，并使用数据或证据验证信息。

例如，你希望 AI 生成一份关于电商用户行为分析的报告，但 AI 输出了一份关于社交媒体用户行为分析的报告，可以进行以下交互反馈：

[ChatGPT] 2/16/1　你好，ChatGPT，非常感谢你的输出。我注意到你生成了一份关于社交媒体用户行为分析的报告，但我实际上需要一份关于电商用户行为分析的报告。

[ChatGPT] 2/16/2　你在报告类型上出现了错误，可能是因为我没有明确且清晰地传达我的需求，或者你在理解任务时产生了偏差。电商用户行为分析和社交媒体用户行为分析属于两个不同的领域，它们具有不同的目标、方法和指标。

[ChatGPT]　2/16/3　*如果你对报告类型不确定，请直接与我确认。一份正确的电商用户行为分析报告应包括以下几个方面：用户来源、行为分析、消费偏好、转化效果、流失原因等。请按照这个思路重新生成一份电商用户行为分析报告，谢谢。*

2.6.4　让 AI 提问：引导模型主动提问

在 AIGC 交互中，通常我们提出问题，让 AI 回答。然而，在某些情况下可以反过来，让 AI 提出问题，然后我们回答，最后让 AI 根据我们的答案生成内容。这样做可以增加 AI 和用户之间的互动性和灵活性，也有助于 AI 更好地了解用户的需求和偏好。为了帮助你让 AI 提问，可以参考以下原则。

❑ 设定目标和范围：在让 AI 提问之前，你需要设定明确的目标和范围，告诉 AI 你希望生成什么样的内容，并说明你可以回答哪些问题。

❑ 选择合适的问题类型：在让 AI 提问时，根据所需内容的特点和要求选择合适的问题类型，可以是开放式，也可以是封闭式。开放式问题可以让你提供更多信息和细节，但可能需要更多时间和思考；封闭式问题可以让你快速选择或确认一些信息和选项，但可能会限制你的创造性和灵活性。

❑ 回答问题并给出反馈：在回答 AI 提出的问题时，尽可能清晰、准确、完整地回答，避免使用模糊、歧义或错误的信息。同时，你还可以给出一些反馈，告诉 AI 你对其提出的问题的看法和评价，以及你对生成内容的期望和建议。

例如，你希望 AI 生成一份关于电商用户行为分析的报告，可以进行以下指令交互让 AI 提问并了解你的需求。

[ChatGPT]　2/17/1　*我需要一份关于电商用户行为分析的报告。你可以先向我提出一些问题，然后根据我的回答来生成报告。你提出的问题应仅涉及与电商用户相关的话题。*

[ChatGPT]　2/17/2　*你可以提出一些开放式问题，例如询问我"你想分析电商用户的哪些方面？"，或者你也可以限定问题的范围，例如具体问我"你是否有特定的分析角度，比如购买行为、流失原因等。"。*

[ChatGPT]　2/17/3　*我希望分析电商用户的购买行为和消费偏好，以及它们与用户流失之间的关系。这是一个非常重要的问题，可以帮助确定我的分析目标和范围。*

2.6.5　控制上下文：合理管理对话信息量

控制上下文的交互非常重要。对话控制有两个关键方面：一方面，它可以控制上下文中的信息量，有助于 AI 将有效信息纳入内容生成过程，更好地理解任务并提供更准确的结果；另一方面，在 API 等应用中，对话期间的信息量与费用紧密相关，对话内的信息量越大，对应的费用也越高。为了控制上下文的交互，你可以参考以下原则。

❑ 确定对话目标和范围：在开始对话之前，你需要明确对话的目标和范围，告诉 AI 你想要实现什么功能，并说明你可以提供或接收哪些信息。

❑ 保持对话连贯和简洁：在进行对话时，你需要保持对话的连贯性和简洁性，尽量避免使用模糊、歧义或错误的信息，以及跳跃、重复或冗余的信息。这可以避免 AI

产生混乱或误解，同时提高对话的效率和质量。
- ❑ 结束对话并给出反馈：在结束对话时，你需要结束对话并给出反馈，告诉 AI 你是否对输出结果满意，以及对其表现和改进的评价和建议。这可以帮助 AI 学习和优化内容生成能力，并提高输出质量。

例如，你希望 AI 生成一份关于电商用户行为分析的报告，可以进行以下控制上下文的交互：

```
[ChatGPT]  2/18/1  你需要生成一份关于电商用户行为分析的报告。在接下来的两个对话中，我会分别提
供报告背景和报告数据。请你结合对话中的所有信息，生成完整的数据分析报告。
[ChatGPT]  2/18/2  报告背景：每月公司都会进行经营状况盘点，盘点时需要涉及电商用户行为分析的主
题。该主题需要包括新客拓展、销售趋势、流失情况、转化效果等方面。通过该报告，业务方能够明确
当月的经营状况、业务成功与不足，为下一步业务优化提供数据支持与决策建议。
[ChatGPT]  2/18/3  报告数据：以下是 Markdown 格式的报告数据。
| date        | 新客占比 | 用户量 | 销售额   | 流失率 | 转化率 |
|-------------|----------|--------|----------|--------|--------|
| 2022-11-20  |   60%    | 56305  | 7387240  |  88%   |  71%   |
| 2022-11-21  |   26%    | 39856  | 11228491 |  28%   |  96%   |
...
```

2.6.6 引导、追问和连续追问：优化对话交互

引导、追问和适度的连续追问是帮助 AI 更好地理解任务并提供准确结果的有效方法。通过引导和追问，AI 能够深入了解任务的要求、细节和用户需求，从而生成更准确、更完整的内容。连续追问还可以帮助 AI 完善和优化生成的内容，检查和纠正错误。但是需要注意避免过度追问，以免偏离对话主题，生成无效的内容。

举例来说，你通过与 AI 对话获得提升数据分析师技能的三种方法，并得到以下回复：

```
[ChatGPT]  2/19/1  你可以通过如下三种方式来提升分析师技能：1）持续学习和培训，包括参加专业培
训和阅读相关文献，以更新知识和技能；2）通过实践和项目经验来应用数据分析技术，提升解决问题
和数据分析的能力。3）寻求反馈并持续改进，包括与同事和业务合作伙伴交流以获得反馈，并通过行
业组织和网络来学习最佳实践和经验。
```

在不同的场景下，你可以进行如下追问。
- ❑ 追问场景一 如果你对第一条的理解有歧义，你可以继续追问："你提到的第一种方法的专业培训指的是线下培训班、线上课程还是其他培训方式？"
- ❑ 追问场景二 如果你想要获得更多建议，你可以继续追问："能否再列出更多提升分析师技能的方法？"
- ❑ 追问场景三 如果你对第三条建议感兴趣，想要了解更多详细信息，你可以继续追问："能否就第三条建议详细介绍一下，例如参加哪些行业组织、利用哪些网络或媒体、如何与同事和合作伙伴交流？"

通过这样的追问，你可以进一步获取所需的信息，并与 AI 进行更有效的交流。

2.6.7　语言简明扼要：语言表达精炼

精炼的语言表达在编写 Prompt 时非常重要，它应该保持简明扼要，但不会丢失要点。这样可以帮助 AI 更好地理解任务，并提供准确的结果。在编写 Prompt 时，我们应该尽可能清晰、简洁地传达信息，避免使用复杂或模糊的语言和结构。

举例来说，假设我们想要 AI 对一个包含学生信息和成绩的数据集进行统计和可视化。以下是三种不同的 Prompt 示例。

- ❏ 恰到好处的 Prompt："对 student.csv 数据集进行数据分析，计算每门课程的平均分、最高分、最低分，并绘制柱状图显示每个学生的总分排名。"
- ❏ 过于简单的 Prompt："分析数据。"
- ❏ 过于冗长的 Prompt："我想要对一个数据集进行数据分析，这个数据集是一个 csv 文件，里面有很多学生的信息和成绩，我想要知道每门课程的平均分、最高分、最低分是多少，还想要看看每个学生的总分是多少，谁的总分最高，谁的总分最低，然后我想要用一个柱状图来显示这些信息，这样我就可以更直观地看到每个学生的表现。"

对比分析三种 Prompt 的特点及影响如下：

- ❏ 恰到好处的 Prompt 能够清晰地表达我们的需求，既不缺少必要的信息，也不包含多余的信息。这样可以帮助 AI 更好地理解任务，并提供更准确和有效的结果。
- ❏ 过于简单的 Prompt 缺少很多必要的信息，如数据来源、数据类型、数据目标等。这样会导致 AI 无法理解任务，或者生成一些不符合我们需求的结果。
- ❏ 过于冗长的 Prompt 包含很多多余的信息，如文件格式、信息内容、需求原因等，甚至带有很多口语化的烦琐表述。这样会导致 AI 接收到过多的信息，而不一定能提高信息的质量，甚至可能干扰 AI 理解任务，生成一些无效或错误的结果。

2.6.8　使用英文 Prompt：借助英文提升质量

使用英文 Prompt 可以提升 AI 生成内容的质量。这是因为 AI 生成内容的质量与训练集（语料库）的质量密切相关。目前，ChatGPT 和 New Bing Chat 的主要训练语料库都是基于英文的，中文语料库的占比非常少。

在某些场景或功能下，英文语料库相比其他语言的语料库更加丰富，质量更高。因此，使用英文 Prompt 能够激发 AI 生成更高质量的内容。此外，使用英文 Prompt 还能更准确地表达任务的意图，帮助 AI 更好地理解任务，避免翻译和语言带来的歧义和误解（例如中译英的宫保鸡丁、夫妻肺片），并提供更好的一致性和可重用性。

英文 Prompt 在以下场景中的优势更加明显。

- ❏ 科技和创新领域：英文是科技行业的主要工作语言，许多新技术、创新概念和技术规范都是以英文发布和讨论的。在与 AI 进行科技研发、技术解决方案设计或创新项目交互时，使用英文 Prompt 可以更好地表达相关技术要求和领域专业知识。
- ❏ 软件开发和编程：英文是编程领域的通用语言，大多数编程语言和工具的文档和资源都是以英文为主。因此，在与 AI 进行编程相关的交互时，使用英文 Prompt 可以更准确地表达代码逻辑、命令和需求，避免翻译带来的误解和歧义。

❑ 商业和市场营销：国际商务和市场营销通常使用英文作为主要的商业语言。在与 AI 进行商业分析、市场研究或广告创意等相关交互时，使用英文 Prompt 可以更好地与行业标准和市场潮流保持一致，提高交流效果。

❑ 学术论文写作和研究学习：许多学术论文、期刊都是用英文发表的，学术会议都是用英文进行交流的。在与 AI 进行学术写作或研究学习相关的交互时，使用英文 Prompt 可以更好地对齐学术语言和要求，促进准确和专业的表达。

❑ 法律和合规性：英文是国际法律和合规性标准的通用语言。在与 AI 进行法律咨询、合规性评估或法律文件起草等相关交互时，使用英文 Prompt 能够更好地对齐法律术语和法律要求，确保准确的法律表述和解释。

2.6.9　输入结构化数据：让 AI 充分理解数据

在进行数据工作时，我们通常需要输入结构化数据。有两种常见的方式进行输入：文本描述和 Markdown 格式。

文本描述是一种常用的方式，通过文字描述数据的特征、字段和属性。这种方式适用于简单的数据集或者只需描述几个关键要素的情况。

示例一：假设我们有一个有关客户量的数据集，包括日期和客户量。我们可以使用文本描述输入方式，如下所示：

```
[ChatGPT] 2/20/1  有两列数据，第一列是日期，第二列是客户量。数据样例如下：
日期：10-1
客户量：417654
```

示例二：我们也可以使用另一种方式，直接表达出数据结构。

```
[ChatGPT] 2/20/2  有两列数据，第一列是日期，值为 10-1，10-2；第二列是客户量，值为 417654，
91120。
```

第二种输入结构化数据的方式是使用 Markdown 格式。Markdown 提供了一种简洁而灵活的语法，用于在文本中定义表格和列表，从而更好地组织和展示结构化数据。

示例：对于上述销售数据集，我们可以使用 Markdown 格式输入方式。

```
[ChatGPT] 2/20/3  有两列数据，第一列是日期，第二列是客户量。Markdown 格式的数据样例如下：
| 日期    | 客户量   |
|-------|--------|
| 10-1  | 417654 |
| 10-2  | 91120  |
```

2.6.10　提供参考信息：确保信息完整性

在进行数据工作时，为了确保信息的完整性，某些 AI 产品支持通过外部链接和引用的

方式提供详细的参考信息。通过外部链接，我们可以将相关的参考信息指向一个特定的网页或文档，以便用户进一步查阅相关细节。这种方式特别适用于复杂的数据工作，涉及大量详细信息的参考资料和说明文档。

下面的示例展示了如何通过引用一个互联网公开网页来让 AI 解释其中涉及的模型或算法。

> [ChatGPT]　2/21/1　请介绍该网页中涉及的所有算法 https://www.dataivy.cn/article/2015/1/10/98.html。

> **注意**　要使用这种引用方式，需要保证 AI 能够联网，且网页的信息是可以公开被访问的。

2.6.11　增加限制：避免输出宽泛内容

为了确保与 AI 的交互过程更加专业、准确和有效，我们可以通过限制的方式避免生成过于宽泛的内容，并规范输出范围。这种限制条件可以应用于原始数据源、数据推理以及内容输出阶段，以确保整个 AI 交互过程的可控性和可靠性。

在与 AI 的交互中，我们可以通过以下方式进行限制。

❏ 原始数据源的限制：通过选择特定的数据源，我们可以限制 AI 的输入范围、条件、状态等。这样做可以确保 AI 只使用与特定任务相关的数据。

❏ 数据推理的限制：在数据分析和推理过程中，我们可以使用预定义的逻辑、规则、方法、算法、模型来限制数据的处理和解释。通过确定合适的数据处理步骤和分析方法，我们可以确保 AI 在推理过程中按照特定的规则和准则进行操作。

❏ 内容输出的限制：我们可以在 AI 生成内容的输出阶段应用限制条件，以确保生成的内容具有特定的格式、风格或特征。通过明确要求生成内容的特定要素，如格式、风格、数据可视化类型等，我们可以确保生成的内容符合预期。

例如，在使用数据可视化 API 时，我们可以在 Prompt 中对不同阶段进行限制。

❏ 数据源：从 https://www.kaggle.com/ 上选择一个关于电商销售数据的数据集，以确保 AI 使用合适的数据源进行分析和生成。

❏ 数据推理：对数据集进行数据清洗，删除空值和重复值；对数据集进行数据分析，计算每个月的销售额和利润；对数据集进行数据建模，建立一个预测未来销售趋势的模型，以确保 AI 在数据处理和分析过程中按照特定的步骤和方法进行操作。

❏ 内容输出：生成一张折线图，显示每个月的销售额和利润，并用虚线表示未来三个月的预测值；图表使用蓝色和绿色表示销售额和利润，图表有清晰的标题、坐标轴和图例，以确保生成的图表满足特定的格式、风格和要求。

2.6.12　明确告知 AI：不知道时请回答"不知道"

在与 AI 的交互中，我们可能会遇到一些 AI 无法回答的问题，例如缺乏数据支持或超出 AI 能力范围的问题。当面对这种情况时，AI 可能会尝试通过推断或猜测来生成答案，但这可能导致答案的不准确或误导性。为了避免这种情况，我们应该在 Prompt 中明确告知 AI，如果它不知道某些领域的知识或结论，请直接回答"不知道"。这样可以让 AI 建立明确的知识边界，只输出它确实了解的内容，避免输出不确定或不可靠的信息，从而提高内容的质量和信任度。

举例来说，如果我们想要预测明年企业的经营状况，包括利润、成本、市场份额等指标，我们可以在 Prompt 中加入以下指示："如果你对某个指标的预测值不清楚，请回答：'不知道'！"。通过这样的提示，AI 就能够识别出一些无法预测或不确定的指标，并按照我们的要求回答："不知道！"

2.7 精调 Prompt 示例：引爆 AIGC 优质内容

在大多数情况下，我们无法在每一次输入 Prompt 之后，就立即得到预期内容。因此，Prompt 精调是使用 AIGC 过程中必不可少的步骤。我们可以通过一些 Prompt 优化示例，帮助读者了解如何通过精调 Prompt 来提高 AIGC 生成内容的质量和效果。

精调是一个迭代的过程，目的是通过不断调整和优化提示，让模型生成更准确、相关和符合预期的内容。为了实现这个目的，需要对生成结果进行仔细的分析和评估，以指导下一轮迭代的优化工作。精调的一般步骤如下。

❑ 初始设置和定义任务目标：在精调之前，要明确任务目标和生成内容的要求，包括内容的类型、长度、风格、领域知识等。

❑ 初始 Prompt 设计：根据任务目标，设计一个初始 Prompt 作为模型输入的起点。初始 Prompt 应该包含一些相关的信息，引导模型生成相应的内容。

❑ 生成结果分析和评估：根据初始 Prompt 生成的内容，分析和评估生成结果。要检查生成内容是否准确、完整、一致和相关，是否符合预期的要求。

❑ 优化 Prompt：根据生成结果优化 Prompt，使其更好地引导模型生成期望的内容。可以从修改、扩展或精确初始 Prompt 等方面对 Prompt 进行优化，以增强它的指导性和明确性。

❑ 迭代优化：通过反复地生成、分析和优化，逐步改进和优化生成结果。在每一轮迭代中，根据生成结果和评估，反复优化提示，逐渐接近期望的内容输出。

❑ 精细调整和验证：在最后几轮迭代中，进行更加精细的调整和验证。这包括微调提示的细节、控制生成长度和细节，以及通过人工审核或评估系统验证生成结果的质量。

2.7.1 逐步启发和引导式的 Prompt 精调

逐步启发和引导式的 Prompt 精调是一种通过逐步提供具体指导和要求的提示语句或问题，引导模型逐步生成更准确的内容的方法。该方法强调使用逻辑有序、由整体到细节、由简单到复杂的提示语句或问题，以逐步引导模型生成所需内容。

以下是一个示例任务，旨在生成一份详细的销售报告，包括销售数据、趋势分析和市场前景预测。

步骤 1：数据获取的 Prompt。

> [ChatGPT]　2/22/1　*请生成一份包含最近三个月销售数据的报告，其中包括销售额和销售渠道。*

在初始提示的基础上，引导模型生成特定的时间范围和销售数据类型，以限定报告的内容。这有助于确保生成的报告仅包含所需的最近三个月的销售数据。

步骤 2：初步分析的 Prompt。

> [ChatGPT]　2/22/2　*请在报告中提供每个销售渠道的销售额和销售量的分布图表，并比较各渠道之间的销售情况。*

通过引导模型生成图表和比较不同销售渠道之间的数据，进一步细化了报告的要求。这样可以提供更具体的信息，以更好地分析销售情况。

步骤 3：趋势分析的 Prompt。

> [ChatGPT]　2/22/3　*请在报告中分析销售数据的趋势，包括月度销售额和销售量的变化，以及销售额和销售量的年度增长率。*

引导模型分析销售数据的趋势，并计算月度销售额和销售量的变化，以及销售额和销售量的年度增长率。通过这样的分析，我们能够得出对销售趋势的深入洞察。

步骤 4：销售预测的 Prompt。

> [ChatGPT]　2/22/4　*请根据销售数据的趋势和市场情况，提供对未来三个月销售的预测，并给出相关的市场前景分析。*

引导模型结合销售数据的趋势和市场情况，进行未来三个月销售的预测，并提供相关的市场前景分析。这样能够提供对未来销售发展的深入洞察以及针对性的建议。

🎯 提示　在 Prompt 中，我们可以用"让我们逐步思考"或者"Let's think step by step"作为引导语，来指导我们按照关键问题的思路进行分析和解答，最佳用法包括明确问题、列举关键步骤、引导逻辑推理、考虑不同观点和解决方案，并强调系统性和结构性思考。这样的实践可以帮助建立有条理且高效的思考流程，为解决问题提供针对性和全面性的指导。

2.7.2　从广泛到收缩的 Prompt 精调

从广泛到收缩的 Prompt 精调是一种优化模型的方法，它通过先设定宽泛的条件，然后逐步收缩和筛选，以获得高质量的答案。

有两种方法可以激发模型的多样性和创造性：

❑ 提供多个提示选项、要求多个方面的描述或提供多个场景等，然后从模型生成的多个答案中选择一个较好的答案作为初始结果，作为进一步优化的起点。

❑ 不限制模型的思考范畴，在初始 Prompt 中让模型发散地提供更多观点，然后从这些观点中选择或融合一个更加聚焦的方向，展开深入讨论。

以下是一个示例任务，旨在生成一份关于用户购买行为的报告。

步骤 1：广泛的 Prompt（发散性思考）。

> [ChatGPT] 2/23/1　请生成一份关于用户购买行为的报告。

在初始步骤中，初始的 Prompt 非常广泛，没有限制模型的思考范围。这样可以激发模型以发散的方式提供关于用户购买行为的各种想法和观点。例如，模型可能会涉及用户行为分析、购物偏好、消费趋势等方面。

步骤 2：筛选和收缩的 Prompt（收敛性思考）。

> [ChatGPT] 2/23/2　请生成一份关于在线电商平台用户的购买行为分析报告，重点关注用户购买决策的因素和购买频率。

在这一步中，我们通过筛选和收缩的方式将初始的广泛 Prompt 限定为特定的领域和问题。我们选择关注在线电商平台用户的购买行为，并明确指定重点关注用户购买决策的因素和购买频率。这样可以使模型生成的结果更加聚焦和具体。

步骤 3：更具体的要求的 Prompt（精确性思考）。

> [ChatGPT] 2/23/3　请生成一份关于某在线电商平台用户购买行为的分析报告，包括用户的购买决策因素、购买频率、购物车转化率和复购率等指标的统计数据和趋势分析。

在这一步中，我们进一步细化了对模型生成结果的要求。我们明确指定了关注的在线电商平台、具体的用户购买行为指标（购买决策因素、购买频率、购物车转化率和复购率），以及需要包括的统计数据和趋势分析。通过这种精确性思考，我们可以获得更具体和详细的分析报告。

2.7.3　利用反转角色的 Prompt 精调

利用反转角色的 Prompt 精调是一种以反转角色的方式引导模型生成内容的方法。这种方法可以使内容更专业，符合书面表达风格，并激发模型从不同的视角思考问题，生成更具创意的输出。通过这种方式，我们可以扩展模型的思维，激发其多角度思考问题，并生成更独特和创新的输出。这种方法给创作、决策和问题解决等领域提供了新的思路和观点，推动创新和创造力的发展。

以下是一个示例任务，旨在分析某电商平台的销售数据，并希望得到可行的市场行动建议和实施方案。

步骤 1：初始角色的数据洞察。

> [ChatGPT] 2/24/1　请以数据科学家的身份，对某电商平台的销售数据进行分析。

在初始步骤中，我们要求模型以数据科学家的角色进行分析。这种反转角色的方式可以激发模型以数据科学家的视角思考问题，考虑数据处理、特征提取、模型建立等方面。

步骤 2：反转角色的数据洞察。

> [ChatGPT] 2/24/2　请以 [某电商平台] 消费者的身份，陈述用户的购买偏好和购买趋势。

在这一步中，我们通过优化 Prompt，要求模型以消费者的角色来分析销售数据。我们明确指定重点关注用户的购买偏好和销售趋势，引导模型从消费者的角度出发，分析数据并提供与消费者需求相关的见解。

步骤 3：再次转换身份的洞察。

> [ChatGPT]　2/24/3　请以市场营销经理的身份，解释某电商平台的销售数据，并提出改进市场推广策略的建议。

在这一步中，我们调整 Prompt，要求模型以市场营销经理的角色解释销售数据，并提出改进市场推广策略的建议。通过反转角色，模型可以从市场营销的角度出发，分析数据并提供关于市场推广的见解和策略建议。

步骤 4：最后一次转换身份的策略执行和监测。

> [ChatGPT]　2/24/4　请以运营经理的身份，制定某电商平台的销售数据分析计划，并设计一套指标体系进行数据监测和评估。

在这一步中，我们优化 Prompt，要求模型以运营经理的角色制定销售数据分析计划，并设计一套指标体系用于数据监测和评估。通过反转角色，模型可以从运营经理的角度思考问题，制定数据分析策略和监测指标，为电商平台的运营决策提供指导。

2.7.4　基于少样本的先验知识的 Prompt 精调

基于少样本的先验知识的 Prompt 精调是一种利用有限的先验知识来引导模型生成内容的方法。通过提供一些关键的先验信息或样本示例，可以帮助模型更好地理解和生成符合特定要求的内容。

以下是一个优化示例，演示如何使用少样本的先验知识来进行 Prompt 精调。

步骤 1：收集先验知识。

在这个步骤中，我们收集与数据分析任务相关的先验知识。例如，我们可能收集到了有关数据清洗、特征工程和模型选择的一些关键知识。

步骤 2：设计初始 Prompt。

> [ChatGPT]　2/25/1　请根据给定的销售数据，基于以下先验知识生成一份分析报告。
> 先验知识 1：数据清洗是分析的第一步，包括去除重复、处理缺失值和异常值等。
> 先验知识 2：特征工程是提取有意义特征的重要环节，可以利用统计方法、领域知识等进行特征构建。
> 先验知识 3：在选择模型时，要考虑问题的特点、数据的分布等因素，选择合适的算法和评估指标。

在初始 Prompt 中，我们明确提供了一些关键的先验知识作为引导。这些先验知识涵盖了数据清洗、特征工程和模型选择的重要步骤，可以帮助模型更好地理解和生成分析报告。

步骤 3：迭代优化。

在这一步中，我们根据模型生成的结果和先验知识的关联性进行迭代优化。

- ❏ **分析模型生成结果**：仔细分析模型生成的分析报告，与先验知识进行对比和评估。
- ❏ **识别不准确或缺失的内容**：确定模型生成结果中可能存在的不准确、不完整或缺失的内容，比如数据清洗步骤的遗漏、特征工程中的问题等。
- ❏ **优化 Prompt**：根据识别的问题和缺点，调整初始 Prompt，引入更具体、更相关的先验知识，以指导模型更好地生成分析报告。
- ❏ **进行多次迭代**：重复上述步骤，持续优化 Prompt，使模型生成的分析报告更符合先验知识和特定要求。

步骤 4：引入人类辅助。

如果模型生成的结果与先验知识还存在较大的差距，可以引入人类辅助来提供更精确的引导。人类可以根据先验知识提供更具体的指令、示例，以帮助模型更好地理解和生成分析报告。

2.7.5　基于调整模型温度参数的 Prompt 精调

基于温度参数控制模型生成结果的多样性。较高的温度值会增加生成的随机性，使得模型更具开放性和创造性，但可能会导致生成的结果更不确定或不准确。较低的温度值会减少生成的随机性，使得模型更加确定和保守，但可能会导致生成结果较为单一和刻板。

ChatGPT 提供了多种模型，它们的温度参数（temperature 设置）不尽相同。这个参数可以控制生成输出的随机性，取值范围为 [0, 2]，其中 0 表示随机性最低，2 表示随机性最高。对于对话相关的模型，如 ChatGPT 免费版 gpt-3.5-turbo，默认值是 1。如果要用这些模型处理数据工作，建议降低温度参数，以提高结果的准确性和客观性。

以下是一个进一步优化的例子，展示如何根据任务需求和目标来调整温度参数。

步骤 1：确定任务需求和目标。

首先，明确你的数据工作方向和任务目标。例如，你的任务是在 New Bing Chat 中生成对话，需要在回复中平衡多样性和准确性。

步骤 2：设定初始温度参数。

在 Prompt 中设置初始温度参数，以控制生成结果的多样性。可以使用适中的温度值，例如 0.8，以平衡生成结果的多样性和准确性。在 Prompt 中加入以下提示：

[ChatGPT] 2/26/1　我想让你用 0.8 的温度来调整你的输出风格。

步骤 3：生成和评估结果。

使用设定好的温度参数生成一批对话回复。对生成的结果进行评估，包括回复的多样性、准确性和连贯性。根据评估结果，判断是否满足了任务需求和目标。

步骤 4：调整温度参数。

根据评估结果，决定是否需要调整温度参数。如果生成的结果过于随机或不准确，可以适度降低温度参数，例如 0.6，以减少生成结果的随机性并提高准确性。在 Prompt 中加入以下提示：

> [ChatGPT] 2/26/2：我想让你用 0.6 的温度来调整你的输出风格。

步骤 5：重新生成和评估结果。

使用调整后的温度参数再次生成一批对话回复，并对结果进行评估。检查生成结果是否更符合任务需求和目标，是否达到了预期的多样性、准确性和连贯性。

> 💡提示 在 New Bing Chat 中，只需要在创建新会话时，通过更换聊天风格即可实现三种风格的输出；但是直接通过 Prompt 交互，能够更灵活地控制创造性与稳定性的平衡度。

2.7.6 基于关键问题的 Prompt 精调

关键问题是指利用人类的最佳实践和行业经验，从特定领域或主题中筛选出对目标问题有决定性影响的因素，从而为实现目标任务提供有效的指导。

在 Prompt 中，关键问题的定义模式为："要解决 [目标问题]，我们首先需要思考以下关键问题：[关键问题 1]、[关键问题 2]、[关键问题 3]。"

下面是一个示例，用于说明如何通过引入关键问题来优化 Prompt。

步骤 1：初始 Prompt。

> [ChatGPT] 2/27/1 如何提升新客户购买转化率？

步骤 2：引入关键问题后的 Prompt。

> [ChatGPT] 2/27/2 要解决"如何提升新客户购买转化率"的问题，我们需要先回答以下关键问题，以便深入分析问题的本质和影响因素：
> 1）新客户的需求、购买动机和期望是什么？
> 2）哪些来源渠道对新客户购买转化率有较大的影响？
> 3）哪些促销活动对新客户购买转化率有积极作用？
> 4）新客户对不同类别的商品或服务有何偏好？
> 按照引入的关键问题思路进行回答。

在优化后的 Prompt 中，我们从新客户购买转化的问题中提取出了核心要素，并通过回答这些要素来辅助解决目标任务：

❑ 新客户的需求、购买动机和期望是什么？这将帮助我们确定如何定位和吸引新客户。

❑ 哪些来源渠道对新客户购买转化率有较大的影响？这将帮助我们优化推广策略。

❑ 哪些促销活动对新客户购买转化率有积极作用？这将帮助我们总结出有效的促销策略。

❑ 新客户对不同类别的商品或服务有何偏好？这将帮助我们提供符合他们需求的产品。

根据关键问题的回答，我们可以更全面地理解新客户购买转化率的问题，并为解决方案的制定提供更有深度和专业性的依据。

2.8 Prompt 构建工具：轻松撰写提示词

Prompt 对 AIGC 至关重要。为了方便用户设计和使用 Prompt，有一些工具可以提供强大的辅助功能，帮助用户生成更高效的 Prompt，并提升 AI 生成内容的水平。这些工具不仅可以简化 Prompt 的制作过程，还可以激发用户的创造力，增强用户对模型的理解，从而得到更深入和准确的回答或解决方案。本节我们将介绍这些工具的基本概念、主要功能和简单应用等。

2.8.1 Prompt 构建工具简介

Prompt 构建工具是一种可以帮助用户生成和优化 Prompt 的工具，可以提高 AI 生成内容的质量和效率。Prompt 构建工具可以提供多种功能和服务，让用户更方便地创建和使用 Prompt。举例如下。

❑ 关键词自动生成：根据用户提供的主题或关键词自动产生相关的提示词，减少手动编写的工作量。

❑ 关联词推荐：提供与所选关键词相关的其他词汇或概念推荐，扩展 Prompt 的多样性和创新性，引导用户思考不同的角度和维度。

❑ 句式结构引导：提供各种结构化的模板或示例，引导用户构建清晰、逻辑连贯的 Prompt，帮助用户规范 Prompt 的表达方式，确保生成内容的结构性。

❑ 场景化 Prompt 模板：提供多种类型和风格的 Prompt 模板，让用户可以根据不同的需求和目标选择不同的 Prompt。

❑ 定制化功能：根据用户的需求和应用场景提供定制化的功能，例如针对特定领域或主题的术语推荐、行业经验引导等。

❑ 多样性控制：提供多样性控制的选项，让用户可以调整提示词的多样性程度，平衡生成内容的创新性和准确性。

❑ 上下文引用：根据先前的对话或上下文，引用相关信息并生成相应的提示词，有助于构建基于完整上下文感知的对话系统，使生成的内容更加连贯和一致。

❑ 其他辅助功能：让用户可以更好地理解和控制大语言模型的行为，例如咒语生成、提示工程指南、功能解释等。

❑ AI 集成与调用：某些 Prompt 构建工具还能直接与 AI 工具集成，通过快速生成的 Prompt 直接向 AI 发起指令并完成任务，例如图像生成、搜索集成、绘画等。

2.8.2 New Bing Chat 的提示词构建和引导功能

New Bing Chat 的聊天窗口提供了方便用户构建和引导对话的功能，如图 2-1 所示。

❑ Prompt 引导：对话底部会显示与当前对话最相关的 Prompt 引导问题，用户可以直接点击这些问题，进行下一步的交互，如图中①所示。

❑ Prompt 补全和提示：用户在对话输入框中输入关键字后，New Bing Chat 会根据已输入的文本，给出后续的文本联想，用户可以根据联想词继续输入，或者直接通过"选项卡"完成后续 Prompt 补全，如图中②所示。

图 2-1　New Bing Chat 的 Prompt 构建和引导功能

2.8.3　ChatGPT 第三方客户端工具的 Prompt 模板

ChatGPT 作为 AIGC 领域的先驱，吸引了众多第三方开发者为其开发各种集成工具。这些工具可以分为两类：

❑ 一类是将 ChatGPT 的 Web 页面封装并嵌入本地客户端，核心功能仍然是基于 ChatGPT 的在线对话，用户可以进行登录授权、发起对话等操作。

❑ 另一类是提供了基于 ChatGPT API 的访问方式，用户需要登录 ChatGPT 账户，手动生成 API 密钥，然后在工具中进行相应的设置才能使用 API。

这两类集成工具都支持将自定义的提示词模板同步到工具中，以提供更好的用户体验。下面我们以 https://github.com/lencx/ChatGPT 为例，介绍如何将高质量的提示词模板添加到该工具中。其他工具的使用方法类似。

步骤 1：寻找高质量的提示词模板。

在像 GitHub 这样的网站上，有许多收集高质量提示词模板的目录，如 awesome-chatgpt-prompts、awesome-chatgpt-prompts-zh 等。你可以在这些目录中找到感兴趣的提示词模板。例如，图 2-2 展示了一个较好的提示词模板示例，其中定义了机器学习工程师的角色、任务需求、工作模板以及具体输出说明等详细描述。

> **担任机器学习工程师**
>
> 我想让你担任机器学习工程师。我会写一些机器学习的概念，你的工作就是用通俗易懂的术语来解释它们。这可能包括提供构建模型的分步说明、使用视觉效果演示各种技术，或建议在线资源以供进一步研究。我的第一个建议请求是"我有一个没有标签的数据集，我应该使用哪种机器学习算法？"

图 2-2　机器学习工程师 Prompt 模板

步骤 2：使用工具内置的 Prompt 模板同步功能添加 Prompt 模板

使用工具内置的 Prompt 模板同步功能，可以方便地将提示词模板添加到工具中。以下是具体操作步骤，如图 2-3 所示。

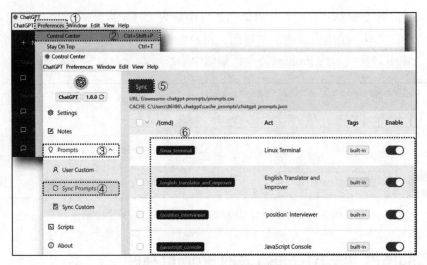

图 2-3　在 ChatGPT 客户端中同步系统 Prompt 模板

1）打开工具，并单击顶部的"Preferences（偏好，图中①）"按钮，然后选择"Control Center（控制面板，图中②）"选项。

2）在打开的新窗口中，单击"Prompts（提示词，图中③）"选项，然后选择"Sync Prompts（同步提示词，图中④）"。

3）在右侧窗口中，单击顶部的"Sync（同步，图中⑤）"按钮。

4）在右侧窗口的面板区域（图中⑥），工具会自动将 awesome-chatgpt-prompts 目录中的所有提示词模板添加到工具中。提示词模板的地址为 https://raw.githubusercontent.com/f/awesome-chatgpt-prompts/main/prompts.csv。

步骤 3：使用自定义 Prompt 模板功能添加 Prompt 模板

除了使用工具内置的 Prompt 模板外，你还可以手动添加自定义的 Prompt 模板，如图 2-4 所示。

图 2-4　在 ChatGPT 客户端中添加自定义 Prompt 模板

1）单击工具界面中的"prompt（提示词）"选项，然后选择"User Custom（用户自定义，图中①）"。

2）在右侧窗口中，单击"Add Prompt（添加提示词，图中②）"按钮。

3）在弹出的窗口（图中③）中，设置以下三个信息：

- ❏ /{cmd}：这是你为该 Prompt 定义的名称。它将在对话框中显示为命令的名称。通常将其命名为适用场景，比如"机器学习"。
- ❏ Act：这是该 Prompt 的角色定义。在这里，你可以将其定义为"机器学习工程师"。该信息将显示在对话框中。
- ❏ Prompt：将步骤 1 中获得的"担任机器学习工程师"完整 Prompt 描述粘贴到该区域。
- ❏ 添加完成后，自定义的 Prompt 模板列表将显示在右侧窗口列表中。

步骤 4：使用 Prompt 模板

在完成步骤 2 的模板同步或步骤 3 的自定义 Prompt 模板后，回到 ChatGPT 客户端的聊天窗口。通过在对话中输入"/"来找到想要使用的 Prompt 模板名称和角色，并根据不同任务需求修改模板的文字描述。下面以步骤 3 自定义的机器学习 Prompt 模板为例，在 ChatGPT 客户端中使用 Prompt 模板的过程如图 2-5 所示。

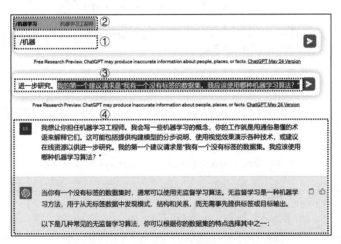

图 2-5　在 ChatGPT 客户端中使用 Prompt 模板

1）找到 Prompt 模板：直接输入所需模板的名称关键字，例如"/机器"（图中①），将出现我们自定义的"机器学习"Prompt 模板（图中②）。

2）加载 Prompt 模板：单击图中②的 Prompt 模板，模板的完整描述将直接输入对话框中，如图中③所示。

3）修改 Prompt 模板：如果需要对具体任务进行修改，直接编辑对话框中的文字即可。例如，在③中，可以直接修改选中的文本。

4）发送 Prompt 指令：将修改或确认后的 Prompt 指令直接发送给 ChatGPT，进行对话交互。最终结果将如图中的④所示。

ChatGPT 客户端工具允许用户自定义常用的 Prompt 模板，并根据个人需求进行相应修改。对于经过精心调整的 Prompt，用户可以直接保存在该工具中，方便以后使用。

2.8.4　ChatGPT Prompt Generator：AI 驱动的 Prompt 构建工具

ChatGPT Prompt Generator 是一款 AI 驱动的 Prompt 构建工具，为用户提供了便捷地生成定制化的 Prompt 的方式。该工具基于 BART 模型，并利用 awesome-chatgpt-prompts 数据集进行训练。

使用 ChatGPT Prompt Generator 的方法非常简单，只需打开 https://huggingface.co/spaces/merve/ChatGPT-prompt-generator，然后输入想要扮演的角色，然后单击"Submit"按钮即可。工具会根据用户提供的信息，自动生成与所选角色相匹配的 Prompt 模板。

例如，假设我们想要生成与数据分析师角色相关的 Prompt。我们在工具界面上输入"Data Analyst"作为角色，然后单击"Submit"按钮，提交成功后，在右侧窗口中，就可以看到与数据分析师角色相关的 Prompt 描述，如图 2-6 所示。

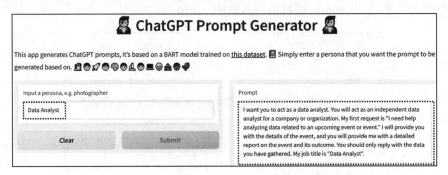

图 2-6　使用 ChatGPT Prompt Generator 生成 Prompt

> **注意**　由于原始的 awesome-chatgpt-prompts 数据集主要是基于英文的，因此在输入角色时最好使用英文。

此外，还有一些基于浏览器插件的提示词构建工具，例如 UseChatGPT.AI 是一款免费的聊天机器人插件，它支持多种 AI 模型，包括 ChatGPT、Bard、Bing Chat 和 Claude 等，以实现 AIGC 的内容交互。有兴趣的读者可以自行学习和尝试。

2.9　常见问题

2.9.1　为什么 Prompt 相同 AIGC 答案却不一样

相同的 Prompt 得到不同的 AIGC 答案，可能由以下因素造成：

❑ AIGC 技术的随机性和不确定性：AIGC 技术使用的 GAN、大语言模型等都是概率分布选择最优结果，因此相同的 Prompt 可能触发不同的概率分布，产生不同的答案。

❑ 产品版本的更新迭代：随着训练数据、AI 算法、训练过程、参数调优等不断更新迭代，相同的 Prompt 可能因为产品版本不同而生成不同的答案。

❑ 用户需求和反馈：AIGC 会以用户需求和反馈为参考，来优化生成内容的质量以及做出内容调整，因此相同的 Prompt 可能因不同的用户反馈而产生不同的答案。

❑ 模型参数设置：AI 算法支持调节多种参数，例如温度参数会影响生成内容的多样性和质量，因此相同的 Prompt 可能因参数设置不同而生成不同的答案。

❑ 对话上下文信息：AIGC 技术考虑完整对话输入的上下文信息，来提高生成内容的连贯性和适应性，因此相同的 Prompt 可能因上下文不同而产生不同的答案。

简而言之，在参数设置不变时，短期的 AIGC 答案变化，主要由 AIGC 技术的随机性和不确定性、用户需求和反馈、对话上下文信息导致；长期的 AIGC 答案变化，还会受到产品版本的更新迭代的影响。

2.9.2　会写 Prompt 就能做数据分析与挖掘吗

现在，许多数据产品和办公软件集成了 AIGC 功能，如 WPS AI、Microsoft 365 Copilot、飞书的 My AI 和 Tableau GPT 等，使我们能够通过编写简单的 Prompt 来生成内容或报告。然而，这并不意味着我们可以直接将其视为替代整个数据分析与挖掘工作的解决方案。

这些数据产品和办公软件提供的功能只是辅助工具，不能取代专业的数据分析与挖掘人员的作用。虽然它们可以快速生成内容或报告，但生成内容或报告的准确性、完整性和可靠性需要经过验证。我们仍然需要对生成的内容进行检查、验证和修正，以确保其与实际数据和业务需求相符。此外，这些功能无法涵盖数据分析与挖掘的所有方面，如数据清洗、数据建模和数据评估等。因此，我们仍然需要运用自己的知识、技能以及其他的技术和工具，进行更深入和全面的数据分析与挖掘工作。

只有通过领域知识和经验，将数据分析结果与实际情况相结合，我们才能为业务决策提供深入的洞察和建议，并实现数据的价值闭环。因此，虽然这些集成了 AIGC 功能的产品和软件提供了便利，但仍然需要专业的数据分析与挖掘人员的参与。

2.9.3　如何避免 Prompt 的内部冲突和矛盾

Prompt 描述文本的内部冲突和矛盾是指描述文本中存在的自相矛盾、逻辑不一致或信息不一致的情形。这些情形可能包括：同时出现否定和肯定、逻辑推理存在错误、不同部分内容的信息不一致、上下文混淆引用等。

Prompt 中的冲突和矛盾会影响 AIGC 的生成内容，可能导致出现误导性的建议或结论、无效的解决方案、不可靠的信息、与事实或常识不符的知识、与需求预期不一致的内容等。

为了解决这些问题，需要采取以下措施避免 AIGC Prompt 的内部冲突和矛盾。

❑ 清晰和明确的指令：确保 Prompt 中的指令和要求清晰明确，避免使用含糊或模棱两可的词语。明确所需的信息、预期的回答格式或所需的解决方案。

❑ 一致的描述和信息：确保 Prompt 中的描述和信息在整个文本中保持一致。避免提供相互矛盾或相互排斥的陈述，确保文本的逻辑连贯和信息的一致性。

❑ 避免歧义和模糊性：避免在 Prompt 中使用模糊、歧义或含混不清的词汇或描述。尽量提供明确具体的细节和要求，以避免引起不必要的解释或误解。

❑ 检查和修正冲突：在创建 Prompt 时，仔细检查文本中是否存在冲突和矛盾。如果发现冲突，需要及时修正或澄清，确保文本中的描述和信息一致。

❑ 预先测试和反馈循环：在使用 AIGC 模型之前，进行测试和反馈循环，以检查生成的文本是否存在冲突和矛盾，并根据测试结果对 Prompt 做出改进。

❑ 引导生成过程：在生成过程中逐步引导 AIGC 模型，确保生成的文本与 Prompt 中的意图一致。可以通过添加特定的提示、限制输出范围或引导模型关注特定方面来达到这个目的。

2.9.4 如何避免 Prompt 的内部歧义和模糊性

Prompt 中的歧义和模糊性是指 Prompt 中使用的词汇、短语或描述具有多个解释或含义，或者缺乏明确的解释或含义，导致读者难以确定其准确的意思或要求。歧义和模糊性有以下区别：

❑ 歧义是指词汇或短语可以被解释为多个不同的含义，造成理解上的不确定性。这可能导致不同的解读，使得模型在生成文本时难以准确理解用户的意图。

❑ 模糊性是指词汇、短语或描述缺乏明确的含义，使得读者无法确切了解所需的具体信息或行动。这可能导致生成的文本缺乏清晰度和准确性，无法满足用户的实际需求。

Prompt 中的歧义和模糊性会影响 AIGC 生成内容的质量，可能导致多个问题，如生成内容不准确、不相关、不一致、不连贯、不清晰、不完整、不可靠或不可信等。

为了避免这些问题，可以采取以下方法：

❑ 明确任务目标：在编写 Prompt 时，要明确表达你希望语言模型完成的任务。使用具体清晰的语言描述你想要的答案，避免使用模糊或含糊不清的术语。

❑ 提供详细上下文：在 Prompt 中提供相关的背景信息、先前对话内容和问题领域等上下文细节，以帮助模型更好地理解你的问题。

❑ 限制生成长度：通过限制生成文本的长度，可以避免模型生成过多无关或模糊的内容。根据问题设置合理的文本长度限制。

❑ 迭代和调整：如果模型生成的回答存在歧义或模糊性，可以多次迭代和调整 Prompt。根据生成结果的反馈，逐步改进 Prompt 的表达方式，以更准确地满足你的需求。

❑ 使用示例和格式化：在 Prompt 中包含示例或格式化的要求，以帮助模型更好地理解你期望的结果。例如，提供样例回答或明确指示模型以特定的格式或结构回答问题。

❑ 使用特定关键词和短语：在 Prompt 中使用特定关键词和短语，让语言模型知道你期望生成的内容类型、风格或领域，避免使用过于通用或模糊的词语。

- ❏ 避免修饰词和限定词：在 Prompt 中尽量避免使用修饰词和限定词，如"很""可能""几乎"等。这些词语会增加含义的不确定性和不准确性。
- ❏ 保持 Prompt 简洁：使用简明扼要的语言表达 Prompt，避免过于复杂或冗余的句子或信息，以减少模型理解难度，生成更准确的回答。

> **注意**　尽管这些方法可以提高避免歧义和模糊性的能力，但是受到训练数据集以及大语言模型自身的影响，很难从根本上完全消除歧义和模糊性。因此，在不同场景下需要通过不断迭代优化和精调 Prompt 来提高 AIGC 生成内容的质量。

2.9.5　在 New Bing Chat 中如何选用合适的对话风格来适应不同的数据分析与挖掘场景

New Bing Chat 提供了精确、创意、平衡三种风格的对话样式可供选择。在数据工作中，针对不同的工作场景，应该如何选择？

精确风格： 用于获取可靠、准确、客观的信息，例如数据清洗和报告任务。Bing 提供基于事实的回答，避免主观意见。例如，你问"这个网页上的数据有多少缺失值？"，Bing 会给出一个具体的数字，而不会给出自己的猜测或推测。

创意风格： 用于获取有趣、富有创意、个性化的信息，例如数据可视化和故事创作任务。Bing 提供富有想象力的回答，包括诗歌、笑话或拟人化描述等。例如，你问"用一句话形容这个网页上的数据"，Bing 可能会给出一个详细的描述，而不会只给出一个简单的概括。

平衡风格： 用于获取平衡、全面、合理的信息，例如数据分析和建模任务。Bing 综合考虑多个因素，提供结合事实和主观的回答，带有数据统计和趋势评价。例如，你问"这个网页上的数据表现如何？"，Bing 可能会给出一个基于数据统计、数据分布、数据趋势等方面的综合评价，而不会只给出一个单一的判断结果。

2.9.6　如何积累高质量 Prompt 并形成知识库

积累高质量的 Prompt 对于提高 AIGC 应用的准确性、生成内容的质量、工作效率和团队协作具有重要意义；同时，它也是个人在 AIGC 等应用领域持续成长和增值的重要支撑。因此，我们应该重视 Prompt 的设计和管理，学习和掌握 Prompt 的相关知识和技能，不断优化和更新 Prompt 的资源库，与其他人分享和交流 Prompt 的经验和成果，提升自己在数据工作中的专业水平和竞争力。

要建立高质量的 Prompt 资源库，可以遵循以下四个步骤：

1）**确定主题和领域，收集相关问题和查询，提炼核心信息和关键词。** 这是建立 Prompt 资源库的基础，你需要明确感兴趣的主题和领域，并从各种来源收集与之相关的常见问题、查询和挑战。然后从这些问题和查询中提取核心信息和关键词，作为构建 Prompt 资源库的基础。

2）**设计多样的 Prompt 模板，利用示例和案例，考虑生成结果的多样性**。这是建立 Prompt 资源库的核心。根据核心信息和关键词，设计多个不同的 Prompt 模板。这些模板应该涵盖不同的问题类型、问题重述、条件限定等。同时，在 Prompt 模板中使用示例和案例来说明期望的回答，以指导模型生成更准确、具体和有用的内容。此外，为了获得多样性的生成结果，可以在 Prompt 模板中引入变量、随机性或不同的指令。

3）**迭代和调整 Prompt 模板，组织和分类 Prompt 资源库，文档化和分享 Prompt 知识**。这是 Prompt 资源库的优化策略。根据模型生成的结果和用户反馈，不断迭代和调整 Prompt 模板。优化模板的表达方式，使其更准确、清晰和易于理解。同时，将 Prompt 模板组织和分类，建立一个结构良好的 Prompt 资源库，可以按主题、领域、问题类型等分类，以便更轻松地检索和使用。此外，将 Prompt 资源库文档化，并与团队、社区或其他利益相关者分享，推动 Prompt 质量提升。

4）**持续更新和改进 Prompt 资源库，以适应不断变化的需求和挑战**。这是 Prompt 资源库持续发展的保障。需要不断更新、改进和添加新的 Prompt 模板，以适应不断变化的需求和挑战。关注最新的数据工作趋势和技术发展，学习和借鉴他人的优秀 Prompt 实践，创新和提升自己的 Prompt 能力。

例如，笔者作为数据分析师，已经开始建立并积累一些高质量的 Prompt 资源库。

❑ 关于主题：笔者会积累包括数据工具、统计分析和算法梳理知识、数据工作方法论、业务和应用场景这几个主题。

❑ 关于模板多样性：对于同一个"问题场景"，会聚焦到最小知识点粒度，然后积累不同的问题模板。以"Excel 数据去重"场景为例，将系统平台、Excel 版本作为基础变量（根据不同的平台可以设置不同的值，例如 Excel 2013、Excel 2016 就体现了不同的版本），按场景细分不同的问题，例如：

○ [系统平台]Excel[Excel 版本] 数据去重包括哪些操作步骤？

○ [系统平台]Excel[Excel 版本] 数据去重如何对全部列去重？

○ [系统平台]Excel[Excel 版本] 数据去重如何只对特定列去重？

○ 我应该如何在 [系统平台]Excel[Excel 版本] 中进行数据去重？

○ 请提供 [系统平台]Excel[Excel 版本] 数据去重的详细指南。

○ 你能告诉我在 [系统平台]Excel[Excel 版本] 中去重数据的最佳实践吗？

○ 有没有快捷键可以用于 [系统平台]Excel[Excel 版本] 中的数据去重？

○ 我在 [系统平台]Excel[Excel 版本] 中遇到了数据去重问题，你能帮助我解决吗？

❑ 关于资源存储方式：笔者个人直接使用 Markdown 文档存储即可，后期将结合更多文本处理工具进行内容检索；对于公司内部的资源，则可以直接基于 Markdown 文档存储到 ES，以便后期方便做海量问题数据的文本检索。同时，还可以根据应用需求存储到向量数据库。

AIGC 辅助 Excel 数据分析与挖掘

本部分旨在阐述 AIGC 技术如何在数据分析与挖掘领域推动 Excel 的创新，为实际数据工作提供强有力的支持。本部分详细介绍了 AIGC 在 Excel 中的关键技巧和应用场景，涵盖了数据管理、处理、分析、展现等。此外，通过 3 个实际数据工作案例，演示了如何充分利用 AIGC 与 Excel 进行全面的数据分析与挖掘，每个案例都提供了详细的操作步骤、解释、结果和分析指南。

Chapter 3 | 第 3 章

AIGC 辅助 Excel 数据分析与挖掘的方法

3.1 利用 AIGC 提升数据分析师的 Excel 技能

在本节中，我们将探讨 AI 如何助力 Excel 提高数据分析能力，让 Excel 成为数据分析师、业务分析师和市场研究人员的进阶利器。具体方式包括：利用 AI 指导 Excel 操作、利用 AI 辅助 VBA 自定义编程、利用 Office AI 在 Excel 中实现对话式数据分析、利用 Copilot 或 AI 插件增强 Excel 功能、利用第三方工具扩展 Excel 应用等。

3.1.1 利用 AI 指导 Excel 操作

在使用 Excel 时，有时候我们可能不知道如何使用它的函数、公式或特定技能。这时，我们可以借助 AIGC，通过简单的自然语言描述，快速获取 Excel 操作的指令或提示。这种方式非常方便，适用于简单、小型任务或数据处理工作。

例如，假设我们需要对 Excel 中 D 列的订单收入数据做归一化处理，提示指令如下：

[ChatGPT] 3/1/1　如果我要对 Excel 中 D 列的订单收入数据进行归一化处理，应该如何编写公式？

ChatGPT 根据我们的提示指令，返回如下操作建议：

要对 Excel 中 D 列的订单收入数据进行归一化处理，可以按照以下步骤编写公式：
1）首先，计算 D 列中的最小值和最大值。假设最小值在单元格 D2，最大值在单元格 Dn（n 是 D 列中的最后一个单元格）。
2）在 E 列（或任何空白列）中，选择与 D 相同的行数，输入以下公式：
$$=(D2-MIN(D:D))/(MAX(D:D)-MIN(D:D))$$
这个公式将使用最小值和最大值来对每个订单收入值进行归一化处理。将其应用到 E 列的每个单元格中，确保范围包含所有要归一化的数据。
3）按住 E 列中的公式单元格，拖动填充手柄（位于单元格右下角）向下填充到 D 列中的最后一个单元格。

4）E 列中的每个单元格现在应该显示归一化后的数值，范围从 0 到 1，表示对应订单收入在整个数据集中的相对位置。

请注意，这个方法假设你的订单收入数据都是数值类型，并且没有空白或错误值。如果有任何非数值或错误值，公式可能无法正确计算。此外，这种归一化方法称为"最小－最大归一化"或"区间缩放"，它将数据线性映射到 0 到 1 的范围内。如果你需要进行其他类型的归一化，可能需要使用不同的公式。

按照 AIGC 的指导，我们复制公式到 Excel 中完成单行数据归一化处理，然后下拉填充整个 G 列完成整列数据归一化处理，如图 3-1 所示。

	A	B	C	D	G
1	产品ID	一级品类	二级品类	订单收入	手动标准化-订单收入
2	PID0098798	保健健康	健身器材	16464	1
3	PID8460080	箱包奢品	电脑数码包	12598	0.764913348
4	PID8468004	服饰鞋帽	女士外套	12433	0.754879903
5	PID4697983	钟表首饰	国产品牌表	8547	0.518577075
6	PID3004690	汽车用品	颈枕/抱枕	6998	0.424384311
7	PID0034694	服饰鞋帽	男士裤子	6529	0.395865005
8	PID3946993	服饰鞋帽	帽子	6529	0.395865005

图 3-1　根据 ChatGPT 提示完成整列数据归一化处理

3.1.2　利用 AI 辅助 VBA 自定义编程

Excel 支持 VBA 和宏操作，让用户可以通过编程实现自动化的数据处理任务。这种方式适合那些需要批量、重复、协调多个流程和步骤的任务，比如复杂的数据处理和分析工作。

例如，我们可以使用 AIGC 给出的 VBA 代码，自动化完成数据归一化处理。提示指令如下：

[New Bing Chat] 3/2/1 在 Excel 中，D 列是"订单收入"，第一行是标题，从第二行开始是具体值。我想用 VBA 对 D 列的数据（从 D2 到最后一个非空单元格）做数据归一化，并把归一化后的结果放在 H 列（从 H2 开始）。请给出完整的 VBA 操作步骤和代码，并保证原来的 D 列不被改变。

为了确保在程序中正确地完成整个操作过程，我们需要对 Excel 中的完整信息进行清晰且准确的描述。相比上一步的提示指令，这里的提示增加了对 D 列标题和数据行的说明，并明确了需要 AIGC 输出 VBA 操作方法和 VBA 代码的要求。

下面是 New Bing Chat 返回的操作指导：

你好，这是 Bing。我可以帮你用 VBA 对 Excel 中的 D 列数据做归一化，并把结果放在 H 列。根据网上搜索的结果，我为你提供以下操作步骤和代码：

1）打开 Excel 文件，按 Alt+F11 键进入 VBA 编辑器。
2）在左侧的项目资源管理器中，右键点击"模块"，选择"插入模块"。
3）在新建的模块中，复制粘贴以下代码：

```
Sub NormalizeData()
    ' 定义变量
    Dim inputRange As Range
    Dim outputRange As Range
    Dim minValue As Double
    Dim maxValue As Double
    Dim cell As Range
```

```
' 设置输入和输出范围
Set inputRange = Range("D2:D" & Cells(Rows.Count, "D").End(xlUp).Row)
Set outputRange = Range("H2:H" & Cells(Rows.Count, "H").End(xlUp).Row)
' 查找输入范围中的最小值和最大值
minValue = WorksheetFunction.Min(inputRange)
maxValue = WorksheetFunction.Max(inputRange)
' 归一化输入范围中的每个值并将结果放入输出范围中
For Each cell In inputRange
    outputRange.Value = (cell.Value - minValue) / (maxValue - minValue)
    Set outputRange = outputRange.Offset(1, 0)
Next cell
End Sub
```
4）按 F5 键运行代码，或者在 VBA 编辑器中单击"运行"菜单，选择"运行子过程 / 用户窗体"。
5）返回 Excel 文件，查看 H 列的结果是否符合预期。

根据上述提示，我们可以按照如图 3-2 所示的步骤操作。打开 VBA 窗体和工作簿，在目标工作簿（图中①）右键菜单中选择"插入"（图中②）–"用户窗体"（图中③），并在右侧的新窗口（图中④）中复制上述 VBA 代码，然后单击"运行"按钮（图中⑤）。

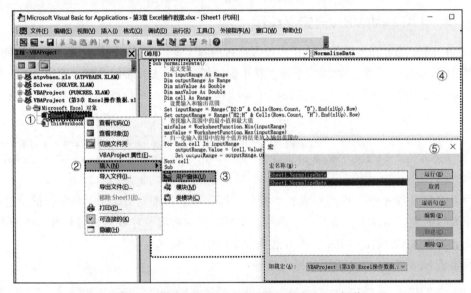

图 3-2　按照 New Bing Chat 提示完成 VBA 操作

在 Excel 中，我们可以通过查看 H 列来观察归一化后的结果，如图 3-3 所示。

	A	B	C	D	G	H
1	产品ID	一级品类	二级品类	订单收入	手动标准化-订单收入	VBA标准化-订单收入
2	PID0098798	保健健康	健身器材	16464	1	1
3	PID8460080	箱包奢品	电脑数码包	12598	0.764913348	0.764913348
4	PID8468004	服饰鞋帽	女士外套	12433	0.754879903	0.754879903
5	PID4697983	钟表首饰	国产品牌表	8547	0.518577075	0.518577075
6	PID3004690	汽车用品	颈枕/抱枕/	6998	0.424384311	0.424384311
7	PID0034694	服饰鞋帽	男士裤子	6529	0.395865005	0.395865005
8	PID3946993	服饰鞋帽	帽子	6529	0.395865005	0.395865005

图 3-3　利用 VBA 完成数据归一化后的结果

3.1.3　利用 Office AI 在 Excel 中实现对话式数据分析

国内有两大主流的 Office 提供商——微软和金山办公，它们都推出了基于大语言模型的办公 AI 或助手，旨在提高用户的工作效率。

微软的办公 AI 名为 Microsoft 365 Copilot，它集成在 Word、Excel、PowerPoint、Outlook、Teams 等应用中。该办公 AI 利用 GPT-4 的强大能力，以自然语言的方式与用户进行交互，并完成各项工作任务。例如，在 Excel 中，用户可以用自然语言向 Copilot 提问与数据集相关的问题，Copilot 会显示相关性、提出假设情景，并根据用户的问题建议公式。此外，Copilot 还可以根据问题生成模型，帮助用户在不修改数据的情况下探索数据，发现趋势并创建强大的可视化图表。用户还可以向 Copilot 询问建议，以呈现不同的结果。

金山办公的办公助手名为 WPS AI，它是一款基于金山 WPS 的智能办公插件。WPS AI 可以与 Word、Excel、PPT、PDF 打通，提供知识分析、内容生成、文本处理、表格操作、演示文稿生成、图片识别等功能。与 Microsoft 365 Copilot 类似，用户只需直接向 WPS 助手提问，即可获得数据分析结果。在 Excel 中，用户可以直接向助手下达调用公式、函数等指令。WPS AI 能够判断用户意图，并自动完成计算和相关操作。

这些办公 AI 或助手的引入为用户提供了更便捷、更高效的工作方式，使得数据分析、文本处理和可视化等任务更加简便，处理结果更加精确。

3.1.4　利用 Copilot 或 AI 插件增强 Excel 功能

Excel 是一款功能强大的电子表格软件，可以通过插件来增加和扩展其功能。插件是附加组件，提供额外的功能，如数据分析、图表制作、语音交互等。在微软应用商店中，有许多第三方 Excel 插件可供尝试，如 Numerous.ai、ChatGPT for Excel 等。

然而，使用插件时需注意某些插件可能需要付费，并且可能对 Excel 的版本有要求，因此我们应选择安全且适合的插件。例如，Numerous.ai 要求 Excel 版本为 2016 或更高，且需要注册账号才能使用，免费支持的输入和输出有限。而 ChatGPT for Excel 要求 Excel 版本为 2013 或更高，且需要输入 OpenAI API KEY 才能使用。

当涉及需要输入 OpenAI API KEY 的插件时，我们应谨慎提供授权，以避免密钥泄露等问题。如果不小心泄露密钥，可能导致数据被窃取或滥用，造成潜在的风险和损失。因此，我们在使用插件之前，应审慎评估插件的可信度和安全性，确保插件开发者具有良好的声誉以及插件具有相关数据保护措施。

3.1.5　利用第三方工具扩展 Excel 应用

除了之前提到的方式，AIGC 也可以通过其他方式进一步提升 Excel 应用和数据工作的效率和效果，例如基于 AIGC 文本的第三方应用编程以及 ChatExcel 等。

❑ **基于 AIGC 文本的第三方应用编程：**许多第三方程序（如 Python、R、Java 等）可以与 Excel 进行交互。我们可以利用这些程序进行数据分析和处理，并将结果输出到 Excel 中。在这种情况下，Excel 作为结果展示工具，而数据处理的核心在于使用的编程语言。后面的章节将详细介绍如何使用 AIGC 辅助 Python 的操作内容。

❏ ChatExcel：ChatExcel 是由北大团队开发的一款基于 AI 的 Excel 工具。它通过聊天方式来操作和处理 Excel 表格，不需要使用复杂的函数和公式。ChatExcel 能够帮助我们实现数据分析、数据清洗、数据可视化、数据建模等功能。输入自然语言的指令或问题，即可获得相应的结果或建议。ChatExcel 支持中文和英文，可以处理各种类型和大小的 Excel 文件，也可以与其他平台和工具进行集成和协作。

> **注意** 在使用非本地化的 AIGC 工具或插件时，我们务必注意保护数据的隐私和安全，避免数据泄露给企业带来信息安全和运营风险。确保选择安全可信的工具，并务必遵循相关的数据保护措施条款。

3.2 Excel 应用中的 Prompt 核心要素

要在 Excel 中精确引入 AIGC 以获得预期的输出内容，我们需要掌握一些 AIGC 在 Excel 数据应用中的关键技巧。本节将介绍一些关键要点，包括 Excel 版本、数据源、数据格式、数据范围、数据样例、处理逻辑和输出规范等。

3.2.1 明确 Excel 版本环境：确保兼容性

在编写 Prompt 时，明确 Excel 的版本和环境兼容性在某些场景下至关重要，特别是涉及新功能或新特性时。通过在 AIGC 中明确指定 Excel 的版本、平台和操作系统等信息，可以确保 AI 准确理解 Excel 的限制，从而提供符合预期的工作方法。Excel 版本环境可能影响和限制以下方面。

❏ 兼容性问题：不同版本的 Excel 在功能、公式和数据处理方面可能存在差异。
❏ 产品差异：不同厂商提供的 Excel 产品功能有一定的差异。
❏ 平台限制：同一产品在 Windows 和 macOS 系统中应用时可能存在功能上的差异。
❏ 系统依赖：某些 Excel 功能和宏可能依赖特定的操作系统环境。
❏ 版本功能差异：这是影响 Excel 数据功能的最重要因素之一。

在编写 Prompt 时，明确 Excel 的版本环境通常包括以下核心要素。

❏ 平台：Windows 或者 macOS 是主流，少数用户可能使用的是 Ubuntu 或其他系统。
❏ 产品：如 Microsoft Office、WPS Office、飞书文档、腾讯文档等。
❏ 版本：根据应用需求指定版本，例如 Microsoft Office 2016。

因此，在生成有关 Excel 的 Prompt 指令时，可以根据需要添加关于 Excel 版本环境的说明。以下是两个带有 Excel 版本说明的 Prompt 示例：

- ❑ 在 Microsoft Office 的 2016 版本的 Excel 中，包含了三列数据，分别是……
- ❑ 请介绍 macOS 2016 版本的 Excel 中 XLOOKUP 的具体用法。

3.2.2　确定数据文件和工作簿来源：导入数据

在编写 Prompt 时，准确确定数据文件和工作簿的来源是确保数据导入准确性的重要环节。错误或不明确的数据源可能导致数据错误，影响数据的准确性、一致性以及数据整合的可实现性。在指定数据源时，主要包括以下要素。

- ❑ 文件路径：明确指定数据文件的完整路径，包括文件名和文件夹位置。
- ❑ 文件类型：确定数据文件的类型，例如 Excel 文件、CSV 文件或数据库文件等。
- ❑ 工作簿名称：如果导入的是 Excel 文件，明确指定所需的工作簿名称。一般情况下，可以使用当前工作簿，也可以指定不同的工作簿。
- ❑ 数据源连接：对于数据库或外部数据源，确保提供正确的连接信息，包括服务器名称、数据库名称和认证凭据等。
- ❑ 数据筛选：在导入大量数据文件时，明确指定所需的数据范围或筛选条件，以避免导入不必要的数据，减少内存消耗和加快导入速度。

在 Excel 数据工作中，大多数人工手动的 Excel 操作不需要额外指定上述要素。然而，如果涉及程序化的操作（例如 VBA），那么上述要素必不可少，特别是文件路径、类型和工作簿名称，而数据源连接和数据筛选可以根据需求指定。

以下是指定数据文件和工作簿来源的 Prompt 示例：

- ❑ 将位于 C:\Users\86186\Desktop\excel_file 目录下的所有扩展名为 xlsx 的 Excel 文件读取到 Excel 中，并加载到 Sheet1 工作表中。
- ❑ 将处理后的数据保存到 C:\Users\86186\Desktop\output 目录下，文件名为 data.xlsx。

3.2.3　描述数据字段和格式：规范数据结构

在编写 Prompt 时，描述数据字段和格式是规范数据结构非常关键的一步。通过明确定义数据字段和格式，我们可以让 AI 理解数据字段的字段名称、数据类型、数据单位、数据格式以及数据范围和约束等信息，确保数据的一致性、准确性和可理解性，提高 AIGC 处理数据工作的效率和质量。

在编写 Prompt 时，描述数据字段和格式的主要要素如下。

- ❑ 字段名称：为每个数据字段选择清晰、描述性的名称，并指定数据所处的列名或位置。
- ❑ 数据类型：确定每个数据字段的数据类型，如文本、数值、日期、布尔值等。明确数据类型有助于数据验证、转换和分析。
- ❑ 数据单位：为数据字段指定适当的单位。明确数据单位有助于数据解读和比较，避免单位转换错误。例如，数据中销售额字段的默认单位是万，那么在 Excel 中表示为 1 万, 而不是 10000。

❑ 数据格式: 定义数据字段的格式要求, 如日期格式、货币格式、小数位数等。明确数据格式有助于确保数据的一致性和可读性, 避免数据展示和分析中的格式混乱。

❑ 数据范围和约束: 对于数据字段, 定义数据范围和约束条件, 如最小值、最大值、允许空值等。限制数据范围有助于确保数据的合理性和有效性, 减少异常数据的影响。

例如, 在 AIGC 中, 可以输入对数据进行格式化的 Prompt 示例:

[New Bing Chat] 3/3/1 接下来我会输入完整数据, 请按照以下要求对数据进行格式化。
❑ A 列: 存储用户名称, 数据类型为字符串。例如: 张三。
❑ B 列: 存储用户年龄, 数据类型为整数。例如: 23。
❑ C 列: 存储用户收入, 数据类型为货币, 货币符号为人民币, 单位为万, 保留 4 位小数。例如: ¥ 12.8185。
❑ D 列: 存储订单转化率, 数据类型为百分比, 保留 1 位小数。例如: 12.5%。
❑ E 列: 存储订单日期, 数据类型为日期。例如: 2023/05/14。

3.2.4 指定确切的数据范围: 有效数据引用

在 Excel 中, 对于函数、公式和 VBA 程序来说, 准确指定数据范围是至关重要的, 这直接决定了它们能否正常工作并输出正确的结果。

在编写 Prompt 时, 指定数据范围的要素主要包括列名和位置的组合, 从而形成以下两种范围。

❑ 单个单元格范围: 如果只需要处理单个单元格的数据, 明确指定该单元格的位置即可。例如, 选择特定的单元格 (如 A1、B2) 作为数据处理的起点。

❑ 区域范围: 如果需要处理连续的数据区域, 则指定区域范围更为有效。例如, 选择一个连续的区域 (如 A1:B10) 作为需要处理的数据范围。

此外, 在特定的数据场景下, 还可能涉及绝对引用和相对引用, 这会影响 Excel 函数和公式的填充效果。

❑ 绝对引用: 在公式中使用固定的单元格引用, 不随填充而改变。它使用美元符号 ($) 来表示, 例如 $A$1。绝对引用适用于需要在公式中固定某个单元格引用的情况, 如常量值或数据表的标题行。

❑ 相对引用: 在公式中使用相对位置的单元格引用, 随填充而相应改变。它不使用美元符号, 例如 A1。相对引用适用于需要在公式中随相对位置变化的情况, 如逐行计算数据或复制公式。

在编写 Prompt 时, 通过在 AIGC 中指定数据引用的位置和区域, 并结合绝对引用和相对引用的说明, 可以确保函数和公式在填充时的正确性和一致性。

例如, 在下面的 Prompt 示例中, 我们需要在 Excel 的两列中分别填充特定列的总体均值和滑动均值:

❑ 在 Excel 的 D 列的每一行中, 填充 C 列的均值。

❑ 在 Excel 的 E 列的每一行中, 填充 C 列从 C2 开始到当前行所有数据的均值。

在第 1 个示例中，对于 D 列的每一行，我们填充的是相同的数据，因此使用绝对引用方式，公式为 "=AVERAGE(C:C)"。

而在第 2 个示例中，对于 E 列的每一行，由于数据的开始位置不变（都是 C2），但终止位置随当前行序号的改变而改变，因此填充时需要使用相对引用方式，公式为 "=AVERAGE(C\$2:C2)"。

3.2.5　提供具有代表性的数据样例：建立引用样本

为了帮助 AI 更好地理解数据字段和实际数据的匹配关系，避免语义歧义和理解偏差，我们建议提供具有代表性的数据样例。为了更好地描述数据样例，建议使用 Markdown 格式来表示 Excel 中的数据。下面是一个 Prompt 示例：

```
[New Bing Chat] 3/4/1  在 Excel 中，我们有 4 列数据：A 列是产品 ID，数据类型为字符串；B 列是
    一级品类，数据类型为字符串；C 列是二级品类，数据类型为字符串；D 列是订单收入，数据类型为数
    值。数据样例如下：
| 产品 ID      | 一级品类   | 二级品类    | 订单收入   |
|------------|---------|----------|---------|
| PID8460080 | 箱包奢品  | 电脑数码包  | 12598   |
| PID8468004 | 服饰鞋帽  | 女士外套    | 12433   |
```

3.2.6　描述确切的处理逻辑：清晰定义需求

在编写 Prompt 时，定义处理逻辑是最核心的部分，它描述了我们希望 AIGC 实现的内容。通过定义处理逻辑，我们可以清晰地说明对数据的处理、加工、展示以及可视化的要求，从而让 AIGC 能够根据我们的需求生成所需内容。

下面是具体的处理逻辑定义格式。

❑ 希望 AI 达成的目标：用一句话概括你想要 AIGC 做什么。例如 "根据销售数据，生成一份月度报告"。

❑ 数据的处理和加工逻辑：用一段话或一个列表详细地说明你想要对数据进行哪些处理和加工操作。例如 "去除空值和重复值，筛选出本月的数据，检验数据的有效性和一致性"。

❑ 数据的展示逻辑：用一段话或一个列表详细地说明你想要如何展示数据。例如 "按照产品类别和销售额进行排序，显示前十名的产品和销售额"。

❑ 数据可视化需求：用一段话或一个列表详细地说明你想要如何可视化数据。例如 "使用条件格式，对销售额进行颜色标记，使用柱状图和饼图，分别显示产品类别和销售额的分布情况"。

以下是一个 Prompt 示例：根据员工考勤数据，生成一份考勤统计表。

```
[New Bing Chat] 3/5/1  我希望你根据员工考勤数据，生成一份考勤统计表。具体要求如下。
1）数据的处理和加工逻辑：
```

❏ 去除空值和重复值，保留每个员工每天的最早打卡时间和最晚打卡时间。
❏ 计算每个员工每天的工作时长，以小时为单位。
❏ 计算每个员工每月的出勤天数、缺勤天数、迟到次数、早退次数、加班时长等指标。
❏ 检验数据的有效性和一致性，排除异常值和错误值。
2）数据的展示逻辑：
❏ 按照部门和姓名进行排序，显示每个员工的考勤指标。
❏ 使用百分比格式，显示每个员工的出勤率、缺勤率、迟到率、早退率等指标。
❏ 使用条件格式，对考勤指标进行颜色标记，如红色表示不合格、绿色表示优秀等。
3）数据可视化需求：
❏ 使用表格，显示每个员工的考勤指标，并添加合计行和平均行。
❏ 使用折线图，显示每个部门的出勤率、缺勤率、迟到率、早退率等指标的变化趋势。
❏ 使用柱状图，显示每个部门的加班时长的分布情况。

3.2.7 确定清晰的输出规范：定制输出结果

确定清晰的输出规范是决定 AIGC 输出内容最终效果的重要一步。它可以帮助 AIGC 根据你的需求，生成符合你期望的内容。以下是我们确定输出规范时需要考虑的几个方面。

❏ 输出方案：为了满足不同读者的需求，指定 AI 提供 2～4 种方案供选择。每种方案都将有明确的侧重点和差异性，以适应不同的目标、场景和风格。

❏ 输出内容：根据需求，告知 AI 输出内容的类型，如功能说明、VBA 代码、函数、公式等。

❏ 输出信息源：可以根据不同的需求，让 AI 提供与内容相关的原始信息出处和信息来源，以增加内容的可信度和可操作性。

❏ 输出格式和风格：可以根据不同的需求，要求 AI 选择合适的输出格式和风格，例如表格、图表、图像、文本等。同时使用适当的层次结构和缩进来增加可读性。

❏ 输出效果和效益说明：可以根据不同的需求，让 AI 展示达到预期的输出效果，例如使用对比图、数据分析、用户反馈等方式来说明输出内容能够解决什么问题，达到什么目标，带来什么收益。这样我们可以结合 AIGC 的输出内容做出更好的业务解释和说明，推动业务落地。

假设我们想要对一组数据做简单的描述，并输出描述性统计分析的结果指标，那么我们可以这样写 Prompt：

[New Bing Chat] 3/6/1 如何在 Excel 中实现对数据的描述性统计分析并输出结果指标？请给出 2~3 种实现方案，包括函数、公式、Excel 模块功能以及 VBA。

3.3 AIGC 辅助生成数据集

在数据分析中，获取符合需求的数据集常常是具有挑战性的。为了解决这个问题，使用数据模拟技术来生成数据集是一种有效的方法。这种方法能够满足我们的需求，并具备可控性和可重复性。

本节我们将使用 Excel 中的"数据分析"和"规划求解"模块进行操作。为了启用这两个模块，请在 ChatGPT 或 New Bing Chat 中输入以下提示指令来获取完整的操作指南：

[New Bing Chat] 3/7/1　如何在 Excel 中启用"数据分析"和"规划求解"模块？

3.3.1　AIGC 直接生成数据集

AIGC 可以根据我们提供的文本描述直接生成符合要求的数据集，我们只需要告诉 AI 数据的分布类型、记录数、变量数以及数据格式要求。例如，请将以下提示指令输入 New Bing Chat 中，以生成一个符合要求的数据集：

[New Bing Chat]　3/8/1　请生成一个均值为 0、标准差为 1 的标准正态分布数据集。数据集包含 2 个变量，5 条数据。数据需要可以直接复制并粘贴到 Excel 中使用。

在这个例子中，我们在提示指令中提供了以下关键信息：

❑ "标准正态分布"是数据分布类型，我们也可以选择其他分布类型，例如均匀分布、二项分布、伯努利分布、离散分布、指数分布等。

❑ "均值为 0、标准差为 1"是标准正态分布的参数，如果选择其他分布类型，则需要配置相应的参数，例如：均匀分布的最大值和最小值、普通正态分布的均值和标准差、伯努利分布的 p 值、泊松分布的 λ 值等。关于更多模型的参数设置信息，我们可以通过在 AI 中提问的方式了解更多内容，提示信息为：如何设置 [X] 分布参数？

❑ "2 个变量，5 条数据"是数据的列数和行数，我们可以根据自己的需要进行调整。

❑ "数据需要可以直接复制并粘贴到 Excel 中使用"是返回的数据格式要求，AI 会根据要求生成方便我们直接复制 / 粘贴和使用的数据格式。具体生成什么格式，由 AI 通过自己的认知决定。

New Bing Chat 根据我们的提示指令生成了如图 3-4 所示的数据集，我们可以选中完整表格区域的所有信息，复制并粘贴到 Excel 中使用。

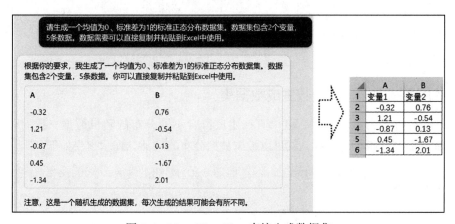

图 3-4　New Bing Chat 直接生成数据集

3.3.2 AIGC 辅助 Excel 随机数发生器生成数据集

Excel 的"数据分析"模块提供了一个"随机数发生器"功能，它可以根据用户的输入设置生成符合指定分布和参数要求的数据集。借助 AI，我们可以轻松地使用 Excel 的随机数发生器功能来生成数据集。如下是提示指令示例：

[New Bing Chat] 3/9/1 如何在 Excel 中使用"数据分析"模块的"随机数发生器"功能生成一个均值为 0、标准差为 1 的标准正态分布数据集，包含 2 个变量和 5 条数据？

New Bing Chat 根据提示指令，给出如下操作和设置指南：

打开 Excel，单击"数据"选项卡，然后单击"分析"组中的"数据分析"按钮。
在弹出的窗口中，选择"随机数发生器"，然后单击"确定"按钮。
在另一个窗口中，输入你想要生成的随机数的列数和行数。在本例中，你需要输入 2 和 5。
在"分布"下拉列表中，选择"正态"，然后输入你想要的均值和标准差。在本例中，你需要输入 0 和 1。
在"输出选项"中，选择你想要显示随机数的单元格范围。例如，你可以选择 D2:E6。
单击"确定"按钮，你就可以得到一个符合标准正态分布的随机数数据集了。

我们按照 New Bing Chat 给出的操作信息，在 Excel 中用"随机数发生器"成功生成了数据集，如图 3-5 所示。

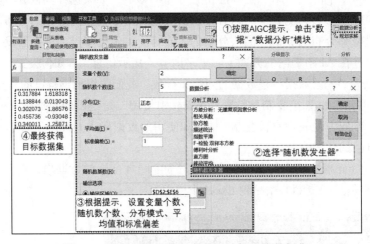

图 3-5 利用"随机数发生器"功能生成数据集

3.3.3 AIGC 辅助 Excel 函数生成数据集

Excel 中有许多内置的函数，可以直接生成符合不同分布的随机数据。我们只需要让AIGC 帮助我们调整函数的参数，就可以控制数据分布的特征。提示指令如下：

[New Bing Chat] 3/10/1 如何在 Excel 中用函数随机生成一个均值为 0、标准差为 1 的标准正态分布数据集？数据集包含 2 个变量，5 条数据。

New Bing Chat 基于提示指令，给出如下操作建议：

根据搜索结果，你可以使用 Excel 的 NORMINV 函数来生成一个均值为 0、标准差为 1 的标准正态分布数据集。NORMINV 函数的格式是 "=NORMINV (probability,mean,standard_dev)"，其中 probability 是正态分布的概率值，mean 是算术平均值，standard_dev 是标准差。
要生成一个包含 2 个变量、5 条数据的数据集，你可以在 Excel 中输入以下公式：
=NORMINV(RAND(),0,1)
例如，你可以在 A1:A5 和 B1:B5 中都输入上述公式，这样就可以得到一个包含 2 列、5 个观测值的数据集。

我们按照 AIGC 的操作建议，在 Excel 的 H2:H6 和 I2:I6 中输入公式 "=NORMINV (RAND (),0,1)"，快速生成所需的数据集，如图 3-6 所示。

> **注意**　AIGC 辅助生成数据集的过程比较简单，其中略微复杂的是需要描述清楚对目标数据集的具体要求。如果目标需求不清楚，可以先通过提问的方式确定应该设置哪些参数以及如何设置，然后再发出生成数据集的提示指令。

=NORM.INV(RAND(),0,1)	
H	I
AIGC辅助Excel函数生成	
-0.763267392	0.258999894
0.231758318	0.564948464
1.178418611	0.893488866
0.310090402	0.021260926
1.352762417	-0.69751314

图 3-6　利用 New Bing Chat 建议的公式在 Excel 中生成数据集

3.4　数据高效管理：AIGC 助力数据整合与拆分

在数据处理过程中，我们经常需要对 Excel 文件和工作簿进行批量操作，例如批量读取 Excel 数据、将多个工作簿合并为一个工作簿、按特定格式和要求将数据拆分为多个文件等。本节将介绍如何利用 AIGC 来辅助 Excel 完成这些批量操作。

3.4.1　数据合并：按行批量追加并合并数据

按日期合并文件或工作簿是一种常见的数据分析和汇总需求。例如，我们可能需要将每天的销售数据合并为一个月度报表，或将每月的财务数据合并为一个年度报表。传统的 Excel 操作需要手动打开每个文件或工作簿，复制粘贴数据，然后保存关闭，这既耗时又容易出错。为了实现这一需求，我们可以用 AIGC 辅助 Excel 进行批量合并操作。

假设我们有一批 Excel 数据文件，这些文件统一按照 "年月日" 格式命名，例如 20230101.xlsx。这些文件是每日由 IT 部门通过邮件系统发送给业务部门的数据报告，因此数据格式完全一致。每个文件中的数据都包括以下 5 个字段：访问日期、用户邮箱、报告类型、来源 IP、访问次数。这些字段都位于 Sheet1 工作表中。数据示例如图 3-7 所示。

	A	B	C	D	E
1	访问日期	用户邮箱	报告类型	来源IP	访问次数
2	2023-01-01	xiaoming@gmail.com	Reporting	203.0.113.1	1
3	2023-01-01	lihua@hotmail.com	Reporting	198.51.100.1	1
4	2023-01-01	zhengshi@qq.com	Reporting	192.0.2.1	1
5	2023-01-01	chenxi@foxmail.com	Reporting	36.111.188.7	1
6	2023-01-01	zhangyi@live.com	Reporting	119.28.91.106	1
7	2023-01-01	zhaoqi@aliyun.com	Reporting	203.0.113.2	1
8	2023-01-01	qianba@baidu.com	Reporting	198.51.100.2	1

图 3-7　按日期拆分的数据示例

现在，我们需要将这些文件中的 Sheet1 工作表中的数据按行追加并汇总，最终保存到一个名为"访问数据汇总 .xlsx"的新文件中。你可以向 AI 提供以下提示指令：

[New Bing Chat] 3/11/1 在我的电脑中，"D:[书籍] 基于 ChatGPT 的数据分析应用 \02 原始稿件 \ 第 2 章 \ 按日期逻辑的多个 Excel"路径下存储了多个 Excel 文件，文件名示例为"20230101.xlsx"。请你写一段 VBA 程序，批量读取该路径下的 Excel 文件，然后将所有文件内的 Sheet1 工作表中的数据按行追加并汇总，最终保存到一个新的名为"访问数据汇总 .xlsx"的文件中。请给出具体操作方法以及 VBA 程序。
注意：每个文件的第一行是标题列，仅在复制第一个文件的数据时复制标题列，其他文件仅复制数据。

在提示指令中，我们重点明确了如下信息：

❑ 数据目录的位置和数据文件的命名格式。

❑ 数据文件中存放数据的工作表名称，例如 Sheet1。

❑ 数据汇总的方式，按行追加各个文件中的数据。

❑ 数据格式的要求，只保留第一个文件的标题行，其他文件只复制数据部分。

❑ 输出结果的要求，将汇总后的数据保存到"访问数据汇总 .xlsx"文件中。

我们把提示指令输入 New Bing Chat 中，得到以下操作建议：

首先，我们需要在 Excel 中打开一个空白的工作簿，并保存为"访问数据汇总 .xlsx"。
然后，我们需要在 Excel 中按下 Alt+F11 键，打开 Visual Basic 编辑器。
接着，我们需要在 Visual Basic 编辑器中插入一个模块，并在模块中输入以下代码：

```vba
Sub MergeFiles()
    '定义变量
    Dim FolderPath As String '文件夹路径
    Dim FileName As String '文件名
    Dim wb As Workbook '工作簿对象
    Dim ws As Worksheet '工作表对象
    Dim wsDest As Worksheet '目标工作表对象
    Dim LastRow As Long '最后一行
    Dim FirstFile As Boolean '是不是第一个文件
    '指定文件夹路径
    FolderPath = "D:\[ 书籍 ] 基于 ChatGPT 的数据分析应用 \02 原始稿件 \ 第 2 章 \ 按日期逻辑的
        多个 Excel\"
    '指定目标工作表对象
    Set wsDest = ThisWorkbook.Worksheets("Sheet1")
    '获取第一个文件名
    FileName = Dir(FolderPath & "*.xlsx")
    '设置第一个文件标志为真
    FirstFile = True
    '循环遍历所有文件
    Do While FileName <> ""
        '打开文件
        Set wb = Workbooks.Open(FolderPath & FileName)
        '指定工作表对象
        Set ws = wb.Worksheets("Sheet1")
        '获取最后一行
        LastRow = ws.Cells(ws.Rows.Count, 1).End(xlUp).Row
        '判断是不是第一个文件
        If FirstFile Then
```

```
        '复制标题行和数据到目标工作表
        ws.Range("A1:E" & LastRow).Copy wsDest.Range("A1")
        '设置第一个文件标志为假
        FirstFile = False
    Else
        '复制数据到目标工作表
        ws.Range("A2:E" & LastRow).Copy wsDest.Range("A" & Rows.Count).
            End(xlUp).Offset(1)
    End If
    '关闭文件，不保存更改
    wb.Close False
    '获取下一个文件名
    FileName = Dir()
    Loop
    '提示完成
    MsgBox" 合并完成 "
End Sub
```

最后，我们在 Visual Basic 编辑器中运行这段代码，即可批量读取该路径下的 Excel 文件，并将所有文件内的 Sheet1 工作表中的数据按行追加并汇总，最终保存到 "访问数据汇总 .xlsx" 的文件中。

　　我们按照 New Bing Chat 的操作建议，顺利完成按日期对多个数据文件的合并操作，如图 3-8 所示。

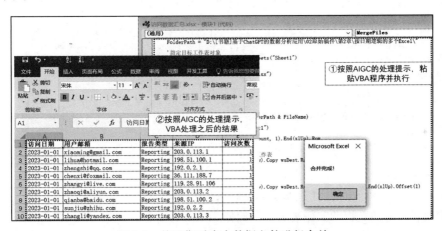

图 3-8　按日期对多个数据文件进行合并

 提示　在完成多数据文件的合并后，我们还需要检查合并后的数据是否完整，包括记录数和列数是否一致。我们可以随机抽取几个日期的数据，进一步核对数据是否被全部复制过来，同时检查列字段是否齐全，以及是否有缺失首行数据等问题。

3.4.2　数据合并：按业务逻辑关联整合

　　按业务逻辑拆分的 Excel 经常来源于不同的数据系统，在数据分析中我们需要按照指定数据逻辑，将多源数据关联匹配并形成完整数据集。

例如，我们有一批 Excel 数据文件，文件按业务逻辑命名，例如商品订单 .xlsx、商品属性 .xlsx 等。数据示例如图 3-9 所示。

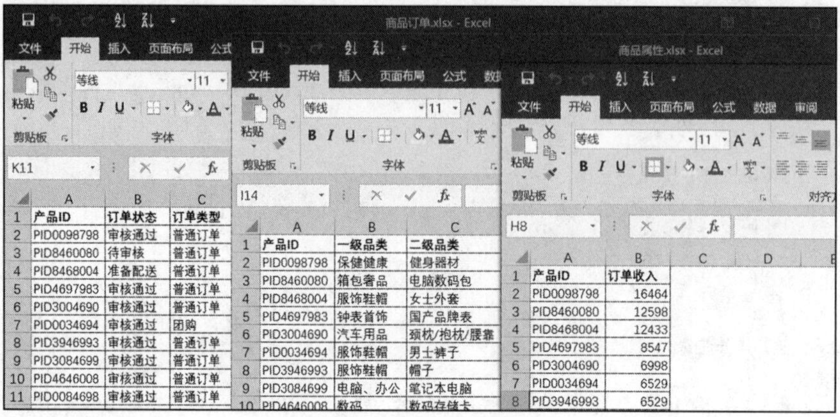

图 3-9　按业务逻辑拆分的 Excel 文件

现在我们需要将这些文件内的数据按业务逻辑进行关联，最终保存到一个新的名为"商品数据汇总 .xlsx"的文件中。我们可以给 AI 如下提示指令：

[New Bing Chat] 3/12/1　在我的电脑中，"D:\[书籍] 基于 ChatGPT 的数据分析应用 \02 原始稿件 \第 2 章 \ 按业务逻辑的多个 Excel"路径下存储了多个 Excel 文件，文件名以及字段如下所示。
❏ 商品订单 .xlsx：产品 ID、订单状态、订单类型。
❏ 商品属性 .xlsx：产品 ID、一级品类、二级品类。
❏ 商品销售 .xlsx：产品 ID、订单收入。
请你写一段 VBA 程序，批量读取该路径下的 Excel 文件内的 Sheet1 工作表中的数据，然后以"产品 ID"为主键关联所有的数据，最终保存到一个新的名为"商品数据汇总 .xlsx"的文件中。请给出具体操作方法以及 VBA 程序。
注意：在关联时，请保留所有的产品 ID，该逻辑类似于 SQL 中的全关联（full join）。

在上述提示指令中，核心要点如下：

数据目录的位置，方便 AI 理解从何处获取数据源。

数据文件中存放数据的工作表名称，例如 Sheet1。

所有的文件和字段明细，并用列表展示出来，例如"产品 ID""订单收入"等。

数据关联的方式，按产品 ID 关联所有的数据，同时保留所有记录。

输出结果的要求，将汇总后的数据保存到"商品数据汇总 .xlsx"文件中。

我们把提示指令输入 New Bing Chat 中，得到以下操作建议：

```
打开 Excel，按 Alt+F11 键，进入 VBA 编辑器。
在左侧的项目资源管理器中，右键单击"VBAProject（工作簿名）"，选择"插入"-"模块"。
在弹出的代码窗口中，输入以下代码：
Sub MergeExcelFiles()
    '定义变量
    Dim FolderPath As String '文件夹路径
```

```vb
Dim FileName As String '文件名
Dim WorkRng As Range '工作区域
Dim Dic As Object '字典对象
Dim Key As Variant '字典键值
Dim xIndex As Integer '循环变量
Dim xWs As Worksheet '工作表对象
'设置文件夹路径
FolderPath = "D:\[书籍]基于 ChatGPT 的数据分析应用\02 原始稿件\第 2 章\按业务逻辑的
    多个 Excel"
'创建字典对象，用于存储产品 ID 和对应的数据行
Set Dic = CreateObject("Scripting.Dictionary")
'遍历文件夹中的 Excel 文件
FileName = Dir(FolderPath & "\*.xls*")
Do While FileName <> ""
    '打开文件
    Workbooks.Open (FolderPath & "\" & FileName)
    '设置工作区域为 Sheet1 的已用区域
    Set WorkRng = Workbooks(FileName).Worksheets("Sheet1").UsedRange
    '遍历工作区域的每一行
    For xIndex = 1 To WorkRng.Rows.Count
        '获取产品 ID
        Key = WorkRng.Cells(xIndex, 1)
        '判断字典中是否已存在该产品 ID
        If Dic.Exists(Key) Then
            '如果存在，则将除了产品 ID 以外的数据追加到字典中对应的值后面，用逗号分隔
            Dic(Key) = Dic(Key) & "," & Join(Application.Transpose(Application.
                Transpose(WorkRng.Rows(xIndex).Value)), ",")
        Else
            '如果不存在，则将该行的所有数据作为字典中对应的值，用逗号分隔
            Dic(Key) = Join(Application.Transpose(Application.
                Transpose(WorkRng.Rows(xIndex).Value)), ",")
        End If
    Next
    '关闭文件，不保存更改
    Workbooks(FileName).Close False
    '获取下一个文件名
    FileName = Dir()
Loop
'在当前工作簿中创建一个新的工作表，命名为"商品数据汇总"
Set xWs = ThisWorkbook.Worksheets.Add(After:=ThisWorkbook. Worksheets(ThisWorkbook.
    Worksheets.Count))
xWs.Name = "商品数据汇总"
'遍历字典中的每一个键值对，将其写入新建的工作表中，每一行为一个键值对，每个数据为一个单元格
xIndex = 0
For Each Key In Dic.Keys
    xIndex = xIndex + 1
    xWs.Range("A" & xIndex).Resize(1, UBound(Split(Dic(Key), ",")) + 1).Value
        = Split(Dic(Key), ",")
Next
'保存当前工作簿为"商品数据汇总 .xlsx"
```

```
        ThisWorkbook.SaveAs Filename:=" 商品数据汇总 .xlsx", FileFormat:=xlOpenXMLWorkbook
End Sub
```
按 F5 键，运行代码。

等待代码执行完毕，你会在当前工作簿中看到一个新建的名为"商品数据汇总"的工作表，里面包含了所有关联后的数据。

你也会在原来的文件夹路径下看到一个新生成的名为"商品数据汇总 .xlsx"的文件，里面包含了同样的数据。

按照 AIGC 的操作指导，我们顺利完成多个 Excel 数据文件的关联操作，得到如图 3-10 所示的结果。

	A	B	C	D	E	F	G	H
1	产品ID	一级品类	二级品类	产品ID	订单状态	订单类型	产品ID	订单收入
23	PID0083469	家居建材	台灯	PID0083469	待审核	普通订单	PID0083469	4199
24	PID3007080	手机通信	手机	PID3007080	审核通过	普通订单	PID3007080	4197
25	PID4693394	箱包奢品	女士手提包	PID4693394	准备配送	普通订单	PID4693394	4188
26	PID3700464	服饰鞋帽	帽子	PID3700464	准备配送	普通订单	PID3700464	4188
27	PID3046946	手机通信	手机	PID3046946	审核通过	普通订单	PID3046946	4139
28	PID4693337	箱包奢品	女士斜挎包	PID4693337	审核通过	普通订单	PID4693337	4139
29	PID303737	大家电	洗衣机	PID303737	审核通过	团购	PID303737	4087
30	PID0000000	箱包奢品	电脑数码包	PID0000000	准备配送	普通订单	PID0000000	4087
31	PID0046908	手机通信	其他配件	PID0046908	审核通过	普通订单	PID0046908	4086
32	PID0046909	手机通信	其他配件					

图 3-10　多个 Excel 数据文件的关联

在该案例中，输入提示信息时有几点需要特别注意：

❏ 关联模式。Excel 的关联功能不如 SQL 的灵活，无法指定左关联、右关联、全关联等不同的模式，因此需要在提示信息中明确告知 AI 所需的关联模式。示例数据中，笔者故意在"商品销售 .xlsx"中添加了一条只存在于该文件中的数据，从图 3-10 的结果可以看出，该数据被保留了下来。

❏ 关联主键。所有的 Excel 文件中必须有一个共同的关联字段，该字段可以是同名的，也可以是不同名的。如果是不同名的，需要在提示信息中额外指出。

❏ 匹配字段。我们需要在提示信息中明确告知 AI，希望将哪些字段匹配到一起，可以是所有字段，也可以是部分字段。

3.4.3　数据拆分：按业务逻辑分割并保存文件

在数据分析的过程中，我们经常会遇到需要对一个大的数据集进行分割，并按照一定的业务逻辑将分割后的数据保存为多个文件的需求，以便于后续的分析和汇报，或者按权限分发数据。

例如：在一个 Excel 中有商品相关数据，我们现在需要按照"一级品类"拆分数据，然后将拆分后的数据单独保存到不同的 Excel 文件中。数据格式如下：

产品 ID	一级品类	二级品类	订单收入	订单状态	订单类型
PID0098798	保健健康	健身器材	16464	审核通过	普通订单
PID8460080	箱包奢品	电脑数码包	12598	待审核	普通订单
PID8468004	服饰鞋帽	女士外套	12433	准备配送	普通订单
PID4697983	钟表首饰	国产品牌表	8547	审核通过	普通订单

以下是 AIGC 的提示指令：

[New Bing Chat] 3/13/1　你是一个 Excel 处理专家。现在有一个 Excel 文件，其中 Sheet1 工作表中包含了商品相关数据，字段如下：A 列为产品 ID、B 列为一级品类、C 列为二级品类、D 列为订单收入、E 列订单状态、F 列为订单类型。
你的任务是按照一级品类拆分数据，并将拆分后的数据分别保存到不同的 Excel 文件中。例如：大家电 .xlsx 中只有大家电一级品类的数据。保存的文件路径为 "C:\Users\86186\Desktop\ 数据拆分"（如果该目录不存在，你需要自动创建它）。保存的文件名格式为 "[一级品类].xlsx"，例如："大家电 .xlsx"。
请你编写一段 VBA 程序，实现这个功能，并给出具体的操作步骤和 VBA 代码。
注意：
❏ 工作表的第一行为标题，从第二行开始是数据。
❏ 请尽量提供精简 VBA 代码。
❏ 保存的每个文件中都需要有标题和数据。

在提示指令中，重点信息如下。

❏ 指定数据源和字段，方便程序正确地获取数据。

❏ 分割和保存数据，指定数据处理的方式，即按照品类将数据拆分成不同的部分，并分别保存到 Excel 文件中。

❏ 目录的自动处理，这在输出和保存文件时是一个必要检查项。

❏ 指定输出文件和格式要求，包括文件目录、文件名格式以及每个文件中的数据格式。

我们把提示指令输入 New Bing Chat 中，它给出了以下 VBA 代码：

```
' 按照一级品类拆分数据，并将拆分后的数据分别保存到不同的 Excel 文件中
Sub SplitDataByCategory()
    Dim wb As Workbook ' 定义原始工作簿
    Dim ws As Worksheet ' 定义原始工作表
    Dim rng As Range ' 定义原始数据范围
    Dim cat As Variant ' 定义一级品类变量
    Dim dic As Object ' 定义字典对象
    Dim key As Variant ' 定义字典键变量
    Dim newWb As Workbook ' 定义新工作簿
    Dim newWs As Worksheet ' 定义新工作表
    Dim newPath As String ' 定义新文件路径

    Set wb = ThisWorkbook ' 设置原始工作簿为当前工作簿
    Set ws = wb.Sheets("Sheet1") ' 设置原始工作表为 Sheet1
    Set rng = ws.Range("A2:F" & ws.Cells(ws.Rows.Count, 1).End(xlUp).Row) ' 设置原
        始数据范围为 A2:F 最后一行
    Set dic = CreateObject("Scripting.Dictionary") ' 创建字典对象
    For Each cat In rng.Columns(2).Cells ' 循环每个一级品类单元格
        If Not dic.Exists(cat.Value) Then ' 如果字典中不存在该一级品类
            dic.Add cat.Value, cat.Row - 1 ' 将该一级品类和对应的行号添加到字典中
        End If
    Next cat
    newPath = "C:\Users\86186\Desktop\ 数据拆分 \" ' 设置新文件路径
    If Dir(newPath, vbDirectory) = "" Then ' 如果该目录不存在
        MkDir newPath ' 创建该目录
```

```
        End If
        For Each key In dic.Keys '循环每个字典键
            Set newWb = Workbooks.Add '创建新工作簿
            Set newWs = newWb.Sheets(1) '设置新工作表为第一个工作表
            ws.Rows(1).Copy newWs.Rows(1) '复制原始工作表的标题到新工作表
            ws.Range("A" & dic(key) & ":F" & ws.Cells(ws.Rows.Count, 1).End(xlUp).
                Row).AutoFilter 2, key '对原始数据范围按照一级品类进行筛选
            ws.Range("A2:F" & ws.Cells(ws.Rows.Count, 1).End(xlUp).Row).SpecialCells
                (xlCellTypeVisible).Copy newWs.Range("A2") '复制筛选后的可见数据到新工
                作表
            ws.AutoFilterMode = False '关闭筛选模式
            newWb.SaveAs newPath & key & ".xlsx" '保存新工作簿为对应的一级品类名称
            newWb.Close False '关闭新工作簿，不保存更改
        Next key
End Sub
```

按照 New Bing Chat 的提示，我们操作后得到如图 3-11 所示的拆分结果。打开任意一个文件，查看数据是否为该品类下的结果。

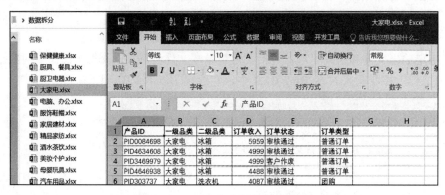

图 3-11　Excel 自动后的拆分文件

在该案例中，需要注意以下几点：

❏ 目录和文件名规范。Windows 系统对 Office 文件存储有长度和字符串类型等方面的限制，所以应尽量使用简单的目录结构。如果文件名是从数据中自动提取的，应先检查是否含有异常字符，以免出现如图 3-12 所示的报错提示信息。

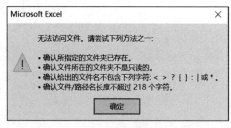

图 3-12　Excel 保存时的报错提示信息

❏ 返回代码超长。如果输出的代码过长，可能无法一次性完整输出。此时需要在提示信息中明确告知 AI 分多次输出，然后再将所有代码手动粘贴到一起。

3.5　数据处理助手：AIGC 让 Excel 数据清洗更智能

本节我们将介绍 AIGC 如何协助 Excel 实现多条件的数据替换与填充，按条件查找和匹配值，字符串的查找、提取、分割与组合，日期的转换、解析与计算，复杂数据类型的抽样，多条件的数据筛选，数据替换与缺失值填充，多条件自定义排序等任务。

3.5.1　多条件的数据替换与填充

在数据领域中，多条件的数据替换与填充是经常用到的技术，适用于数据分层、异常值和缺失值处理、数据标准化和归一化处理等场景。

下面我们来演示如何通过 AIGC 辅助 Excel 实现上述功能。以下是提示指令：

> [New Bing Chat] 3/14/1　假设 D 列是"订单收入"，第一行是标题，第二行开始是数据，且已按降序排列。现在要对订单收入做 ABC 分层，分层规则如下：累计占比达到 60% 的为 A 级；累计占比在 60% ~ 85% 之间的为 B 级；其余的为 C 级。请告诉我如何使用 Excel 的内置标准函数来实现这个功能。

在这个提示指令中，关键信息点是两个：

- 一是分层逻辑，即如何将数据划分为 ABC 三个等级。
- 二是使用内置标准函数，而不能使用 VBA 或者其他外部功能。

我们把提示指令输入 New Bing Chat 中，它给出了具体的操作建议。这个指导过程虽然把每个步骤都分开说明，逻辑上没有问题，但是也暴露出操作的复杂性，而且很多步骤其实是不需要多余解释的。

> 在 D 列的右边插入三个空白列，分别命名为"占比""累计占比"和"ABC"。
> 在"占比"列的第一个单元格（假设是 E2）输入公式 =D2/SUM(D:D)，然后按 F4 键将 D 列的引用锁定为绝对引用，如 =D2/$D$2:$D$100。将这个公式向下拖动或复制到整个列。
> 在"累计占比"列的第一个单元格（假设是 F2）输入公式 =E2，然后在第二个单元格（F3）输入公式 =F2+E3。将这个公式向下拖动或复制到整个列。
> 在"ABC"列的第一个单元格（假设是 G2）输入公式 =IF(F2<=0.6,"A",IF(F2<=0.85,"B","C"))。将这个公式向下拖动或复制到整个列。
> 这样，你就可以根据累计占比的不同，将订单收入分为 A、B、C 三个等级。

为了简化操作步骤，我们在上述结果的基础上，追加一个提示位于相同对话区间内的指令，这样可以把多个函数合并成一个复杂的公式：

> [New Bing Chat] 3/14/2　请把上面的步骤合并到一起，通过 1 个复杂公式实现。

New Bing Chat 根据我们追加的提示指令返回下面的操作提示：

> 要用一个公式实现 ABC 分层，可以在"ABC"列的第一个单元格（假设是 G2）输入如下公式：
> =IF(SUM(D$2:D2)/SUM(D:D)<=0.6,"A",IF(SUM(D$2:D2)/SUM(D:D)<=0.85,"B","C"))
> 这个公式运用了累加求和的技巧，用 D$2:D2 表示从第二行到当前行的范围，然后用 SUM 函数计算累计占比，再用 IF 函数划分分层等级。把这个公式向下拖动或复制到整列，就能得到和之前一样的结果。

我们按照 AIGC 的提示，复制复杂的公式到 Excel 中完成 ABC 分层操作，如图 3-13 所示。

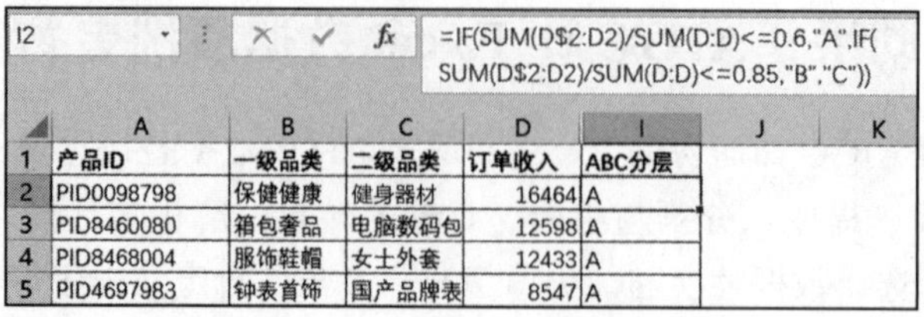

I2 =IF(SUM(D$2:D2)/SUM(D:D)<=0.6,"A",IF(SUM(D$2:D2)/SUM(D:D)<=0.85,"B","C"))

	A	B	C	D	I
1	产品ID	一级品类	二级品类	订单收入	ABC分层
2	PID0098798	保健健康	健身器材	16464	A
3	PID8460080	箱包奢品	电脑数码包	12598	A
4	PID8468004	服饰鞋帽	女士外套	12433	A
5	PID4697983	钟表首饰	国产品牌表	8547	A

图 3-13 按照 New Bing Chat 的提示完成 ABC 分层操作

3.5.2 按条件查找和匹配值

按条件查找和匹配值是指根据一定的规则或者逻辑，从一个或多个数据源中找出符合条件的值，并将其与另一个数据源中的值进行对应或者比较。例如我们需要根据产品编号从一个表格中查找产品名称，并将其与另一个表格中的销售额进行匹配。

Excel 提供了多种按条件查找和匹配值的方法，比如 VLOOKUP 函数、INDEX 和 MATCH 函数组合、XLOOKUP 函数等。借助 AI，我们可以快速且高效地使用这些函数。

下面，我们就以一个例子来演示如何使用 AIGC 辅助 Excel 完成按条件查找和匹配值的操作。

假设我们有两个表格，一个是产品销售表，包含了产品 ID、一级品类、二级品类、订单收入等信息；另一个是订单状态表，包含了产品 ID、订单状态、订单类型等信息。我们想要根据产品 ID，将二者匹配到一起，以便分析不同产品的销售情况。AIGC 的提示指令如下：

```
[New Bing Chat] 3/15/1 假设你有两个Excel工作表，一个是Sheet1，一个是Sheet3。在
    Sheet1中，A列是产品ID，B列是一级品类，C列是二级品类，D列是订单收入。在Sheet3中，A
    列是产品ID，B列是订单状态，C列是订单类型。你想要把Sheet3中的订单状态和订单类型按照产品
    ID的对应关系，通过匹配添加到Sheet1中的E列和F列。请直接给出操作步骤和函数公式，不需要
    任何解释和说明。
```

上面的提示信息的重点是介绍不同表之间的查找和匹配关系，以及匹配后要添加哪些字段到新数据中。我们把提示信息输入 New Bing Chat 中，得到如下信息：

```
你好，这是Bing。根据网上搜索结果，一种可能的操作步骤和函数公式如下：
在Sheet1中的E2单元格输入=VLOOKUP(A2,Sheet3!A:C,2,FALSE)
在Sheet1中的F2单元格输入=VLOOKUP(A2,sheet3!A:C,3,FALSE)
将E2和F2单元格向下拖动，即可得到所有产品ID对应的订单状态和订单类型。
```

我们按照 AIGC 的操作建议在 Excel 中完成数据匹配操作，结果如图 3-14 所示。

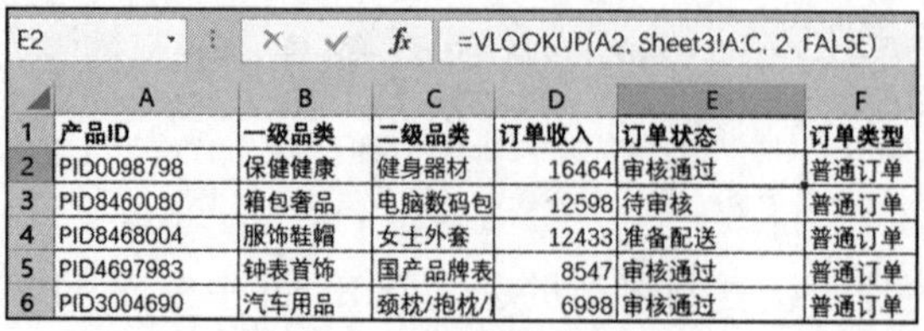

E2 =VLOOKUP(A2, Sheet3!A:C, 2, FALSE)

	A	B	C	D	E	F
1	产品ID	一级品类	二级品类	订单收入	订单状态	订单类型
2	PID0098798	保健健康	健身器材	16464	审核通过	普通订单
3	PID8460080	箱包奢品	电脑数码包	12598	待审核	普通订单
4	PID8468004	服饰鞋帽	女士外套	12433	准备配送	普通订单
5	PID4697983	钟表首饰	国产品牌表	8547	审核通过	普通订单
6	PID3004690	汽车用品	颈枕/抱枕/]	6998	审核通过	普通订单

图 3-14 数据匹配的结果

3.5.3　字符串的查找、提取、分割与组合

在数据分析和处理场景中，我们常常要处理一些复杂的字符串，比如含有多个分隔符、空格、特殊字符等的文本数据。Excel 提供了一些函数和工具来帮助我们完成字符串的复杂处理，如使用 LEFT、RIGHT、MID 等函数可以提取字符串中的某一部分；使用 FIND、SEARCH 等函数可以查找字符串中的某个字符或子串；使用 REPLACE、SUBSTITUTE 等函数可以替换字符串中的某个字符或子串；使用 CONCATENATE、TEXTJOIN 等函数可以合并多个字符串等。下面我们来看一个具体示例，了解 AI 如何帮助我们更好地完成复杂字符串处理工作。

例如，我们的 Excel 表格包含两列值：A 列为用户 ID，B 列为注册来源。示例格式如下：

```
用户 ID　注册来源
U001  http://www.abc.com/3027857?from=o2o&utm_sourcs=abc&utm_medium=7988&utm_
    term=wechat&utm_campaign=zhounianqing
U006  http://www.abc.com/18cmURt8Znwhssaf?from=o2o&utm_sourcs=abc&utm_
    medium=7988&utm_term=wechat&utm_campaign=zhounianqing
```

现在我们需要对注册来源中的信息进行处理，具体规则如下：

❑ 从 URL 中提取域名，并单独放到 C 列中。

❑ 从 URL 中提取网站地址之后，from 参数之前的 ID 字段，并单独放到 D 列中。

❑ 从 URL 中提取出 utm_sourcs、utm_medium、utm_term、utm_campaign 四个参数对应的值，并分别放到 E:H 列中。

❑ 将上面四个参数对应的值用下划线连接成一个复合字段，并放到 I 列中。

要实现上述操作，我们有两种方法。

❑ 方法一：通过观察数据规律，然后将规律描述给 AI，让 AI 生成数据处理规则。

❑ 方法二：将部分具有代表性的数据，以 Markdown 或表格格式输入 AI，让 AI 自己探索和理解数据规律，并自动生成规则。

由于 AI 输入的字符串个数有限，我们无法将全部数据复制给 AI，因此，我们需要先观察数据已有的分布规律，然后选择有代表性的数据输入 AI。经过观察，我们先复制上面的数据示例以及数据处理需求给 New Bing Chat，看看它能否返回正确的结果。AIGC 的提示指令如下：

```
[New Bing Chat] 3/16/1  你是一个 Excel 数据处理专家。你现在有一个 Excel 表格，包含两列值：A
    列为用户 ID，B 列为注册来源。Markdown 格式的示例数据如下：
| 用户 ID | 注册来源 |
| ------ | -------- |
| U001   | http://www.abc.com/3027857?from=o2o&utm_sourcs=abc&utm_medium=7988&utm_
    term=wechat&utm_campaign=zhounianqing |
| U006   | http://www.abc.com/18cmURt8Znwhssaf?from=o2o&utm_sourcs=abc&utm_
    medium=7988&utm_term=wechat&utm_campaign=zhounianqing |
现在你需要对注册来源中的信息进行处理，具体规则为：
❑ 从 URL 中提取域名（不包含 http 或 https 协议），并单独放到 C 列中，例如"www.abc.com"。
❑ 从 URL 中提取网站地址之后，from 参数之前的 ID 字段，并单独放到 D 列中，例如"3027857"。
```

> ❑ 从 URL 中提取出 utm_sourcs、utm_medium、utm_term、utm_campaign 四个参数对应的值，并分别放到 E:H 列中，例如 "abc" "7988" "wechat" "zhounianqing"。
> ❑ 将上面四个参数对应的值用下划线连接成一个复合字段，并放到 I 列中，例如 "abc_7988_wechat_ zhounianqing"。
> 请你观察数据规律，然后给出适用于 2016 版 Excel 的公式，分别用来实现上面的解析规则。规则输出时，请使用列表分别输出每列的规则。列表中的每个项，只包括列名和公式，例如，D 列："以 = 开头的具体公式"。

上面的提示指令较长，重点信息如下：

❑ 用 Markdown 格式编写数据样例，根据实际情况选取具有代表性的样本。

❑ 提取规则的详细说明，包括如何定义和存储提取后的各个字段。

❑ 组合规则说明，包括如何将提取的数据组合为新的字段以及存储该字段。

❑ Excel 版本说明，包括如何让 AI 输出符合当前版本的操作建议。

我们把提示指令输入 New Bing Chat 中，得到以下操作建议：

> 你好，这是 Bing。我可以帮你处理 Excel 数据。根据你的要求，我给出以下公式，适用于 2016 版 Excel。假设你的数据从第二行开始，第一行是表头。公式如下：
> C 列：=MID(B2,FIND("//",B2)+2,FIND("/",B2,FIND("//",B2)+2)-FIND("//",B2)-2)
> D 列：=MID(B2,FIND("/",B2,FIND("//",B2)+2)+1,FIND("?",B2)-FIND("/",B2, FIND("//",B2)+2)-1)
> E 列：=MID(B2,FIND("utm_sourcs=",B2)+11,FIND("&",B2,FIND("utm_sourcs=",B2))- FIND("utm_sourcs=",B2)-11)
> F 列：=MID(B2,FIND("utm_medium=",B2)+11,FIND("&",B2,FIND("utm_medium=",B2))- FIND("utm_medium=",B2)-11)
> G 列：=MID(B2,FIND("utm_term=",B2)+9,FIND("&",B2,FIND("utm_term=",B2))- FIND("utm_term=",B2)-9)
> H 列：=RIGHT(B2,LEN(B2)-FIND("utm_campaign=",B2)-12)
> I 列：=E2&"_"&F2&"_"&G2&"_"&H2

我们按照 New Bing Chat 的操作指导，在 Excel 的 C 列到 I 列依次输入公式，并向下拖动，就可以得到如图 3-15 所示的数据，该数据与需求完全一致。

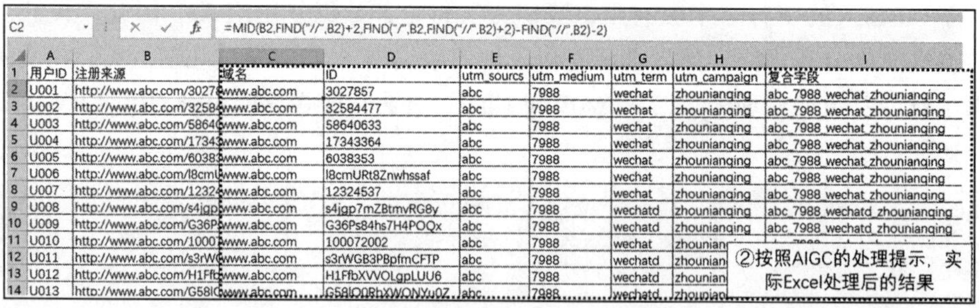

图 3-15　处理后的 Excel 结果

在本示例中，因为数据结构比较规范，所以我们可以将典型数据一次性输入 AI 中；如果数据结构不够规范，导致无法一次性输入怎么办？这里有两种方法可以尝试：

❑ 第一，提供在线数据链接。将你的数据打包并上传到一个公开可访问的 Web 服务器上，然后在输入中告诉 AI 数据源地址，让 AI 直接在线读取数据。这种方法需要

AI 能够访问互联网数据，例如使用 New Bing Chat。但需要注意的是，如果数据过长，AI 可能无法一次性完整读取。

❏ 第二，分批输入。在输入提示信息时，告诉 AI 你会分 N 次输入样例数据，请 AI 在你输入完毕并发出特定指令后，再对所有数据进行汇总分析。

3.5.4　日期的转换、解析与计算

在数据分析过程中，日期格式的数据处理是常见的需求之一，例如转换格式、计算差值、提取信息、筛选条件等。假设我们的 Excel 表格包含两列值，A 列为用户 ID，J 列为注册时间，数据格式如下：

```
用户 ID     注册时间
U001       2023-11-12T11:12:42.000+0000
U002       2023-11-12T11:12:42.000+0000
```

现在我们想要对注册时间进行以下几种处理：

❏ 将时间转换为"年 – 月 – 日 时：分：秒"的格式，并将 UTC 时区转换为 UTC+8，即东八区时间。新转换的时间放到 K 列中。例如"2023-11-12 11:12:42"。

❏ 从 K 列中提取"日期"值，并放到 L 列中，例如"2023-11-12"。

❏ 计算 K 列日期与当前日期的间隔天数，并将结果放在 M 列中。例如，"2023-11-12"与当前时间（假设为"2023-11-15"）相差 3 天，那么结果为 3。

❏ 根据 K 列判断对应的日期是星期几，并将结果放到 N 列中。例如，"2023-11-12"是星期日，那么结果为"星期日"。

下面我们统一梳理一下信息，输入 AIGC 的提示指令如下：

```
[New Bing Chat] 3/17/1  你是一个 Excel 数据处理专家。你现在有一个 Excel 表格，包含两列值：A
    列为用户 ID，J 列为注册时间。Markdown 格式的示例数据如下：
| 用户 ID | 注册时间                        |
| ------- | ----------------------------|
| U001    | 2022-11-12T11:12:42.000+0000|
| U006    | 2022-11-12T11:12:42.000+0000 |
其中 J 列是文本格式。现在你需要对注册时间中的信息进行处理，具体规则为：
❏ 将时间转换为日期时间格式，数据格式为"年 – 月 – 日 时：分：秒"，并将 UTC 时区转换为 UTC+8，即
    东八区时间。新转换的时间放到 K 列中。例如"2022-11-12 11:12:42"。
❏ 从 K 列中提取日期值，设置为"日期"格式，并放到 L 列中，例如"2022-11-12"。
❏ 计算 K 列日期与当前日期的间隔天数，并将结果放在 M 列。例如，"2022-11-12"距离当前时间（假设
    为"2022-11-15"）相差 3 天，那么结果为 3。
❏ 根据 K 列判断对应的日期是星期几，并将结果放到 N 列。例如，"2022-11-12"是星期日，那么结果为
    "星期日"，不能返回 Sunday 或 0 等格式。
请你观察数据规律，然后给出适用于 2016 版 Excel 的 4 个公式，分别用来实现上面的解析规则。请使用列
    表分别输出每列的规则。列表中的每个项，只包括列名和公式，例如，K 列："以 = 开头的具体公式"。
```

上述提示信息除了提供详细的 Excel 数据格式和样例外，重点信息是：说明如何对 J 列数据进行处理，以及如何基于不同的处理逻辑存储数据；同时，通过示例说明数据输出格式。我们把提示指令输入 New Bing Chat 中，得到以下操作建议：

你好，这是 Bing。根据你的要求，我给出以下四个公式，分别用来实现你的解析规则：
K 列：=TEXT(DATEVALUE(LEFT(J2,10))+TIMEVALUE(MID(J2,12,8))+8/24,"yyyy-mm-dd
　　hh:mm:ss")
L 列：=DATEVALUE(K2)
M 列：=DATEDIF(K2,TODAY(),"d")
N 列：=TEXT(K2, "dddd")

我们按照 New Bing Chat 的操作指导，在 Excel 中输入公式，却发现 K 列无法显示正确的结果，如图 3-16 所示。

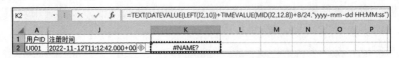

图 3-16　K 列无法显示正确的结果

AI 并不能保证每次都给出切实可行的建议。针对上述错误，我们有两种解决方案：

❏ 继续在 New Bing Chat 中与其对话，告知遇到的问题并请求它提供解决思路、优化公式或其他解决方案。

❏ 尝试使用 ChatGPT 等其他 AI，以获取正确的操作提示。

建议选择第二种思路。因为第一种思路需要对操作环境、Excel 具体版本、数据信息、函数信息等进行详细描述和排查，并且需要不断与 AI 进行交互。这个过程可能需要数轮交互，而且并不一定能解决问题。所以，选择第二种思路可能更加高效和便捷。

我们把相同的操作方法输入 ChatGPT，它给出了如下的回复。

以下是适用于 2016 版 Excel 的 4 个公式，用于实现对注册时间的处理规则：
K 列：=TEXT((SUBSTITUTE(LEFT(J2,19),"T"," ")+TIME(8,0,0)),"yyyy-mm-dd hh:mm:ss")
L 列：=DATE(YEAR(K2),MONTH(K2),DAY(K2))
M 列：=DATEDIF(K2,TODAY(),"d")
N 列：=CHOOSE(WEEKDAY(K2,2),"星期一","星期二","星期三","星期四","星期五","星期六",
　　"星期日")
其中，第一个公式将原始的注册时间文本转换为日期时间格式，并将 UTC 时区转换为 UTC+8 时区；第二个公式从 K 列中提取日期值并设置为日期格式；第三个公式计算 K 列日期与当前日期的间隔天数；第四个公式根据 K 列的日期值判断对应的星期几。

我们按照 ChatGPT 的操作指导，将公式输入 Excel，顺利获得了预期的结果，如图 3-17 所示。

	A	J	K	L	M	N	O
1	用户ID	注册时间	注册时间K	注册日期	距今间隔	注册星期几	
2	U001	2022-11-12T11:12:42.000+0000	2022-11-12 19:12:42	2022/11/12	179	星期六	
3	U002	2022-11-12T11:12:42.000+0000	2022-11-12 19:12:42	2022/11/12	179	星期六	
4	U003	2022-09-28T22:14:26.000+0000	2022-09-29 06:14:26	2022/9/29	223	星期四	
5	U004	2022-09-11T16:58:18.000+0000	2022-09-12 00:58:18	2022/9/12	240	星期一	
6	U005	2022-05-22T19:92:40.000+0000	2022-05-23 04:32:40	2022/5/23	352	星期一	
7	U006	2022-09-18T14:21:40.000+0000	2022-09-18 22:21:40	2022/9/18	234	星期日	
8	U007	2022-11-11T08:19:41.000+0000	2022-11-11 16:19:41	2022/11/11	180	星期五	
9	U008	2022-11-07T16:54:10.000+0000	2022-11-08 00:54:19	2022/11/8	183	星期二	
10	U009	2022-06-05T01:10:98.000+0000	2022-06-05 09:11:38	2022/6/5	339	星期日	

图 3-17　按照 ChatGPT 提示正确完成日期处理操作

该示例说明，没有 AI 能保证每次都给出完全正确的答案。作为用户，如果只想解决问题，可以换其他 AI 工具；如果想研究和学习，了解答案为什么错，可以继续和 AI 交流，让它解释，这也是一个学习的机会。

3.5.5　复杂数据类型的抽样

数据抽样是从大型数据集中随机抽取部分数据，以反映整体数据的特征。数据抽样可以节省时间和人力成本，提高分析效率和质量。Excel 的"数据分析"模块中有一个"抽样"的简单功能，但该功能仅支持数值格式的抽样。

我们有一个包含 10 万条商品订单明细数据的工作簿，其中包括订单 ID、一级品类、二级品类、产品 ID、订单时间、订单数量和订单金额等字段，如图 3-18 所示。接下来，我们将演示如何使用 Excel 实现随机抽样。

	A	B	C	D	E	F	G
1	订单ID	一级品类	二级品类	产品ID	订单时间	订单数量	订单金额
99988	P099987	家居、家纺、五金	五金建材	5924710	2023/1/12 1:26	1	279
99989	P099988	烟灶、小家电、卫浴	厨房小电	8297012	2022/11/20 17:44	1	56.09999847
99990	P099989	烟灶、小家电、卫浴	厨房小电	8625246	2022/12/11 19:25	1	439
99991	P099990	电视、冰箱、洗衣机、	冰箱/冷柜	7885889	2022/6/17 17:12	1	2699
99992	P099991	电视、冰箱、洗衣机、	空调	3346063	2021/5/21 20:29	1	2691
99993	P099992	手机、摄影、数码	手机配件	7267526	2023/2/5 16:23	1	85
99994	P099993	电脑、办公打印、文化	电脑整机	9106644	2021/6/15 0:16	1	3349

图 3-18　待抽样的原始数据

要实现随机抽样，重点需要指定数据范围、抽样要求以及数据输出要求，提示指令如下：

[New Bing Chat] 3/18/1　请帮我写一个在 Excel 2016 版本中进行简单随机抽样的 VBA 脚本。
输入：
❑ 数据范围：A2:G100001
输出：
❑ 随机选出的样本集合，抽样样本数量为 1000
❑ 数据存储位置：J2 开始的单元格
要求：
❑ 抽出的样本不能重复
❑ 脚本需要可重复使用，每次运行可以得到不同的样本集合
❑ 保留原始样本集不变，请勿修改任何原始记录值
❑ 抽样后的每条数据的各个字段的对照关系，需要与原始样本集保持一致
❑ VBA 代码尽量简洁、可正确执行

我们把提示指令输入 New Bing Chat 中，得到以下代码示例：

```
Sub RandomSample()
    Dim rng As Range '数据范围
    Dim out As Range '输出范围
    Dim arr() As Variant '数组存储数据
    Dim sample As Long '抽样数量
    Dim i As Long, j As Long, k As Long '循环变量
    Dim temp As Variant '临时变量
    Dim found As Boolean '标记变量
```

```
    Set rng = Range("A2:G100001") '根据输入修改数据范围
    Set out = Range("J2") '根据输入修改输出范围
    sample = 1000 '根据输入修改抽样数量
    arr = rng.Value '将数据范围赋值给数组
    For i = 1 To sample '循环抽样数量次
        j = Int(Rnd() * (rng.Rows.Count - i + 1)) + i '随机生成一个索引
        For k = 1 To rng.Columns.Count '循环列数次
            temp = arr(i, k) '交换数组中的两行数据
            arr(i, k) = arr(j, k)
            arr(j, k) = temp
        Next k
    Next i
    out.Resize(sample, rng.Columns.Count).Value = arr '将数组中的前 sample 行赋值给
        输出范围
End Sub
```

我们按照 AIGC 的指导，运行 VBA 脚本，在 Excel 中成功完成了随机抽样。我们检查了行号索引，确认抽样记录为 1000 条，如图 3-19 所示。为了验证数据一致性，我们随机选取了一条抽样后的样本（图中①），并与原始数据集进行了比对（图中②，为了便于显示，②的数据为笔者手动复制），发现数据完全一致。

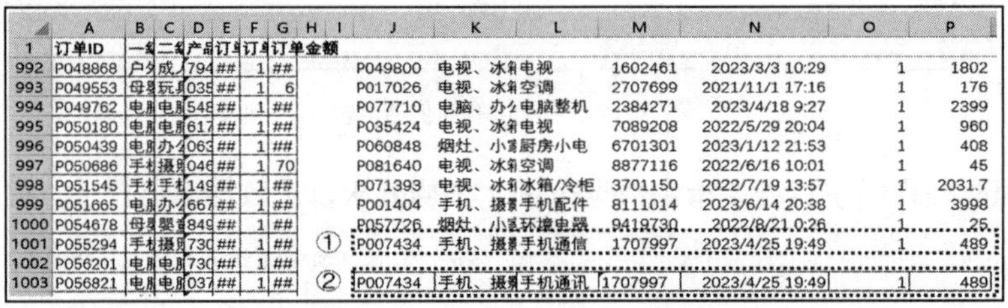

图 3-19　Excel 简单随机抽样结果

在这个案例中，需要注意以下几点：
- 设置好抽样参数，包括数据范围（不含标题列）、抽样数量或比例。
- 选择合适的抽样方式，有放回（即允许重复）抽样或无放回（即不允许重复）抽样。
- 备份原始数据，AIGC 的操作指导并不能保证一定成功，有些代码可能会修改原始数据，但提示信息中可能没有说明。为了避免原始数据丢失或损坏，请务必提前备份。

3.5.6　多条件的数据筛选

在 Excel 中，我们经常遇到需要根据多个条件筛选特定数据的情况。如果条件较多或较复杂，这样的筛选过程就会变得非常烦琐。例如，我们有一个用户数据表，包含用户 ID、注册省份、标签等信息。现在我们要从中筛选出满足以下条件的客户：用户 ID 大于 11（如60、77 等）、注册省份为"广东"或者"江苏"、标签不包含"L1"以及"年轻"。

用户 ID	省份	城市	地区	标签
U001	上海	上海	松江区	L1，沉默，女性，中年，家庭主妇

| U002 | 河南 | 新乡 | 原阳县 | L2，高价值，活跃，忠诚，女性，年轻，学生 |

为了让 AI 能够正确地过滤和筛选数据，提示指令需要明确以下内容：

❑ 过滤的目标字段，即根据哪些字段进行筛选。

❑ 字段值的过滤逻辑，即满足哪些条件才能被筛选出来。

AIGC 的提示指令如下：

[New Bing Chat] 3/19/1　在 Excel 2016 中，A-E 列分别是用户 ID、省份、城市、地区、标签，数据区域为 A2:E101，请问如何筛选出满足以下条件的客户：

❑ 用户 ID 大于 11

❑ 省份为"广东"或"江苏"

❑ 标签不包含"L1"以及"年轻"

我们把提示指令输入 New Bing Chat 中，得到以下操作建议：

你好，这是 Bing。我可以帮你筛选 Excel 数据。根据你的要求，你可以按照以下步骤进行筛选：

选择 A2:E101 区域，单击"数据"菜单中的"筛选"按钮，为每一列添加下拉箭头；

单击 A 列的下拉箭头，选择"数字筛选"，在弹出的对话框中选择"大于"，在右侧输入框中输入 11，单击"确定"按钮；

单击 B 列的下拉箭头，取消"全选"勾选框，只勾选"广东"和"江苏"，单击"确定"按钮；

单击 E 列的下拉箭头，取消"全选"勾选框，取消勾选"L1"和"年轻"，单击"确定"按钮；

此时，你就可以看到满足条件的客户数据了。

我们根据 AIGC 的指导，在 Excel 中完成数据筛选和过滤，结果如图 3-20 所示。

	A	B	C	D	E
1	用户I	省份	城市	地区	标签
35	34	广东	广州	越秀区	L2
41	40	广东	深圳	罗湖区	L2
43	42	广东	深圳	龙岗区	L2
62	61	广东	肇庆	端州区	L2
64	63	广东	深圳	福田区	L2
78	77	广东	广州	天河区	L2,高价值,活跃,忠诚,爱好者
86	85	江西	新余	渝水区	L2,高价值
90	89	广东	广州	天河区	L2

图 3-20　多条件的数据筛选和过滤

 提示　由于实现同一需求的方法可能有多种，AIGC 每次一般只提供其中一种方案。如果读者对该方案不满意或不愿采用，可以直接向 AI 询问：是否存在其他可行方案？

3.5.7　数据替换与缺失值填充

数据替换与缺失值填充是 Excel 中常见的数据处理需求。它可以帮助我们修改或补充数据，替换特定字符串或填充缺失值。例如，用户标签数据表中的地区字段有缺失值，我们用"未知"填充，同时将标签中的"沉默"改为"流失"。

用户 ID	地区	标签
1	松江区	L1，沉默，女性，中年，家庭主妇
2	原阳县	L2，高价值，活跃，忠诚，女性，年轻，学生
3		L1，低价值，沉默，流失，男性，老年

4	南沙区	L2，高价值，活跃，忠诚，爱好者
5	路南区	L1
6		L2
7	江宁区	L1，高价值，活跃
8	堆龙德庆区	L2，高价值
9	二道区	L2
10	丰台区	L1

为了实现上述操作，我们让 AI 生成 VBA 脚本，这个操作只需遍历所有单元格，逻辑简单。AIGC 的提示指令如下：

[ChatGPT] 3/20/1 在 Excel 2016 中 A-C 列分别表示用户 ID、地区和标签，请写一个 VBA 脚本，帮我将 B 列中的缺失值填充为"未知"，将 C 列标签中的"沉默"替换为"流失"。请直接给出脚本，不需要任何解释和说明。注意，在 C 列，"沉默"可能是该单元字符串的一部分。例如"L1，沉默，女性，中年，家庭主妇"，需要替换为"L1，流失 女性，中年，家庭主妇"。

在提示指令中，我们不仅描述了字段和数据信息，还告诉 AI"沉默"可能是字符串的一部分，而非一个单元格的完整值，这样可以让 AI 的程序更准确。ChatGPT 根据提示指令，返回了 VBA 代码。

```
Sub FillMissingValuesAndReplaceLabel()
    Dim lastRow As Long
    Dim rng As Range
    Dim cell As Range

    lastRow = Cells(Rows.Count, "A").End(xlUp).Row
    Set rng = Range("B2:C" & lastRow)

    For Each cell In rng
        If cell.Column = 2 And cell.Value = "" Then
            cell.Value = "未知"
        End If
        If cell.Column = 3 Then
            cell.Value = Replace(cell.Value, "沉默", "流失")
        End If
    Next cell
End Sub
```

按照 AIGC 的 VBA 代码，在 Excel 中执行后，数据替换成功。如图 3-21 所示，左侧是替换前的数据，地区有 2 个缺失值，标签有 2 条记录含"沉默"；右侧是替换后的结果，缺失值被填充，目标字符串的值被替换。

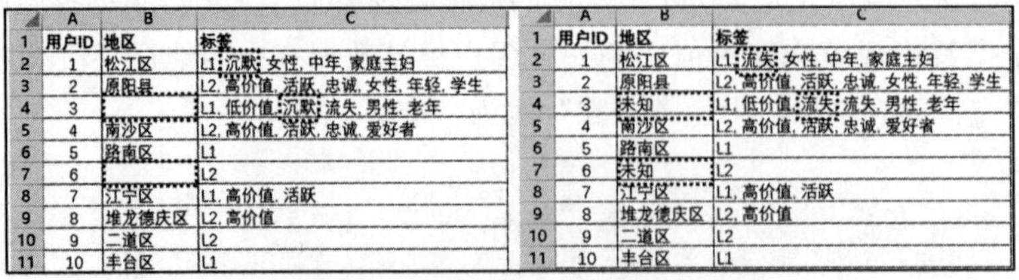

图 3-21 数据替换前后信息对比

提示　我们也可以用函数或公式，配合 Excel 功能，实现数据替换和缺失值填充。但条件多，人工操作的时间也会增加。所以对于这种简单重复的逻辑，使用 VBA 更合适。

3.5.8　多条件自定义排序

在 Excel 中，多条件自定义排序是常见的数据处理任务。正确的排序可以让数据更清晰。常见的排序有基于字段的正序或倒序排序。Excel 的自定义排序可以实现更复杂的逻辑。

假设我们要实现这样的排序规则：

❑ 先按客户标签排序，高价值客户标签底色绿色，放在上面。

❑ 然后按订单贡献倒序排序，看哪些客户贡献大。

❑ 再按订单间隔正序排序，看哪些用户购买频繁。

❑ 最后按省份字符串正序排序，方便分析和对比同省份的数据。

排序后得到如图 3-22 所示的结果。

上面的排序比较复杂，包含多个排序规则；除了按单元格值排序外，还有按单元格颜色排序。我们可以用 Excel 的自定义排序规则实现。AIGC 的提示指令是：

	A	B	C	D	E
1	用户ID	订单间隔	省份	订单贡献	客户标签
2	U001	12	北京	25536	L1, 高价值, 活跃, 忠诚, 女性, 年轻, 学生
3	U008	251	北京	476	L1, 中价值
4	U009	245	广东	399	L2, 中价值, 活跃
5	U010	284	广东	2170	L2, 高价值, 活跃, 忠诚, 爱好者
6	U010	194	北京	57	L1
7	U012	256	北京	170	L1, 高价值, 活跃, 女性, 年轻
8	U012	234	广东	469	L2
9	U013	202	北京	11	L1, 中价值, 活跃
10	U015	122	北京	237	L2, 中价值
11	U016	28	广东	10	L1
12	U017	221	广东	91	L2
13	U021	38	北京	160	L1
14	U022	250	广东	642	L2, 高价值, 活跃, 忠诚
15	U022	247	北京	146	L2

图 3-22　Excel 中多种规则排序后的数据

[ChatGPT] 3/21/1　在 Excel 中，A-E 列分别是用户 ID、订单间隔、省份、订单贡献、客户标签。如何在 Excel 中实现符合如下排序规则的自定义排序（注意排序规则 1~4 按优先级从高到低实现排序）：
1）先按客户标签排序，我们已经把含有高价值客户的标签单元格底色标绿，这些单元格需要排在上面。
2）然后按订单贡献倒序排序，这样能发现哪些客户的贡献更大。
3）再按订单间隔正序排序，这样能发现哪些用户购买更加频繁。
4）最后按省份字符串正序排序，方便我们分析和对比同省份下的数据情况。

提示指令描述了 AI 要完成的任务，强调了不同条件的排序规则有优先级，避免理解偏差。ChatGPT 根据提示指令，返回了以下操作方法指导。

在 Excel 中实现符合上述排序规则的自定义排序，可以按照以下步骤完成。
1）选择要排序的数据范围：在 Excel 中，选中包含要排序的数据的范围，包括 A-E 列的所有数据。
2）打开排序功能：在 Excel 的菜单栏中选择"数据（Data）"选项卡，在"排序（Sort）"功能区单击"排序（Sort）"按钮，打开排序对话框。
3）设置排序规则：在排序对话框中，按照优先级从高到低的顺序设置排序规则。
❑ 第一个排序规则（优先级最高）：选择"客户标签"列（列 E）作为排序列。在排序规则中选择"单元格颜色（Cell Color）"为排序依据，并选择"绿色"作为要排序的颜色。
❑ 第二个排序规则：选择"订单贡献"列（列 D）作为排序列，并选择"降序（Descending）"作为排序顺序。
❑ 第三个排序规则：选择"订单间隔"列（列 B）作为排序列，并选择"升序（Ascending）"作为排序顺序。
❑ 第四个排序规则（优先级最低）：选择"省份"列（列 C）作为排序列，并选择"升序（Ascending）"作为排序顺序。
4）应用排序规则：单击"确定"按钮，Excel 将按照设定的排序规则对数据进行排序。数据将按照客户标签绿色单元格优先，然后按订单贡献倒序排序，再按照订单间隔正序排序，最后按照省份字符串正序排序。

> 通过以上步骤，你可以在 Excel 中根据所描述的排序规则对数据进行自定义排序。请注意，确保选中正确的
> 数据范围和正确设置排序规则，以获得符合预期的排序结果。

按照 ChatGPT 的操作指导，在 Excel 中自定义排序，如图 3-23 所示，左侧是排序条件，右侧是排序结果。

图 3-23　Excel 多条件自定义排序结果

3.6　AI 驱动的数据分析：Excel 用户的洞察利器

AI 驱动的 Excel 已经成为用户的洞察利器。本节将介绍如何在 Excel 中利用 AI 驱动的数据分析工具进行高级的数据处理和洞察。

3.6.1　输出并解读描述性统计分析结果

数据描述性统计分析是数据分析的第一步，它可以帮助我们了解数据的基本情况和特征。例如，我们可以直接向 AI 发出如下提示指令：

> [New Bing Chat] 3/22/1　如何在 Excel 2016 中通过数据分析工具库实现描述性统计分析?

将提示指令输入 New Bing Chat，得到如下操作建议：

> 你好，这是 Bing。在 Excel 2016 中进行描述性统计分析的步骤如下：
> 1）确保已经安装了数据分析工具包。如果没有，可以在"文件"-"选项"-"加载项"中勾选"分析工具库"
> 　 和"分析工具库-VBA"。
> 2）在"数据"选项卡中，单击右侧的"数据分析"按钮。如果找不到该按钮，可能需要重新加载数据分析工具包。
> 3）在弹出的对话框中，选择"描述统计"，然后单击"确定"按钮。
> 4）在新的对话框中，选择要分析的数据范围，并输入"输入区域"框中。如果数据有标题行或标题列，可以
> 　 相应地勾选"标志位于第一行"和"标志位于第一列"。
> 5）选择输出区域，即想要显示结果的单元格或工作表。也可以选择输出到新的工作簿。
> 6）勾选需要的统计选项，例如平均值、标准差、最大值、最小值等。还可以调整置信水平的百分比。
> 7）单击"确定"按钮，就可以在输出区域看到描述性统计分析的结果，包括各种指标和图表。

按照 AIGC 的建议，我们在 Excel 中进行描述性统计分析，得到如图 3-24 所示的结果。

描述性统计分析结果可以反映数据的基本特征，但要深入理解数据的含义，还需要一定的分析经验和观察能力。对于有经验的分析师来说，他们可以凭借自己的历史知识和对指标的持续关注，快速把握数据的要点；而对于初级数据分析师来说，他们可以借助 AIGC 的智能解读功能，进一步获取数据的分析结果和解释。提示指令如下：

品类	访问数	销售数量	商品销售额
食品酒水	1169007	8476	4784536
生活电器	999668	9860	586118
电视	1204302	3125	7721980
精品家纺	1462894	6013	439457
数码	985203	6485	1392518
厨卫大电	1212689	1530	1450999
钟表首饰	792193	4251	1454904
洗衣机	72554	7404	15540149
电脑	1429458	9013	3725253
运动户外	1601686	6688	611515
服饰鞋帽	1258958	2965	230367
厨具餐具	523859	15580	1423715
手机	541950	13409	1634408
汽车用品	1521336	12179	1005985
厨具、餐具	821172	12272	1720125
家装建材	1220034	12914	1787297
冰箱	596019	5943	17228757
美妆个护	334072	14207	671280
母婴玩具	123109	1559	526942
空调	1426710	13499	23137286

访问数		销售数量		商品销售额	
平均	964843.65	平均	8368.6	平均	4353679.55
标准误差	104737.2001	标准误差	995.2603637	标准误差	1460609.814
中位数	1084337.5	中位数	7940	中位数	1452951.5
众数	#N/A	众数	#N/A	众数	#N/A
标准差	468398.9982	标准差	4450.939657	标准差	6532045.665
方差	2.19398E+11	方差	19810863.83	方差	4.26676E+13
峰度	-0.810280822	峰度	-1.25687568	峰度	3.192007569
偏度	-0.537694118	偏度	0.00159559	偏度	2.027914102
区域	1529132	区域	14050	区域	22906919
最小值	72554	最小值	1530	最小值	230367
最大值	1601686	最大值	15580	最大值	23137286
求和	19296873	求和	167372	求和	87073591
观测数	20	观测数	20	观测数	20

图 3-24　描述性统计分析结果

[New Bing Chat] 3/22/2　你是一个数据分析师，请就下面的描述性统计分析结果，给出你的专业见解。
数据指标：访问数。描述性统计分析结果如下：

平均	964843.65
标准误差	104737.2001
中位数	1084337.5
众数	#N/A
标准差	468398.9982
方差	2.19398E+11
峰度	-0.810280822
偏度	-0.537694118
区域	1529132
最小值	72554
最大值	1601686
求和	19296873
观测数	20

将上述提示指令输入 New Bing Chat，得到如下解读结果：

- 访问数的平均值为 964843.65，表示 20 个观测值的算术平均数。这个值可以反映访问数的总体水平，但也可能受到极端值的影响。
- 访问数的标准误差为 104737.2001，表示平均值的抽样误差。这个值越小，表示平均值越接近总体均值，越具有代表性。
- 访问数的中位数为 1084337.5，表示将 20 个观测值按大小顺序排列后，位于中间位置的数。这个值可以反映访问数的中间水平，不受极端值的影响。
- 访问数的众数为 #N/A，表示没有一个观测值出现的次数超过其他观测值。这个值可以反映访问数的最常见水平，但在本例中不存在。
- 访问数的标准差为 468398.9982，表示 20 个观测值与平均值之间的离散程度。这个值越大，表示访问数越分散，越不稳定；这个值越小，表示访问数越集中，越稳定。
- 访问数的方差为 2.19398E+11，表示 20 个观测值与平均值之间的离差平方和除以自由度（n-1）。这个值是标准差的平方，也反映了访问数的离散程度。
- 访问数的峰度为 -0.810280822，表示 20 个观测值在平均值附近的分布形态。这个值与正态分布相比较，如果为 0，表示正态分布；如果大于 0，表示高峰厚尾；如果小于 0，表示低峰细尾。本例中该值小于 0，说明访问数呈现低峰细尾的分布形态。
- 访问数的偏度为 -0.537694118，表示 20 个观测值在平均值两侧的对称程度。这个值与正态分布相比较，如果为 0，表示对称分布；如果大于 0，表示右偏分布；如果小于 0，表示左偏分布。本例中该值小于 0，说明访问数呈现左偏分布，即大部分观测值大于平均值。

❑ 访问数的区域为1529132，表示20个观测值中最大值和最小值之差。这个值反映了访问数的变化范围。
❑ 访问数的最小值为72554，表示20个观测值中最小的一个。这个值反映了访问数的最低水平。
❑ 访问数的最大值为1601686，表示20个观测值中最大的一个。这个值反映了访问数的最高水平。
❑ 访问数的求和为19296873，表示20个观测值之和。这个值反映了访问数的总量。
❑ 访问数的观测数为20，表示有20个有效的观测值。这个值反映了访问数的样本容量。

3.6.2 按条件汇总数据

在业务分析场景中，明细数据是最基本的数据洞察的信息来源，例如销售明细、客户明细、商品明细等。为了从明细数据中提取有价值的信息，我们通常需要按照不同的条件对数据进行汇总。

例如，我们想要对数据进行分类汇总，但不知道有哪些方法，可以输入如下提示指令：

[New Bing Chat] 3/23/1 在 Excel 中，有哪些数据汇总方法？

New Bing Chat 根据我们的提示指令，返回如下操作建议：

你好，这是 Bing。在 Excel 中，有多种数据汇总方法，例如：
❑ 使用 SUMIF 函数，根据条件对数据进行求和。
❑ 使用合并计算功能，将多个区域的数据进行汇总。
❑ 使用数据透视表功能，对数据进行分组、排序、筛选和计算。
❑ 使用分类汇总功能，按照某个字段对数据进行分类和汇总。

根据 AIGC 的建议，我们可以选择不同的实现方案来满足数据分析的目的。例如，图 3-25 展示了一组商品销售明细数据。

	A	B	C	D	E	F	G
1	订单ID	一级品类	二级品类	产品ID	订单时间	订单数	订单金额
2	P000001	家居家纺	家纺用品	0134716	2023/5/12 14:05	1	149
3	P000002	大家电	洗衣机	5668347	2022/10/22 21:51	1	1299

图 3-25 商品销售明细数据

假设我们想要对一级品类为"家居家纺"的数据进行筛选，并对筛选后的订单金额进行求和。这时，我们可以采用 AIGC 推荐的第一种方法，使用 SUMIF 函数来实现。为了方便操作，我们可以在相同会话区间内直接向 AI 询问如何使用 SUMIF 函数完成对"家居家纺"品类的汇总计算，并得到详细的步骤指导，提示指令如下：

[New Bing Chat] 3/23/2 如何使用 SUMIF 函数在 Excel 中过滤 B 列值为"家居家纺"的记录后，对 G 列完成汇总求和？

New Bing Chat 给出了如下操作建议：

你好，这是 Bing。你可以参考以下公式：
=SUMIF(B:B," 家居家纺 ",G:G)
公式说明：SUMIF 函数的语法格式为 =SUMIF(range, criteria, [sum_range])，其中 range 是根据条件进行筛选的区域，criteria 是筛选的条件，sum_range 是求和的区域。在本例中，range 是 B 列，criteria 是"家居家纺"，sum_range 是 G 列。该公式的含义是对 B 列中等于"家居家纺"的记录，求其对应的 G 列中的值的和。

按照 AIGC 的指导，我们很快就完成了基于条件筛选的分类汇总，结果如图 3-26 所示。

I2	▼	:	×	✓	fx	=SUMIF(B:B,"家居家纺",G:G)		

	A	B	C	D	E	F	G	H	I
1	订单ID	一级品类	二级品类	产品ID	订单时间	订单数量	订单金额		
2	P000001	家居家纺	家纺用品	0134716	2023/5/12 14:05	1	149		4624.4
3	P000002	大家电	洗衣机	5668347	2022/10/22 21:51	1	1299		

图 3-26　基于条件筛选的分类汇总

3.6.3　利用数据透视表汇总所有数据

如果我们想要对 3.6.2 节的整个数据集进行分类汇总，而不想要进行任何条件筛选，可以直接向 AIGC 提出我们的需求。在提示指令中，明确指定如下信息：

❑ 数据区域，让 AI 知道应该对哪些区域的数据做汇总。

❑ 分类字段，即根据哪个字段进行分类汇总。

❑ 计算字段和计算逻辑，即用哪个字段进行计算，以及如何计算。

完整提示指令如下：

> [New Bing Chat] 3/24/1　在 Excel 中，A:G 列分别是订单 ID、一级品类、二级品类、产品 ID、订单时间、订单数量、订单金额，现在需要对该数据做分类汇总，实现按一级品类统计订单 ID 的数量。请给出数据透视表实现方法。

New Bing Chat 根据我们的提示指令，返回如下操作建议：

> 你好，这是 Bing。根据当前网页内容，你可以使用以下步骤来实现数据透视表：
> 1）选择 A:G 列的所有数据，单击"插入"菜单，选择"数据透视表"。
> 2）在弹出的对话框中，选择一个新的工作表作为数据透视表的位置，单击"确定"按钮。
> 3）在数据透视表字段列表中，将"一级品类"拖放到"行标签"区域，将"订单 ID"拖放到"值"区域。
> 4）在"值"区域中，单击"订单 ID"的下拉箭头，选择"值字段设置"。
> 5）在弹出的对话框中，选择"计数"作为汇总方式，单击"确定"按钮。

按照 AIGC 的指导，我们完成了对整个数据集的分类汇总，结果如图 3-27 所示。

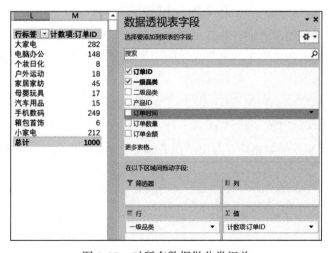

图 3-27　对所有数据做分类汇总

3.6.4　计算不同记录之间的相似度

在业务分析场景中，我们经常需要比较不同对象之间的相似度，例如商品相似度、客户相似度等，但 Excel 没有提供现成的相似度计算功能。这时，我们可以借助 AIGC 的智能提示功能，自定义实现常用的相似度计算方法。

首先，我们可以向 AI 询问有哪些相似度计算方法，然后根据 AI 的回答选择合适的方法。提示指令如下：

[New Bing Chat] 3/25/1　有哪些相似度计算方法？

New Bing Chat 根据提示指令，给出几种常见的相似度计算方法，并介绍了它们的适用场景。

根据网上搜索结果，一些常用的相似度计算方法有：
- ❑ 对于实值向量，可以使用余弦相似度，它用于评估文档在向量空间模型中的相似度，常用于信息检索领域。
- ❑ 对于字符串，可以使用编辑距离、莱文斯坦距离、汉明距离和贾罗距离等方法，它们用于衡量两个字符串之间的差异，常用于文本处理领域。
- ❑ 对于概率分布，可以使用马哈拉诺比斯距离、巴氏距离和海林格距离等方法，它们用于比较两个具有不同均值和方差的概率分布，常用于统计学领域。

你可以根据要比较的对象和数据的特点选择合适的相似度计算方法。

假设我们有一张用户数据表，其中包含了用户 ID、年龄、城市以及各种标签数据，如图 3-28 所示。

用户ID	年龄	年龄层	星座	城市	来源渠道	价值分层	等级	流失风险	是否有移动端	是否开通高级	是否O2O客户	是否优惠券	是否口碑传播	是否活跃	是否多渠道	最近30天订购	历史累计访问量	历史累计浏览
1	22	90后	金牛座	合肥		3	1		1	1		1			0		183536	269401
2	31	80后	射手座	郑州		3			1	1		1			0		8704	68056
3	58	60后及以前	巨蟹座	北京		3	1		1	1		0			0		1472215	1571895
4	34	80后	射手座	合肥	6	4	2	1	1	0		0			0		43142	102606
5	68	60后及以前	天蝎座	长沙		4	1		1	1		1			0		17150	53241
6	38	70后	金牛座	武汉	6	4	2	1	1	1		0			0		70359	413302
7	59	60后及以前	双鱼座	长春	1	3	2		1	1		0			0		148949	611182
8	66	60后及以前	金牛座	烟台	1	2	2		1	1		0			0		38815	341935
9	54	60后及以前	白羊座	沈阳	1	2	.		1	0		0			0		80789	100005
10	40	70后	金牛座	北京	6	4	3		1	1		0			0		106566	150441
11	63	60后及以前	天蝎座	西安		3	1		1	1		1			0		486828	550195

图 3-28　用户明细数据

如果我们想要基于标签数据计算两个用户之间的相似度，可以根据 AI 的建议，选择使用"余弦相似度"的方法来实现。为了方便操作，我们可以直接向 AI 询问以获得详细的步骤指导。提示指令如下：

[New Bing Chat] 3/25/2　在 Excel 中，J:P 列分别表示用户不同的标签特征。请写出在 Excel 中使用夹角余弦方法计算 2 条记录相似度的公式。

New Bing Chat 根据提示指令，写出了在 Excel 中计算夹角余弦的公式。

在 Excel 中，如果 J:P 列分别表示用户不同的标签特征，那么可以使用以下公式计算 2 条记录相似度：
=SUMPRODUCT(J2:P2,J3:P3)/SQRT(SUMPRODUCT(J2:P2,J2:P2)*SUMPRODUCT(J3:P3,J3:P3))
其中，J2:P2 和 J3:P3 分别表示第 2 条和第 3 条记录的向量。这个公式可以根据需要修改行号或列号。
夹角余弦值越接近 1，表示两个向量越相似；夹角余弦值越接近 -1，表示两个向量越相反；夹角余弦值为 0，表示两个向量正交。

按照 AIGC 的指导，我们在 Excel 中输入公式完成对两个用户的相似度计算。我们通过下拉填充的方式，扩展到其他用户之间的相似度计算。结果如图 3-29 所示。

	A	H	I	J	K	L	M	N	O	P	Q	R	S	T
1	用户ID	等级	流失风险	是否有移动设备	是否开通高级	是否O2O客户	是否优惠券	是否口碑传播	是否活跃	是否多渠道	最近30天订单	历史累计访问量	历史累计浏览量	余弦相似度
2	1	1	2	1		1	1					183536	269401	1
3	2	2	2	1	1	1		0	0	0	0	8704	68056	0.8660254
4	3	2	2	1		1	0	0	0	0	0	1472215	1571895	0.57735027
5	4	2	1	1		1	1	0	0	0	0	43142	102606	0.81649658
6	5	2	1	1		1	0	0	0	0	0	17150	53241	0.81649658
7	6	2	1	0		1	0	0	0	0	0	70359	413302	0.66666667

T2 ＝SUMPRODUCT(J2:P2,J3:P3)/SQRT(SUMPRODUCT(J2:P2,J2:P2)*SUMPRODUCT(J3:P3,J3:P3))

图 3-29　使用公式计算 2 个客户的相似度

如果我们想要比较两个不相邻的客户之间的相似度，可以通过修改公式中的行索引来实现。例如，我们可以计算用户 ID1 和 ID4 的相似度，公式如下：

```
=SUMPRODUCT(J2:P2,J5:P5)/SQRT(SUMPRODUCT(J2:P2,J2:P2)*SUMPRODUCT(J5:P5,J5:P5))
```

在计算出相似度后，我们还需要理解这个结果的含义，即什么情况下表示两个客户相似，什么情况下表示两个客户不相似。这个问题已经在上面 AIGC 的回复中得到了回答：余弦相似度的值越接近 1，表示两个客户越相似；余弦相似度的值越接近 –1，表示两个客户越不相似。

 提示　使用函数方法计算相似度的方法，适合少量记录的比较，尤其是针对某个重点对象的相似度计算，例如找到与某个重点客户最相似的客户。如果要计算所有客户之间的相似度，建议使用编程方法，这样可以提高效率。

3.6.5　不需要汇总的合并计算

当数据源分散在多个位置时，如果我们想要对所有数据做汇总计算，通常的思路是先把数据整合到一起，再按照特定逻辑进行汇总计算。这种方式需要我们手动或通过程序完成，并且还要考虑数据的格式、字段的一致性，以免合并过程中出现问题。

合并计算是一种方便快捷的数据分析功能，它可以帮助你在不改变原始数据的情况下，对多个数据源进行汇总计算。你可以根据需要选择合并的数据范围、字段、条件，以及汇总的方式、位置等。它可以应用于同一表格中的多个区域或者多个表格之间的合并计算。下面我们通过一个例子演示如何通过 AIGC 完成该操作。

假设我们有一个数据目录，该目录下的文件均为按日拆分的数据文件，每个文件中都含有访问日期、用户邮箱、报告类型、来源 IP、访问次数，现在想要按日汇总每天的访问次数。我们将提示指令输入 New Bing Chat：

> [New Bing Chat] 3/26/1　我在电脑的目录下，有一批按日拆分的数据文件，文件名如 20230101.xlsx、20230102.xlsx，每个数据文件都包含访问日期、用户邮箱、报告类型、来源 IP、访问次数。我该如何使用 Excel 2016 的"数据"-"合并计算"功能，汇总所有文件的数据得到按日汇总的访问次数的总和？

New Bing Chat 根据提示指令，给出了如下操作方法：

> 如果你想要汇总所有文件的数据，得到按日汇总的访问次数的总和，你可以使用 Excel 2016 的"数据"-"合并计算"功能。具体操作步骤如下。
> 打开一个空白的工作簿，单击"数据"-"合并计算"，弹出合并计算对话框。
> 1）在"函数"选项卡中，选择"求和"作为合并计算的方式。
> 2）在"引用位置"选项卡中，单击"浏览"按钮，选择你要合并的数据文件，例如 20230101.xlsx。
> 3）在打开的文件中，选中包含数据的区域，单击"添加"按钮，将该区域添加到引用列表中。
> 4）重复上述步骤，将其他文件中的数据区域也添加到引用列表中，直到所有文件都添加完毕。
> 5）在"左列"选项卡中，勾选"左列包含行标签"，并选择"访问日期"作为行标签。
> 6）在"顶行"选项卡中，勾选"顶行包含列标签"，并选择"访问次数"作为列标签。
> 7）单击"确定"按钮，即可在当前工作表中生成按日汇总的访问次数的总和。

如图 3-30 所示，根据 AIGC 的方法，我们打开数据文件并设置数据源的引用，顺利完成步骤 1~4，如图中的①②③④所示，但是在 Excel 中却没有找到操作方法中步骤 5~7 的内容。根据我们对 AIGC 操作内容的理解，勾选图中⑤的"首行"和"最左列"。

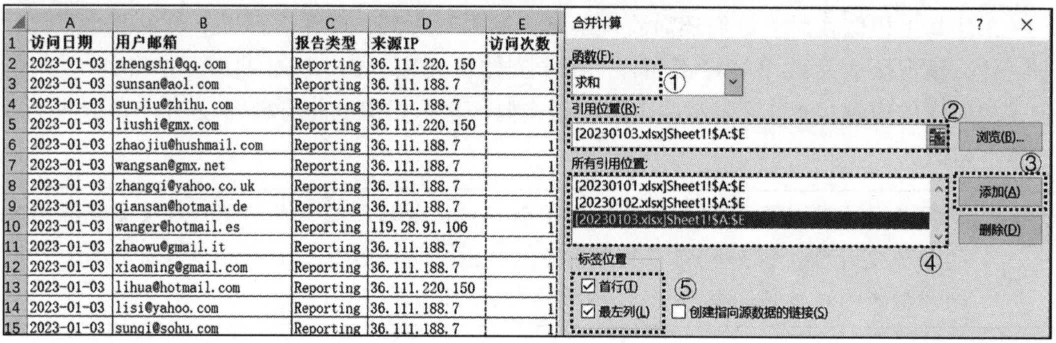

图 3-30 添加合并计算数据源引用

上述所有操作完成后，空白的 Excel 工作表会显示合并计算的汇总结果，如图 3-31 所示。

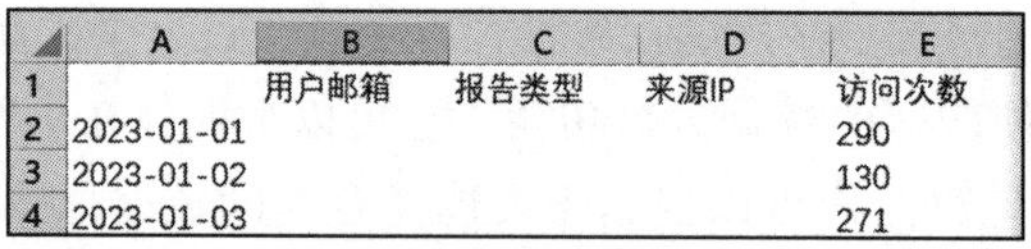

	A	B	C	D	E
1		用户邮箱	报告类型	来源IP	访问次数
2	2023-01-01				290
3	2023-01-02				130
4	2023-01-03				271

图 3-31 合并计算结果

 注意 AIGC 的返回内容中可能包括全部正确、部分正确以及全部错误这 3 种情况，我们在实际应用中，需要根据 AIGC 的内容灵活变通：对于显而易见且简单的错误，可以按照实际情况加以修正；对于全部错误的信息，可以直接要求 AI 重新生成或通过新对话以及更换 AI 工具等方式多次尝试获取正确答案。另外，在本案例中，我们选择的数据区域的"最左列"是 A 列，也就是要汇总的日期列，因此在读取具体配置时，需要正确选择引用的数据区域。例如，我们要按"来源 IP"进行合并计算，那么在设置引用源时，只需选择 D:E 列，而不是 A:E 列。

3.6.6　预测工作表：自动趋势预测

预测工作表是 Excel 2016 中的一项强大功能，它可以根据历史时间序列数据，自动创建并预测未来趋势。例如，它可以帮助我们预测未来的商品销量、客户订单量、客户留存率等。

假设我们有一份从 2023/1/1 到 2023/5/13 的每日用户访问量数据，数据格式如下：

日期	用户数
2023/1/1	1249
2023/1/2	1560

如果我们想要预测未来一个月内的每日访问量趋势，可以直接询问 AIGC 如何实现。提示指令如下：

> [New Bing Chat] 3/27/1　我有一个 Excel 表格，里面记录了 2023 年 1 月 1 日到 2023 年 5 月 13 日每天的用户访问量，共两列数据：日期和用户数。我想用 Excel 的预测工作表功能来预测未来一个月的用户访问量趋势，请问具体怎么操作？需要配置哪些参数？

New Bing Chat 根据提示指令，返回如下操作建议：

> 你好，这是 Bing。Excel 预测工作表是一种基于历史时间数据来预测未来数据的功能。要使用这个功能，你需要按照以下步骤操作：
> 1）选择你的 Excel 表格中的日期和用户数两列数据。
> 2）单击"数据"选项卡，然后单击"预测"组中的"预测工作表"按钮。
> 3）在弹出的"创建预测工作表"窗口中，设置你需要的参数，例如预测开始日期、预测结束日期、季节性、置信区间等。
> 4）单击"创建"按钮，Excel 会在新的工作表中生成一个预测图表和预测数据。

按照 AIGC 的指导，我们在 Excel 中配置预测工作表。Excel 会自动识别日期列，根据历史数据预测未来的数据，并以图表的形式展示出来。配置完成后，我们就可以看到预测结果数据，如图 3-32 所示。

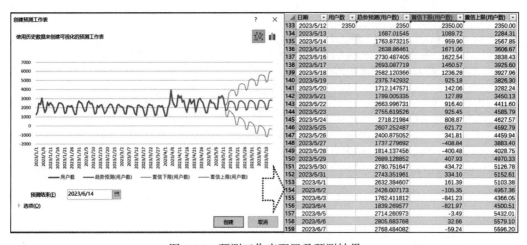

图 3-32　预测工作表配置及预测结果

提示　在配置过程中，你可以单击"选项"来自定义更多的预测参数，例如勾选包含预测统计信息、设置缺失点的填充方式、设置季节性的类型等。但是，建议初学者使用系统的默认设置，以避免不必要的复杂性以及错误配置导致预测出现问题。

3.6.7　规划求解：优化数据决策

规划求解是复杂业务环境中的关键任务，涉及资源分配、路径优化、任务调度等决策。之前用规划求解时，用户要懂规划求解的知识，还要配置约束条件、目标和优化方案等，过程难且易错。有了 AIGC，在 Excel 做规划求解工作就简单了。假设某电商平台要做一场促销活动，活动中有三种促销商品，A、B、C。每种商品的成本、售价、促销价、促销限量如下：

商品	成本	售价	促销价	促销限量
A	10	20	15	100
B	15	30	20	80
C	20	40	25	60

电商平台的目标是在总利润不低于 1000 元的条件下，确定每种商品的促销数量，使得促销活动的吸引力最大；同时，为了避免降价商品带来的负面影响，平台规定此次选择的商品总量不超过 200 件。吸引力用每种商品的促销折扣率和促销数量的乘积衡量，即：

$$吸引力 = (1 - 促销价 / 售价) \times 促销数量$$

我们可以把上述信息整理为 Prompt 指令，如下：

> [New Bing Chat] 3/28/1　我想让你扮演数据分析师。假设你们公司要进行一场促销活动。现在公司有三种商品可以用来做促销。在 Excel 中，A~E 列分别表示商品、成本、售价、促销价、促销限量，具体数据样例如下：
>
> | 商品 | 成本 | 售价 | 促销价 | 促销限量 |
> |------|------|------|--------|----------|
> | A | 10 | 20 | 15 | 100 |
> | B | 15 | 30 | 20 | 80 |
> | C | 20 | 40 | 25 | 60 |
>
> 你们公司的目标是在保证总利润不低于 1000 元的前提下，确定每种商品的促销数量，使得促销活动的吸引力最大。吸引力可以用每种商品的促销折扣率和促销数量的乘积来衡量，计算公式如下：
>
> 吸引力 = (1 - (促销价 / 售价)) * 促销数量
>
> 问题：在 Excel 2016 中，如何通过线性规划实现 A、B、C 三种商品的有效组合，以实现整个活动的吸引力最大？即如何实现吸引力 (A) + 吸引力 (B) + 吸引力 (C) 的最大化，同时能够满足 A、B、C 商品的总数量 ≤ 200？

在提示指令中，我们首先介绍了数据在 Excel 中的情况；然后，在吸引力的公式中，我们用括号强调数据计算的优先级，把乘号（×）换成 Excel 中的星号（*）；最后，我们强调了线性规划的最大化目标，让 AI 更清楚任务目标。把提示指令输入 New Bing Chat，得到如下指导方法：

> 要在 Excel 2016 中通过线性规划实现 A、B、C 三种商品的有效组合，你需要以下步骤。

1）在 Excel 工作表中，输入你的数据，如下所示：

商品	成本	售价	促销价	促销限量	促销数量	促销利润	吸引力
A	10	20	15	100	x1	(15-10)x1	(1-15/20)x1
B	15	30	20	80	x2	(20-15)x2	(1-20/30)x2
C	20	40	25	60	x3	(25-20)x3	(1-25/40)x3

总计 |||| 总促销数量 = x1+x2+x3 | 总促销利润 = (15-10)x1+(20-15)x2+(25-20)x3| 总吸引力 = (1-15/20)x1+(1-20/30)x2+(1-25/40)x3|

其中，x1、x2、x3 是决策变量，表示每种商品的促销数量。促销利润是每种商品的促销价减去成本后与促销数量的乘积。吸引力是每种商品的促销折扣率和促销数量的乘积。

2）在 "数据" 选项卡中，选择 "规划求解" 选项，打开 "规划求解参数" 对话框，设置目标单元格、可变单元格和约束条件：

❑ 在 "设置目标" 栏中输入表示总吸引力的单元格地址 H9（也可以直接单击 H9 单元格），并在 "等于" 一栏中选择 "最大值" 单选项。

❑ 在 "通过更改可变单元格" 一栏中输入决策变量的单元格地址 "F2:F4"。

❑ 在 "约束" 中，单击 "添加" 按钮，在弹出的 "添加约束" 对话框中添加以下约束条件：

  ○ F2:F4 >= 0（表示每种商品的促销数量不能为负数）

  ○ F2 <= E2（表示 A 商品的促销数量不能超过促销限量）

  ○ F3 <= E3（表示 B 商品的促销数量不能超过促销限量）

  ○ F4 <= E4（表示 C 商品的促销数量不能超过促销限量）

  ○ G9 >= 1000（表示总利润不低于 1000 元）

  ○ F5 <= 200（表示 A/B/C 商品的总数量不超过 200）

3）单击 "求解" 按钮，系统开始进行规划求解。在弹出的 "规划求解结果" 对话框中，选中 "保存规划求解结果" 单选项，单击 "确定" 按钮，在该模型有可行解的情况下，即可求得该线性规划的解。

New Bing Chat 给出的指导很长，我们先阅读并理解步骤。我们在步骤 1 中发现问题，表格中的促销数量、促销利润、吸引力以及总计的记录都是固定数值，这样的线性规划不能正常工作，必须有函数和公式才能求最优解，如图 3-33 所示。

	A	B	C	D	E	F	G	H
1	商品	成本	售价	促销价	促销限量	促销数量	促销利润	吸引力
2	A	10	20	15	100	x1	(15-10)x1	(1-15/20)x1
3	B	15	30	20	80	x2	(20-15)x2	(1-20/30)x2
4	C	20	40	25	60	x3	(25-20)x3	(1-25/40)x3
5		总计				总促销数量 = x1+x2+x3	总促销利润 = (15-10)x1+(20-15)x2+(25-20)x3	总吸引力 = (1-15/20)x1+(1-20/30)x2+(1-25/40)x3

图 3-33　New Bing Chat 线性规划的原始 Excel 数据

我们根据表格的数据表示，知道 New Bing Chat 想用 x1、x2、x3 表示 A、B、C 三种商品的促销数量，然后用公式和逻辑求各种商品的利润、吸引力，最后求总的数量、利润、吸引力。这种表示方法适合分析师理解，但不能在 Excel 中执行，所以，我们把 AI 给出的表格，改成函数公式。

❑ G2:G4 的公式分别为：=(D2-B2)*F2、=(D3-B3)*F3、=(D4-B5)*F5。

❑ H2:H3 的公式分别为：=(1-D2/C2)*F2、=(1-D3/C3)*F3、=(1-D3/C3)*F3。

❑ F5 的公式为：=SUM(F2:F4)。

❑ H5 的公式为：=SUM(G2:G4)。

❑ G5 的公式为：=SUM(H2:H4)。

> **注意** 因为我们把总促销数量、总促销利润和总吸引力放到 F5:H5 单元格中，所以后续的线性规划中涉及 F9、G9 和 H9 的单元格引用要改成 F5、G5 和 H5。

根据 New Bing Chat 的操作说明，我们在 Excel 中设置公式，并完成了线性规划配置。如图 3-34 所示，图中①是线性规划配置的条件，图中②是输入公式前的数据表格，图中③是线性规划完成后的数据表格。通过线性规划，我们得到了 A、B、C 三种商品的数量组合是 60、80、60，总利润是 1000，总吸引力是 64.17。

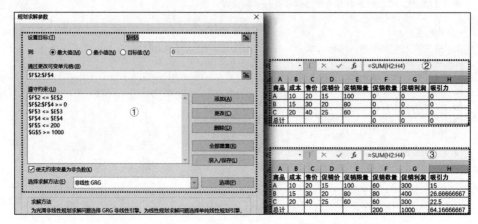

图 3-34 根据 New Bing Chat 说明得到线性规划结果

3.6.8 方案管理器：方案效果对比与分析

Excel 方案管理器是数据对比的工具，可以保存和切换不同的数据分析场景。场景管理器提供了一个交互界面，可以快速切换不同的场景，每个场景可以有不同的数据、设置和分析工具。通过场景管理器，用户可以方便地保存和管理多个分析任务。AIGC 能帮助我们完成这一过程。

假设我们在 3.6.7 节的案例的基础上，考虑通过调整 C 商品的促销价格，来对比不同降价方案对促销活动的总吸引力的影响，以及什么促销价格能平衡利润和吸引力。

首先，我们问 AI，如何保存当前的规划求解方案，以方便后面和新方案对比。提示指令如下：

> [New Bing Chat] 3/29/1　如何在 Excel 2016 中，通过方案管理器保存数据方案?

New Bing Chat 根据提示指令，给出如下操作指导。

> 如果你想要在 Excel 2016 中，通过方案管理器保存数据方案，你可以参考以下步骤：
> 1）在"数据"选项卡上，单击"模拟分析"下拉箭头，然后选择"场景管理器"。在"场景管理器"窗口中，单击"添加"以包含第一个数据方案。给你的方案起个名字，例如"方案 1"。然后，在"可变单元格"输入框中，输入或选择你计划为方案更改的所有单元格的单元格引用。在这个例子中，我们更改的单元格是 D2:D4（A、B、C 的销售额）。单击"确定"按钮。

2）在随后的弹出框中，输入或修改每个可变单元格的值。由于这是第一个方案，并且我们已经在工作表中输入了数据，因此可以在相应的框中看到这些值。确认并单击"确定"按钮。

3）现在你已经设置了第一个数据方案，并且应该在"场景管理器"窗口中看到它。你可以重复步骤 2 和 3 来创建和保存更多的数据方案，并输入不同的数据。在这个例子中，我们创建了"方案 2"和"方案 3"的数据方案，并输入了相应的销售额数据。

4）当创建了所有需要的数据方案后，可以通过"场景管理器"窗口从列表中选择一个，然后选择"显示"，你将看到工作表更新以显示所选方案的数据和结果。你可以在不同的方案之间来回切换，并比较它们对结果或输出的影响。当你选择了想要保留在工作表中的方案时，首先确保它显示在那里，然后在"场景管理器"窗口中单击"关闭"。

我们按照 New Bing Chat 的操作指导，在 Excel 中保存现有的线性规划方案。在我的 Excel 版本中没有"场景管理器"，应该是"方案管理器"。如图 3-35 所示，单击"模拟分析"–"方案管理器"，在新窗口中单击"添加"按钮。

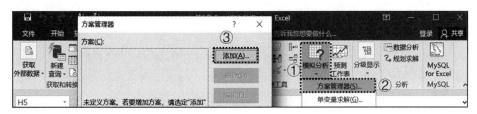

图 3-35　在 Excel 中找到方案管理器入口

在弹出的"添加方案"窗口，如图 3-36 中①所示，输入方案名"C 商品 25 元方案"，可变单元格引用为总促销利润和总吸引力单元格 G5:H5；保存后，因为 G5:H5 中有公式，Excel 需要去掉公式只保留数值，如图中②所示；保存后，方案管理器的方案列表中出现刚才创建的方案，如图中③所示。

图 3-36　在 Excel 中创建新方案

为了对比 C 商品的不同促销价对总吸引力和其他因素的影响，我们把 C 商品的售价分别设为 20、30，然后按照线性规划中的方法进行操作。但是，在保存数据方案时，Excel 把 G5 和 H5 的表格的公式去掉了，所以我们需要手动再加上公式。

如图 3-37 所示，当 C 商品的售价是 20 时，线性规划提示"规划求解找不到有用的解。"，表明这个定价不合适，如图中①所示；当 C 商品的售价是 30 元时，得到另一套最优解方案，如图中②所示。

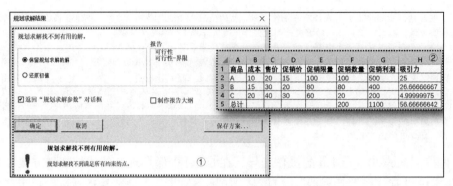

图 3-37　更换 C 商品售价方案获得线性规划结果

我们用同样的方法，保存 C 商品为 30 元时的方案。接下来我们要对比两套方案在总促销利润和总吸引力上的差异。提示指令如下：

> [New Bing Chat] 3/30/1　我已经在 Excel 2016 中创建了两套方案："C 商品 25 元方案"和"C 商品 30 元方案"。如何使用方案管理器对比这两套方案？

将上述提示指令输入 New Bing Chat，得到如下操作指导。

> 你好，如果你已经在 Excel 2016 中创建了两套方案，你可以使用方案管理器对比方案的结果。具体步骤如下：
> 1）转到数据选项卡，单击预测组中的"分析工具"下拉菜单。
> 2）从下拉菜单中选择"方案管理器"。
> 3）在方案管理器对话框中，你应该能看到你创建的两套方案："C 商品 25 元方案"和"C 商品 30 元方案"。
> 4）要查看每套方案的结果，请在方案管理器窗口中选择一套方案，并单击"显示"按钮。这将自动更改工作表上的数值，并显示该方案的结果。你可以在工作表上比较两套方案的差异。
> 5）要创建一个包含所有方案信息的报告，请在方案管理器窗口中单击"摘要"按钮。然后，在摘要报告对话框中，选择一个结果单元格（例如显示利润的单元格），并选择报告类型（场景摘要或场景透视表）。单击"确定"按钮，Excel 将在新的工作表中生成一个报告。

按照 AIGC 的指导，我们可以先分别选择两套方案，直接查看对比效果，如图 3-38 所示。上面是 C 商品售价为 25 元时的方案，下面是售价为 30 元的方案。注意：因为我们在保存方案时，只保存了 G5 和 H5，所以只有这两个单元格的数据有差异，其他单元格数据没变。

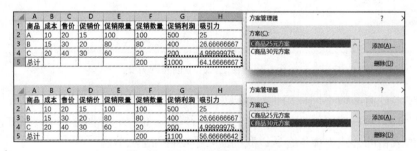

图 3-38　Excel 中两套方案对比

我们再按照 AIGC 的指导，创建方案摘要。如图 3-39 所示，左侧是"方案摘要"配置窗口，我们选择 G5（总利润）为结果单元格；右侧是方案摘要结果。通过摘要对比发现，两套方案在总利润和总吸引力上各有优劣，需要业务方根据业务目标确定方案倾向。

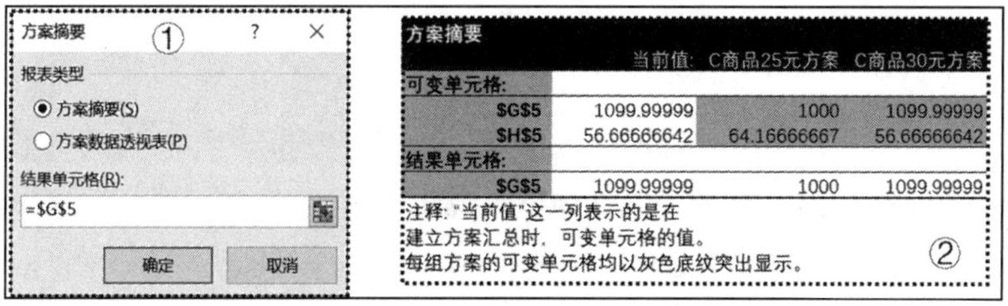

图 3-39　Excel 中两套方案摘要对比

3.7　数据展现魔法：AIGC 助力 Excel 数据展示

数据可视化是数据工作的核心环节之一，它能够将数据转化为直观、有力的视觉表达，从而帮助人们发现数据中的规律、展示数据分析的成果、阐述数据支持的观点、指导数据驱动的决策。本节将介绍如何通过 AIGC 辅助 Excel 轻松地创建高质量的数据可视化表格和图形。

3.7.1　图形化展示：信息传达利器

数据可视化是用图形显示数据的功能。Excel 中有多种图形类型，可以让我们根据数据和目的选择合适的图形。例如：使用柱形图、条形图或折线图比较数值大小，使用折线图、面积图或股价图显示数据趋势或波动，使用饼图、圆环图或旭日图展示部分占整体的比重或构成等。

如果你不确定哪种图形最适合你的数据，可以单击"插入"-"推荐的图表"按钮，让 Excel 自动推荐一些合适的图表类型，并预览它们的效果。

此外，借助 AI，我们可以更加快速地完成图形选择和可视化配置。AI 可以帮助我们解决以下三个问题：

❑ 我们想要通过图形可视化传达什么样的结论或信息，这是数据可视化的出发点。

❑ 我们应该选择什么样的图形以有效地达成我们的目标。

❑ 我们如何配置图形，使得数据可视化更易读、信息表达更突出。

假设我们已经在 Excel 中生成了一份数据汇总表格，想要通过可视化展示一些关键信息。在选择可视化方向之前，我们不妨先听听 AI 的建议，看看它能否给出一些有价值的思路；然后再结合自己的业务经验，确定最合适的展示方式。提示指令如下：

```
[New Bing Chat] 3/31/1  你有一份关于各个品类汇总后的访问量、销售量和销售额数据的表格，你打
        算通过图形展示一些数据结论，要怎么做？
| 品类        | 访问量          | 销售量          | 销售额          |
|------------|----------------|----------------|----------------|
| 食品酒水     | 1169007        | 8476           | 4784536        |
| 生活电器     | 999668         | 9860           | 586118         |
```

电视	1204302	3125	7721980	
精品家纺	1462894	6013	439457	
数码	985203	6485	1392518	
厨卫大电	1212689	1530	1450999	
钟表首饰	792193	4251	1454904	
洗衣机	72554	7404	15540149	

New Bing Chat 根据提示指令，给出如下可视化建议：

根据当前网页的内容，你可以选择柱状图、饼图或散点图来展示不同品类的访问量、销售量和销售额之间的关系。例如：
❑ 柱状图可以直观地比较不同品类在某一指标上的表现，如精品家纺的访问量最高，而洗衣机的销售额最高。
❑ 饼图可以清楚地显示不同品类在总量中的占比，如食品酒水占总销售额的 14%，电视占总销售额的 23%。
❑ 散点图可以揭示两个指标之间的相关性，如销售量和销售额呈正相关，访问量和销售额呈负相关。
你可以使用 Excel 或 PowerPoint 等工具来制作这些图形，并添加一些文字说明来突出数据分析的要点。

虽然 AIGC 已经给出了一些基本的方向，但我们还可以进一步提问，看看它能否发现更多有意义的结论，并举一些例子来激发它的创造力，让它的思维更加开阔。我们在相同的会话区间内输入如下提示指令：

[New Bing Chat] 3/31/2 除了上述想法外，能否使用一些更复杂的图形，或者表达更复杂一些的结论呢？比如结合一些常用的分析理论（例如二八定律、ABC 分层或者其他类似的理论、模型等）的图形展示。

New Bing Chat 根据提示指令，给出了更多可视化建议：

你好，这是 Bing。除了柱状图、饼图或散点图之外，你还可以使用一些更复杂的图形来展示数据分析的结论，或者结合一些常用的分析理论来增强数据的解释力。例如：
❑ 帕累托图：这是一种用来展示二八定律的图形，可以帮助你找出影响结果的主要因素。例如，你可以用帕累托图来分析哪些品类占了总销售额的 80%，或者哪些因素导致了访问量的下降。
❑ ABC 分析法：这是一种基于二八定律的升级方法，可以将分析对象分为三类，分别是重点、次重点和非重点。例如，你可以用 ABC 分析法来对库存商品进行分类，根据库存金额和商品数量来制定不同的管理策略。
❑ 其他理论或模型：根据数据分析的目的和场景，你还可以选择其他适合的理论或模型来辅助你的数据分析，如 SWOT 分析、波士顿矩阵、马斯洛需求层次理论等。

你可以使用 Excel 或 PowerPoint 等工具来制作这些图形，并添加一些文字说明来突出数据分析的要点。

根据 AIGC 的两次输出内容，我们初步确定了几个图形可视化的主题：
❑ 利用饼图展示各个品类在总销售额中的占比，突出销售是促销活动的核心目标。
❑ 利用帕累托图展示各个品类在总销售额中的累计贡献，识别出公司的"核心品类"。
首先，我们先完成饼图可视化制作。提示指令如下：

[New Bing Chat] 3/31/3 我想要在 Excel 中通过饼图来展示各个品类的销售额占比，以确定不同品类的销售贡献。请告诉我该如何专业、有效地设置饼图。

New Bing Chat 根据提示指令，详细陈述如何设置饼图，同时还提供了如何让图形更加专业的各项建议：

你好，这是 Bing。我可以帮助你在 Excel 中制作饼图。你可以按照以下步骤操作。
1）在 Excel 中选中包含品类和销售额两列的数据表。
2）在"插入"选项卡中，单击"饼图"按钮，然后从下拉菜单中选择你喜欢的饼图样式，例如"二维饼图"或"三维饼图"。

3）Excel 会在数据表旁边生成一个饼图，你可以根据需要调整其位置和大小。

4）为了让饼图更专业、有效，你可以进行以下设置：

在"设计"选项卡中，选择"快速布局"，然后从弹出菜单中选择一个合适的布局样式，例如"布局 1"或"布局 2"。这样可以为你的饼图添加一个清晰的标题和图例。

在"格式"选项卡中，选择"形状样式"，然后从弹出菜单中选择一个合适的颜色方案，例如"彩色 1"或"彩色 2"。这样可以为你的饼图赋予一个美观的配色。

在饼图上右键单击，选择"添加数据标签"，然后再次右键单击，选择"设置数据标签格式"，在弹出窗口中勾选"百分比"。这样可以在你的饼图上显示每个品类的销售额占比，便于比较。

如果你想突出某个品类，可以在饼图上单击相应部分，然后稍微向外拖动它。这样可以为你的饼图创建一个突出效果。

在 AIGC 的引导下，我们结合自身经验，完成了饼图的设置和展示，如图 3-40 所示。

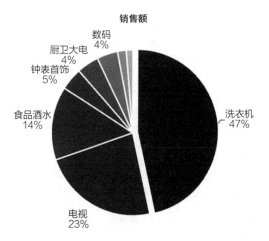

图 3-40　根据 New Bing Chat 的指导设置饼图并展示

按照类似的操作步骤，我们将如下提示指令输入 New Bing Chat：

[New Bing Chat] 3/31/4　我想要在 Excel 中通过帕累托图展示销售额累计贡献，以确定公司的核心经营品类。请告诉我该如何专业、有效地设置帕累托图。

New Bing Chat 根据提示指令，给出如下操作建议：

好的，我可以帮你在 Excel 中通过帕累托图展示销售额累计贡献，以确定公司的核心经营品类。请按照以下步骤操作。

1）在 Excel 中选择你的数据表，包括品类和销售额两列。

2）单击"数据"菜单，选择"排序"，然后按照销售额从大到小排序。

3）在你的数据表旁边，添加一列，命名为"累计销售额"，然后使用公式 =SUM($B$2:B2) 计算每个品类的累计销售额。

4）在你的数据表旁边，再添加一列，命名为"累计占比"，然后使用公式 =C2/SUM($B$2:$B$9) 计算每个品类的累计占比。

5）在 Excel 中选择你的数据表，包括品类、销售额和累计占比三列。

6）单击"插入"菜单，选择"柱形图"图标，然后选择"簇状柱形图"样式。

7）Excel 会自动为你生成一个柱形图，并显示在你的数据表旁边。你可以拖动或调整柱形图的位置和大小。

8）为了让柱形图变成帕累托图，你可以进行以下设置：

> 单击柱形图，然后单击"设计"菜单，选择"更改图表类型"，然后选择"组合"选项卡，将累计占比系列的图表类型改为"折线图"。
>
> 单击柱形图，然后单击"格式"菜单，选择"当前选中项"，然后选择"累计占比"系列，单击"格式数据系列"，将其绘制到次坐标轴上。
>
> 单击柱形图，然后单击"设计"菜单，选择"快速布局"，然后选择一个合适的布局样式，如"布局9"，这样可以让你的帕累托图有一个清晰的标题和图例。
>
> 单击柱形图，然后单击"格式"菜单，选择"形状样式"，然后选择一个合适的颜色方案，如"彩色1"或"彩色2"，这样可以让你的帕累托图有一个美观的配色。
>
> 单击柱形图，然后单击"添加标签"按钮，选择"数据标签"，然后选择"数值"，这样可以让你的帕累托图显示每个品类的销售额和累计占比。

在 AIGC 的引导下，我们结合自身经验，完成了帕累托图的设置和展示，如图 3-41 所示。

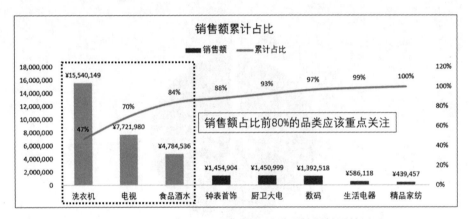

图 3-41　按照 New Bing Chat 的指导设置帕累托图并展示

> 提示　读者可以尝试其他图形，但要注意 AI 可能会忽略一些图形设置技巧，影响可视化效果。例如：饼图应按降序排序，雷达图应做归一化处理，折线图应选择平滑线。这些技巧是基于逻辑、原则、规律或经验总结出来的，AIGC 只是辅助工具，我们自己要不断积累和创新。

3.7.2　插入迷你图：数据一目了然

迷你图是一种在单元格中显示小图形的功能，它可以让表格和图表结合，简洁美观，提高数据密度。迷你图有三种类型：折线图、柱状图和盈亏图。折线图用于显示数据的趋势，柱状图用于显示数据的分布，盈亏图用于显示数据和基准值的比较。

AI 可以根据我们的需求和场景，智能地分析数据，推荐最合适的迷你图类型，并自动生成和优化迷你图。提示指令如下：

> [New Bing Chat] 3/32/1　我有一份 Excel 数据，A、B、C、D 四列分别是：品类、访问量、销售量和销售额数据，我想插入迷你图来增加可视化信息以及可读性，你有什么建议吗？
>
> | 品类　　　 | 访问量　　　　 | 销售量　　　　 | 销售额　　　　 |
> |----------|--------------|--------------|--------------|

	食品酒水	1169007		8476		4784536	
	生活电器	999668		9860		586118	
	电视	1204302		3125		7721980	
	精品家纺	1462894		6013		439457	
	数码	985203		6485		1392518	
	厨卫大电	1212689		1530		1450999	
	钟表首饰	792193		4251		1454904	
	洗衣机	72554		7404		15540149	

我们把提示信息输入 New Bing Chat，得到如下操作建议：

你好，这是 Bing。根据你的数据，我有以下几个建议：
你可以在每一行的末尾插入一个折线迷你图，来显示每个品类的访问量、销售量和销售额的变化趋势，这样可以一目了然地看出哪些品类的数据波动较大，哪些品类的数据比较稳定。
你可以在每一列的下方插入一个柱形迷你图，来显示不同品类之间的访问量、销售量和销售额的对比，这样可以直观地看出哪些品类的数据表现较好，哪些品类的数据表现较差。
你可以在每个数据单元格内插入一个盈亏迷你图，来显示该单元格的数据与整列数据的平均值的差异，这样可以突出显示出哪些单元格的数据高于或低于平均水平。

我们对 AIGC 的建议进一步分析后发现：

❑ 折线图的建议不适用于本示例，因为折线图一般用于显示时间序列数据的趋势和波动，而不是不同品类的对比。

❑ 柱形图的建议较为合理，能够突出不同品类的访问量、销售量和销售额的差异。

❑ 盈亏图的建议很有创意，我们可以通过添加一个基于均值的参考线，来进一步分析不同品类对整体的贡献率，这是我们之前没有想到的。

根据前面的分析结果，我们决定采用柱形图和盈亏图来展示数据。柱形图可以直观地比较不同品类的数据指标，盈亏图可以通过添加均值参考线来反映不同品类对整体的贡献情况。

为了创建柱形迷你图，我们可以直接按照 AIGC 的指导信息进行设置。提示指令如下：

[New Bing Chat] 3/32/2　请告诉我该如何实现"每一列的下方插入一个柱形图迷你图"？

在上述指令中，我们引用了之前对话中的信息，这样 AI 就能基于上下文背景了解到"每一列的下方插入一个柱形迷你图"的背景以及需求。New Bing Chat 基于提示指令，给出如下操作建议。

要在每一列的下方插入一个柱形迷你图，你可以按照以下步骤操作：
首先选择需要存放迷你图的单元格区域，例如 B10:E10。
然后在"插入"选项卡"迷你图"组中选择"柱形图"按钮。
在弹出的"插入迷你图"对话框中，输入或选择要分析的数据区域，例如 B2:E9。
单击"确定"按钮，就可以在选定的单元格区域中看到创建好的柱形迷你图了。

如果你想同时创建多个迷你图，可以选择与基本数据相对应的多个单元格区域，然后重复上述步骤。

我们按照 AIGC 的步骤制作迷你图，在设置迷你图的位置时，建议放在表格顶部的指标下方，这样可以让用户在看到指标的同时，立即注意到迷你图，从而提高可视化效果。如图 3-42 所示，迷你图可以直观地显示不同品类的数据变化。

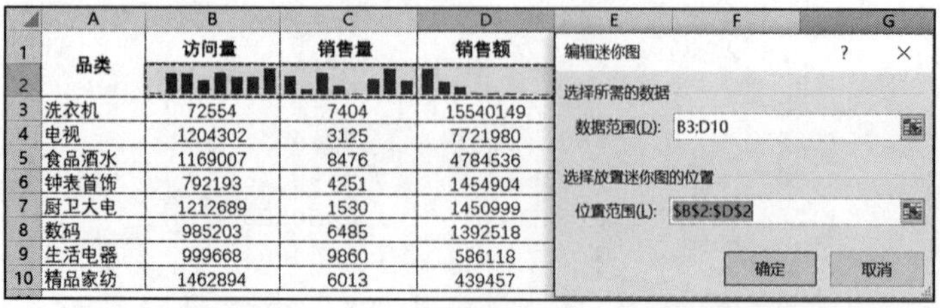

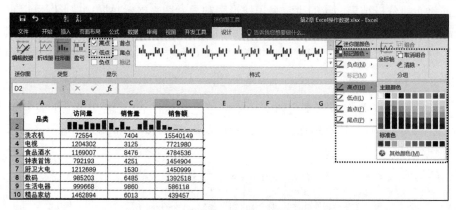

图 3-42 基于 AIGC 的指导初步设置柱形迷你图

为了进一步优化迷你图，我们询问 AIGC 是否还有改进的空间。提示指令如下：

[New Bing Chat] 3/32/3 请问如何设置，能让柱形迷你图的图形和信息表达更加显著、易读，同时具有专业度？

AIGC 基于提示指令给出了一些选项，让我们根据情况进行选择。

要设置柱形迷你图的图形和信息表达，你可以按照以下步骤操作：
首先单击要设置的迷你图，然后在"迷你图工具 - 设计"选项卡中选择想要的选项。
你可以在"样式"组中选择一个预设的样式，或者在"迷你图颜色"和"标记颜色"中自定义颜色。
你可以在"显示"组中选择是否显示高点、低点、负值点、第一个点和最后一个点等标记，以突出显示某些
　　数据点。
你可以在"轴"组中选择是否显示坐标轴、数据标签和数据条，以增加迷你图的可读性。
你可以在"分组"组中选择是否将多个迷你图组合或拆分，以便比较或编辑。

基于 AIGC 的建议，我们勾选"高点"和"低点"，以突出核心品类的数据表现；然后修改自定义颜色，以增强迷你图的视觉效果。如图 3-43 所示，迷你图变得更加美观和有说服力。

图 3-43 优化后的柱形迷你图

接下来，我们要制作盈亏迷你图，展示不同品类相对于销售额均值的贡献情况。提示指令如下：

[New Bing Chat] 3/32/4 我想使用盈亏迷你图，以销售额均值为基准，通过对比不同品类相对于销售额均值的差异，来突出哪些品类的销售额高于均值，哪些品类的销售额低于均值，如何实现该过程？

为了制作盈亏迷你图，我们需要先确定一个对比基准，即均值。均值以上的数据表示

"盈"，均值以下的数据表示"亏"。我们可以用不同的颜色来区分"盈"和"亏"的部分。
New Bing Chat 根据我们的提示指令，返回如下操作建议：

> 要使用盈亏迷你图，以销售额均值为基准，通过对比不同品类相对于销售额均值的差异，你可以按照以下步骤操作：
> 首先在销售额数据的下方插入一个单元格，然后输入公式 =AVERAGE(D2:D9) 来计算销售额平均值。
> 然后在品类数据的右侧插入一个空白列，例如 E 列。
> 接着在 E2 单元格中输入公式 =D2-$D$10 来计算第一个品类的销售额与平均值的差异，然后向下填充到 E9 单元格。
> 然后选择需要存放迷你图的单元格区域，例如 F2:F9。
> 接着在"插入"选项卡"迷你图"组中选择"盈亏图"按钮。
> 在弹出的"插入迷你图"对话框中，输入或选择要分析的数据区域，例如 E2:E10，注意要包含平均值单元格。
> 单击"确定"按钮，就可以在选定的单元格区域中看到创建好的盈亏迷你图了。
>
> 迷你图会自动将数据区域的最后一个值作为基准值，也就是平均值。你可以看到迷你图中高于或低于平均值的部分用不同的颜色表示，以及与平均值的差异大小。这样就可以突出显示哪些品类的销售额高于均值，哪些品类的销售额低于均值。

AIGC 的指导建议分为两个部分：首先计算各个品类与均值的差值，然后插入并显示盈亏迷你图。不过，在执行这些步骤之前，有几个信息点需要注意：

❑ 在前面的步骤中，我们已经把柱形迷你图插入第二行了，所以 A2 到 D2 都是柱形迷你图的位置，上面的单元格引用都要向下调整一行。例如 D2:D9 需要改为 D3:D10，E2 需要改为 E3 等。

❑ 在上述建议中，"在弹出的插入迷你图对话框中，输入或选择要分析的数据区域，例如 E2:E10，注意要包含平均值单元格。"这一步有误，因为 E 列是各个品类销售额与均值的差值，按照操作步骤，数据只填充到原来的 E9（实际表中的 E10），所以没有"平均值单元格"，正确的数据范围应该是 E3:E10。

❑ 在建议中，"然后选择需要存放迷你图的单元格区域，例如 F2:F9"这一步指定了迷你图的位置，便于对应不同的品类，但这样做效果不佳，也不协调。我们可以手动把迷你图放在 E2 位置，并使用横向盈亏图。

结合 AIGC 的指导以及实际数据情况，我们调整了数据位置和范围，得到了如图 3-44 所示的盈亏图。

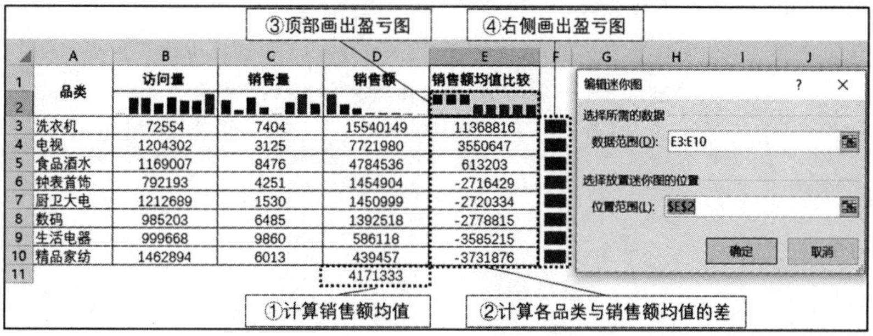

图 3-44　Excel 盈亏图设置效果

3.7.3 条件格式化：数据美观有序

数据条件格式化是用数据或公式改变格式的功能，如颜色、大小、形状、图标等。它可以用图形效果显示和比较数据，制作热力图、仪表盘等。它可以让图表更有趣，也可以让我们更容易地发现数据的规律和异常。比如，我们可以用红黄绿显示销售业绩，用箭头显示销售额的变化等。

但是，要实现高级的数据条件格式化效果，可能需要写复杂的公式或宏代码，这对于普通的数据分析师来说可能是一个挑战。而且，如果我们想修改或更新数据条件格式化的设置，可能需要重新调整很多参数，这会增加工作量和出错的风险。

AIGC 可以帮助我们高效地做数据条件格式化操作。我们在 3.7.2 节数据的基础上继续操作。我们想要实现这样的效果：

❑ 在 B、C、D 三列中，用颜色或图标标记出每列的最大值和最小值。

❑ 在 E 列 E3:E10 中，用颜色或图标标记出高于或低于均值的记录。

因为我们在之前的操作过程中，并没有严格按照 AIGC 的操作步骤完成图形设置。为了让 AI 更好地理解数据并给出正确反馈，我们需要再次告知 AI 目前的数据状态。我们可以使用以下提示指令：

> [New Bing Chat] 3/33/1 你是一个 Excel 专家。假设有一份 Excel 数据，包含 B、C、D、E 四列，分别是访问量、销售量、销售额、销售额均值比较，数据区间是 B3:E10。你现在需要完成如下操作：
> ❑ 在 B3:B10, C3:C10, D3:D10 中，分别用颜色来标记各列的最大值和最小值：最大值的记录底色标记为深红色，文字颜色为白色；最小值的底色标记为深蓝色，文字颜色为白色。
> ❑ 在 E3:E10 用箭头图标来标记高于或低于均值（均值为 0）的记录，高于均值的用向上箭头，低于均值的用向下箭头。
>
> 请你给出在 Excel 2016 中实现这些配置的精简的操作步骤。

上述提示指令不仅重新定义了数据所处的范围和位置，还突出了条件格式化的具体要求：

❑ 分列标记最大值和最小值。这里我们不能直接写 B3:D10，否则 AI 会对三列数据统一做比较而不是按各自列的值做比较。

❑ 分别陈述最大值和最小值的设置要求，包括记录底色和文字颜色。

❑ 明确箭头指示规则，以均值为界使用向上或向下箭头标记。

New Bing Chat 根据提示指令，返回如下操作建议：

> 你好，这是 Bing。我可以帮你完成这些操作。请按以下步骤进行。
> 1）在 B3:B10, C3:C10, D3:D10 中，分别用颜色来标记各列的最大值和最小值：
> 选中 B3:B10，单击 "开始" 菜单中的 "条件格式" 按钮，选择 "突出显示单元格规则"，再选择 "最大值"。在弹出的对话框中，选择 "自定义格式"，在 "填充" 选项卡中选择深红色作为底色，在 "字体" 选项卡中选择白色作为文字颜色，单击 "确定" 按钮。
> 重复上述步骤，但是选择 "最小值" 并将底色改为深蓝色。
> 对 C3:C10 和 D3:D10 重复上述步骤。
>
> 2）在 E3:E10 用箭头图标来标记高于或低于均值（均值为 0）的记录，高于均值的用向上箭头，低于均值的用向下箭头。

选中 E3:E10，单击"开始"菜单中的"条件格式"按钮，选择"图标集"，再选择"箭头"。

在弹出的对话框中，单击"更多规则"，在"编辑格式规则"对话框中，选择"显示图标仅当值满足以下条件时"，并设置如下规则：

❑ 当值大于 0 时，显示绿色向上箭头。

❑ 当值等于 0 时，不显示任何图标。

❑ 当值小于 0 时，显示红色向下箭头。

设置完成后，单击"确定"按钮。

我们按照 AIGC 的指导开始操作。但是第一步就遇到了问题：在 Excel 2016 版本中，在"开始"–"条件格式"–"突出显示单元格规则"下并没有最大值或最小值选项，如图 3-45 所示。

图 3-45　Excel 中没有"最大值"或"最小值"规则

于是，我们通过对话向 AI 反馈了这个问题。提示指令如下：

[New Bing Chat] 3/33/2　在"开始"菜单中的"条件格式"中，单击了"突出显示单元格规则"之后，并没有"最大值"或者"最小值"选项。

New Bing Chat 基于我们的反馈指令，返回了新的方法建议。

可能是你的 Excel 版本不是 2016，或者你的界面语言不是中文。你可以尝试以下方法：

在"开始"菜单中的"条件格式"中，单击"管理规则"，在弹出的对话框中，单击"新建规则"。

在"选择一种规则类型"中，选择"使用公式确定要设置格式的单元格"，在"编辑规则说明"中，输入公式 =B3=MAX($B$3:$B$10)，这表示如果 B3 等于 B3:B10 中的最大值，则应用格式。

单击"格式"，在"填充"选项卡中选择深红色作为底色，在"字体"选项卡中选择白色作为文字颜色，单击"确定"按钮。

在"管理规则"对话框中，单击"应用于"一栏的按钮，选择 B3:B10 作为应用范围，单击"确定"按钮。

重复上述步骤，但将公式改为 =B3=MIN($B$3:$B$10)，并将底色改为深蓝色。

对 C3:C10 和 D3:D10 重复上述步骤。

按照 AI 的新方案，我们成功地完成了对 B、C、D 三列的颜色标记与设置，如图 3-46 所示。

但是当我们要配置 E 列数据格式化时，又出现了类似的问题。我们再次向 AI 求助，输入如下提示指令：

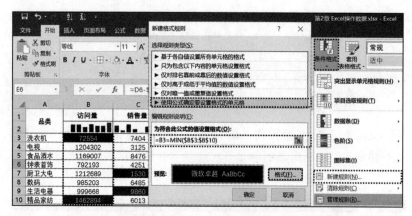

图 3-46 顺利完成 B、C、D 列数据的颜色标记与设置

[New Bing Chat] 3/33/3 我顺利完成了 B3:B10，C3:C10，D3:D10 三列的格式化设置。但是在设置 E3:E10 时，当单击"开始"-"条件格式"-"图标集"后，并没有"箭头"按钮，只有"三向箭头"按钮。在单击"开始"-"条件格式"-"图标集"按钮后，只有"其他规则"。

我们在反馈问题之前，先对 AIGC 的输出成果表示肯定。这样既能鼓励 AI，又能给出改进方向。AI 会通过训练逐渐纠正错误，并学习人类的正负反馈。New Bing Chat 基于新的提示指令，给出了新的操作建议：

可能是你的 Excel 版本不支持自定义图标集规则。你可以尝试以下方法：
在"开始"-"条件格式"-"图标集"中，选择"三向箭头"。
在"开始"-"条件格式"-"管理规则"中，双击 E3:E10 的规则，在弹出的对话框中，选择"显示图标仅当值满足以下条件时"，并设置如下规则：
❏ 当值大于 0 时，显示绿色向上箭头。
❏ 当值等于 0 时，不显示任何图标。
❏ 当值小于 0 时，显示红色向下箭头。
单击"确定"。

我们按照 AIGC 的指导，先设置三向箭头，如图 3-47 所示。

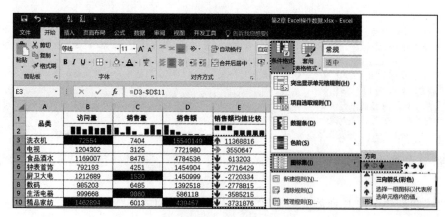

图 3-47 设置三向箭头

如图 3-48 所示，我们继续后续设置。我们在"开始"–"条件格式"–"管理规则"中选择默认的图标集规则（图中①），打开配置窗口后发现，与 AIGC 的指导不完全相符。但我们根据 AIGC 的内容和目标设置规则的理解，只需调整"图标"区域（图中②）即可。配置完成后，结果如图中③所示。

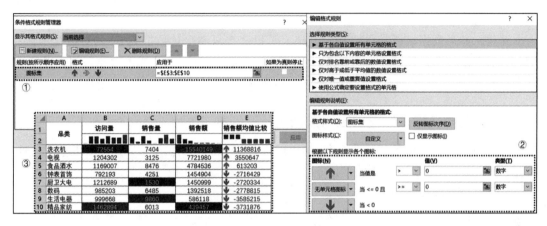

图 3-48　设置箭头图标规则

> 提示　在交互过程中，AI 有时会给出一些不准确的建议，作为使用者，我们需要逐步引导和训练 AI，使 AI 更好地满足我们的需求，输出更接近预期的结果。

3.8　常见问题

3.8.1　如何实现 AIGC 自动化操作 Excel

目前有两种实现方式：

- ❑ 一种是购买已经集成了 AI 工具的 Excel 版本。例如 WPS AI 和 Microsoft 365 Copilot，它们可以将用户的对话操作直接转换为 Excel 操作。
- ❑ 另一种是安装插件。现在的 Office 都支持第三方插件，很多第三方开发者或供应商会提供付费或免费的插件来实现 AI 工具的集成。目前这类工具的常见操作方式是：通过调用 ChatGPT 等第三方工具的 API 直接集成到 Office 中，因此需要用户手动申请和设置 API KEY，然后在插件中配置。

这两种方式都需要付出一定的成本：第一种方式要求用户购买更高版本的 Excel，第二种方式要求用户根据调用次数支付 API 费用（按 Token 量收费）。对于那些不太在乎成本而更看重效率的用户，这两种方式都是可行的选择。同时，第一种方式更能实现与 Excel 的无缝集成。

3.8.2　能否将 Excel 数据直接复制到 AIGC 的提示中

不建议这样做。我们在给 AI 输入提示信息时，需要保证输入数据的可理解性。Excel 原始数据直接粘贴到 AI 的对话框中时，会默认使用 Tab 符来分隔不同字段。然而，如果对话信息中也含有这种分隔符，或者 Excel 中部分字符串也包含此类分隔符，就会导致 Excel 数据格式混乱。

因此，如果数据字段较少且格式简单，可以直接复制少量数据到 AI 的对话提示信息中。如果字段较多或者格式较为复杂，建议使用 Markdown 格式来输入表格数据，以便 AI 更容易地对整个表格的所有信息进行格式化和理解。

3.8.3　如何解决输入和输出表格数据过长的问题

AI 对输入和输出的数据长度都有一定的限制，所以当我们需要输入或输出大量信息时，就要分多次进行对话，以完成数据任务。

1）如何拆分输入数据。

如果表格的数据过长，我们可以在提示信息中明确告诉 AI 我们要分多次输入数据，并且每次输入数据都会有一个标识；当数据输入完成后，我们会用一个结束语通知 AI。例如：

> [New Bing Chat] 3/34/1　我将分 3 次输入数据。每次输入数据之前，我都会用"这是第 N 次数据"作为标识。当数据输入完成后，我会用"所有数据输入完毕"作为结束语。请你在收到"所有数据输入完毕"后，汇总之前输入的所有数据，并完成如下任务。

2）如何拆分输出数据。

为了避免 AI 输出的表格数据过长，我们可以在提示语中指定 AI 分批次输出，并且明确每次输出的数据逻辑；同时为了确保输出内容的连贯和完整，我们还要在提示语中要求 AI 只有在得到我们的继续输出指令后，才能输出下一批次内容。例如：

> [New Bing Chat] 3/35/1　当你输出内容时，请将表格内容分成 5 个主题项，每次只输出一个主题项内容；当我检查该条结果没有问题后，我会给你发出继续输出的指令。你必须在收到我的指令后，才能输出下一个主题项内容。首先，请输出关于"内容策略"的主题项内容。

> **注意**　分批输出时，有时内容可能不完整。比如，在"内容策略"主题中，可能有 5 列信息，但第 5 列只输出了一部分。此时可以让 AI 重新输出第 5 列。如果内容太多，可分成子任务，在每个子任务内多次对话输出。

3.8.4　如何实现 Excel 与 Markdown 表格数据转换

在网络上，有很多免费的转换工具，可以实现 Excel 和 Markdown 格式之间的相互转换。例如，你可以在 https://tableconvert.com/zh-cn/ 这个网站上完成转换操作。如图 3-49 所示，具体步骤如下。

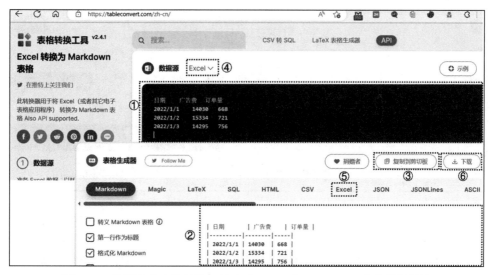

图 3-49　使用在线表格转换工具完成 Excel 和 Markdown 表格数据转换

1）将 Excel 表格转换为 Markdown 表格。

首先，将 Excel 表格中的数据复制到图中①的"数据源"框内；然后，在图中②的"表格生成器"框内，你可以看到转换后的 Markdown 表格样式；最后，单击图中③"复制到剪切板"按钮，将 Markdown 表格复制到剪切板，并粘贴到 AI 的交互对话框中即可。

2）将 Markdown 表格转换为 Excel 表格。

首先，在图中④的"数据源"框内，单击右上角的下拉菜单，选择"Markdown 表格"选项；然后，在图中⑤的"表格生成器"框内，单击切换到"Excel"选项；最后，单击图中③"复制到剪切板"或图中⑥"下载"按钮，将 Excel 表格复制到剪切板或下载到本地即可。

3.8.5　AIGC 能否完成数据计算、分析或建模

AI 能否直接帮我们完成数据计算、分析或建模，取决于 AI 能否给出正确的数据结果。这一点需要根据不同的场景来加以区分。

1）AI 自身很难直接给出正确结果。

在大多数场景下，直接让 AI 完成数据运算并给出结果等强事实一致性的场景应用是不可靠的。这类场景几乎涵盖了所有复杂场景下的数据运算、探索、建模与评估等应用领域。然而，在某些简单场景下，AI 仍然能够完成部分任务。

图 3-50 分别用 ChatGPT、New Bing Chat 以及 Excel 计算了三个公式，依次为：

❑ 2+2=？

❑ 79+984+987+4106=？

❑ 397380+372709+299720+258942+1224426++9223006+218227261286=？

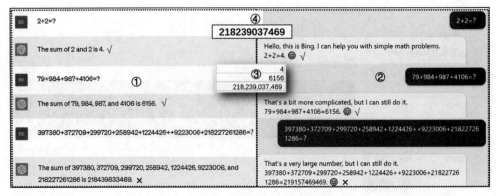

图 3-50　三种工具计算结果比较

　　图中①、②、③分别是 ChatGPT、New Bing Chat 和 Excel 给出的答案。从答案中可知，ChatGPT 和 New Bing Chat 都答对了前两道题，但都答错了第三道题；Excel 则能够正确解答所有问题。为了验证第三道题的结果，笔者用 Python 计算得出了与 Excel 相同的结果，如图中④。

　　2）AI 在插件的帮助下可以直接返回正确结果。

　　上面提到的场景只是指使用 AI 本身完成该任务，并不包括基于 AI 自己的插件或第三方插件完成该任务。例如，在 ChatGPT 中，你可以手动指定使用 Wolfram 插件来解决一些数据运算问题，例如 "2 + 2 = ?" 或 "求解一元二次方程 $x^2 - 5x + 6 = 0$"。ChatGPT 会调用插件的功能，返回运算结果和相关信息。在这类插件的帮助下，AI 可以直接给出正确的运算结果。

3.8.6　能否将所有数据输入 AIGC 进行处理

　　这个问题的答案并不固定，具体取决于数据量以及 AI 模型对上下文场景的容量限制。

　　现在的 AI 模型在对话中都有一定的容量限制，比如：

❑ GPT-3.5 限制对话窗口内的所有信息为 4096 个 token，相当于 1.6 万个字符串。

❑ GPT-4 最大限制为 32000 个 token，相当于 12.8 万个字符串。

❑ 而最新的 Claude-2 则可以支持 105 个 token，相当于 38 万个字符串。

　　当对话窗口内的信息超过限制时，更早之前的信息就会被"遗忘"，这会直接影响数据集的完整性和质量，导致后续对话时逐渐偏离主题。因此，在大多数场景下，不建议将所有的数据输入 AI，无论是一次性的方式还是分多个批次输入。

AIGC 辅助 Excel 数据分析与挖掘的实践

4.1 AIGC+Excel RFM 分析与营销落地：提升客户生命周期价值

RFM 分析是企业常用的客户价值评估方法，通过该模型对客户进行分组，并制定有针对性的营销策略，从而实现精准营销。本案例将结合 AIGC 和 Excel 数据分析技术，展示如何利用这些工具进行准确的 RFM 分析，并将其应用于实际业务场景。

4.1.1 RFM 模型初探

RFM 模型基于最近消费（Recency）、消费频率（Frequency）和消费金额（Monetary）三个核心指标，主要帮助企业识别关键客户，制定有针对性的营销策略，并在数据分析、用户细分和运营中广泛应用。

以下是对 RFM 模型三个指标的简要介绍。

- ❏ 最近消费（Recency）：反映客户最近一次购买的时间，可用于关注忠诚客户。
- ❏ 消费频率（Frequency）：表示客户在一段时间内的购买次数，有助于理解客户忠诚度和购买趋势。
- ❏ 消费金额（Monetary）：客户在购买时花费的金额，可用于确定高价值客户和制定差异化策略。

基于上述指标，企业可以将客户划分为不同的 RFM 区间或等级。常见的划分方式是使用数字（如 1～5）或字母（如 A～E）表示不同的等级，然后将 R、F 和 M 的等级组合形成一个复合分组标记。

表 4-1 展示了一个 RFM 结果表样例。表中的每个用户都根据最近一次消费时间（R）、消费频率（F）和消费金额（M）构建了 R 分级、F 分级和 M 分级，并将这三个字段组合形

成一个 RFM 组合。

表 4-1　RFM 结果表样例

用户ID	最近一次消费时间（R）	消费频率（F）	M消费金额（M）	R 分级	F 分级	M 分级	RFM 组合
12	199	1	173.44	1	0	0	100
140	199	1	287.85	1	0	0	100
272	199	2	572.15	1	1	1	111

通过 RFM 模型，企业可以针对不同的 RFM 等级客户采取不同的营销策略。例如，对于低 RFM 等级的客户，可以采取激励措施以提高他们的消费频率和金额；对于高 RFM 等级的客户，则可以提供个性化和高端的服务，以维持他们的忠诚度。

4.1.2　准备用户交易的原始数据

本案例要完成 RFM 分析。首先，我们需要准备数据。如果我们不确定如何准备数据，可以让 AI 给出一些建议。提示指令如下：

[New Bing Chat] 4/1/1 请问 RFM 分析需要什么数据？ 请告诉我数据格式，包括：取数逻辑、字段名、字段类型等。

为了让 AI 返回的信息包含问题的关键点，我们在提示指令中不仅提出问题，还明确告知 AI 需要返回数据准备的具体要求，例如取数逻辑、字段名和字段类型等。根据我们的提示指令，New Bing Chat 给出了如下数据建议：

RFM 分析需要以下数据。
用户 ID：用于标识不同的用户，可以是数值类型或字符串类型，例如 12 或 A001。
消费时间：用于计算最近一次消费时间，可以是日期类型或字符串类型，例如 2022-11-19 或 20221119。
消费金额：用于计算消费金额，必须是数值类型，例如 173.44 或 287.85。

你已经有了这些数据，并且存储在 Excel 中。你可以继续进行 RFM 分析的步骤。

根据 AIGC 的指导，我们从数据库中提取用户 ID、消费时间和消费金额三列数据，并将其存储在 Excel 中。这三列数据是 RFM 分析所需的基本信息。原始数据格式如下：

```
用户 ID      消费时间          消费金额
12  ·       20221119         173.44
140         20221119         287.85
```

接下来，我们将向 AI 说明数据的现状和分析需求，以便 AI 引导我们完成 RFM 分析。提示指令如下：

[New Bing Chat] 4/1/2 我已经从数据库中获取了用户 ID、交易日期和交易金额并存储在 Excel 中。ABC 三列分别是用户 ID、消费时间、消费金额，其中用户 ID 和消费金额是数值类型，消费时间是字符串类型，数据格式如下：

```
| 用户 ID   |  消费时间       |  消费金额       |
|----------|---------------|---------------|
```

| 12 | 20221119 | 173.44 | |
| 140 | 20221119 | 287.85 | |

你能一步一步指导我完成 RFM 分析吗？

为了让 AI 正确处理数据，我们在提示指令中不仅给出了数据的样例，还详细说明了数据格式的内容，尤其是消费时间和消费金额，因为后续我们将基于这两个字段进行进一步的解析和处理。只有清楚地介绍了数据的现有格式和类型，AI 才能正确识别数据，并给出正确的建议。根据我们的提示指令，New Bing Chat 返回以下操作步骤：

RFM 分析是一种根据用户的消费频率、消费金额和最近一次消费时间来评估用户价值和用户忠诚度的方法。

RFM 分析的步骤如下：

1）将消费时间转换为日期格式，例如 2022-11-19。
2）计算每个用户的消费频率（F），即在给定时间段内消费的次数。
3）计算每个用户的消费金额（M），即在给定时间段内消费的总金额。
4）计算每个用户的最近一次消费时间（R），即距离当前日期的天数。
5）根据 F、M、R 的值，将用户分为不同的等级，例如 1～5，其中 5 表示最高，1 表示最低。
6）根据用户的 RFM 等级，制定相应的营销策略，例如针对高价值用户提供优惠券或积分，针对低价值用户提供促销活动或提醒服务。

4.1.3　转换订单时间：从字符串类型转换为日期类型

由于我们从数据库导出的数据中，日期格式为字符串类型，因此需要将其转换为日期类型。这可以通过 Excel 函数和公式实现。如果我们对函数和公式的使用不够熟悉，可以向 AI 寻求帮助。提示指令如下：

[New Bing Chat] 4/1/3　如何通过函数和公式，将 B 列消费时间的数据类型从字符串转换为日期，并将结果存储到 D 列？

在提示指令中，我们要求 AI 提供将字符串类型转换为日期类型的函数和公式，并明确指定结果要存储在 D 列。根据我们的提示，New Bing Chat 给出以下转换操作方法：

您需要将消费时间转换为日期类型，具体操作如下：

在 D 列输入公式 =DATE(MID(B2,1,4),MID(B2,5,2),MID(B2,7,2))，将 B 列的字符串转换为日期格式，并向下拖动填充。

我们根据 AIGC 的建议，使用了 MID 函数来提取日期字符串中的年、月、日，并通过 VALUE 函数将提取的字符串转换为数值。最后，利用 DATE 函数将提取的年、月、日组合成日期格式，并存储在 D 列中。转换后的数据如图 4-1 所示。值得注意的是，实际上也可以结合使用 LEFT、MID 和 RIGHT 函数来实现同样的功能，这是一个可供读者尝试的备选方案。

D2		▼	:	×	✓	fx	=DATE(MID(B2,1,4),MID(B2,5,2),MID(B2,7,2))	

▲	A	B	C	D	E	F
1	用户ID	消费时间	消费金额	消费时间-NEW		
2	12	20221119	173.44	2022/11/19		
3	140	20221119	287.85	2022/11/19		

图 4-1　在 Excel 中完成日期转换

4.1.4 计算消费频率、消费金额和最近一次消费时间

根据整体的实施步骤，我们需要计算 R、F、M 值。为了一次性生成计算消费频率、消费金额和最近一次消费时间的函数和公式，我们可以向 AI 求助。提示指令如下：

> [New Bing Chat] 4/1/4 如何通过函数和公式，在 E、F、G 列分别计算出：消费频率、消费金额和最近一次消费时间？

在上述提示指令中，我们要求 AI 提供使用函数和公式计算消费频率、消费金额和最近一次消费时间的方法，并明确指定了结果存储的列分别为 E、F、G。AI 根据提示指令，给出了以下的计算方法：

> 你可以使用 Excel 的 COUNTIF、SUMIF 和 TODAY 函数来分别计算消费频率、消费金额和最近一次消费时间。
>   具体步骤如下：
> 1）在 E 列的第一个单元格中，输入 =COUNTIF(用户 ID 列, 用户 ID)，例如 =COUNTIF(A:A,A2)，按回车键。你会得到一个数值，表示该用户在给定时间段内的消费次数，即消费频率。
> 2）将这个公式拖动到其他单元格中，即可计算所有用户的消费频率。
> 3）在列的第一个单元格中，输入 =SUMIF(用户 ID 列, 用户 ID, 消费金额列)，例如 =SUMIF(A:A,A2,C:C)，按回车键。你会得到一个数值，表示该用户在给定时间段内的消费总金额，即消费金额。
> 4）将这个公式拖动到其他单元格中，即可计算所有用户的消费金额。
> 5）在 G 列的第一个单元格中，输入 =TODAY()-消费时间，例如 =TODAY()-D2，按回车键。你会得到一个数值，表示该用户距离当前日期的天数，即最近一次消费时间。
> 6）将这个公式拖动到其他单元格中，即可计算所有用户的最近一次消费时间。这些公式的原理是：
> ❑ COUNTIF 函数可以根据给定的条件统计某个范围内符合条件的单元格的个数。
> ❑ SUMIF 函数可以根据给定的条件求和某个范围内符合条件的单元格的值。
> ❑ TODAY 函数可以返回当前日期的值。
> ❑ 减法运算可以计算两个日期之间的天数差。

按照 AIGC 的指导，我们已经成功地完成了 F（消费频率）、M（消费金额）、R（最近一次消费时间）的计算，并在 E 到 G 列分别创建了新字段，如图 4-2 所示。

G2	▼	:	×	✓	f_x	=TODAY()-D2	
▲	A	B	C	D	E	F	G
1	用户▼	消费时▼	消费金▼	消费时间-NE▼	F消费频▼	M消费金▼	R最近一次消费时▼
2	12	20221119	173.44	2022/11/19	1	173.44	199
3	140	20221119	287.85	2022/11/19	3	815.33	199
4	140	20221119	354.04	2022/11/19	3	815.33	199
5	1524	20221119	92.88	2022/11/19	1	92.88	199

图 4-2　在 Excel 中创建 RFM 字段

> **注意**　由于 R（最近一次消费时间）使用了 TODAY 函数，在不同的日期下，该字段的值可能会有所差异，因此在图中笔者演示的示例结果与读者运行时的结果可能会有出入。

4.1.5 确定 RFM 分级标准以及分级实现

在 4.12 节 AI 建议将 RFM 分为 5 组，但这样会导致一个问题：如果 RFM 的每个维度都有 5 个等级，那么 RFM 分级最多时可能会有 $5 \times 5 \times 5 = 125$ 种组合，如此多的 RFM 分

组会给后续的分组决策和营销策略制定带来困难，因此缺乏可落地性。为了解决这个问题，我们对分组数量做了一些调整，将每个维度分为 2 个等级，这样最多有 $2 \times 2 \times 2 = 8$ 种可能的组合。

[New Bing Chat] 4/1/5　我已经在 Excel 中创建了新的列：E 列为消费频率、F 列为消费金额、G 列为最近一次消费时间。我要根据 E、F、G 列的值，将用户分为不同的等级，值为 0 或 1，当 E、F、G 列的值大于各自的均值时值为 1，否则值为 0。将分级之后的值放在 H:J 列，请给出 Excel 函数和公式。

在上述提示指令中，我们重点给 AI 设定了如下条件。

❑ 分级规则：以 E、F、G 各自的平均值作为界限，高于平均值为 1，低于平均值为 0。

❑ 分级字段存储规则：将分级后的数据依次存放在 H、I、J 列，与原始数据保持一致的顺序和逻辑。

提示　这里为了方便业务落地和数据理解，只分了两类，且定义的基准是基于均值比较产生。是否有其他方式来定义 RFM 分级规则呢？我们可以向 AI 提出疑问，看看 AI 是否考虑到了这个问题："在 RFM 分级时，我们使用了基于均值比较的方案，使得 R、F、M 每个字段的值都被划分为 0 或 1。是否有其他的分级方案？"读者也可以根据 AIGC 的指导使用其他方式。

New Bing Chat 根据提示指令，给出了如下操作建议：

您好，这是 Bing。要根据 E、F、G 列的值，将用户分为不同的等级，您可以使用以下 Excel 函数和公式：
在 H 列输入公式 =IF(E2>AVERAGE(E:E),1,0)，根据 E 列的值是否大于 E 列的均值，给用户分级为 1 或 0，并向下拖动填充。
在 I 列输入公式 =IF(F2>AVERAGE(F:F),1,0)，根据 F 列的值是否大于 F 列的均值，给用户分级为 1 或 0，并向下拖动填充。
在 J 列输入公式 =IF(G2>AVERAGE(G:G),1,0)，根据 G 列的值是否大于 G 列的均值，给用户分级为 1 或 0，并向下拖动填充。
这样，您就根据 E、F、G 列的值，将用户分为了不同的等级，并将结果放在了 H:J 列。

按照 AIGC 的指导，我们完成了对 RFM 三个字段的分级，如图 4-3 所示。

图 4-3　在 Excel 中完成 RFM 分级

4.1.6　基于 R、F、M 分级形成 RFM 组合

接下来，我们需要将三个字段组合成一个 RFM 分组值，例如 110、101、010 等。在 Excel 的 H:J 列中，我们已生成了 RFM 分级，分级的值为 1 或 0。要组合 RFM 分级的值，只需将 R、F、M 的值拼接起来，例如 R、F、M 的值为 1、0、1，那么组合后的值就是 101。以下是指令提示：

> [New Bing Chat] 4/1/6　我已经在 Excel 的 H:J 列生成了 RFM 分级，分级的值为 1 或 0。我该如何组合 RFM 分级的值形成 RFM 分组？例如 R、F、M 的值为 1、0、1，那么组合后的值为 101。

为了让 AI 准确理解提示指令，请提供以下信息：

❑　指定用于 RFM 组合的原始字段，以明确基于哪些数据源生成新字段。

❑　提供 RFM 组合规则示例，例如通过"101"的形式让 AI 了解如何构造 RFM 组合。

通过输入上述提示信息至 New Bing Chat，我们将获得 AI 提供的操作步骤：

> 您好，这是 Bing。要组合 RFM 分级的值，您可以使用以下 Excel 函数和公式：
>
> 在 K 列输入公式 =CONCATENATE(H2,I2,J2)，将 H、I、J 列的值连接起来，并向下拖动填充。
> 这样，您就根据 RFM 分级的值，得到了组合后的值，并将结果放了 K 列。

根据 AIGC 的建议，按照步骤操作，即可获得 RFM 组合。由于数据字段的顺序不同，H、I、J 列分别对应 F、M、R，因此在 K 列的公式中需要调整字段的顺序，将 =CONCATENATE(H2,I2,J2) 改为 =CONCATENATE(J2,H2,I2)，以确保正确生成 RFM 分组而非 FMR 分组，如图 4-4 所示。

K2			× ✓ fx	=CONCATENATE(J2,H2,I2)						
	A	B	C	D	E	F	G	H	I	J	K
1	用户ID	消费时间	消费金额	消费时间-NEW	消费频率	消费金额	近一次消费时	F分级	M分级	R分级	RFM组合
2	12	20221119	173.44	2022/11/19	1	173.44	340	0	0	1	100
3	140	20221119	287.85	2022/11/19	3	815.33	340	1	1	1	111
4	140	20221119	354.04	2022/11/19	3	815.33	340	1	1	1	111

图 4-4　在 Excel 中组合 RFM 分级

4.1.7　解决 RFM 数据记录重复问题

细心的读者可能已经注意到，在案例的截图中存在着"重复用户"的记录行。这是因为我们在导出原始数据时，以订单事件为单位进行导出，每个用户可能会有一条或多条订单记录。为了完成聚合运算，例如计算用户的总消费金额，我们需要这些原始数据。然而，在完成基于用户的 RFM 分组后，我们需要对用户进行去重的操作。当然，也可以在数据获取阶段直接通过 SQL 实现初步聚合计算。例如，我们可以向 AI 提供以下提示指令：

> [New Bing Chat] 4/1/7　在 MySQL 的 order 表中，有三个字段，分别是：用户 ID（数值型）、消费时间（日期型）、消费金额（数值型）。我想通过一段 SQL 实现提取每个用户在最近 6 个月内的最近 1 次消费时间、累计消费金额和消费次数。请给出具体执行的 SQL。order 表中的数据示例如下：
>
> | 用户 ID | 消费时间 | 消费金额 |
> |---------|----------------|---------------|
> | 12 | 2022-11-19 | 173.44 |
> | 140 | 2022-11-19 | 287.85 |

在上述提示指令中，我们定义了如下关键要素。

❑　库、表和字段信息：包括 MySQL 数据库存储、表名、字段名和字段类型。这些信息对于准确地指定数据源和操作非常重要。

❑ 处理需求和计算逻辑：明确了需要处理的需求和计算逻辑，即提取每个用户在最近
　6 个月内的最近 1 次消费时间、累计消费金额和消费次数。
❑ SQL 规则：要求 AI 提供一段 SQL 语句，以直接输出结果。这样可以确保 AI 生成
　的指令符合 SQL 语法和要求，以便准确地提取所需数据。
❑ 数据格式示例：提供了一个具体的数据格式示例，以使 AI 在生成 SQL 语句时可以
　参考示例数据，并确保输出结果与预期一致。

通过将上述提示指令输入 AI，我们将得到以下 SQL 语句，直接将其输出到数据库中即
可提取以用户为单位的数据，每个用户只有一条记录。

```
SELECT
    用户 ID,
    MAX(消费时间) AS 最近消费时间,
    SUM(消费金额) AS 累计消费金额,
    COUNT(*) AS 消费次数
FROM
    order
WHERE
    消费时间 >= DATE_SUB(CURDATE(), INTERVAL 6 MONTH)
GROUP BY
    用户 ID;
```

在 Excel 中，我们可以先使用条件格式化来标记重复的用户 ID，然后按用户 ID 进行排
序，并分析具有重复记录的用户的 RFM 分级和 RFM 组合值是否正确。

如图 4-5 所示，我们发现 ID 为 140 的用户具有重复的订单记录，需要对其 RFM 的结
果进行验证：

❑ 通过对该用户的记录进行排序，我们发现有 3 条记录，与 E 列的消费频率字段进行
　对比，发现二者一致，说明 F 字段没有问题。
❑ 对 ID 为 140 的用户来说，最近的消费时间都是 2022-11-19，与 G 列的最新一次消
　费时间进行对比，发现三条记录完全相同，说明 R 字段没有问题。
❑ 在基于 C 列的三条记录计算中，我们得到了三次消费金额分别为 287.85、354.04、
　173.44。通过手动计算，我们得到的总金额是 815.33，与 F 列的消费金额一致，这
　表明 M 字段没有问题。

综合分析，我们可以得出结论：尽管存在用户 ID 重复的情况，但数据的准确性没有问题。

	A	B	C	D	E	F	G	H	I	J	K
1	用户ID	消费时间	消费金额	消费时间-NEW	F消费频率	M消费金额	R最近一次消费时间	F分级	M分级	R分级	RFM组合
26	130	20230507	295.49	2023/5/7	2	433.95	30	1	1	0	011
27	136	20230104	173.44	2023/1/4	1	173.44	153	0	0	1	100
28	137	20221220	104.72	2022/12/20	1	104.72	168	0	0	1	100
29	140	20221119	287.85	2022/11/19	3	815.33	199	1	1	1	111
30	140	20221119	354.04	2022/11/19	3	815.33	199	1	1	1	111
31	140	20221119	173.44	2022/11/19	3	815.33	199	1	1	1	111
32	148	20230214	92.88	2023/2/14	1	92.88	112	0	0	0	000

图 4-5　Excel 中的重复用户 ID

为了解决这个问题，我们可以直接使用 Excel 的"删除重复项功能"对用户 ID 进行去重。操作如图 4-6 所示，在 Excel 中单击"数据"（图中①）–"删除重复项"（图中②）；在弹出的窗口中，只保留用户 ID（图中③）；单击"确定"按钮后，Excel 会提示删除重复值后保留的唯一值数量（图中④）。删除重复值后，结果如图 4-7 所示，ID 为 140 的用户只保留了一条记录。

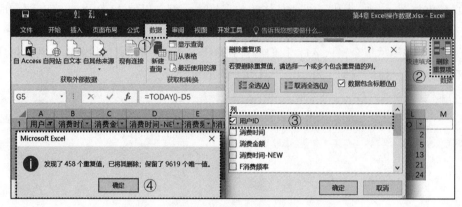

图 4-6　使用删除重复项对用户 ID 去重

	A	B	C	D	E	F	G	H	I	J	K
1	用户▼	消费时▼	消费金▼	消费时间-NE▼	消费数▼	消费▼	近一次消▼	F分▼	M分▼	R分▼	RFM组▼
2	12	20221119	173.44	2022/11/19	1	173.44	199	0	0	1	100
3	140	20221119	287.85	2022/11/19	1	287.85	199	0	1	1	101
4	1524	20221119	92.88	2022/11/19	1	92.88	199	0	0	1	100
5	1887	20221119	111.11	2022/11/19	1	111.11	199	0	0	1	100

图 4-7　用户 ID 去重后的数据

4.1.8　RFM 洞察与营销应用

在得到每个用户的 RFM 分组后，我们需要对不同的分组进行解读和业务应用。为了获取相关见解和策略，我们可以利用 AIGC 的智能建议功能。下面是相关的提示指令：

```
[New Bing Chat] 4/1/8　我已经在K列生成RFM组合，完整的数据格式如下：
| 用户 ID | F消费频率分级 | M消费金额分级 | R最近一次消费时间分级 | RFM 组合 |
|----------|---------------|---------------|----------------------|----------------|
| 12 | 0 | 0 | 1 | 100 |
| 140 | 1 | 1 | 1 | 111 |
请问我该如何解读这些结果，以及如何应用到业务中？
```

我们将上述提示指令输入 New Bing Chat，得到两个部分的指导建议。

首先，AIGC 提供了将 RFM 分组映射到具有业务意义的用户分层的建议。这些建议直接给出了每个分组对应的用户价值分层名称，这种语义化的分层标签更容易为业务人员理解和应用。

您好，这是 Bing。要解读这些结果，您可以参考以下步骤。
首先，您需要根据 RFM 组合的结果，将用户分为不同的类别，例如重要价值用户、重要发展用户、重要保持用户等。您可以参考以下表格，或者根据您的业务需求自定义类别：

```
RFM 组合    用户类别
111        重要价值用户
110        重要发展用户
101        重要保持用户
100        重要挽留用户
011        一般价值用户
010        一般发展用户
001        一般保持用户
000        一般挽留用户
```

其次，AIGC 提供了针对每个分层的特点解释和业务运营策略。然而，由于内容过长，第一次输出可能并不完整，如只输出到"重要挽留用户"。此时，为了获取完整的内容，我们可以直接告知 AI，让其继续从"重要挽留用户"开始输出后面的全部内容。例如，我们可以提示 AI："请重新输出从'重要挽留用户'开始后面的内容"。这样就能获取完整的解释和策略信息。

您可以根据不同类别的用户的特点，制定相应的运营策略。

❑ 重要价值用户：这些用户的消费频率和消费金额都高于平均值，且最近一次消费时间距离现在较近。这些用户是最有价值的客户，对公司的贡献最大，需要重点关注和维护。营销策略有：提供 VIP 服务和优惠券；增加与他们的互动和沟通；提供个性化的产品或服务推荐；邀请他们参与产品或服务的改进或创新等。

❑ 重要发展用户：这些用户的消费金额高于平均值，但消费频率低于平均值，且最近一次消费时间距离现在较近。这些用户有潜力成为重要价值用户，需要重点培养和发展。营销策略有：提供更多的消费场景和活动；提供免费试用或赠品；提供积分或奖励计划；提供定期的回访或咨询等。

❑ 重要保持用户：这些用户的消费频率和消费金额都高于平均值，但最近一次消费时间距离现在较远。这些用户是忠诚的客户，但有流失的风险，需要重点保持和稳定。营销策略有：提供积分或回馈计划；提供感谢邮件或短信；提供优先的产品或服务更新；提供专属的客服或顾问等。

❑ 重要挽留用户：这些用户的消费金额高于平均值，但消费频率和最近一次消费时间距离现在都低于平均值。这些用户即将流失，需要重点挽留和恢复。营销策略有：提供折扣或优惠券；提供问卷调查或满意度评估；提供换货或退款保障；提供专业的解决方案或建议等。

❑ 一般价值用户：这些用户的消费频率低于平均值，但消费金额和最近一次消费时间距离现在都高于平均值。这些用户是一般的客户，对公司的贡献中等，需要适度关注和提升。营销策略有：提供定期的优惠券或折扣；推荐他们感兴趣的产品或服务；发送感谢邮件或短信；邀请他们参与社区或活动等。

❑ 一般发展用户：这些用户的消费金额低于平均值，但消费频率和最近一次消费时间距离现在都高于平均值。这些用户有潜力成为一般价值用户，需要适度培养和发展。营销策略有：提供更多的消费场景和活动；提供免费试用或赠品；提供积分或奖励计划；提供定期的回访或咨询等。

❑ 一般保持用户：这些用户的消费频率和消费金额都低于平均值，但最近一次消费时间距离现在较近。这些用户是普通的客户，对公司的贡献较低，需要适度保持和稳定。营销策略有：提高他们的消费频率和金额，增加他们的忠诚度和满意度。具体方法有：提供定期的优惠券或折扣；推荐他们感兴趣的产品或服务；发送感谢邮件或短信；邀请他们参与社区或活动等。

❑ 一般挽留用户：这些用户的消费频率、消费金额和最近一次消费时间距离现在都低于平均值。这些用户已经流失，需要适度挽留和恢复。营销策略有：提供折扣或优惠券；提供问卷调查或满意度评估；提供换货或退款保障；提供专业的解决方案或建议等。

4.1.9　跟踪分析用户个体的 RFM 变化

在大多数业务分析中，由于用户本身是动态变化的，因此 RFM 分组不会仅仅进行一次，也需要根据业务发展情况动态更新。完整的 RFM 分析项目涵盖数据分析、策略制定、业务落地实施以及测试的整个周期，因此 RFM 分组的更新频率至少需要覆盖整个周期，具体需要根据企业的实际情况进行调整，例如：

❑ 快速的数据变化和部门内部的业务配合可能以星期为单位完成更新。

❑ 涉及复杂的业务流程较长的情况通常以月为单位更新。

❑ 涉及跨业务中心、跨职能体系的协同和资源调整的情况的更新时间可能更长。

当我们按照一定的频率更新 RFM 分组结果时，就会获得 RFM 分级和分组结果的动态变化数据。对于这种变化，我们需要特别注意两个方面：不同周期内的数据是否具有直接可比性以及可对比的数据意义。

举个例子，假设公司按照本案例的 RFM 分级方案，在 2023 年 1 月和 2 月分别完成了 RFM 数据的更新。表 4-2 显示了用户 ID 为 140 的用户这两个月数据对比的情况。

表 4-2　动态标准的 RFM 数据对比示例

RFM 更新时间	用户 ID	M 消费金额	R 分级	F 分级	M 分级	RFM 组合
2023/01	140	641.89	0	0	1	001
2023/02	140	1283.78	0	0	0	000

从表 4-2 中可以观察到，在 1 月和 2 月的数据更新结果中，该用户的 RFM 分组值发生了变化，由 001 下降到 000，主要原因是其中的 M（消费金额）的分级下降。

通过观察"M 消费金额"字段，我们发现该值翻了一倍，但是 M 的分级却下降了。这主要是因为 RFM 的分级依赖于总体均值。虽然该用户的消费金额翻了一倍，但是所有用户的均值翻了远远超过 1 倍，导致该用户在 2 月计算周期的订单金额低于均值，M 分级下降。

因此，结合实际的数据分析场景，我们需要重新考虑 RFM 分组的标准：

❑ **动态标准**（例如总体均值、总体分位数等）利于根据数据自身的规律动态调节标准，但会带来标准不统一、不固定的问题，导致不同周期内的数据无法直接对比。这种标准更适合分析结构规律和成分分析，例如在所有用户中，有一定比例的用户属于低活跃度客户群组，而另一部分用户则属于高价值客户群组。

❑ **固定标准**（例如基于业务经验定义的分级标准）一般在一定周期内不会变化。例如，基于过去 1 年的数据定义了分级标准，那么在未来的半年到一年内可以沿用这个标准，除非业务有重大更新或变化，否则不会做出大的调整。在这种情况下，所有对比周期下的标准是恒定的，从而具备可对比的前提条件。

如果我们按照固定标准来定义 RFM 分组，那么表 4-2 的数据就会发生变化，结果如表 4-3 所示。假设 2023 年定义的 M 的基准是 1000，那么 2023 年 1 月用户 ID 为 140 的用户的 M 分级应该为 0，对应的 RFM 组合应该为 000；2023 年 2 月该用户的 M 分级应该为 1，对应的 RFM 组合应该为 001。通过这种数据对比，我们可以直接分析哪些用户的活跃度、价值度和新鲜度发生了怎样的变化。

表 4-3　固定标准的 RFM 数据对比示例

RFM 更新时间	用户 ID	M 消费金额	R 分级	F 分级	M 分级	RFM 组合
2023/01	140	641.89	0	0	0	000
2023/02	140	1283.78	0	0	1	001

4.1.10　跟踪分析用户群体的 RFM 变化

除了可以分析用户个体的 RFM 变化外，我们还可以分析用户群体的变化。例如，我们可以利用数据透视表功能对所有的 RFM 分组按用户计数，以了解不同分组内的用户数量，从而进行进一步的成分分析。

以下是进行数据透视表配置的步骤：

- ❑ 选择所有用户的 RFM 分组数据，在 Excel 中单击"插入"-"数据透视表"。
- ❑ 在弹出的数据透视表配置中，将"RFM 组合"拖曳到行区域，将"用户 ID"拖曳到值区域。
- ❑ 默认情况下，由于"用户 ID"是数值型，因此数据透视表使用求和方式进行汇总。单击"求和项：用户 ID"，在弹出的汇总方式中选择"计数"。

完成上述配置后，你将得到如图 4-8 ⑤所示的结果。

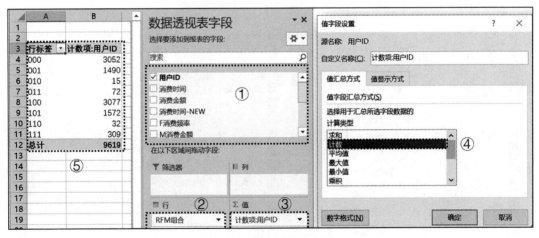

图 4-8　数据透视表配置

按照相同的方法，将不同周期的数据透视表整理到一个表格中，如表 4-4 所示。除了不同分组的数据外，我们还可以计算不同分组的人数占比。通过比较人数规模和人数占比这两个指标以及它们的环比变化，我们可以清晰地了解整个公司不同群组的规模和组成变化。

表 4-4 固定标准的 RFM 数据对比示例

RFM 组合	202301 数据	202301 占比	202302 数据	202302 占比	人群规模环比变化量	占比环比变化量	人群规模环比变化率	占比环比变化率
000	3052	32%	3391	38%	339	6%	11%	18%
001	1490	15%	1146	13%	−344	−3%	−23%	−18%
010	15	0%	15	0%	0	0%	0%	7%
011	72	1%	67	1%	−5	0%	−7%	−1%
100	3077	32%	2675	30%	−402	−2%	−13%	−7%
101	1572	16%	1416	16%	−156	−1%	−10%	−4%
110	32	0%	26	0%	−6	0%	−19%	−13%
111	309	3%	288	3%	−21	0%	−7%	−1%
总计	9619	100%	9024	100%	−595	0%	-6%	0%

例如，基于表 4-4 的数据，我们可以观察到以下显著问题：总体而言，企业的高质量人群规模和占比都出现了下降，这是一个非常值得关注的问题。

❑ 000 分组的人数和占比都增加了，说明低质量用户成本增加。

❑ 111、110 和 101 分组的人群规模都显著下降，这些高质量人群规模的减少将直接影响企业整体会员价值度。

另外，我们可以通过桑基图来展示不同周期内 RFM 分组的人群规模或占比的变化，如图 4-9 所示。通过将多个周期连接起来，可以形成一条数据流，每个流都代表一个分组的数据变化。

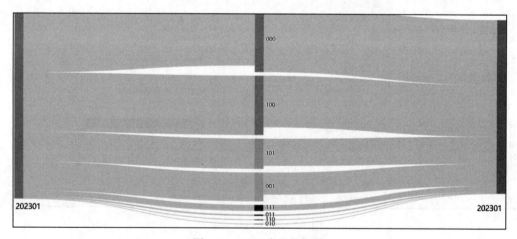

图 4-9 RFM 分组桑基图

4.1.11 案例小结

本案例演示了如何在 AIGC 的辅助下完成从 RFM 分析、营销到后续持续跟踪的全过程。在这个过程中，有三个 Prompt 技巧需要注意。

❑ 任务分解：面对复杂的任务，不要期望 AIGC 一次性给出完整的指导，而是将任务拆分成多个小步骤逐一完成。如果不确定如何拆分步骤，可以直接向 AIGC 求助。

❑ 内容补全：在输出内容时，如果发现 AIGC 缺少了一些信息，要及时提醒 AIGC 继续输出完整的内容。这可能是由网络问题、内容长度限制或 AIGC 的知识和记忆限制所致。

❑ 结果验证：在获得结果后，要对结果进行验证和评估，确保其符合预期和逻辑。如果发现结果有误或不合理，要及时向 AIGC 反馈并进行纠正。

此外，RFM 的持续跟踪和分析也很重要。一般情况下，RFM 分组的有效性主要取决于分组规则是否合理。通过业务人员的测试和反馈，我们可以逐渐找到一个相对合理的分组方式。这个过程可能需要经过几轮测试才能找到最优解。

通过遵循以上技巧，结合 AIGC 的辅助，你可以更加高效地完成 RFM 分析、营销和持续跟踪，并逐步优化分组规则以获得更好的结果。

4.2　AIGC+Excel 时间序列分析的妙用：发掘用户增长规律

时间序列数据是数据分析中一种常见的类型，如产品销售额、用户增长量等。本文将介绍如何利用 AIGC+Excel 进行时间序列分析，探索用户增长规律。

4.2.1　时间序列分析基础

时间序列数据是按时间顺序排列的变量值，反映了变量随时间的变化规律。时间序列分析是利用历史数据预测未来，发现数据中的模式、趋势、季节性、周期性、异常值等。时间序列分析在经济、金融、社会、营销等领域有广泛应用。

时间序列分析主要使用各种统计技术和模型，如移动平均、指数平滑、自回归模型等来处理时间相关的数据。一般来说，时间序列分析包括以下步骤。

❑ 数据收集：选择合适的数据来源和采样频率，收集足够多的观测值。

❑ 数据处理：对原始数据进行清洗、转换、缺失值处理、异常值检测等操作。

❑ 数据描述：对数据进行可视化和统计描述，观察数据的分布、变化范围、平稳性、相关性等特征。

❑ 数据建模：根据数据的特征，选择合适的时间序列模型，估计模型参数，并检验模型的拟合度和有效性。

❑ 数据预测：利用建立的时间序列模型，对未来的数据进行预测，并给出预测区间和置信水平。

❑ 数据评估：对预测结果进行评估和比较，分析预测误差的来源和影响因素，提出改进措施和建议。

时间序列分析是一种强大而灵活的工具，它可以帮助我们从数据中获取有价值的信息，指导我们做出更好的决策。本文将介绍一些常用的时间序列分析方法和技巧。

4.2.2 准备用户增长数据

本案例要完成基于时间序列的用户增长趋势和规律分析。我们从 CRM 系统中导出了一份按日的用户数数据。数据只包含日期和用户数两列。日期范围从 2022/5/12 到 2023/5/11。部分数据如下：

日期	用户数
2022/5/12	18520
2022/5/13	15418

4.2.3 完善时间序列业务分析思维

在开展分析工作之前，我们要确定要从数据中得到什么答案，即我们要从哪些角度开始时间序列分析并应用于业务。由于只有日期和用户数两个字段，限制了我们可探索和使用的角度，因此，我们可以先使用 AIGC 工具，看看它能给出哪些专业建议。提示指令如下：

[New Bing Chat/ChatGPT] 4/2/1 我有一组 Excel 数据，包含 AB 两列，A 列是日期，B 列为用户数。数据包含了从 2022/5/12 到 2023/5/11 每日的用户数。围绕日期和用户数这两个字段，可以从哪些角度进行业务分析？

为了确定分析方向，我们需要从多个角度获取分析建议，然后根据实际情况进行比较和筛选。我们将提示指令输入 New Bing Chat 和 ChatGPT，得到了它们的分析建议。

New Bing Chat 给出了以下 3 个分析角度。

你好，这是 Bing。你的 Excel 数据可以从多个角度进行业务分析，例如：
1）用户数的总体趋势和变化，比如用户数是否增长或下降，增长或下降的速度和幅度，有没有异常波动或季节性变化等。
2）用户数和日期之间的相关性，比如用户数是否和星期、月份、节假日、特殊事件等有关联，有没有周期性或规律性的模式等。
3）用户数的分布和集中度，比如用户数是否均匀分布在不同的日期，或者有没有某些日期的用户数特别高或低，用户数的平均值、中位数、标准差等统计指标等。
这些角度可以帮助你了解你的用户群体的特征、行为和需求，从而制定更合适的业务策略和优化方案。

ChatGPT 给出了以下 7 个分析角度。

围绕日期和用户数这两个字段，你可以从以下几个角度进行业务分析。

1）趋势分析：通过绘制折线图或趋势图，观察用户数量随时间的变化趋势。这可以帮助你了解用户数量的整体增长或下降趋势，以及可能存在的季节性或周期性变化。
2）周期性分析：将数据按照星期、月份或季度进行分组，计算每个周期内的平均用户数。这可以帮助你了解用户数量在不同周期内的变化情况，是否存在特定的周期性模式。
3）季节性分析：通过计算每个月或季度的平均用户数，观察用户数量是否在不同季节或月份之间存在明显的差异。这可以帮助你了解用户数量在不同季节或月份受到哪些因素的影响，例如假期、促销活动等。
4）对比分析：将不同日期范围内的用户数量进行对比，例如比较不同月份、季度或年份的用户数量。这可以帮助你发现用户数量的增长或下降趋势，以及业务活动对用户数量的影响。

5）预测分析：基于历史数据，使用时间序列分析或回归模型等方法，预测未来用户数量的趋势。这可以帮助你制定合理的业务目标和策略，并进行资源规划和预算安排。

6）用户留存率分析：结合日期和用户数，计算每个日期范围内的用户留存率。这可以帮助你了解用户的忠诚度和回头率，从而评估你的用户保留策略和市场竞争力。

7）事件相关性分析：将日期与特定事件或营销活动进行关联，观察用户数量在活动期间的变化情况。这可以帮助你评估特定事件对用户数量的影响，了解你的市场活动的效果。

请注意，实际的业务分析方法可能因你的具体业务需求和数据特点而有所不同。以上仅提供了一些常见的角度和方法，你可以根据实际情况进行适当调整和扩展。

我们比较了 New Bing Chat 和 ChatGPT 的分析思路，发现 ChatGPT 更全面和深入，而 New Bing Chat 则比较简单。这些分析思路都符合数据分析的基本原则和目标。我们综合了这些思路，并根据数据情况，确定了以下分析方案：

❑ 用户增长趋势分析。分析数据随时间的变化规律，找出用户增长或下降的趋势。

❑ 用户增长周期性分析。在趋势分析的基础上，分析是否存在周期性波动，如周内或季节性变化。

❑ 用户增长异常点分析。分析是否出现了异常情况，如突然增长或下降，以及可能的原因。

❑ 用户增长预测。尝试预测未来 1 个月内按日的用户数据情况。

4.2.4　完善时间序列 Excel 分析思维

Excel 有多种功能和方法可以用于对序列数据进行分析和预测。我们可以询问 New Bing Chat 和 ChatGPT，看看它们对于在 Excel 中进行趋势分析的方法的了解情况。提示指令如下：

[New Bing Chat/ChatGPT] 4/2/2 Excel 2016 有哪些功能能够实现针对时间序列数据的分析和预测？请按功能类型简要列出功能项或实现方法，每个功能类型的描述在 50 字以内。

基于提示指令，New Bing Chat 提供了 4 种与时间序列分析相关的 Excel 功能介绍。

根据网上搜索结果，Excel 2016 能够实现针对时间序列数据的分析和预测的功能有以下几种。

1）移动平均法：通过计算包含一定项数的平均值，来平滑时间序列的波动，适用于没有明显趋势和季节性的数据。

2）指数平滑法：通过对历史数据的远近赋予不同的权重，来预测未来的数据，适用于有稳定趋势或季节性的数据。

3）预测工作表：通过使用预测函数（forecast.ets）和指数平滑的思想，来预测未来任一时间段内的数据，可以自定义置信区间和图表。

4）回归分析：通过建立时间、季节和其他变量与被预测变量之间的多元回归方程，来预测具有增长趋势和季节性波动的数据。

以上是按功能类型简要列出的功能项或实现方法，每个功能类型的描述都在 50 字以内。希望对你有帮助。☺

根据提示指令，ChatGPT 提供了 7 种与时间序列分析相关的 Excel 功能介绍。

在 Excel 2016 中，可以使用以下功能来进行时间序列数据的分析和预测。

1）数据排序和筛选：对时间序列数据进行排序和筛选，以便更好地观察趋势和模式。

2）数据透视表：通过创建透视表，可以对时间序列数据进行汇总和分析，以便更好地理解数据的变化。

> 3）数据可视化：利用图表功能，如折线图、散点图和面积图等，可以直观地展示时间序列数据的趋势和关联。
> 4）移动平均：使用移动平均函数，平滑时间序列数据，减少噪声，突出长期趋势。
> 5）趋势线拟合：通过趋势线拟合功能，可以为时间序列数据拟合线性、多项式或指数趋势线，以便预测未来的趋势。
> 6）时间序列函数：Excel 提供了一系列用于时间序列分析的函数，如自相关函数（CORREL）、平滑函数（SMOOTH）和季节性调整函数（SEASONALITY）等。
> 7）预测工具：使用 Excel 的预测工具，可以利用已有的时间序列数据，应用不同的预测模型（如移动平均、指数平滑和回归模型）进行预测。
>
> 请注意，这些功能都是基于 Excel 2016 的常见功能，可能会有其他更高级的分析和预测工具不在此列举。

我们汇总了两个 AI 给出的功能项，并按照功能项类型进行了梳理，具体如下。

❑ 图形观察：用柱形图、折线图等图形展示用户量，观察数据走势。

❑ 趋势线拟合：在图形上添加趋势线和模型拟合，观察数据变化趋势。

❑ 数据透视表、分组和汇总：按不同时间周期或对比维度，得到数据变化和对比结果。

❑ 数据分析工具：用指数平滑、移动平均等方法拟合分析数据，预测数据发展变化。回归模型在时间序列场景中效果有限。

❑ 公式和函数：包括自相关、平滑函数等，以及结合函数自定义数据分布状态。

❑ 预测工作表：根据历史数据自动建模，预测未来指定时间项目数量。

❑ 其他基础功能：包括排序、筛选，以及筛选出 TOP N 个数据点等。

❑ VBA：虽未被提及，但任何 Excel 数据功能都可通过 VBA 实现。

在后续的时间序列分析中，我们将根据具体场景选择不同的方法来进行分析应用。

4.2.5 用户增长趋势分析、模型解读与优化尝试

为了分析用户增长趋势，我们可以在 Excel 中添加趋势线到数据图中。我们先让 AI 展示如何操作。提示指令如下：

> [New Bing Chat] 4/3/1 你是一个数据分析师。你有一组 Excel 数据，包含 AB 两列，A 列是日期，B 列为用户数。数据包含了从 2022/5/12 到 2023/5/11 每日的用户数。你将如何在 Excel 中使用趋势线拟合，对上述时间序列数据进行趋势分析？请简要列出操作步骤。

New Bing Chat 给出了以下操作建议。

> 如果要在 Excel 中使用趋势线拟合，对时间序列数据进行趋势分析，可以按照以下步骤操作：
>
> 1）选中 AB 两列的数据，单击"插入"菜单，选择"折线图"或"散点图"。
> 2）在图表上右键单击任意一个数据点，选择"添加趋势线"。
> 3）在弹出的"格式趋势线"窗口中，选择合适的趋势线类型，如线性、指数、多项式等。可以根据 R 平方值的大小来判断拟合效果。
> 4）如果需要显示趋势线方程和 R 平方值，可以勾选"在图表上显示方程"和"在图表上显示 R 平方值"。
> 5）单击"关闭"按钮，即可在图表上看到趋势线和相关信息。

根据 AIGC 的指导，我们选择了"线性"模型，并显示了方程式和 R 平方值。如图 4-10 所示，可以观察到整体呈下降趋势，表明企业的用户数量在最近一年内缓慢减少。

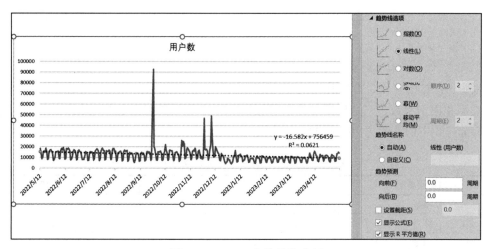

图 4-10 Excel 中的趋势分析

然而，这样的图形和方程式只是"数据结果"，如果我们不理解它们的含义，就无法进行有效的分析。因此，我们可以直接向 AI 提问，以获取更多解释。下面是提示指令：

> [New Bing Chat] 4/3/2 我在 Excel 中设置了趋势线，同时选择了"线性"模型；然后设置了显示公式和 R 平方值，最后得到了这样的公式：y = -16.582x + 756459，R² = 0.0621。你能帮我解读下这个公式吗？

为了让 AI 帮助我们解读方程式的含义，我们需要提供方程式的设置方式和方程式本身给 AI。根据 New Bing Chat 的指导，我们得到了以下解释：

> 根据我的知识，这个公式表示的是一个线性回归模型，其中 y 是你的因变量（或响应变量），x 是你的自变量（或解释变量），-16.582 是 x 的回归系数，756459 是截距项。这个公式可以用来在给定 x 的值的前提下，预测 y 的值。例如，x=100，那么 y 的预测值就是 y = -16.582*100 + 756459 = 754841.8。
>
> R 平方值是一个介于 0 和 1 之间的数，表示回归模型对数据的拟合程度。R 平方值越接近 1，表示模型越能解释数据的变化；R 平方值越接近 0，表示模型越不能解释数据的变化。你的 R 平方值是 0.0621，表示你的线性模型只能解释数据 6.21% 的变化，这说明你的模型拟合效果不好，可能存在其他影响因素或者数据不符合线性假设。

通过 AIGC 的回答，我们不仅了解了方程式的基本含义，还知道了 R 平方值可以衡量模型的拟合程度。然而，上述线性模型的拟合程度较低，无法很好地反映数据的变化规律。那么，我们是否有办法改进模型呢？我们继续向 AI 提问：

> [New Bing Chat] 4/3/3 我在 Excel 中怎么做才能改进模型拟合效果？

上述提示指令除了要求在 Excel 中进行操作外，对下一步操作的需求比较宽泛，意味着我没有明确的方向或想法，希望 AI 能提供一些思路，以便我选择优化路径。

> 如果你想在 Excel 中改进模型拟合效果，可以尝试以下方法：
> 1）检查数据是否有异常值或错误，如果有，可以删除或修正。
> 2）观察数据的分布和波动，看是否有非线性的特征，如指数、对数、多项式等。

3）在添加趋势线时，尝试选择其他类型的模型，如指数、对数、多项式等，比较不同模型的 R 平方值，选择最高的一个。

4）在添加趋势线时，调整多项式的阶数，看是否能提高 R 平方值。

5）在添加趋势线时，勾选"设置预测期"选项，输入未来的时间段，看能否得到合理的预测结果。

根据 AIGC 的建议，有三种可能的改进方法：一是增加数据预处理过程，二是修改趋势线类型和模型参数，三是计算各种趋势线的 R 平方值。我们决定尝试第二种方法，并计算所有趋势线下的 R 平方值，如表 4-5 所示。

表 4-5　不同趋势线下的模型效果对比

趋势线类型	公式	R 平方值
指数	$y = 1E + 31e - 0.001x$	0.1167
线性	$y = -16.582x + 756459$	0.0621
对数	$y = -7E + 05\ln(x) + 8E + 06$	0.062
多项式（默认 2 项式）	$y = -0.0781x2 + 6991.7x - 2E + 08$	0.0743
幂	$y = 2E + 293x - 62.16$	0.1167
移动平均	不适用	不适用

根据表 4-5 中的数据，我们可以看到在 Excel 提供的趋势线模型和数据样本下，最高的 R 平方值仅为 0.1167，这表明优化空间有限。在目前的情况下，线性模型仍然是最佳选择。然而，我们知道该模型只能提供大致参考，因为其对实际数据的解释能力有限。尽管如此，结合数据的趋势和拟合的趋势线，我们可以观察到用户增长的整体趋势略有下降。

 注意　由于数据源的限制和数据分析工具的局限性，有时很难获得理想的模型拟合效果。作为分析师，我们应尝试多种技术，以在现有条件下使模型达到最佳状态，但并非在所有情况下都能达到最佳状态。在上述不同的 Excel 拟合线模型下，读者还可以尝试向 AI 提问，探索其他解决方案，包括使用 Excel 之外的工具。例如，你可以尝试使用以下提示指令询问："我已经尝试了不同的拟合线模型和参数设置，但发现 R 平方值都非常低，还有其他方法来提高模型拟合效果吗？"

4.2.6　用户增长周期性波动分析

接下来，我们将按照相同的思路进行周期性分析。由于原始数据中只包含日期信息，我们需要基于日期提取更多的时间和季节特征，然后再进行分析。因此，我们选择使用公式和函数，结合数据透视表来实现这一分析过程。我们让 AIGC 提供关于该分析的具体行动建议，提示指令如下：

[New Bing Chat] 4/4/1　你是一个数据分析师。你有一组 Excel 数据，包含 A、B 两列，A 列是日期（日期型），B 列是用户数（数值型）。数据包含了从 2022/5/12 到 2023/5/11 每日的用户数。你将如何在 Excel 中对上述时间序列数据开展周期性分析，利用公式和函数提取出周几、是否工作日、周数、月份等时间季节特征，然后利用数据透视表分析用户在这些时间季节特征中的变化或规律？请简要列出操作步骤。

在上述提示指令中，我们提供了一些常见的时间周期，如周几、是否工作日、每周、每月等，以便进行周期性分析。根据这些提示指令，New Bing Chat 为我们提供了以下建议。

如果要在 Excel 中对时间序列数据开展周期性分析，利用公式和函数提取出时间季节特征，然后利用数据透视表分析用户在这些时间季节特征中的变化或规律，可以按照以下步骤操作：

在 B 列的右侧，插入四列，分别命名为"周几""是否工作日""周数"和"月份"。

在 C2 单元格中，输入公式 =WEEKDAY(A2)，然后向下拖动填充，得到每个日期对应的周几，其中 1 表示星期日，7 表示星期六。

在 D2 单元格中，输入公式 =IF(OR(C2=1,C2=7),"否","是")，然后向下拖动填充，得到每个日期是否为工作日，其中"是"表示工作日，"否"表示非工作日。

在 E2 单元格中，输入公式 =WEEKNUM(A2)，然后向下拖动填充，得到每个日期对应的周数，其中 1 表示第一周，52 或 53 表示最后一周。

在 F2 单元格中，输入公式 =MONTH(A2)，然后向下拖动填充，得到每个日期对应的月份，其中 1 表示一月，12 表示十二月。

选中 A1:F366 的数据区域，单击"插入"菜单，选择"数据透视表"，在弹出的窗口中选择合适的位置放置数据透视表，单击"确定"。

在数据透视表字段列表中，将"用户数"字段拖放到值区域，默认显示为求和值；将"周几""是否工作日""周数"和"月份"字段分别拖放到行标签区域或列标签区域，根据需要调整顺序和位置。

在数据透视表中，可以看到用户数按照不同的时间季节特征进行汇总和分组，可以观察和分析用户在这些时间季节特征中的变化或规律。

以上是在 Excel 中对时间序列数据开展周期性分析的操作步骤，希望对你有帮助。

根据 AIGC 的进一步指导，我们成功创建了数据透视表，并将日期字段拖放到透视表中作为分析的主要指标。通过这样的操作，我们发现了以下三个规律：

❑ 数据呈现以周为单位的周期性波动。如图 4-11 所示，数据在每周都展现明显的起伏变化。我们选择了完整数据周期中的第一个月（从 2022 年 5 月 12 日到 2022 年 6 月 11 日），并绘制了折线图。我们发现整个线段分为四个段落，每个段落对应一周，而且每个段落的低点都出现在周末。

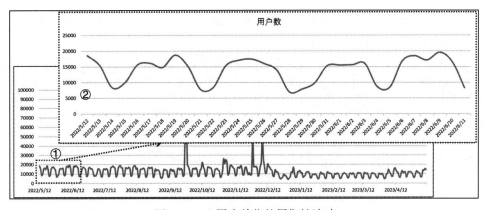

图 4-11　以周为单位的周期性波动

❑ 工作日的流量明显高于休息日。这个发现与上述规律一致。通过数据透视表和数据透视图，我们清晰地看到工作日和周末之间的数据差异，周末的流量仅约为工作日的 1/5，如图 4-12 ①所示。

❑ 一周内流量呈现先升后降的趋势。如图 4-12 ②所示，流量在星期二（对应坐标轴值为 3）达到峰值，然后逐渐下降。

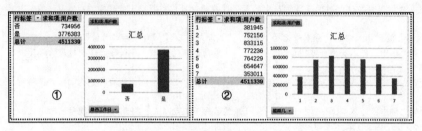

图 4-12　一周流量趋势变化

4.2.7　用户增长异常数据分析

接下来，我们将继续使用上面示例中的时间序列数据，对其中的异常值进行分析。实际上，在之前的趋势图中，我们通过观察已经大致发现了几个明显的异常点，如图 4-13 所示。

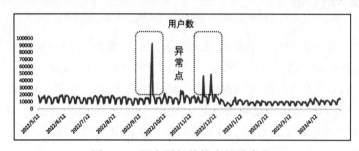

图 4-13　用户增长趋势中的异常点

然而，作为数据分析师，除了凭直觉观察得出一些结论外，我们还需要借助一些数据工作方法来揭示潜在问题。提示指令如下：

```
[New Bing Chat] 4/5/1 你是一名数据分析师，你有一组数据存储在 Excel 中，数据包含 A、B 两列，
    A 列是用户 ID（日期类型）、B 列是用户数（数值类型）。你的任务是识别出数据中的异常数据记录，并
    分析异常的原因。请问你会采用什么方法来完成这项任务？下面是数据样例：
|   日期      |  用户数 |
|-----------|-------|
| 2022/5/12 | 18520 |
| 2022/5/13 | 15418 |
| 2022/5/14 | 8414  |
```

根据提示指令，New Bing Chat 推荐了以下 4 种异常值检测方法：

```
根据网上搜索结果，有以下几种方法可以在 Excel 中识别异常数据记录，例如：
1）使用四分位数范围（IQR）方法，计算数据的第一四分位数和第三四分位数（Q1 和 Q3），用 Q3-Q1 得到
    IQR。然后用 Q1-（1.5 * IQR）得到下界，用 Q3+（1.5 * IQR）得到上界。任何小于下界或大于上
    界的值都是异常值。
```

2）使用均值和标准差方法，计算数据的均值和标准差，然后用均值 ±（3 ＊ 标准差）得到一个区间。任何落在区间外的值都是异常值。

3）使用 Z- 分数方法，计算数据的均值和标准差，然后用每个值减去均值再除以标准差得到 Z- 分数。任何 Z- 分数的绝对值大于 3 的值都是异常值。

你可以根据你的数据特点选择合适的方法来识别异常数据记录，并分析异常的原因。希望这对你有帮助。

这些方法都是基于 Excel 的简单操作或统计模型。我们选择了第一种方法，并请求 New Bing Chat 给出具体的操作步骤。这种方法需要计算四分位数、四分位距和判定异常值，通常需要多个步骤来完成，但 AI 可以帮助我们一步到位，避免烦琐的过程。提示指令如下：

[New Bing Chat] 4/5/2 我想用第一种方法找出异常值，我可以在 Excel 的一个单元格内，通过一个函数公式直接实现四分位数、下界、上界计算以及异常值结果判断吗？我的数据范围是 B2:B366。

在提示指令中我们用"第一种方法"表示上一次对话中的四分位数方法，要求在一个单元格内计算结果，并直接提供复杂公式；同时，我们还指定了数据范围。New Bing Chat 根据提示指令，给出如下操作建议：

是的，你可以在 Excel 的一个单元格内，直接实现四分位数、下界、上界计算以及异常值结果判断。根据网上搜索结果，你可以使用以下公式：

1）计算第一四分位数（Q1）: =QUARTILE.INC(B2:B366,1)
2）计算第三四分位数（Q3）: =QUARTILE.INC(B2:B366,3)
3）计算四分位数范围（IQR）: =QUARTILE.INC(B2:B366,3)-QUARTILE.INC(B2:B366,1)
4）计算下界（Lower Bound）: =QUARTILE.INC(B2:B366,1)-1.5*(QUARTILE.INC(B2:B366,3)-QUARTILE.INC(B2:B366,1))
5）计算上界（Upper Bound）: =QUARTILE.INC(B2:B366,3)+1.5*(QUARTILE.INC(B2:B366,3)-QUARTILE.INC(B2:B366,1))
6）判断异常值（Outlier）: =IF(OR(B2<QUARTILE.INC(B2:B366,1)-1.5*(QUARTILE.INC(B2:B366,3)-QUARTILE.INC(B2:B366,1)),B2>QUARTILE.INC(B2:B366,3)+1.5*(QUARTILE.INC(B2:B366,3)-QUARTILE.INC(B2:B366,1))),"是","否")

你可以将这些公式复制到相应的单元格中，然后将 B2 替换为你想要判断的数据单元格。如果你想要一次判断多个数据单元格，可以使用数组公式或者拖动填充句柄来扩展公式的范围。

按照 AIGC 给出的信息，我们直接复制最后一个用于判断异常值的复杂公式，并将其粘贴到 G 列中，然后向下拖动以填充整列的异常值判断结果，如图 4-14 所示。

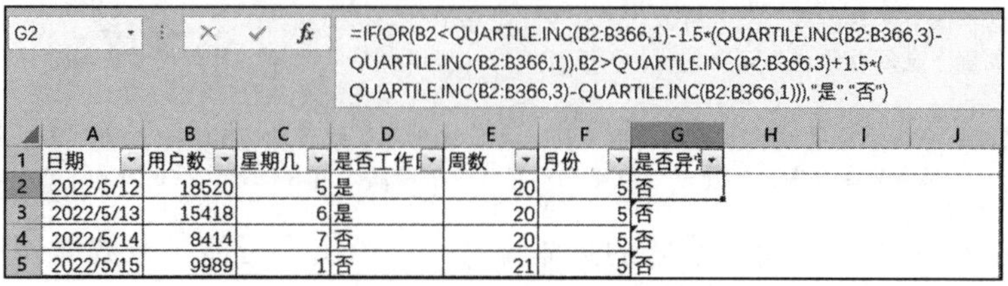

图 4-14　在 Excel 中粘贴修改后的公式并下拉填充

通过筛选功能，我们将异常判断结果为"是"的用户过滤出来，如图 4-15 所示。通过这种方法，我们找到了 18 条异常数据记录。这些异常点可以分为两类：

❑ 高于上界的异常点，例如 2022/9/27、2022/11/28、2022/12/7 对应的数据。

❑ 低于下界的异常点，例如 2023/5/7 对应的数据。

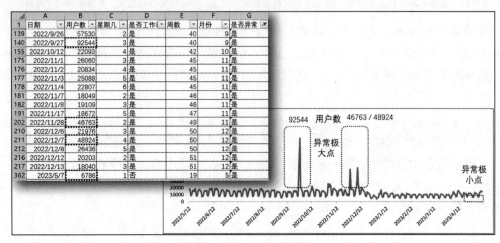

图 4-15　用户增长趋势结合表格数据分析异常点

在获取异常值结果后，我们必须解释异常值产生的原因和依据，包括检测方法的原理、理论支持和判断标准等，这样才能更好地与业务方沟通数据的结论。因此，我们继续向 AI 询问，让 AI 解释第二种方法检测异常值的背后逻辑。根据提示指令，AI 给出了以下解释信息：

[New Bing Chat] 4/5/3　如何解释用这种方法找到的异常值？

根据提示指令，AI 给出了以下解释信息：

用这种方法找到的异常值，可以解释为数据中偏离中间 50% 的值的程度。根据网上搜索结果，你可以使用以下步骤来解释异常值：

1）计算数据的第一四分位数（Q1）和第三四分位数（Q3），这两个值分别表示数据中最低的 25% 和最高的 25% 的位置。

2）计算数据的四分位数范围（IQR），这个值表示数据中间 50% 的值的差异。

3）计算数据的下界（Lower Bound）和上界（Upper Bound），这两个值表示数据正常范围的边界，通常是 Q1 减去 1.5 倍的 IQR 和 Q3 加上 1.5 倍的 IQR。

4）找出数据中低于下界或高于上界的值，这些值就是异常值。

5）解释异常值可能是由什么原因造成的，例如数据录入错误、系统故障、外部因素或其他原因。

例如，你发现一个用户数异常低，可能是因为那一天系统出现了故障或者有其他竞争对手吸引了用户。如果你发现一个用户数异常高，可能是因为那一天有特殊活动或者有其他推广渠道增加了用户。

New Bing Chat 提供了每个步骤的具体含义，并给出了可能导致数据异常的原因和示例。我们可以结合这些示例以及异常的可能原因与业务方进行沟通，从而确定数据是真得异常，还是业务活动导致数据"看起来"异常。

4.2.8　用户增长预测及结果解读

我们要实现用户增长预测、可以借助之前介绍的预测工作表功能。以下是提示指令：

> [New Bing Chat] 4/6/1　你是一个数据分析师。你有一组 Excel 数据，包含 A、B 两列，A 列是日期（日期型），B 列为用户数（数值型）。数据包含了从 2022/5/12 到 2023/5/11 每日的用户数。你如何使用 Excel 的预测工作表预测从 2023/5/12 到 2023/6/12 的用户数？

在提示指令中，我们介绍了数据的字段特征，并指示在 Excel 中使用预测工作表进行数据的预测。根据我们的提示指令，New Bing Chat 提供了以下操作建议：

> 你好，这是 Bing。根据网上搜索结果，你可以使用 Excel 的预测工作表功能来预测从 2023/5/12 到 2023/6/12 的用户数。具体步骤如下：
> 1）在工作表中，输入相互对应的两个数据系列：一个系列中包含时间线的日期或时间条目，一个系列中包含对应的用户数。
> 2）同时选择两个数据系列。
> 3）在"数据"选项卡上的"预测"组中，单击"预测工作表"。
> 4）在"创建预测工作表"框中，为预测的可视化表示选择一个线条图或柱形图。
> 5）在"预测结束"框中，输入 2023/6/12，然后单击"创建"。Excel 会创建一个新工作表来包含历史值和预测值表以及表达此数据的图表。

按照 AIGC 的指导，在 Excel 中进行如下操作，如图 4-16 所示。在设置功能中，我们单击"选项"展开更多设置；勾选"包含预测统计信息"，以便输出多种模型效果评估指标。完成上述设置后，你将得到如图 4-17 所示的结果。

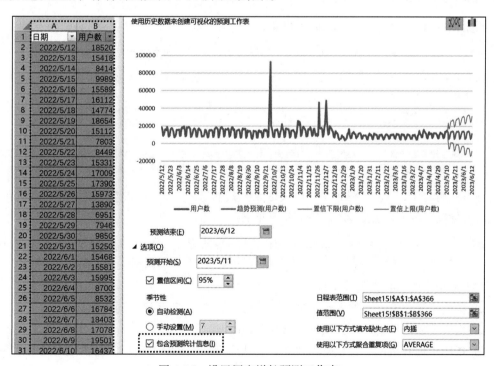

图 4-16　设置用户增长预测工作表

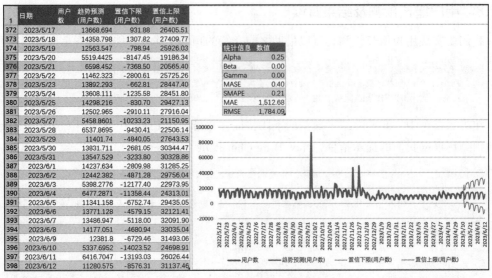

图 4-17 用户增长预测结果

尽管预测工作表的设置比较简单，但我们仍然需要了解其运行原理以及解释预测结果。因此，我们需要与 AI 进一步交互以获取更多信息：

[New Bing Chat] 4/6/2 如何解释使用预测工作表得到的预测结果？

根据提示指令，New Bing Chat 提供了以下解释信息：

你好，这是 Bing。根据网上搜索结果，你可以这样解释使用预测工作表得到的预测结果：

1）预测工作表使用了三指数平滑算法，通过对历史数据的远近不同赋予不同的权重进行预测，同时考虑了历史数据的波动性和周期性。

2）预测工作表输出了一个图表和一个表格，图表中有三条橘色线，分别表示预测值的趋势线、置信上限和置信下限。趋势线是未来趋势最有可能沿着的线，置信上限和置信下限是预测值的上下界，置信区间是预测值在一定概率下的波动范围。

3）预测工作表还输出了一个表格，包含时间轴、历史数据、预测数据、置信上限、置信下限五列。预测数据是用预测函数（FORECAST.ETS）计算得到的，置信上限和置信下限是根据置信区间参数计算得到的。

在这些解释中，AIGC 提到了三个关键点，其中第一点对于三指数平滑算法的工作原理仍然有些模糊。我们需要让 AI 进一步深入介绍：

[New Bing Chat] 4/6/3 你能用通俗易懂的语言详细说明一下第一点的"三指数平滑算法"吗？包括基本概念、算法原理、优缺点介绍、与其他常见时间序列算法的简单对比等。

在上述指令中，我们包含了以下关键信息：

❑ 提到了隐含带有三重指数算法的上下文，要求 AI 联系该名词的背景信息。

❑ 指明了通俗易懂的语言风格，以便更好地理解。

❑ 指明了内容范围，包括基本概念、算法原理、优缺点介绍以及与其他常见时间序列算法的简单对比，以便获得更完整的知识。

根据提示指令，New Bing Chat 提供了以下关于三指数平滑算法的补充信息：

你好，这是 Bing。我尝试用通俗易懂的语言来解释三指数平滑算法。

1）基本概念：三指数平滑算法是一种时间序列预测方法，它可以对同时含有趋势和季节性的数据进行预测。它是基于一次指数平滑和二次指数平滑算法的扩展，通过添加一个季节性分量来考虑数据的周期性变化。

2）算法原理：三指数平滑算法使用三个参数 α、β 和 γ，分别表示水平、趋势和季节性分量的平滑系数。它使用三个等式来更新这三个分量，并将它们组合成预测值。具体的公式如下：

❑ 水平分量：$\hat{y}_t = \alpha y_t + (1-\alpha)(\hat{y}_{t-1} + b_{t-1})$

❑ 趋势分量：$b_t = \beta(\hat{y}_t - \hat{y}_{t-1}) + (1-\beta)b_{t-1}$

❑ 季节性分量：$s_t = \gamma(y_t - \hat{y}_t) + (1-\gamma)s_{t-m}$

❑ 预测值：$f_{t+m} = (\hat{y}_t - mb_t)s_{t-m+1+(m-1)\bmod m}$

❑ 其中，y_t 表示第 t 期的实际值，$\hat{y}_t$ 表示第 t 期的水平分量，b_t 表示第 t 期的趋势分量，s_t 表示第 t 期的季节性分量，f_{t+m} 表示第 $t+m$ 期的预测值，α、β、γ 表示平滑系数，m 表示季节周期。

3）优缺点介绍：三指数平滑算法的优点是可以较好地捕捉数据的趋势和季节性变化，适用于具有强烈周期性和多个季节历史数据的时间序列。此外，它通常能够稳健地应对数据的缺失及趋势的变化。三指数平滑算法的缺点是需要确定三个参数和初始值，这可能需要一定的经验或者优化方法。它也不能处理非线性或者复杂的时间序列模式。

4）与其他常见时间序列算法的简单对比：与一次指数平滑和二次指数平滑算法相比，三指数平滑算法增加了一个季节性分量，可以更好地适应数据的周期性变化。与 ARIMA 模型相比，三指数平滑算法更加简单易用，不需要对数据进行差分或者平稳性检验，也不需要识别自相关或者偏相关函数。但是 ARIMA 模型更加灵活和通用，可以处理更多种类的时间序列模式。

有了以上补充信息，我们对算法的知识和背景有了更深入的了解。

现在我们已经获得了预测结果和模型评估指标，但基于 Excel 输出的模型统计指标，可以得出什么结论呢？让我们向 AI 提问，看看它如何解读。以下是提示指令：

[New Bing Chat] 4/6/4　你是一个数据分析师。当在 Excel 中使用预测工作表功能输出的模型统计信息后，你将如何解读这些信息？

统计信息	数值
Alpha	0.25
Beta	0.00
Gamma	0.00
MASE	0.40
SMAPE	0.21
MAE	1512.68
RMSE	1784.09

根据提示指令，New Bing Chat 提供了以下解释信息：

作为一个数据分析师，我将如下解读这些信息：

❑ Alpha、Beta 和 Gamma 是指数平滑预测模型的参数，分别表示误差、趋势和季节性的平滑系数。这些参数的值在 0 到 1 之间，越接近 1 表示越重视最近的数据，越接近 0 表示越重视历史数据。这些参数可以根据数据的特点和预测目标来调整，以达到最佳的拟合效果。在这个例子中，Beta 和 Gamma 都为 0，表示没有考虑趋势和季节性因素，只考虑了误差。这可能意味着数据没有明显的趋势和季节性变化，或者模型没有捕捉到这些变化。

❑ MASE 是平均绝对比例误差（Mean Absolute Scaled Error），是用预测误差除以一个基准误差得到的比例。基准误差通常是用简单的一阶差分法得到的。MASE 小于 1 表示预测模型优于基准模型，MASE 等于 1 表示预测模型与基准模型相当，MASE 大于 1 表示预测模型劣于基准模型。在这个例子中，MASE 为 0.4，小于 1，表示预测模型优于基准模型，但是还有改进的空间。

❑ SMAPE 是对称平均绝对百分比误差（Symmetric Mean Absolute Percentage Error），是用预测误差除以真实值和预测值之和的一半得到的百分比。SMAPE 可以避免真实值为 0 时出现无穷大的问题，也可以避免 MAPE 中过分惩罚低需求期间的高误差的问题。SMAPE 为 0% 表示完美模型，SMAPE 大于 100% 表示劣质模型。在这个例子中，SMAPE 为 0.21，即 21%，表示预测误差相对于真实值和预测值之和的一半的平均百分比。这个值不算很高，但也不算很低，说明预测准确性一般。

❑ MAE 是平均绝对误差（Mean Absolute Error），是用预测误差的绝对值求平均得到的。MAE 可以直观地反映预测误差的大小，但是不考虑误差的方向（正负）和百分比。在这个例子中，MAE 为 1512.68，表示预测误差的绝对值的平均大小。这个值要结合数据范围和单位来看，如果数据量级很大，那么这个值可能不算太大，如果数据量级很小，那么这个值可能就比较大了。

❑ RMSE 是均方根误差（Root Mean Square Error），是用预测误差的平方求平均再开根号得到的。RMSE 与 MAE 类似，但是更加重视较大的误差，因此对异常值更敏感。在这个例子中，RMSE 为 1784.09，表示预测误差的平方开根号后的平均大小。这个值与 MAE 类似，也要结合数据范围和单位来看。一般来说，RMSE 会比 MAE 大，因为它更加重视较大的误差。

总之，这些信息可以帮助我评估预测模型效果如何，并且找出可能存在的问题或改进点。我可以根据这些信息来调整模型参数或选择其他模型来改进预测效果。我也可以根据不同的业务场景和目标来选择合适的指标以衡量预测性能。例如，我关心预测误差的百分比，可以用 SMAPE 来评价；如果我关心预测误差的绝对大小，可以用 MAE 或 RMSE 来评价；如果我关心预测模型是否优于基准模型，可以用 MASE 来评价。

通过 AIGC 的解释，我们得到了以下关键信息：

❑ Alpha、Beta 和 Gamma 是指数平滑预测模型的参数，该模型没有明显的趋势和季节性规律。

❑ MASE、SMAPE、MAE 和 RMSE 是指数模型的评估指标，这些指标越小越好。整体模型的效果略高于基准水平，但仍有改进的空间。

然而，由于在 Excel 中可以设置和调节的参数有限，因此我们主要控制数据预处理方面的内容。

4.2.9　案例小结

本案例展示了如何借助 AIGC 进行时间序列数据分析，并重点讨论了如何利用 AIGC 来拓展和完善思维。AIGC 具备强大的思维能力，能够从多个角度为我们提供建议。我们可以采用以下两种策略来进一步拓展和完善我们的思维成果：

❑ 使用多个 AI 工具：由于数据源、训练方式、模型优化等因素的影响，不同的 AI 工具往往会提供不同角度的答案。我们可以综合多个 AI 工具的答案，进行比较和分析，以获得更全面和深入的建议。

❑ 多次使用同一个 AI 工具生成不同的答案：AI 工具在生成内容时，即使针对同一个问题，在不同的上下文场景、不同的时间和交互中，可能会给出不同的答案。我们可以利用这一特性，通过在不同的对话区间中重复提问或换用不同的问法来获取不同的结果。

在与 AI 的对话过程中，我们使用了以下几个技巧来提高对话效果。

❑ 对对话进行拆分：在本案例中，不同的子主题之间没有太多的相互联系，因此我们选择使用不同的对话来完成不同的任务。这种拆分能够避免不相关信息的干扰，使对话更加有针对性和高效。

❑ 角色转换：在思维拓展阶段，我们没有将 AI 角色固定为数据分析师，这样可以使
AI 在思考问题时不受限制。在面对具体的数据任务时，我们再将 AI 定位为数据分
析师的角色，以便于 AI 以该角色来完成工作。这种角色转换能够灵活地利用 AI 的
能力，适应不同的情境和任务需求。

❑ 持续追问：在不同的子主题对话中，当涉及模糊的方法或概念时，我们继续向 AI
提出更多的问题，以获取更多的信息。这种追问的方式有助于加深我们对特定知识
的理解和掌握，提升对话的深度和质量。

4.3　AIGC+Excel 相关性分析与热力图展示：揭示网站 KPI 指标的隐秘联系

本案例旨在展示如何使用 AIGC 和 Excel 进行相关性分析，并以热力图形式可视化分析
结果。我们将介绍相关性分析的基本概念和方法，以及如何结合 AIGC 生成的代码和 Excel
的数据处理功能，进而利用 Excel 的图表功能绘制复杂散点图和热力图。

4.3.1　相关性分析概览

相关性分析是数据分析领域常用的技术之一，用于研究和量化变量之间的相互关系和
依赖程度。相关性分析在多个场景中具有极高的应用价值：

❑ 揭示数据间的潜在联系，例如某些商品之间的销售规律。

❑ 简化统计指标，特别是在业务指标繁杂时，通过相关系数删除相关性高的指标，避
免重复或冗余。

❑ 选择回归建模的变量，例如在建立多元回归模型前，计算所有字段与因变量的相关
系数，选取相关系数较高的变量，并检验自变量之间的多重共线性。

❑ 验证主观判断，例如决策层或管理层经常根据经验形成一些逻辑关系，可以通过计
算相关系数来判断是否有数据支持。

❑ 在医疗、金融、微生物等领域应用广泛，例如分析药物效果和副作用的相关性，股
票价格和市场因素的相关性，微生物群落和环境因子的相关性等。

相关性分析的常见步骤包括：

❑ 绘制散点图，初步判断变量之间是否存在相关关系，以及相关关系的类型（正相关、
负相关、线性相关、非线性相关等）。

❑ 计算相关系数，精确度量变量之间的相关程度和相关关系的显著性。

❑ 将相关性结果可视化展示，尤其在面对多个变量结果时。

❑ 分析和解释相关系数的结果，注意区分相关性和因果性，排除异常值和多重共线性
的影响，并选择合适的分析方法和指标。

相关性分析是一种简单易行但非常强大的数据分析方法，在决策制定、预测和优化等方面发挥着重要作用。通过分析变量之间的相关性，我们可以得出重要的结论和推断，为业务和决策提供科学依据。

4.3.2 准备网站 KPI 数据

本案例要完成针对网站不同 KPI 指标相关性的分析。要在 Excel 中进行相关性分析，必须使用数值型字段。因此，我们从网站流量分析系统（如 Google Analytics）中导出了按日统计的网站 KPI 数据。数据格式如图 4-18 所示。

	A	B	C	D	E	F	G	H
1	日期	网页浏览量	用户数	新用户	会话数	访问深度	平均会话时长	跳出率
2	2023/4/20	2437	774	594	911	8.67	205.82	50%
3	2023/4/21	2523	765	598	895	6.82	173.78	52%
4	2023/4/22	2629	750	587	893	2.94	159.22	30%
5	2023/4/23	3058	851	693	1018	8.00	199.38	21%

图 4-18　网站按日 KPI 数据

数据中，第一列是日期，其他列是流量指标，每个指标反映了网站的不同方面。

❏ 网页浏览量：用户在一定时间内浏览网站的页面数，用于衡量网站的内容吸引力和用户的兴趣程度。

❏ 用户数：在一定时间内访问网站的不同用户数量，用于衡量网站的受众规模和市场份额。

❏ 新用户：在一定时间内首次访问网站的用户数量，用于衡量网站的拓展能力和潜在客户数。

❏ 会话数：在一定时间内用户与网站之间发生的交互次数，用于衡量网站的活跃度和用户的忠诚度。

❏ 访问深度：每个会话中用户浏览的页面数，用于衡量用户对网站内容的满意度和参与度。

❏ 平均会话时长：每个会话中用户在网站上停留的平均时间，用于衡量用户对网站内容的关注度和价值感知程度。

❏ 跳出率：只浏览一个页面就离开网站的会话占总会话的百分比，用于衡量网站内容是否符合用户需求和预期。

4.3.3 在一个散点图中绘制 21 组变量关系

散点图是二维图形，每次只能针对 2 个变量进行分析。然而，由于有 7 个指标，因此共需绘制 $C_7^2 = 7 \times 6/2 = 21$ 组散点图。如果通过人工操作，这一过程将非常烦琐，并且结果不易观察。

有没有办法将每两个变量视为一组，并在一个大散点图中同时展示这 21 组结果呢？为解决这个问题，我们尝试利用 AI 来完成任务，同时避免任何手动操作的过程。提示指令如下：

[New Bing Chat] 4/7/1　你是一个数据分析师。你要用散点图探索 Excel 工作簿 Sheet3-1 中 B:H 列
　　的变量关系。这些列分别代表网页浏览量、用户数、新用户、会话数、访问深度、平均会话时长、跳出
　　率。首行是标题，数据区域为 B2:H31。你的目标是：
1）一个散点图中同时显示所有指标两两之间的关系，共 21 种组合，不要分开画 21 个散点图。
2）每种组合用一个散点表示两个指标的关系，比如，网页浏览量和用户数的关系用一个散点表示。
3）每种组合用不同的图例或颜色来区分，比如，网页浏览量和用户数用菱形，网页浏览量和新用户用正方
　　形。如果有相同的图例，请换一个颜色来区分。
4）每种组合在图例中显示两个指标的名称，比如，网页浏览量 vs 用户数。
你将如何通过 VBA 一次性实现该过程？

我们提供的指令中，除了明确说明了数据源的信息，包括工作簿名称、数据范围和各
个字段的名称，还重点解释了输出散点图的要求。

❑ 散点图数量：我们要求只生成一个散点图，将所有的两两变量的散点关系都展示在
　　同一个图形中，即一个散点图中包含 21 种散点关系。

❑ 图例区分：由于一个散点图包含了 21 种散点关系，因此需要使用不同的图例来区
　　分它们，否则无法准确辨认结果。

❑ 颜色区分：当图例类型出现重复时，需要使用不同的颜色来进行区分。

❑ 名称区分：在图例中，直接显示两个变量的名称。

现在，我们将上述指令输入 New Bing Chat，得到如下 VBA 代码。

```vba
Sub createmychart()
    Dim Chart1 As Chart
    Dim i As Integer
    Dim j As Integer
    Dim k As Integer
    Dim xrng As Range
    Dim yrng As Range


    Set Chart1 = Charts.Add
    With Chart1
        '删除已有的数据系列
        Do While .SeriesCollection.Count > 0
            .SeriesCollection(1).Delete
        Loop
        '设置图表类型为散点图
        .ChartType = xlXYScatter
        '循环添加数据系列，每个系列只显示两个变量之间的关系
        k = 1 '用于记录数据系列的编号
        For i = 2 To 7 '循环 B:H 列中的变量
            For j = i + 1 To 8 '循环 B:H 列中的变量，避免重复
                '设置 x 轴数据区域
                Set xrng = Sheets("Sheet3-1").Range(Cells(2, i), Cells(31, i))
                '设置 y 轴数据区域
                Set yrng = Sheets("Sheet3-1").Range(Cells(2, j), Cells(31, j))
                With .SeriesCollection.NewSeries '添加新的数据系列
                    '设置数据系列的名称，如 " 网页浏览量 vs 用户数 "
```

```
                    .Name = """" & Cells(1, i) & " vs " & Cells(1, j) & """"
                    .XValues = xrng '设置 x 轴数据源
                    .Values = yrng '设置 y 轴数据源
                End With
                k = k + 1 '增加数据系列的编号
            Next j
        Next i
        '设置图表的其他元素,如标题、图例、坐标轴等,可以根据需要修改或删除
        .SetElement msoElementChartTitleAboveChart '添加图表标题
        .ChartTitle.Text = "变量关系散点图" '设置图表标题文本
        .SetElement msoElementLegendRight '添加右侧图例
        .Axes(xlCategory, xlPrimary).HasTitle = True '添加 x 轴标题
        .Axes(xlCategory, xlPrimary).AxisTitle.Text = "x 轴变量" '设置 x 轴标题文本
        .Axes(xlValue, xlPrimary).HasTitle = True '添加 y 轴标题
        .Axes(xlValue, xlPrimary).AxisTitle.Text = "y 轴变量" '设置 y 轴标题文本
    End With
End Sub
```

执行上述代码后,在 VBA 中生成了一个大型散点图,如图 4-19 所示。图例位于右侧,显示了 21 组变量组合,而散点图通过不同的颜色和图例形状进行区分,将所有变量组合的散点关系一次性展示出来。

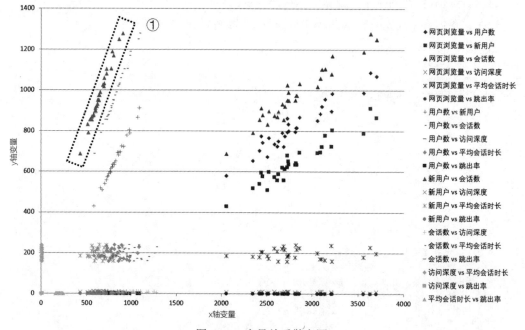

图 4-19　变量关系散点图

通过仔细观察每种变量组合,可以发现它们之间基本上都呈现出明显的线性关系。例如,图中的①展示了新用户数和会话数之间的相关性关系,可以观察到二者呈现正向线性相关关系,即当新用户数增加时,会话数也增加;当新用户数减少时,会话数也减少。

基于特征之间线性相关性较强的事实，我们可以继续进行后续的相关性分析过程。

4.3.4　输出 7 个变量的相关性得分矩阵

在 Excel 中，可以利用数据分析工具中的相关性分析功能，一次性输出所有变量两两之间的相关性分析结果。现在我们将这个需求描述给 AI，提示指令如下：

[New Bing Chat] 4/7/2　如何在 Excel 中针对 B:H 列的所有数据，使用数据分析工具中的相关性分析，输出相关系数矩阵？

上述提示指令有两个核心要素：一是分析所有指标之间的相关性；二是输出相关系数矩阵而不仅仅是单个相关系数。根据我们的提示指令，New Bing Chat 提供了以下操作建议：

我可以帮你在 Excel 中进行相关性分析，输出相关系数矩阵。你可以参考以下步骤：

1）点击"数据分析"并在弹出窗口中选择"相关性"，点击"确定"。
2）在"输入范围"字段中选择两个变量的数据范围（包括第一行的标签）。
3）勾选"第一行有标签"的框。
4）在"输出范围"中选择一个单元格，用于显示相关系数矩阵。然后点击"确定"。
5）这样就会自动生成一个相关系数矩阵，显示两个或多个变量之间的相关性。

根据 AIGC 的建议，我们在 Excel 中选择了从 B 列到 H 列的所有数据（见图 4-20 中的①），然后利用数据分析工具生成了一个相关性矩阵（见图 4-20 中的②）。

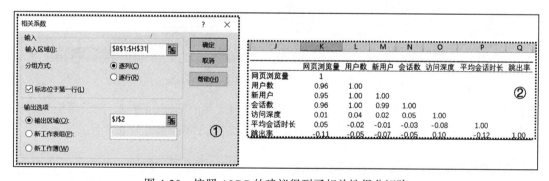

图 4-20　按照 AIGC 的建议得到了相关性得分矩阵

4.3.5　使用热力图强化相关性分析结果

图 4-20 中的相关性矩阵包含了 7 个指标，不易直观地发现其中的规律。为了解决这个问题，我们可以利用 Excel 的色阶功能，让不同的数字显示不同的颜色，展示类似于热力图的效果。通过颜色的差异和深浅对比，我们就可以快速分辨出不同字段之间的相关性强弱。为了实现这一目标，我们向 AI 输入了如下提示指令：

[New Bing Chat] 4/7/3　如何利用 Excel 的色阶功能，让不同的数字显示不同的颜色，展示类似于热力图的效果？

在上述提示指令中，我们对数据呈现提出了两个要求：一是要求不同的数字呈现不同的颜色，二是希望实现类似热力图的效果。这种类比或举例的方式更容易让 AI 理解并输出相应的模式。根据我们的提示指令，New Bing Chat 给出了以下操作建议。

> 你好，这是 Bing。我可以帮你利用 Excel 的色阶功能，让不同的数字显示不同的颜色，展示类似于热力图的效果。有几种方法可以在 Excel 中实现这个功能，我给你介绍一种比较简单的：
>
> 首先，你需要选中你的数据区域，不要包括行列标题。
> 然后，在"开始"菜单中选择"条件格式"，再选择"色阶"，你可以看到一些预设的颜色方案，例如"绿 - 黄 - 红色阶"。
> 如果你想自定义颜色方案，可以选择"其他规则"，在弹出的对话框中，你可以选择"双色刻度"或"三色刻度"，并设置最小值、中间值和最大值的类型和颜色。建议将类型都改为"数字"，这样你可以自由设定数值范围。
> 单击"确定"后，你就可以看到不同的数字显示不同的颜色，实现了热力图的效果。

为了使相关性矩阵更加直观，我们可以运用"条件格式"-"色阶"功能，使不同的数字呈现不同的颜色，以营造出热力图的效果。根据 AIGC 的建议，我们选择了"红 - 黄 - 绿"的色阶，其中红色表示较大的数字，绿色表示较小的数字。具体效果可见图 4-21。

	网页浏览量	用户数	新用户	会话数	访问深度	平均会话时长	跳出率
网页浏览量	1						
用户数	0.96	1.00					
新用户	0.95	1.00	1.00				
会话数	0.96	1.00	0.99	1.00			
访问深度	0.01	0.04	0.02	0.05	1.00		
平均会话时长	0.05	-0.02	-0.01	-0.03	-0.08	1.00	
跳出率	-0.11	-0.05	-0.07	-0.05	0.10	-0.12	1.00

图 4-21　通过色阶设置显示相关性热力图

通过颜色的对比，我们能够快速发现具有较高相关性的指标。例如，网页浏览量与用户数、新用户数、访问深度之间都呈现红色，这表明它们之间的相关性非常强。

4.3.6　相关性判断及相关性结果解读

相关性分析结果和可视化效果只是第一步，我们还需要深入理解相关性结果的含义。为了获取数字背后的逻辑和解释，我们向 AI 提出了一些与问题解释相关的关键问题，这些问题也是业务方经常向我们提出的。提示指令如下：

> [New Bing Chat] 4/7/4　我应该如何解读相关性结果？例如：相关性得分在不同范围内时，分别代表什么样的关系？如何判断高相关、低相关或者不相关？相关性低或者不相关意味着什么？

New Bing Chat 基于提示指令给出了如下回复：

> 相关性结果是用来衡量两个或多个变量之间的关系强度和方向的。一般用相关系数来表示相关性，常见的有皮尔逊相关系数和斯皮尔曼相关系数。相关系数的取值范围在 -1 到 1 之间，绝对值越大表示相关性越强，正负号表示相关方向，正号表示正相关，负号表示负相关。

例如，两个变量的相关系数是 0.8，表示它们之间有很强的正相关关系，即一个变量增大时，另一个变量也会增大；如果两个变量的相关系数是 -0.5，表示它们之间有中等强度的负相关关系，即一个变量增大时，另一个变量会减小；如果两个变量的相关系数是 0.1，表示它们之间有很弱的正相关关系，即一个变量增大时，另一个变量也会略微增大，但不明显。

一般来说，可以根据以下标准判断相关性的强弱：

❑ |r| ≥ 0.8，高度相关

❑ 0.5 ≤ |r| < 0.8，中度相关

❑ 0.3 ≤ |r| < 0.5，低度相关

❑ |r| < 0.3，基本不相关

除了看相关系数的大小，还要看它是否具有统计显著性，即能否排除偶然因素的影响。一般用 p 值来表示显著性水平，p 值越小表示显著性越高。常用的显著性水平有 0.05 和 0.01，分别对应 95% 和 99% 的置信度。如果 p 值小于显著性水平，则可以认为两个变量之间有显著的相关关系；如果 p 值大于显著性水平，则不能认为两个变量之间有显著的相关关系。

例如，两个变量的 p 值是 0.02，表示在 95% 的置信度下，它们之间有显著的相关关系；如果两个变量的 p 值是 0.08，表示在 95% 的置信度下，它们之间没有显著的相关关系。

需要注意的是，相关性并不等于因果性，即使两个变量之间有很强的相关关系，也不能说明一个变量是另一个变量的原因或结果。要确定因果关系，还需要进行更深入的分析和实验验证。

基于 AIGC 的回复，我们总结了以下关键信息点：

❑ 正负号反映方向，绝对值反映强度。

❑ 绝对值在不同区间内，表示不同程度的线性相关强度。

❑ 低绝对值只能说明线性关系弱，不能排除非线性关系。

❑ 相关不意味着因果，要判断因果需要更严格的方法。

 提示 我们可以利用 AI 来解决业务方常见的问题，让 AI 先给出解决方案或答案，提升数据的影响力和可理解性。同时，我们还可以通过角色扮演的方式预先模拟数据沟通过程，例如：你可以让 AI 模拟业务方，让它从业务的角度提出各种问题；然后我们再切换角色，让 AI 模拟数据分析师，回答 AI 作为业务方时提出的这些问题。这样我们就能在跟业务方沟通前，把可能遇到的问题先演练一遍，并且提前准备好方案以便在实际业务沟通中更好地输出内容。

4.3.7 相关性分析的业务应用

通过上述的结果解读和可视化呈现，我们已经获取了关于数据的专业知识。然而，我们还需要思考如何将这些数据专业知识应用到实际的业务工作中。针对这个问题，我们向 AI 寻求帮助，提示指令如下：

[New Bing Chat] 4/7/5 作为数据分析师，基于下面的相关性系数矩阵，如何应用到业务实际工作中？

网页浏览量	用户数	新用户	会话数	访问深度	平均会话时长	跳出率
网页浏览量	1					
用户数	0.96	1.00				
新用户	0.95	1.00	1.00			
会话数	0.96	1.00	0.99	1.00		
访问深度	0.01	0.04	0.02	0.05	1.00	

```
| 平均会话时长 | 0.05  | -0.02 | -0.01 | -0.03 | -0.08 |       | 1.00 |      |
| 跳出率    | -0.11 | -0.05 | -0.07 | -0.05 | 0.10  |       | -0.12 | 1.00 |
```

我们明确指出了任务目标，即如何将数据应用到实际业务工作中，并将完整的相关性结果矩阵作为 AI 提供建议的关键参考数据。根据这些提示，New Bing Chat 给出了以下建议。

> 你可以用以下方法将相关性系数矩阵应用到业务实际工作中：
>
> 首先，根据相关性系数矩阵，你可以选择一些关键指标来监测和评估网站的运营效果。例如，你可以选择网页浏览量、用户数、新用户和会话数作为流量指标，访问深度、平均会话时长和跳出率作为行为指标。你可以定期收集和分析这些指标的数据，以了解网站的流量和用户行为的变化趋势。
>
> 其次，根据相关性系数矩阵，你可以制定一些优化网站的策略和措施。例如，你可以通过提高网站的内容质量、设计美观性、导航清晰度、加载速度等方面，来提高网页浏览量和用户数，进而增加网站的流量。你也可以通过提供更多的互动功能、个性化推荐、优惠活动等，来提高访问深度和平均会话时长，降低跳出率，进而增加用户的参与度和满意度。
>
> 最后，根据相关性系数矩阵，你可以进行一些进一步的数据分析和实验研究。例如，你可以使用回归分析或者因子分析等方法，来探究不同指标之间的因果关系或者潜在因素。你也可以使用 A/B 测试或者多变量测试等方法，来比较不同网站版本或者方案的效果。这样，你可以更准确地评估网站运营的效果，并更有效地优化网站的策略和措施。

AI 的建议主要集中在以下三个方面，我们可以根据实际的业务需求，在这些方向上进行进一步的细分和数据研究：

❏ 如何选择不同的指标作为评估网站监控和运营效果的衡量标准，可以根据场景将其分为流量指标和行为指标两类。

❏ 提供了初步的优化指标方向，包括提升网站体验、增加网站交互等多项功能。

❏ 提供了进一步研究的方向，包括因果研究、A/B 测试等，以更好地了解不同指标之间的相互关系，从而更准确地衡量和评估运营效果。

4.3.8　案例小结

本案例展示了如何利用 AIGC 辅助完成相关性探索、分析、呈现、解读和业务应用的全过程，其中最关键的知识点是如何给 AI 提供输出结果示例。

❏ 为了让相关性矩阵进行颜色差异化展示，我们用 "类似于热力图" 和 "色阶" 等关键词，指导 AI 快速生成我们想要的效果。

❏ 为了让相关性分析结果有深入解读，我们提出了多个问题，反映了我们对结果的深刻思考。我们给 AI 的提示信息和要求越完整，它反馈给我们的答案也就越符合预期。例如，我们把相关性得分的取值范围、相关性强度的判断标准、相关性低的原因和含义等信息输入 AI 后，它返回了非常全面的解读。

AIGC 辅助 SQL 数据分析与挖掘

本部分旨在深入探讨 AIGC 技术在 SQL 数据分析与挖掘领域的强大应用,为数据领域的从业者提供智能探索、深度挖掘、高效分析以及异常检测等功能支持。

本部分首先详细介绍了 AIGC 辅助 SQL 在数据分析与挖掘中的关键技巧和应用场景,覆盖了数据准备、查询、清洗、转换、统计、挖掘等。然后通过 3 个实际案例演示了 AIGC 配合 SQL 具体应用的全过程,每个案例提供详细的操作步骤、解释、结果以及分析指南。

Chapter 5 第 5 章

AIGC 辅助 SQL 数据分析与挖掘的方法

5.1　利用 AIGC 提升 SQL 数据分析与挖掘能力

本节将介绍 AIGC 实现数据库深度分析与挖掘的技术进而辅助数据应用。从技术层面出发，我们将详细介绍以下四项技术：利用 AI 辅助 SQL 语句编写与调试、利用 AI 辅助 SQL 客户端使用、利用 IDE 集成 SQL Copilot/AI 工具，以及使用基于 ChatGPT 的第三方 SQL 集成工具或插件。这些技术将使你更好地完成数据分析和数据挖掘的任务，发现数据背后的规律和价值。

5.1.1　利用 AI 辅助 SQL 语句编写与调试

AIGC 提供了一种基于 AI 的 SQL 智能引导和提示的技术，可以帮助你解决使用 SQL 进行数据处理时遇到的问题。这种技术有以下三个主要功能：

❑ 根据你的数据需求生成 SQL 语句。你只需要输入你的数据需求，例如"查询销售额最高的 10 个产品"等，AIGC 就会自动生成对应的 SQL 语句，并返回结果或执行相应操作。

❑ 根据输入优化或改进 SQL 语句。当你自己编写 SQL 语句时，AIGC 会实时给出优化或改进建议，例如性能优化、功能增加、逻辑简化等，从而提升 SQL 语句的质量和查询效果。

❑ 在你编写或执行 SQL 语句时给出智能引导和提示。当你编写或执行 SQL 语句时，AIGC 会实时给出引导和提示，例如语法错误、逻辑错误、参数错误、选项错误等，从而避免或修复错误，提高 SQL 语句的正确性和可靠性。

以下是几个常见的 AIGC 在 SQL 智能应用场景的示例。

场景 1：用户输入"我想查询员工表中每个部门的平均工资"，AIGC 自动生成如下 SQL 语句，并返回数据结果：

```
SELECT department, AVG(salary) FROM employee GROUP BY department;
```

场景 2：用户编写一个复杂的 SQL 查询，AIGC 给出优化建议。优化前的 SQL 语句：

```
SELECT * FROM orders
WHERE (customer_id = 100 OR customer_id = 101 OR customer_id = 102)
AND product_id IN (SELECT product_id FROM products);
```

AIGC 通过多种方式优化 SQL 查询，优化后的 SQL 语句如下：

```
-- 只选择需要的字段
SELECT order_id, order_date, customer_id, product_id, quantity, price
FROM orders
-- 使用 INNER JOIN 代替子查询
INNER JOIN products ON orders.product_id = products.product_id
WHERE customer_id IN (1, 2, 3); -- 使用 IN 代替多个 OR
```

5.1.2　利用 AI 辅助 SQL 客户端使用

除了 SQL 语言之外，数据工作者还可能用到一些客户端软件来连接和管理数据库。例如 Navicat、MySQL Workbench、Oracle SQL Developer、Microsoft SQL Server Management Studio 等。客户端可以通过可视化界面的方式，帮助用户更方便、更简单地管理和维护数据库。

AIGC 能极大地改善数据工作者与数据库客户端的交互体验，具体包括：

❑ 自动给出合适的功能或者选项建议。

❑ 根据客户端软件的特性和功能，生成最适合的操作步骤或者建议。

❑ 检查操作的正确性和有效性，提示可能存在的问题或者风险。

假设我们要在本地数据库中导入 Excel 格式的数据，我们只需要将下面的指令输入 AI：“如何使用 Navicat 将 Excel 数据导入到本地数据库中？”如图 5-1 所示，AI 会给出详细的操作步骤指导（如图中①），以及更详细的相关视频（如图中②）。

图 5-1　将 Excel 数据导入数据库的操作引导

5.1.3　利用 IDE 集成 SQL Copilot/AI 工具

在编程 IDE（集成开发环境）中也可以撰写 SQL 语句。IDE 可以分为两类：

❑ 一类是数据库客户端，例如 Navicat、MySQL Workbench、JetBrains 等，可以通过可视化界面操作数据库。

❑ 另一类是集成了多种功能和工具的软件平台，例如 Visual Studio Code、Eclipse、PyCharm等，可以帮助用户编写、调试、测试、运行代码等。

这些 IDE 都支持 SQL，同时还有很多 Copilot 或者 AI 代码辅助工具。

PyCharm 中集成了 SQL Copilot 工具，支持 SQL 代码补全功能，如图 5-2 所示。当用户输入部分函数或功能的前缀后，系统会自动提示可能用到的完整函数、表名、字段等。

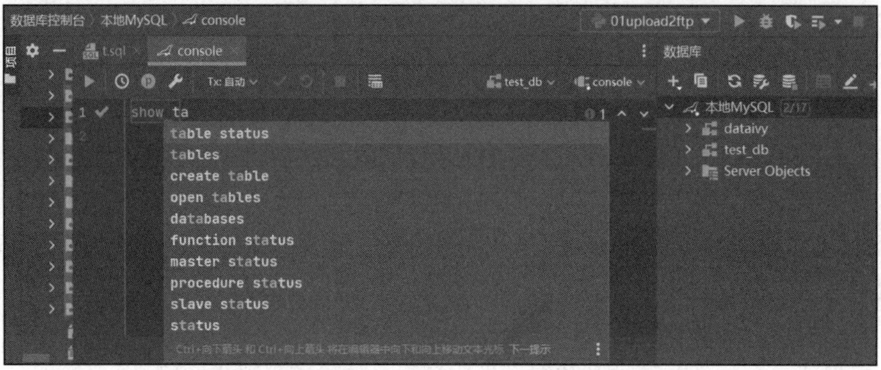

图 5-2　PyCharm 中的 SQL Copilot 工具

如图 5-3 所示，Visual Studio Code 中集成了 GitHub Copilot 插件，当用户在 SQL 文件中输入部分 SQL 代码后，GitHub Copilot 会自动提示接下来可能用到的函数、功能甚至注释信息。

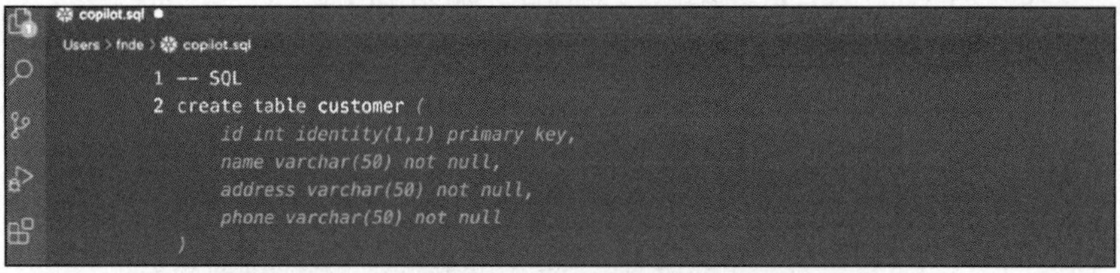

图 5-3　Visual Studio Code 中的 GitHub Copilot 工具

AIGC 可以将 Copilot 的上述功能嵌入 IDE 工具，为用户提供更智能的 SQL 引导和提示。用户可以在一套界面中实现跨程序、跨语言的功能开发、集成、测试、部署和管理，享受无缝的数据分析和挖掘体验。

5.1.4　使用基于 ChatGPT 的第三方 SQL 集成工具或插件

有些第三方工具或开发者，基于 ChatGPT 开放 API 开发了 SQL 智能交互工具或者插件，可以借助 ChatGPT 的能力帮助用户提升 SQL 工作效率和效果。这里介绍 3 个工具。

SQL Translator：该工具可以将用户的自然语言转换为 SQL 语句，如图 5-4 所示。用户可以在查询时指定 Schema 信息，方便 AI 理解数据库结构。左侧为数据需求描述，右侧为生成的 SQL 语句。

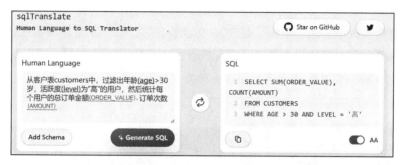

图 5-4　SQL Translator 操作界面

SQL Chat：该工具也可以将用户的自然语言转换为 SQL 语句，如图 5-5 所示。用户可以在浏览器中保存数据库链接以及 Schema 信息，这样后续不用重复输入。图中①为交互对话区，图中②为设置新的数据库连接以自动获得 Schema 信息。

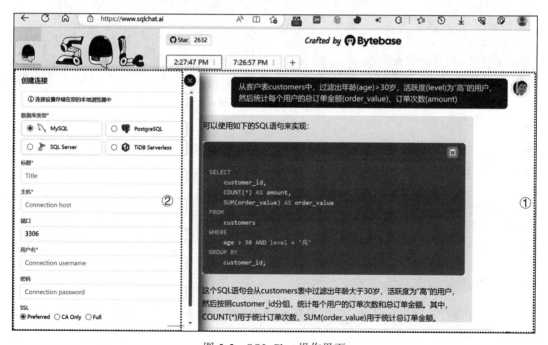

图 5-5　SQL Chat 操作界面

Chat2DB：Chat2DB 是一款开源免费的多数据库客户端工具，可在多种平台和方式上进行部署。它与 SQL Chat 类似，能够直接连接不同类型的数据库。Chat2DB 相比于 SQL

Chat 还具有以下优势：

- 支持更多类型的数据库，包括传统的关系型数据库（RDBMS）、新型数据库和 NoSQL 数据库，如 Redis、Hive、MongoDB、Clickhouse 等。
- Chat2DB 是一个 SQL 客户端工具，因此用户可以直接在该工具内执行 SQL 操作。

Chat2DB 客户端的工作界面如图 5-6 所示。图中①是连接管理区，这里可以编辑数据库连接以及查看数据库、表；图中②是 SQL 功能管理区，除了支持常规的执行、保存、格式化外，重点是针对 AIGC 的支持，例如自然语言转 SQL、SQL 解释、SQL 优化、SQL 转化功能封装；图中③是 SQL 编辑区；图中④是执行结果查看区。

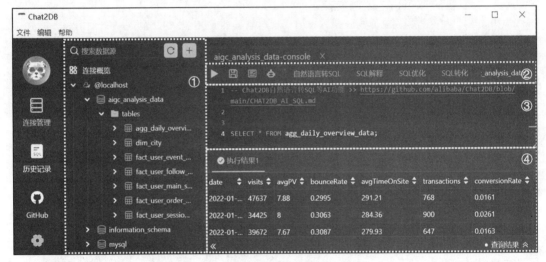

图 5-6　Chat2DB 客户端的工作界面

5.2　SQL 数据库应用中的 Prompt 核心要素

本节将介绍如何与 AI 进行高效互动，以便更好地利用 AIGC 完成数据工作。我们将从沟通层面出发，讲述如何与 AI 进行有效交流，并介绍在交流过程中需要注意的技巧和要点。通过这些指南，你将能够更顺畅地使用 AIGC 来解决数据问题。

5.2.1　说明数据库环境信息

在与 AI 进行沟通交互之前，你需要先告知 AIGC 所使用的数据库环境信息。这些信息会影响 AIGC 生成或优化 SQL 语句的方式和结果。具体包括以下几个方面的内容。

- 数据库服务提供商：例如是使用开源代码搭建的数据库服务还是公有云数据库服务。
- 数据库类型：例如 MySQL、Oracle、SQL Server 等。
- 数据库版本：例如 MySQL 8.0、Oracle 12c、SQL Server 2019 等。

❑ 数据库连接方式：例如本地连接、远程连接、云端连接等，这在程序中可能会用到。

提示　如果数据库环境信息发生变化或历史迁移、升级等，要及时告知 AI，避免出现错误或不适合的建议或提示。

5.2.2　提供数据库表的 Schema

在与 AI 进行沟通交互时，提供数据库表的 Schema（模式）信息至关重要。Schema 是指数据库表中各个字段（列）的名称、数据类型、长度、约束等属性。这些信息通常在创建表时指定，后续也可以单独进行修改。例如：

```
CREATE TABLE customers (
    customer_id INT PRIMARY KEY,
    customer_name VARCHAR(50) NOT NULL,
    customer_email VARCHAR(50) UNIQUE,
    customer_phone VARCHAR(20),
    customer_address VARCHAR(100)
);
```

不同字段的名称、数据类型、长度、约束等可能需要不同的查询或操作方法、数据处理函数或应用功能、异常值识别和处理、报表制作以及多表关联方式等。

下面是在 Prompt 中增加关于 Schema 说明的基本样式。

在简单的场景下，直接描述库、表和字段信息即可，例如：

```
库名：order_db
表名：ec_customers
字段：
1）customer_id: 客户 ID, 整数类型，非空，主键
2）name: 客户名字，字符串类型，非空
3）reg_datetime: 注册时间，日期时间类型，非空
4）email: 客户电子邮件，字符串类型，可为空
```

在复杂的场景下，可以将库、表和信息以列表的形式展示，并使用 Markdown 表格输出表的 Schema 信息，例如：

```
库名：order_db
表名：
❑ order: 订单表，记录每笔订单的订单编号、订单日期、订单金额、客户 ID 等信息。
❑ customer: 客户表，记录每个客户的客户 ID、客户姓名、客户电话、客户邮箱等信息。
字段：
```

表名	字段名	类型	约束	注释
order	order_id	int	primary	订单编号
order	date	date	not null	订单日期
order	amount	decimal	not null	订单金额
order	customer_id	int	foreign	客户 ID
customer	customer_id	int	primary	客户 ID

```
| customer  | name          | varchar | not null | 客户姓名 |
| customer  | phone         | varchar | not null | 客户电话 |
| customer  | email         | varchar | not null | 客户邮箱 |
```

> 🎯 **提示** 在库表的后期应用中，也可能会发生库表 Schema 信息变更的情况，例如修改索引、修改字段名或字段类型、修改约束限制等。

5.2.3　描述 SQL 功能需求

SQL 功能需求是指使用 SQL 语句实现的数据查询、清洗、挖掘、分析等目标。例如，查询销售额排名最高的 10 个产品、清洗空值和异常值、分析产品销量与价格的相关性等。

在编写 Prompt 时，对于大多数简单查询场景，SQL 功能需求描述相对简单。然而，在涉及复杂处理逻辑时，这一步可能变得非常困难，因为它可能涉及嵌套、拆分和梳理多个业务逻辑。

例如，我希望查询所有已完成的订单，并按客户所在城市和订单金额进行汇总统计，然后筛选出销售额排名最高的 10 个城市。这个复杂的处理逻辑涉及多个步骤和条件的组合，同时还涉及与外部表的关联操作。

为了在 Prompt 中清晰地表达这个功能需求，可以采用以下方式：

> 我希望查询所有已完成的订单，并按照客户所在城市和订单金额进行汇总统计，然后筛选出销售额排名最高的 10 个城市。
> 查询步骤：
> 1）筛选已完成的订单：从订单表中选择状态为已完成的订单。
> 2）获取客户所在城市：根据订单表中的客户 ID 关联客户表，获取客户所在的城市信息。
> 3）按城市进行汇总统计：根据客户所在城市将订单金额进行汇总统计。
> 4）排序并选择前 10 个城市：根据汇总的销售额进行降序排序，选择销售额排名最高的 10 个城市作为结果输出。

上述 Prompt 中除了简单描述 SQL 功能需求外，还根据逻辑将整个处理过程拆分为不同的步骤。AI 可以结合任务目标、SQL 过程和步骤综合完成 SQL 撰写，这样有助于按预期输出查询结果。

此外，对于数据库中的数据逻辑，包括采集逻辑、存储逻辑、数据粒度、数据类型和数据格式等，AI 都需要提前了解。在数据处理中，需要基于数据的当前状态描述数据处理逻辑，否则会影响后续数据处理的准确性。例如：

- ❏ 对于数据中的重复记录，需要描述基于哪些字段进行去重。
- ❏ 对于数据字段的转换和提取规则，必须准确描述字段的存储格式，并最好给出示例。例如，对于以字符串类型表示的日期列，如果要进行日期筛选，需要告知 AI 该列的类型，并说明需要先转换为日期格式，再进行日期范围筛选。
- ❏ 对于缺失值，AI 也需要先理解其含义，才能正确选择数据的填充策略。例如，某些字段为空时表示不存在，而其他字段表示未发生或不符合条件。因此，在选择填充策略（如 0、均值、中位数）时，AI 需要事先了解这些字段的取值及含义。

5.2.4　确定 SQL 输出规范

与 AI 交流时，除了要描述 SQL 功能需求外，还要明确 SQL 输出规范。SQL 输出规范是指想要得到的 SQL 语句或查询结果的代码格式、注释说明、代码段拆分、代码兼容性等要求。举例如下。

❑ 代码格式：格式缩进、变量定义、字符串使用规范等。例如，统一使用 Tab 缩进；临时表以 tmp_ 开头，并使用驼峰命名法；表名后面统一加或不加复数 s 等。

❑ 注释说明：是否需要增加注释和说明信息，增加可读性，方便后续做代码审查和功能复盘；如果使用注释，需要明确注释的标准写法和格式说明的要求，例如应该涵盖查询目的、关键步骤、参数说明等。

❑ 代码段或逻辑拆分：对于复杂功能实现，可以选择使用单个复杂 SQL 语句、WITH 引导子语句，或者将查询逻辑拆分成中间过程表或视图。这取决于查询复杂度和可维护性要求。

❑ 代码兼容性：如果需要确保 SQL 代码在特定版本或版本范围内兼容，以便跨环境部署和使用，可以指定代码兼容性要求。例如，要求代码兼容 MySQL 8.0 及以上版本。

5.2.5　输入完整代码段

当涉及对已有代码的解释、说明、翻译、错误排查、性能优化等场景时，我们需要输入完整的代码段，以帮助 AI 提供完整的背景信息并理解查询意图。

例如，你想输入一个 SQL 查询代码，并希望 AI 解释该查询的目的，可以使用以下 Prompt：

```sql
功能概述：查询订单表中 2022 年 8 月的订单总数和总金额。
以下是查询 SQL
```sql
select count(*) as order_count, sum(amount) as order_amount
from order
where date between '2022-08-01' and '2022-08-31';
```
你能帮我解释一下这段 SQL 查询代码吗？
```

 提示　通过在代码中增加注释说明，可以帮助 AI 更好地理解 SQL 设计的原始意图。

5.2.6　反馈详细的报错信息

在处理代码（包括 SQL）时，我们经常会遇到报错的情况。如何向 AI 提供详细、准确的报错信息是一项具有挑战性的工作，因为这需要对程序的工作环境、依赖项、逻辑和交互进行全面的回顾和理解。

如果在执行 AI 提供的 SQL 查询时遇到报错，你可以按照以下方式提供详细的报错信息，以便 AI 更好地帮助你解决问题。

- ❑ 提供完整的错误消息：将错误消息文本复制粘贴给 AI。错误消息通常包含出错位置、错误类型和错误描述等信息。
- ❑ 正确执行后的预期结果：如果 SQL 正确执行，应该输出什么数据或完成什么动作，给 AI 提供明确的优化目标。
- ❑ 描述执行环境和工具：告诉 AI 使用的数据库环境、系统和版本，以及执行 SQL 查询的系统、平台或 IDE 工具。这些信息有助于 AI 理解执行环境。
- ❑ 提供错误复现步骤：提供导致错误的操作步骤。描述执行的 SQL 查询、输入的参数、相关的表结构和数据等信息。这样可以让 AI 尝试复现问题，从而更好地理解和解决问题。
- ❑ 提供相关的上下文信息：如果 SQL 查询涉及其他的代码段、表关系或查询逻辑，请提供相关的上下文信息，例如相关的表结构定义、关联条件、子查询等。这有助于 AI 更全面地理解查询背景和目的。

以下是一个错误反馈的示例，这些信息应该包含在 Prompt 中：

1）错误消息：Table 'orders' doesn't exist.
2）正确执行后的预期结果：从 orders 表中查询出 20 条客户订单数据。
3）执行环境和工具：MariaDB 10.6 数据库，使用 Navicat 执行 SQL 查询。
4）复现步骤：在 Navicat 中执行查询时遇到该错误。
5）上下文信息：我确认我的数据库中不存在名为"orders"的表，请指导我如何修改查询以匹配实际的表名比如更改库名或者修改为其他表。

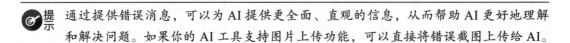

提示 通过提供错误消息，可以为 AI 提供更全面、直观的信息，从而帮助 AI 更好地理解和解决问题。如果你的 AI 工具支持图片上传功能，可以直接将错误截图上传给 AI。

5.3 AIGC 辅助数据库构建：轻松完成环境准备

在开始数据库数据分析与挖掘应用之前，要预先准备好数据库环境、数据源和数据库的 Schema 等信息。本节介绍如何在 AIGC 的辅助下，轻松完成这些准备工作。

5.3.1 选择合适的数据库类型

按照数据结构和组织方式，数据库分为关系型数据库、非关系型数据库。

关系型数据库：关系型数据库是最常见的数据库类型，它用表格存储数据，每个表格有固定的行和列，每行代表一条记录，每列代表一个属性。这是数据分析师常用的数据库类型。关系型数据库适合存储结构化或半结构化的数据，如用户信息、订单信息、库存信息等。常见的关系型数据库有 MariaDB、MySQL、Oracle、SQL Server 等。

非关系型数据库：非关系型数据库是相对于关系型数据库而言的数据库类型，它用其他数据结构存储数据，如键值对、文档、图形、列族等。非关系型数据库不需要预定义数据模式，也不需要用 SQL 操作数据，而是用特定的语言或接口。非关系型数据库的优点是灵活性高、扩展性好、对非结构化数据支持强。它们适合存储非结构化或多变的数据，如社交网络、地理位置、日志分析等。常见的非关系型数据库有 Redis、ElasticSearch（ES）、MongoDB、Neo4j 等。

出于学习和实际工作中的应用适用性，建议使用开源的 MariaDB 或 MySQL 作为个人使用工具，本章选用 MariaDB 作为内容和知识介绍的基础数据库。MariaDB 是 MySQL 的一个分支，二者在大多数情况下用法相同。熟练该数据库后，在 AIGC 的辅助下，可以快速转入其他类型的数据库，并直接应用到企业数据工作中。

5.3.2　下载、安装和配置 MariaDB 数据库

如果我们想在本地安装 MariaDB 数据库，可以向 AI 咨询。以下是提示指令：

[New Bing Chat] 5/1/1　如何在 Windows 10 上安装 MariaDB？请提供 Windows 10 版本的安装包下载地址和本地安装过程说明。

提示指令中包含 3 个重点信息：Windows 10、MariaDB、安装包地址和安装过程说明。其中 Windows 10 是操作系统版本，可改为自己的系统版本；MariaDB 没有指定具体版本，默认安装最新版本；AI 无法直接提供安装包，需给出下载地址在线下载；安装过程说明可指导我们一步步完成数据库安装。

根据 New Bing Chat 的操作指南，安装 MariaDB 的详细步骤如下：

你好，这是 Bing。我可以帮你在 Windows 10 上安装 MariaDB。☺根据教程，你需要完成以下几个步骤：
1）从官网（https://mariadb.org/download/）下载适合 Windows 10 的安装包，例如 mariadb-10.7.2-winx64.msi。
2）双击运行安装包，按照向导进行安装。你需要设置 root 密码，选择字符集为 UTF-8，允许 root 远程会话，以及设置端口和服务。
3）安装完成后，你可以在开始菜单中搜索 MySQL 或者 MariaDB，打开控制台界面，输入 root 密码登录数据库服务器。
4）如果你想使用第三方程序，例如 phpMyAdmin，以 root 身份登录你的 MariaDB 服务器，你有两个选择。第一个是将鉴权方法从 auth_socket 修改为 mysql_native_password。第二个（推荐的方式）是创建一个管理员用户，该用户可以会话所有的数据库。

按 AIGC 操作说明逐步实施即可，其中有几个关键点：

❑ 关于数据库版本，建议从 10.3、10.4、10.5、10.6、10.11 中选择，这些版本支持 5 年维护；其他版本暂时只支持 1 年。这里使用 10.11 版本。

❑ 安装过程中，一般采用默认设置，例如端口为 3306；注意要设置的 root 密码，后面连接数据库时会用到。

安装完成后，可以通过命令行或数据库管理工具登录数据库。例如，在 Windows 系统

使用 Windows+R 打开运行窗口，输入 cmd 进入系统命令行，输入 mysql –root –p 进入数据库，在看到 Enter password：提示后输入 root 密码。进入数据库后，输入 show databases; 指令，此时打印出当前所有数据库，如图 5-7 所示。

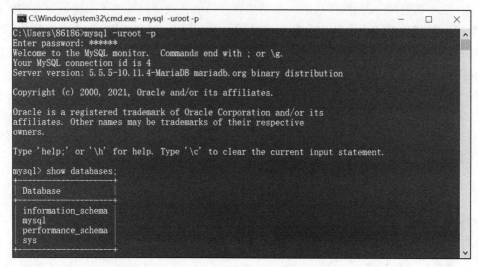

图 5-7　进入 MySQL 数据库

5.3.3　加载和导入数据

在数据分析过程中，通常需要将不同来源的数据文件导入 MySQL 数据库中，以实现统一的管理和查询。根据文件类型的不同，可以将这些文件分为两大类：

❑ 数据文件：数据以常见的文件格式存储，例如 TXT、CSV、Excel、XML、JSON 等。

❑ 数据库文件：最常见的是 SQL 文件，通常是从其他数据库中导出的，其中包含完整的数据写入命令。

本章所使用的数据位于本书配套资源的第 5 章中，SQL 文件名为 data.sql。该文件主要包含了创建表并写入数据的功能，具体包括以下数据表：

❑ agg_daily_overview_data：每日核心 KPI 指标汇总表。

❑ dim_city：城市维度匹配表。

❑ fact_user_main_sample：用户主表，以用户为粒度的行为数据汇总表。

❑ fact_user_session_data_sample：以会话为粒度的用户行为数据表。

❑ fact_user_event_data_sample：以事件为粒度的用户行为数据表。

❑ fact_user_follow_data_sample：记录用户社交行为中的关注事件。

❑ fact_user_order_data_sample：以订单商品为粒度的订单记录表。

本节的内容将围绕这些表展开，因此读者需要将数据加载并导入 MariaDB 或 MySQL 数据库中。在导入数据之前，需要先手动创建一个名为 aigc_analysis_data 的新数据库，并为新用户分配对该数据库的增、删、改、查权限。这样可以将所有操作限制在该库内，避免影响其他库表，保证数据隔离和安全。我们可以通过以下命令创建数据库：

```
CREATE DATABASE IF NOT EXISTS aigc_analysis_data CHARACTER SET utf8mb4 COLLATE
    utf8mb4_unicode_ci;
```

完成上述步骤后，我们需要将 data.sql 导入数据库中。我们可以询问 AI 具体操作方法，提示指令如下：

[New Bing Chat] 5/2/1　如何通过 MySQL 命令将 C:\Users\86186\Desktop\data.sql 数据导入 MariaDB 中的 aigc_analysis_data（该数据库已经完成创建）？

在上述提示指令中，我们突出了如下信息。

❑ 导入方式：用 MySQL 命令行，而不是客户端或其他方式。

❑ 导入目标数据库：MariaDB，数据导入在主流版本中功能相同，无须标记平台、系统、版本信息。

❑ SQL 文件路径：给出 SQL 文件所在路径，方便 AI 给出正确指令。该路径也暗示了使用的是 Windows 系统。

❑ 指定目标库：告知目标库为 aigc_analysis_data 且已创建。

New Bing Chat 根据提示指令，给出如下操作指导。

通过 MySQL 命令将 C:\Users\86186\Desktop\data.sql 数据导入 MariaDB 中的 aigc_analysis_data 的方法是：
1）打开命令行窗口，进入到 C:\Users\86186\Desktop 目录下；
2）输入 mysql -u 用户名 -p 密码，登录到 MariaDB 服务器；
3）输入 use aigc_analysis_data，选择要导入的数据库；
4）输入 source data.sql，执行 SQL 文件中的语句，导入数据。
例如，要将 data.sql 文件导入 aigc_analysis_data 数据库中，用户名为 root，密码为 123456，可以执行以下命令：

```bash
cd C:\Users\86186\Desktop
mysql -uroot -p123456
use aigc_analysis_data
source data.sql
```

这种方法简单快捷，但是要求 SQL 文件和目标数据库的结构完全一致。

在上述返回信息中，我们要注意以下几点：

❑ data.sql 所在的路径要改为实际路径。

❑ 数据库的用户名和密码要改为自己设置的信息。

❑ 出于密码安全风险，尽量避免使用 mysql -uroot -p123456 的方式登录数据库。更好的做法是先输入 mysql -uroot -p，然后在收到输入密码提示时再输入密码 123456。

❑ 代码段以 ```bash 开头，以 ``` 结尾，表示这是 bash shell 代码类型。代码的最后两段是在 SQL 环境中执行，每段指令以 ";"（英文分号）结尾。

如图 5-8 所示，按 AIGC 指导完成数据加载到数据库的过程，在 MySQL 数据中加载 SQL 文件成功后，通过 `show databases;` 命令可以看到新创建的数据库 **aigc_analysis_ data**；通过 `SELECT table_name, table_rows FROM information_schema. tables WHERE table_schema = 'aigc_analysis_data';` 命令查询当前库中所有表和记录数。

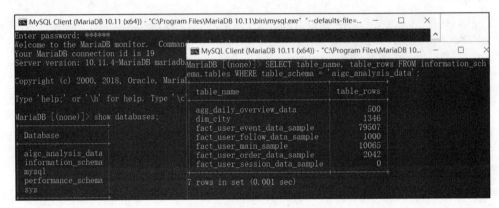

图 5-8　将数据导入 MariaDB

5.3.4　将数据库数据导出为普通文件

在数据分析中，经常需要将数据库中的数据导出到外部文件。例如将部分或全部数据导出为 TXT、CSV、XLS 等文件，做数据备份、迁移、共享和分析。数据库中的数据导出有几种场景：导出表的全部数据、导出符合条件的查询数据、仅导出表结构。

在从数据库导出数据时，有多种文件格式可供选择，例如 CSV 等文本文件、带有格式的 Excel 文件、JSON 或 XML 文件以及 SQL 数据文件等。每种文件都有其特点和适用场景。综合考虑，以下是选择最佳文件格式的一些建议：

❏ 如果没有特殊文件格式要求，可以选择 CSV 或 TXT 格式的文件。

❏ 如果数据量相对较小（不超过百万条记录）且希望保留数据的格式，选择 Excel 格式是一个不错的选择。

❏ 如果只需要进行数据库之间的迁移，可以选择导出为 SQL 文件以包含表结构和数据。

❏ 对于其他特殊的数据格式要求，可以根据实际需要选择适合的文件格式。

假设要把 aigc_analysis_data 库中的 dim_city 全部导出为 CSV 文件，可以用如下提示指令：

[New Bing Chat] 5/3/1　如何从 MariaDB 的 aigc_analysis_data 库导出 dim_city 表的全部数据，并将结果存储在 D:\dim_city.csv 文件中？

在上述指令中，我们说明了导出的源数据库类型为 MariaDB，数据库对象为 aigc_analysis_data，表为 dim_city，数据范围是全部数据，导出目标文件为 D:\dim_city.csv。注意，导出时需要写明完整的路径。New Bing Chat 根据提示指令，给出如下操作指导。

> 根据网页搜索结果，你可以使用以下步骤来从 MariaDB 的 aigc_analysis_data 数据库导出 dim_city 表的全部数据，并将结果存储在 D:\dim_city.csv 文件中：
> 1）打开 MariaDB 的命令行客户端，输入你的用户名和密码，连接到 MariaDB 服务器。
> 2）选择 aigc_analysis_data 数据库，输入以下命令：
> use aigc_analysis_data;
> 3）使用 SELECT ... INTO OUTFILE 语句，将 dim_city 表的全部数据导出为 CSV 格式的文件，输入以下命令：
> SELECT * FROM dim_city INTO OUTFILE 'D:/dim_city.csv' FIELDS TERMINATED BY ','
> 　ENCLOSED BY '"' LINES TERMINATED BY '\r\n';
> 4）检查 D:\ 目录下是否有 dim_city.csv 文件，如果有，说明导出成功。
> 注意事项：
> ❑ 你需要有 FILE 权限，才能使用 SELECT ... INTO OUTFILE 语句。
> ❑ 你需要确保 C:\Users\86186\Desktop\ 目录是可写的，否则导出会失败。
> ❑ 你需要确保 C:\Users\86186\Desktop\ 目录下没有同名的文件，否则导出会失败。

在 AIGC 提供的核心导出 SQL 中，默认使用英文逗号作为字段分隔符，且在将所有字段转换为字符串格式时默认使用双引号。按照 AIGC 的提示，我们成功完成了数据文件的导出。需要注意的是，上述 AIGC 提到的数据权限、可写入的目录以及不存在同名文件等是非常重要的考虑因素。

5.3.5　获取数据库 Schema 信息

数据库的元数据是指描述数据库结构和属性的数据，通常存储在系统表和视图中。通过查询这些系统表和视图，可以获取表、列、索引、约束等信息。例如，Navicat 这类客户端工具可以显示 dim_city 表的 Schema 信息，如图 5-9 所示。

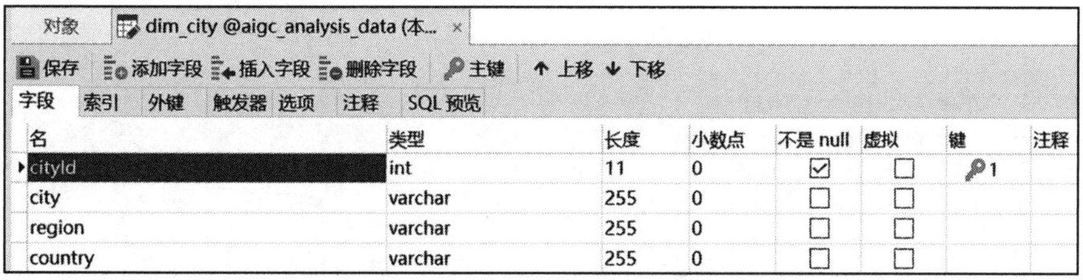

图 5-9　数据库管理工具的 Schema 信息

客户端工具显示的 Schema 信息方便查看，但如果要作为提示指令的输入，用 SQL 语句获取 Schema 信息则更加灵活。如下是提示指令：

> [New Bing Chat] 5/4/1　如何通过 SQL 命令在 MariaDB 中获取 aigc_analysis_data 库中 dim_city 表的 Schema 信息？

New Bing Chat 可以根据提示指令返回如下三种 SQL 语句：

根据网上搜索结果，要在 MariaDB 中使用 SQL 命令获取 aigc_analysis_data 库中 dim_city 表的 Schema 信息，可以使用以下方法之一。

- 使用 describe 或 desc 命令，例如：describe aigc_analysis_data.dim_city;
- 使用 show create table 命令，例如：show create table aigc_analysis_data.dim_city;
- 使用 information_schema.tables 表，例如：select * from information_schema.tables where table_schema = 'aigc_analysis_data' and table_name = 'dim_city';

我们按照 AIGC 的指导，依次执行上述 SQL 语句，并获得对应的 Schema 结果。首先执行第一种 SQL 语句，即 describe 命令，结果如下：

```
mariadb> describe aigc_analysis_data.dim_city;
+---------+--------------+------+-----+---------+----------------+
| Field   | Type         | Null | Key | Default | Extra          |
+---------+--------------+------+-----+---------+----------------+
| cityId  | int(11)      | NO   | PRI | NULL    | auto_increment |
| city    | varchar(255) | YES  | UNI | NULL    |                |
| region  | varchar(255) | YES  |     | NULL    |                |
| country | varchar(255) | YES  |     | NULL    |                |
+---------+--------------+------+-----+---------+----------------+
```

需要注意的是，SQL 命令返回的表格不是 Markdown 格式。如果要转换为 Markdown 格式，需要去掉首位的横线分割线，以及把第二行的"+"改为"|"。修改后的样式如下：

Field	Type	Null	Key	Default	Extra
cityId	int(11)	NO	PRI	NULL	auto_increment
city	varchar(255)	YES	UNI	NULL	
region	varchar(255)	YES		NULL	
country	varchar(255)	YES		NULL	

然后，我们执行第二种 SQL 语句，输出建表语句。通过该语句，我们可以看到 Schema 信息，并且该信息比 describe 命令的输出更加详细，因为它包含了字符编码、主键、索引等信息。

```
mariadb> show create table aigc_analysis_data.dim_city;
+----------+----------------+
| Table    | Create Table   |
+----------+----------------+
| dim_city | CREATE TABLE `dim_city` (
  `cityId` int(11) NOT NULL AUTO_INCREMENT,
  `city` varchar(255) DEFAULT NULL,
  `region` varchar(255) DEFAULT NULL,
  `country` varchar(255) DEFAULT NULL,
  PRIMARY KEY (`cityId`) USING BTREE,
  UNIQUE KEY `cityId` (`cityId`) USING BTREE,
  UNIQUE KEY `city` (`city`) USING BTREE
) ENGINE=InnoDB AUTO_INCREMENT=15871 DEFAULT CHARSET=utf8mb4 COLLATE=utf8mb4_
  bin |
+----------+----------------+
```

最后，我们使用从 information_schema 中查询表的方式获取 Schema 信息。该 SQL 语句从名为 aigc_analysis_data 的数据库中获取了名为 dim_city 的表的相关数据，包括表的模式、名称、引擎、行数等。由于输出的列较多，笔者手动整理了一个可视化表格，如图 5-10 所示。

TABLE_CATALOG	TABLE_SCHEMA	TABLE_NAME	TABLE_TYPE	ENGINE	VERSION	ROW_FORMAT	TABLE_ROWS
def	aigc_analysis_data	dim_city	BASE TABLE	InnoDB	10	Dynamic	1346

AVG_ROW_LENGTH	DATA_LENGTH	MAX_DATA_LENGTH	INDEX_LENGTH	DATA_FREE	AUTO_INCREMENT	CREATE_TIME	UPDATE_TIME
85	114688	0	81920	4194304	15871	2023/6/21 14:42:19	

CHECK_TIME	TABLE_COLLATION	CHECKSUM	CREATE_OPTIONS	TABLE_COMMENT	MAX_INDEX_LENGTH	TEMPORARY	
	utf8mb4_bin				0	N	

图 5-10　从 information_schema 中获取表的 Schema 信息

综合上述三种输出方案，前两种 SQL 语句的输出结果比较适合在提示指令中增加对应的 Schema 说明。而第三种 SQL 语句输出的字段主要用于数据库的统计和管理，更适合用于查看汇总结果和基本内容摘要。

 提示　为了方便操作，后续我们将主要使用 MariaDB 客户端工具 Navicat 来执行 SQL 语句，并实现数据库的常见管理和操作功能。

5.4　AIGC 解决 SQL 复杂数据查询之谜

SQL 是一种强大而灵活的数据查询语言，但它的语法和查询逻辑有时候也会让人感到困惑和挑战。AIGC 利用人工智能技术，为我们提供了便捷的工具和方法，帮助我们高效地处理和查询复杂数据。本节将介绍 AIGC 如何解决实际的 SQL 数据查询问题，并给出一些指导和示例。

5.4.1　示例 1：跨表关联查询

跨表关联查询是指从多个表中提取数据并进行联合分析的查询。SQL 有多种跨表关联查询的类型，如内关联、外关联、自关联、交叉关联等。由于不同表之间的关系和数据结构的复杂性，这种查询往往需要注意语法和逻辑的正确性。

在使用 AIGC 辅助 SQL 完成跨表关联查询时，需要指定以下信息：被关联的表、关联的顺序、关联的主键、关联的模、数据库及版本、返回字段和格式要求等基础信息。

下面我们以 fact_user_event_data_sample 和 dim_city 为例，演示如何完成跨表关联查询需求，包括左关联、右关联、内关联、全外关联。

场景 1：左关联、右关联。我们的目标是，将 dim_city 中的城市详细信息，基于 cityId 关联到 fact_user_event_data_sample 表，并输出所有字段。以下是提示指令：

[New Bing Chat] 5/5/1　使用 MariaDB 10 编写一个 SQL 查询语句，实现以下功能：
查询名为 fact_user_event_data_sample 和 dim_city 的表，通过 cityId 字段进行左关联（LEFT JOIN），并选择所有字段。

在提示指令中，除了数据库和版本信息外，重点指令是关于左关联的描述。

❏ "查询名为 fact_user_event_data_sample 和 dim_city 的表，并选择所有字段"表明了两个信息：一是两个表的位置，二是选择所有字段。

❏ "通过 cityId 字段进行左关联"包括两个关键信息：一是关键主键是 cityId，二是进行左关联。

❏ 通过 LEFT JOIN 再次明确关联模式，这体现了专家经验在提示指令中的运用。

基于上述指令，New Bing Chat 返回如下 SQL 语句：

```
SELECT * FROM fact_user_event_data_sample LEFT JOIN dim_city ON fact_user_
    event_data_sample.cityId = dim_city.cityId;
```

🎯 **提示**　如果是右关联，可以把 2 张表的位置调换，也可以将"左关联"改为"右关联"，任意一种方法均可。

场景 2：内关联。我们的目标是，将 dim_city 中的城市详细信息，基于 cityId 关联到 fact_user_event_data_sample 表，然后输出 2 张表内关联后的结果。以下是提示指令：

[New Bing Chat] 5/5/2　使用 MariaDB 10 编写一个 SQL 查询语句，实现以下功能：
查询名为 fact_user_event_data_sample 和 dim_city 的表，通过 cityId 字段进行内关联（INNER JOIN），并选择所有字段。

上述提示指令与场景 1 基本相同，仅将关联模式的描述改为内关联。New Bing Chat 基于上述指令，返回如下 SQL 语句：

```
SELECT * FROM fact_user_event_data_sample INNER JOIN dim_city ON fact_user_
    event_data_sample.cityId = dim_city.cityId;
```

场景 3：全外关联。我们的目标是，将 dim_city 中的城市详细信息，基于 cityId 关联到 fact_user_event_data_sample 表，然后输出 2 张表全外关联后的结果。以下是提示指令：

[New Bing Chat] 5/5/3　使用 MariaDB 10 编写一个 SQL 查询语句，实现以下功能：
查询名为 fact_user_event_data_sample 和 dim_city 的表，通过 cityId 字段进行全外关联（FULL OUTER JOIN），并选择所有字段。

上述提示指令与场景 1 基本相同，仅将关联模式的描述改为全外关联。New Bing Chat 基于上述指令，返回如下操作建议：

你好，这是 Bing。根据我搜索的结果，MariaDB 10 不支持全外关联（FULL OUTER JOIN），但是你可以使用左关联（LEFT JOIN）和右关联（RIGHT JOIN）结合并集（UNION）来实现类似的效果。全外关联（FULL OUTER JOIN）是一种连接方式，它会返回两个表中所有匹配的和不匹配的记录。要实现以下功能：
查询名为 fact_user_event_data_sample 和 dim_city 的表，通过 cityId 字段进行全外关联（FULL OUTER JOIN），并选择所有字段。

```
你可以使用以下 SQL 语句:
SELECT * FROM fact_user_event_data_sample LEFT JOIN dim_city
ON fact_user_event_data_sample.cityId = dim_city.cityId
UNION
SELECT * FROM fact_user_event_data_sample RIGHT JOIN dim_city
ON fact_user_event_data_sample.cityId = dim_city.cityId;
```

AI 根据在提示指令中的数据库及版本限制,提示了 MariaDB 10 不支持该关联模式,因此给出了替代性方案——使用 UNION 模拟该过程。由该案例我们可以看出,指定数据库和版本对于 SQL 的功能实现非常重要。

图 5-11 显示了 3 种 SQL 语句对应的结果记录数以及耗时。图中①为使用左关联的查询结果,图中②为使用内关联的查询结果,图中③为使用全外关联的查询结果。

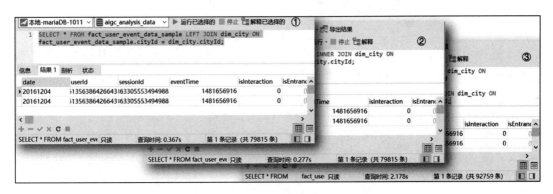

图 5-11　3 种 SQL 关联查询结果数量

5.4.2　示例 2:条件判断与过滤

在 SQL 中,条件判断和过滤是经常使用的功能。SQL 提供了多种方法来实现条件判断和过滤,包括简单过滤、聚合过滤、正则表达式、条件表达式。

- ❑ 简单过滤是基于表字段的逻辑表达式进行过滤,例如根据年龄大于 30 岁、订单类型为正常或进行中、用户性别为女等条件进行过滤。
- ❑ 聚合过滤是对经过聚合后的字段进行过滤,例如根据每个用户的订单数量、最近一次订单渠道进行统计,并过滤出订单数量大于 10 且最近一次订单门店为 A 区域的用户。
- ❑ 正则表达式是一种描述字符串模式的语法,可用于处理复杂的文本匹配,例如根据事件名中包含 "o2o" 的记录的要求进行过滤,或者根据流量标记渠道以数字开头的要求进行过滤。
- ❑ 条件表达式是一种根据逻辑条件返回不同值的语法,可用于创建计算字段或控制流程。条件表达式可以处理空值、布尔值、算术运算等多种情况,例如根据用户订单量的不同范围判断用户的不同价值度。

在使用 AIGC 辅助 SQL 完成库表查询时，需要指定被查询的表、条件判断逻辑、值过滤逻辑等，同时还需要提供数据库和版本信息、返回字段以及顺序等必要项。

下面我们将演示如何完成上述条件判断和过滤。

场景 1：简单过滤。 假设我们要从 fact_user_event_data_sample 表中过滤出符合以下条件的记录：eventTime > 1481642390、mobileDeviceBranding 不为 Null、operatingSystem 为 iOS 或 Android、browser 不等于 Chrome。以下是提示指令：

```
[New Bing Chat] 5/6/1 使用 MariaDB 10 编写一个 SQL 查询语句，查询名为 fact_user_event_
    data_sample 的表，筛选出满足以下条件的数据：
❑ eventTime 列的值大于 1481642390。
❑ mobileDeviceBranding 列的值不为 NULL。
❑ operatingSystem 列的值为 iOS 或 Android。
❑ browser 列的值不等于 Chrome。
```

上述提示指令信息较为简单，包括数据库和版本、表以及指定的条件和查询逻辑。根据提示指令，New Bing Chat 生成了如下 SQL 语句。

```
SELECT *
FROM fact_user_event_data_sample
WHERE eventTime > 1481642390
AND mobileDeviceBranding IS NOT NULL
AND operatingSystem IN ('iOS', 'Android')
AND browser <> 'Chrome';
```

在 Navicat 中执行 SQL 语句，返回的数据记录总数为 21882 条，具体见图 5-12。

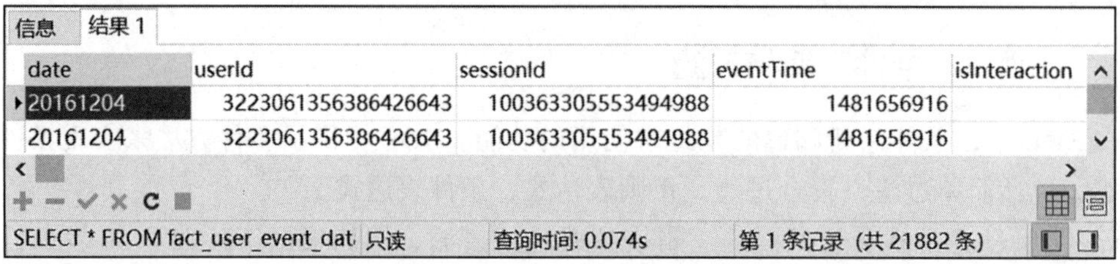

信息	结果 1			
date	userId	sessionId	eventTime	isInteraction
▶20161204	3223061356386426643	1003633055553494988	1481656916	
20161204	3223061356386426643	1003633055553494988	1481656916	

SELECT * FROM fact_user_event_dat 只读　　查询时间: 0.074s　　第 1 条记录（共 21882 条）

图 5-12　SQL 条件判断与过滤结果

场景 2：聚合过滤。 假设我们要从 fact_user_session_data_sample 表中按照日期（date）分组，统计用户数（对 userId 去重计数）、订单量（对 totalsTransactions 求和）、订单金额（对 totalsTransactionRevenue 求和），并且只保留订单金额大于 0 的记录。提示指令如下：

```
[New Bing Chat] 5/6/2 使用 MariaDB 10 编写一个 SQL 查询语句，实现以下功能。
查询名为 fact_user_session_data_sample 的表，按照日期（date）分组，并计算指标：
❑ 用户数，对 userId 去重计数，输出指标为 user_count。
❑ 订单量，对 totalsTransactions 求和，输出指标为 transaction_count。
❑ 订单金额，对 totalsTransactionRevenue 求和，输出指标为 transaction_revenue。
请按照上述提示撰写 SQL，返回用户数、订单量、订单金额，然后过滤出订单金额大于 0 的结果。
```

除了数据库和版本、表的信息外，上述提示指令的重点信息在于如何描述汇总条件：

❑ 确定了按日期（date）进行分组的对象。

❑ 对要进行汇总统计的指标进行了描述，包括指标名、汇总方法和输出指标名称，以便准确理解要计算的数据对象和数据 SQL 的逻辑。

❑ 最后的过滤条件是聚合过滤的核心，描述了对哪个聚合指标进行过滤。

根据提示指令，New Bing Chat 生成了如下 SQL 语句：

```sql
SELECT
    date,
    COUNT(DISTINCT userId) AS user_count,
    SUM(totalsTransactions) AS transaction_count,
    SUM(totalsTransactionRevenue) AS transaction_revenue
FROM  fact_user_session_data_sample
GROUP BY  date
HAVING  transaction_revenue > 0;
```

在 Navicat 中执行 SQL 语句，返回的数据记录总数为 57 条，具体见图 5-13。

图 5-13　聚合过滤

场景 3：正则表达式过滤。假设我们需要从 fact_user_event_data_sample 表中筛选出以 4 开头且长度为 3 的 pageId（pageId 为 3 位数字，例如 431、448、409 等），且不包含 "iPhone" 作为 mobileDeviceModel 的记录。提示指令如下：

```
[New Bing Chat] 5/6/3 使用 MariaDB 10 编写一个 SQL 查询语句，查询名为 fact_user_event_
    data_sample 的表，过滤出满足以下条件的数据：
❑ pageId 列的值以 4 开头，且 pageId 是 3 位数，例如 431、448、409 等。
❑ mobileDeviceModel 字段的值不包含 iPhone。
```

在上述提示指令中，重点信息包括正则表达式的匹配逻辑、输出字段顺序以及新增字段的条件判断：

❑ 关于 pageId 的过滤，我们指定了该列数值的开头和长度。

❑ 关于 iPhone 的过滤，我们使用了反向过滤的条件。

根据提示指令，New Bing Chat 生成了 LIKE 正则的使用方法。具体的 SQL 语句如下：

```sql
SELECT  * FROM  fact_user_event_data_sample
WHERE  pageId LIKE '4__'
AND mobileDeviceModel NOT LIKE '%iPhone%';
```

在 Navicat 中执行 SQL 语句，返回的数据记录总数为 6 条，具体见图 5-14。

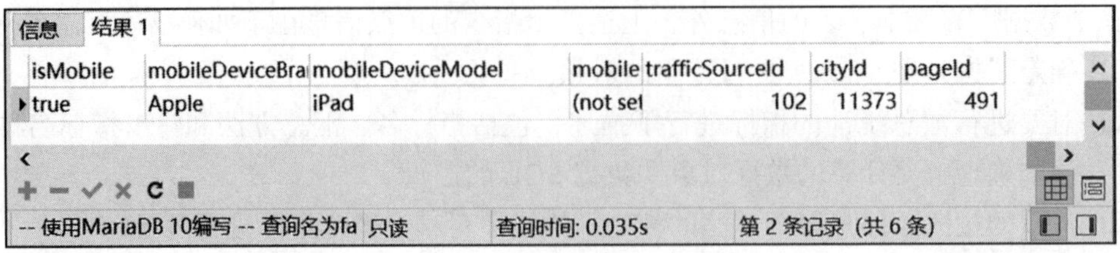

图 5-14 正则表达式过滤

5.4.3 示例 3：标量子查询、子查询和子查询嵌套

标量子查询、子查询和子查询嵌套是 SQL 语言中强大而常用的概念和技术。它们可以让我们在一个查询中嵌入和组合多个查询语句，实现更复杂的数据检索和操作。

❑ 标量子查询是返回单个值的子查询，而不是一个表或者一个列。标量子查询通常用在比较运算符后面，作为过滤条件或者计算表达式的一部分，常用在 SELECT、WHERE、HAVING 和 FROM 子句中。

❑ 子查询是返回一个表或者一个列的查询，而不是一个单一的值。子查询通常用在 IN、EXISTS、ANY、ALL 等关键词后面，作为过滤条件或者连接条件的一部分。

❑ 子查询嵌套是指在一个子查询中嵌入另一个子查询，实现更深层次的数据检索。子查询嵌套可以有多层，但要注意避免过度嵌套导致性能下降和逻辑混乱。

在使用 AIGC 辅助 SQL 完成子查询操作时，重点需要指定被查询的表、条件判断逻辑、值过滤逻辑，以及不同子查询的嵌套逻辑或实现步骤；其他必要项还包括数据库和版本信息，返回字段以及顺序等。

下面我们演示如何完成多种子查询。假设我们要从 fact_user_session_data_sample 表中筛选出符合如下条件的数据。

❑ 条件 1：从 fact_user_event_data_sample 中获取 sessionId 范围，获取逻辑是 operatingSystem 为 iOS。

❑ 条件 2：totalsHits 大于总体均值。

提示指令如下：

[New Bing Chat] 5/7/1 使用 MariaDB 10 编写一个 SQL 查询语句，过滤出以下数据。
1）从 fact_user_event_data_sample 表中查询 operatingSystem 的值为 iOS 的记录，并获取 sessionId 列表，然后去重。
2）在 fact_user_session_data_sample 表中，筛选出满足以下条件的数据：
❑ sessionId 范围在上一步获取的 sessionId 列表中。
❑ totalsHits 大于 fact_user_session_data_sample 表中所有记录的 totalsHits 均值。
请根据上述提示，通过一个含有子查询、标量子查询的 SQL 返回查询结果，结果包括 userId、sessionId、totalsHits。

上述提示指令中有几个关键点需要注意。

❑ 步骤逻辑拆分：将整个过程分为两个大步骤，首先是获取 sessionId 列表的过滤逻辑，然后是在 fact_user_session_data_sample 表中再次过滤数据。后者又可以细分为两个子逻辑。通过这种拆分，整体和细节逻辑都能清晰地展现出来。

❑ 使用子查询和标量子查询实现：尽管这个逻辑可以通过其他方式（如 WITH 语句）来实现，但为了说明本示例的功能用法，我们明确使用了子查询和标量子查询。

根据提示指令，New Bing Chat 生成了相应的子查询和标量子查询逻辑：

```
SELECT userId, sessionId, totalsHits
FROM fact_user_session_data_sample
WHERE sessionId IN (
    SELECT DISTINCT sessionId  FROM fact_user_event_data_sample  WHERE
        operatingSystem = 'iOS')
AND totalsHits > (  SELECT AVG(totalsHits)  FROM fact_user_session_data_sample);
```

在 Navicat 中执行 SQL 语句，我们得到了 1230 条数据记录，具体结果如图 5-15 所示。

图 5-15　子查询和标量子查询结果

5.4.4　示例 4：带有窗口函数的排名、首行、末行查询

窗口函数是一种在查询结果集中定义窗口（数据的子集）并对其进行操作的 SQL 函数。窗口函数可以对每个窗口中的数据进行聚合、排序、排名、取值等操作，同时保持原始数据的行数和结构不变。

窗口函数根据功能和用途可以分为三类。

❑ 聚合计算函数：对窗口中的数据进行求和、平均、计数、最大值、最小值等聚合操作。

❑ 排名和排序函数：对窗口中的数据进行排名或编号，按照某些条件给每一行分配一个位置。

❑ 值函数：对窗口中的数据进行取值或移动操作，按照某些逻辑给每一行返回一个值。例如，前一行或后一行的值、首个值或末尾值等。

使用 AIGC 辅助 SQL 完成窗口函数操作时，除了指定被查询的表、条件判断逻辑、值过滤逻辑、数据库和版本信息、返回字段以及顺序等信息外，还需要指定以下内容。

❑ 窗口判断逻辑：确定哪些字段作为划分窗口的依据，例如用户，用户 + 会话时间，用户 + 特定维度等。

❑ 窗口排序逻辑：确定在窗口内以什么字段和顺序进行排序和取值。

❑ 窗口内操作和逻辑处理：确定在窗口内要实现的具体功能，例如取值、设置行号、
做数据聚合计算等。

下面我们以 fact_user_event_data_sample 表为例，演示如何完成以下三个窗口函数操作：
❑ 会话次数排名。查询用户在所有数据周期内的会话次数，并按会话次数排序。
❑ 事件次数排名。查询用户在每次访问内的事件次数，并按事件发生顺序排序。
❑ 获取用户第一个互动的网页。查询用户在每次访问内的首次事件数据。

提示指令如下：

[New Bing Chat] 5/8/1 fact_user_event_data_sample 表包含 date（varchar）、userId
（bigint）、sessionId（bigint）、eventTime（bigint）、pageId（int）。使用 MariaDB 10 编
写一个 SQL 查询语句，实现如下功能：
1）使用窗口函数计算并输出以下列：
❑ date：日期。
❑ userId：用户 ID。
❑ sessionId：会话 ID。
❑ sessionRank：会话在用户所有会话中的次序，按 date、userId 分区，基于 sessionId 正序排序的
排名。
❑ eventTime：事件时间。
❑ eventRank：事件 ID，按 date、userId、sessionId 分区，基于 eventTime 正序排序的排名。
❑ firstSessionPage：会话内的第一个页面，按 date、userId、sessionId 分区，基于 eventTime
正序排序取第一个 pageId 值。
❑ pageId：事件对应的页面。
2）按照 date、userId、sessionId、eventTime 升序排序。

在上述指令中，除了表、字段、字段类型、数据库和版本信息外，还需要注意以下几点：
❑ 使用窗口函数的限制是为了输出 SQL 的窗口函数语法，在实际业务场景中可以根
据需求调整。
❑ date、userId、eventTime、pageId 等字段的取数逻辑已经在前面描述过，无须重复
说明。
❑ sessionRank 和 eventRank 都是用窗口函数实现的排名指标，不同的是窗口的划分依
据：sessionRank 按 userId 划分，eventRank 按 sessionId 划分；另外，各窗口内还
需要按照不同的字段排序。
❑ firstSessionPage 是用窗口函数实现的取值指标，根据会话划分窗口，并取每个窗口
内的首个 pageId 值。

New Bing Chat 根据提示指令，生成如下 SQL 语句：

```
SELECT
    date,  userId, sessionId, RANK() OVER (PARTITION BY date, userId ORDER BY
        sessionId) AS sessionRank,
    eventTime, RANK() OVER (PARTITION BY date, userId, sessionId ORDER BY
        eventTime) AS eventRank,
    FIRST_VALUE(pageId) OVER (PARTITION BY date, userId, sessionId ORDER BY
        eventTime) AS firstSessionPage, pageId
```

```
FROM fact_user_event_data_sample
ORDER BY date, userId, sessionId, eventTime;
```

上述 SQL 语句中，使用 RANK 函数获取会话的序号，使用 FIRST_VALUE 函数获取会话内的 pageId 列的首个值。在 Navicat 中执行 SQL 语句，共返回 79815 条数据记录，如图 5-16 所示。

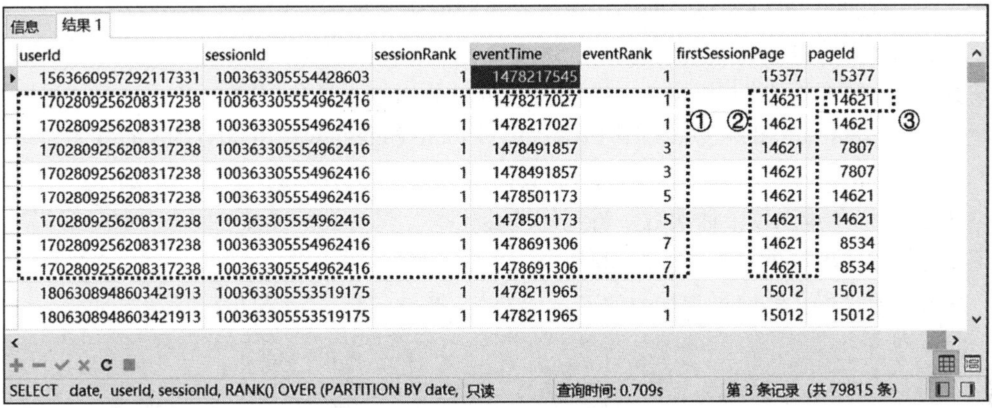

userId	sessionId	sessionRank	eventTime	eventRank	firstSessionPage	pageId
1563660957292117331	100363305554428603	1	1478217545	1	15377	15377
1702809256208317238	100363305554962416	1	1478217027	1	14621	14621
1702809256208317238	100363305554962416	1	1478217027	1	14621	14621
1702809256208317238	100363305554962416	1	1478491857	3	14621	7807
1702809256208317238	100363305554962416	1	1478491857	3	14621	7807
1702809256208317238	100363305554962416	1	1478501173	5	14621	14621
1702809256208317238	100363305554962416	1	1478501173	5	14621	14621
1702809256208317238	100363305554962416	1	1478691306	7	14621	8534
1702809256208317238	100363305554962416	1	1478691306	7	14621	8534
1806308948603421913	100363305553519175	1	1478211965	1	15012	15012
1806308948603421913	100363305553519175	1	1478211965	1	15012	15012

图 5-16　带有窗口函数的查询结果

获得上述结果后，需要进一步做数据验证。这里我们重点验证 eventRank 和 firstSessionPage。在如图 5-16 所示的结果中，图中①展示了 sessionId 为 100363305554962416 的事件详情，本次会话共包含 8 条记录。由于存在相同的记录值，因此，使用 RANK 函数时返回了相同的 eventRank 值。eventRank 是正确的。

接着验证 firstSessionPage 值，该值应该取每个 sessionId 中 eventRank 为 1 时 pageId 的记录。图中③对应的是首次事件的 pageId，对应到该用户的②中每个值都应该与此相等。图中的 pageId 和 firstSessionPage 结果一致，说明 SQL 逻辑正确。

5.4.5　示例 5：分组、聚合查询和多重排序

SQL 分组、聚合查询和多重排序是对大量数据进行分类、计算和排序的强大功能。分组是指使用 GROUP BY 子句按照某个字段将数据分成若干组。聚合查询是指使用聚合函数（如求和、计数、平均值、最大值、最小值等）对每个组进行计算，得到一个单一的结果值。多重排序是指使用 ORDER BY 子句按照多个字段和顺序对查询结果进行排序。这三种操作可以结合使用，以更方便地查看和分析数据。

分组、聚合查询和多重排序在许多数据分析和报表生成的场景中发挥着重要作用。例如：通过对销售数据进行分组和聚合查询，可以计算销售总额、平均销售额、最大最小销售额等指标；通过对客户数据进行分组和聚合查询，可以了解不同客户群体的消费习惯、订单数量、购买力等信息；通过对财务数据进行分组和聚合查询，可以计算每个部门的成

本、利润、收入等指标。

使用 AIGC 辅助 SQL 完成分组、聚合查询和多重排序操作时，除了指定被查询的表、条件判断逻辑、值过滤逻辑、数据库和版本信息、返回字段以及顺序等信息外，还需要指定：

❑ 分组条件，可以按一个或多个字段进行分组。

❑ 聚合计算的逻辑，例如求和、计数、平均值、最大值、最小值等。

❑ 排序逻辑，可以针对不同的字段制定不同的排序规则，包括升序和降序。

下面我们以 fact_user_session_data_sample 表为例，演示如何完成多种分组、聚合查询和多重排序。我们需要先按 date、userId 分组并计算出如下聚合指标：

❑ 统计 sessionId 的个数，即会话次数；对 totalsPageviews、totalsTransactions 和 totals-TransactionRevenue 求和，得到总页面浏览量、总订单量、总订单金额。

❑ 用总订单量除以会话次数，得到订单转化率。

最后，过滤出订单量大于 0 的记录。

根据上述目标，编写提示指令如下：

```
[New Bing Chat] 5/9/1 使用 MariaDB 10 编写一个 SQL 查询语句，查询名为 fact_user_
    session_data_sample 的表，并返回满足以下条件的数据。
1）按照 date、userId 分组汇总。
2）基于分组汇总列，计算以下指标：
❑ 对 sessionId 计数，得到指标 sessions。
❑ 对 totalsPageviews 求和，得到指标 pageviews。
❑ 对 totalsTransactions 求和，得到指标 transactions。
❑ 对 totalsTransactionRevenue 求和，得到指标 revenue。
❑ 使用 totalsTransactions 求和除以 sessionId 计数，得到指标 conversionRate。
3）从聚合后的结果中筛选出 totalsTransactions 求和大于 0 的记录。
4）最后，按 date 正序排序，按 totalsTransactionRevenue 求和倒序排序。
请根据以上提示编写一个 SQL 查询语句，以实现所需的功能。
```

上述指令中，除了数据版本、表名等基本信息外，还需要描述以下数据处理逻辑：

❑ 分组汇总和计算指标。按 date、userId 分组，对 totalsPageviews、totalsTransactions 和 totalsTransactionRevenue 进行求和，得到总页面浏览量、总订单量、总订单金额，并分别命名为 pageviews、transactions、revenue。用总订单量除以会话次数，得到订单转化率，并命名为 conversionRate。

❑ 过滤聚合后的指标。只保留订单量大于 0 的记录，即 transactions > 0。

❑ 排序。按照 date 升序、revenue 降序对查询结果进行排列。

> **注意** 在复合指标计算中，使用与单个指标相同的描述来表示分子和分母。避免使用指标引用，以确保清晰表达。例如，"使用 totalsTransactions 求和除以 sessionId 计数"而不是"使用 transactions 除以 sessions"，避免混淆并明确使用指标的逻辑进行自定义计算。

New Bing Chat 根据指令，生成如下 SQL 语句：

```
SELECT
    date,   userId,
    COUNT(sessionId) AS sessions,
    SUM(totalsPageviews) AS pageviews,
    SUM(totalsTransactions) AS transactions,
    SUM(totalsTransactionRevenue) AS revenue,
    SUM(totalsTransactions) / COUNT(sessionId) AS conversionRate
FROM fact_user_session_data_sample
GROUP BY date, userId
HAVING SUM(totalsTransactions) > 0
ORDER BY date ASC, revenue DESC;
```

在 Navicat 中执行 SQL 语句，返回 267 条数据记录，如图 5-17 所示。

date	userId	sessions	pageviews	transactio	revenue	conversionRate
▶ 2016-11-04	4894633336310056306	1	11	1	31320000	1.0000
2016-11-04	7126641936400399254	1	18	1	26990000	1.0000
2016-11-04	9975148137632233940	1	7	1	26990000	1.0000

SELECT date, userId, COUNT(sessionId) AS 只读　　查询时间: 0.013s　　第 1 条记录 (共 267 条)

图 5-17　分组、聚合查询和多重排序结果

5.4.6　示例 6：使用临时查询表、视图等方法简化查询过程

查询过程可以通过创建临时的数据结构，如临时查询表、视图等来简化。这些方法可以将复杂的查询分解为多个简单的步骤，或者将常用的查询保存为一个虚拟的表，提高可读性和可维护性。临时查询表和视图是两种常见的方法，它们有各自的用途和适用场景。

❑ 临时查询表是一种在查询过程中创建的临时表，只存在于当前会话或事务中，结束后自动消失。临时查询表的作用是存储中间结果，将一个复杂的查询分解为多个简单的子查询，每个子查询的结果作为一个临时表，供下一个子查询使用。这种方法适用于需要多次引用相同的查询结果的情况。

❑ 视图是一种虚拟表，不存储实际的数据，而是存储一个查询语句。当我们对视图进行查询时，实际上是执行视图定义中的查询语句，并返回一个临时的结果集。视图的作用是将常用的或复杂的查询保存为一个逻辑上的表，方便重复使用或隐藏一些敏感信息。

❑ 类似于临时查询表、视图的功能，还有公共表达式、存储过程、子查询等。

使用 AIGC 辅助 SQL 完成临时查询表、视图等方法简化查询操作时，除了指定被查询的表、条件判断逻辑、值过滤逻辑、数据库和版本信息、返回字段和顺序等信息外，还需要指定：

❑ 分组条件，可以按一个或多个字段分组。

❑ 聚合计算的逻辑，例如求和、计数、平均值、最大值、最小值等。

❑ 排序逻辑，针对不同的字段可以制定不同的排序规则，包括正序和倒序。

假设我们想要用临时查询表或视图来实现 5.4.5 节中的数据处理需求，那么提示指令
如下：

> [New Bing Chat] 5/10/1 使用 MariaDB 10 编写一个 SQL 查询语句，查询名为 fact_user_
>   session_data_sample 的表，并返回满足以下条件的数据：
> 1）按照 date、userId 分组汇总。
> 2）基于分组汇总列，计算以下指标：
> ❑ 对 sessionId 计数，得到指标 sessions。
> ❑ 对 totalsPageviews 求和，得到指标 pageviews。
> ❑ 对 totalsTransactions 求和，得到指标 transactions。
> ❑ 对 totalsTransactionRevenue 求和，得到指标 revenue。
> ❑ 使用 totalsTransactions 求和除以 sessionId 计数，得到指标 conversionRate。
> 3）从聚合后的结果中筛选出 totalsTransactions 求和大于 0 的记录。
> 4）最后，按 date 正序排序，按 totalsTransactionRevenue 求和倒序排序。
> 请根据以上提示编写一个 SQL 查询语句以实现所需的功能，SQL 中需要用到 CREATE TEMPORARY TABLE
>   临时查询表。

上述提示指令的逻辑与 5.4.5 节的基本相同，仅在最后特别注明需要使用创建临时表的
语法和函数完成 SQL 语句。New Bing Chat 根据提示指令，生成如下 SQL：

```
-- 创建一个临时表，按照 date 和 userId 分组汇总
CREATE TEMPORARY TABLE aggregated_data AS
SELECT
    date, userId,
    COUNT(sessionId) AS sessions,
    SUM(totalsPageviews) AS pageviews,
    SUM(totalsTransactions) AS transactions,
    SUM(totalsTransactionRevenue) AS revenue,
    CASE WHEN COUNT(sessionId) = 0 THEN 0 ELSE SUM(totalsTransactions) / COUNT
        (sessionId) END AS conversionRate
FROM fact_user_session_data_sample
GROUP BY date, userId;

-- 从临时表中筛选出 transactions 大于 0 的记录，并按照 date 升序、revenue 降序排序
SELECT *
FROM aggregated_data
WHERE transactions > 0
ORDER BY date ASC, revenue DESC;
```

AIGC 给出的 SQL 方案将整个过程分为两个部分：

❑ 第一部分使用视图对数据按照日期和用户 ID 进行分组汇总，并计算指标。在这个
步骤中，值得注意的是为了避免分母为 0 的情况，AI 特意使用了 CASE WHEN 语
句进行判断。尽管在本案例中，基于 COUNT 的逻辑结果不会为 0，这个语法实际
上没有起到任何实质性作用。

❑ 第二部分是基于上述查询结果，实现二次过滤和多重排序功能。

读者可以对比 5.4.5 节和本小节的 SQL 所产生的结果，二者是一致的，只是在写法上略有差别。

> 🎯 提示　当执行上述代码后，若在同一个 SQL 查询会话中再次执行，会提示"Table 'aggregated_data' already exists"。读者可以直接在新的 SQL 查询会话中再次执行 SQL。

5.4.7　示例 7：使用 CTE 的 WITH 语句组织复杂查询逻辑

SQL 提供了 CTE（Common Table Expression，通用表达式或公用表达式）的功能，可以通过 WITH 语句定义一些临时的表达式或子查询，并在同一查询中多次引用它们。这样可以实现查询代码的重用和模块化，提高代码的可读性和维护性，以及支持递归查询。

在使用 AIGC 辅助 SQL 完成 CTE 的应用时，只需指定 WITH 语句的应用，其余与之前内容一致，包括指定被查询的表、条件判断逻辑、值过滤逻辑、数据库和版本信息、返回字段以及顺序等。

假设针对 5.4.5 节中的数据处理需求，我们想要用 WITH 语句来实现，那么提示指令如下：

> [New Bing Chat] 5/11/1　使用 MariaDB 10 编写一个 SQL 查询语句，查询名为 fact_user_session_data_sample 的表，并返回满足以下条件的数据。
> 1）按照 date、userId 分组汇总。
> 2）基于分组汇总列，计算以下指标：
> ❑ 对 sessionId 计数，得到指标 sessions。
> ❑ 对 totalsPageviews 求和，得到指标 pageviews。
> ❑ 对 totalsTransactions 求和，得到指标 transactions。
> ❑ 对 totalsTransactionRevenue 求和，得到指标 revenue。
> ❑ 使用 totalsTransactions 求和除以 sessionId 计数，得到指标 conversionRate。
> 3）从聚合后的结果中筛选出 totalsTransactions 求和大于 0 的记录。
> 4）最后，按 date 正序排序，按 totalsTransactionRevenue 求和倒序排序。
> 请根据以上提示编写一个 SQL 查询语句以实现所需的功能，SQL 中需要用到 WITH 语句。

上述提示语与 5.4.5 节的基本相同，只是在提示语最后特别注明了需要使用 WITH 语句。根据提示指令，New Bing Chat 返回的 SQL 语句如下：

```
WITH aggregated AS (
    SELECT
        date, userId, COUNT(sessionId) AS sessions,
        SUM(totalsPageviews) AS pageviews,
        SUM(totalsTransactions) AS transactions,
        SUM(totalsTransactionRevenue) AS revenue,
        SUM(totalsTransactions) / COUNT(sessionId) AS conversionRate
    FROM fact_user_session_data_sample
    GROUP BY date, userId
)
SELECT * FROM aggregated WHERE transactions > 0 ORDER BY date ASC, revenue DESC;
```

AIGC 返回的 SQL 将整个过程分为两大部分。首先，使用 WITH 定义了一个子查询，实现了数据指标的聚合计算。其次，进行最终结果的过滤和多重排序。通过使用 WITH 和临时表子查询的定义，整个查询的功能被模块化，逻辑拆分更加清晰。

读者可以对比 5.4.5 节和本小节的 SQL 语句所产生的结果，二者是一致的，只是在写法上略有区别。

5.4.8　示例 8：将查询结果写入新表、增量写入或更新现有表

在通过 SQL 获取查询结果后，通常需要将结果导入特定的目的地，以进行进一步的分析。例如，将结果导出到文件，写入一个新表，进行增量写入或更新现有表等操作。

在使用 AIGC 辅助 SQL 进行查询结果写入时，需要清楚地描述写入对象和写入逻辑。

❑ 写入对象：指定数据写入的目标表。

❑ 写入逻辑：包括新写入（适用于一次性操作，如果目标表已经存在则报错）、增量写入和更新（要求目标表已经存在，且数据结构和格式完全一致），以及其他操作（例如转换、整理和清理）等。

下面我们以 5.4.5 节的逻辑为基础，演示如何实现新表的写入以及查询结果的增量写入。

场景 1：将查询结果写入一张新表。提示指令如下：

[New Bing Chat] 5/12/1 使用 MariaDB 10 编写一个 SQL 查询语句，查询名为 fact_user_
  session_data_sample 的表，并返回满足以下条件的数据。
1）按照 date、userId 分组汇总。
2）基于分组汇总列，计算以下指标：
❑ 对 sessionId 计数，得到指标 sessions。
❑ 对 totalsPageviews 求和，得到指标 pageviews。
❑ 对 totalsTransactions 求和，得到指标 transactions。
❑ 对 totalsTransactionRevenue 求和，得到指标 revenue。
❑ 使用 totalsTransactions 求和除以 sessionId 计数，得到指标 conversionRate。
3）从聚合后的结果中筛选出 totalsTransactions 求和大于 0 的记录。
4）最后，按 date 正序排序，按 totalsTransactionRevenue 求和倒序排序。
请根据以上提示编写一个 SQL 查询语句以实现所需的功能，然后将查询结果写入名为 manual_order_data
  的新表。

上述提示指令与 5.4.5 节基本相同，仅在最后增加了将结果写入新表的描述。New Bing Chat 根据提示指令，返回如下 SQL 语句：

```
CREATE TABLE manual_order_data AS
SELECT
    date,    userId,
    COUNT(sessionId) AS sessions,
    SUM(totalsPageviews) AS pageviews,
    SUM(totalsTransactions) AS transactions,
    SUM(totalsTransactionRevenue) AS revenue,
    SUM(totalsTransactions) / COUNT(sessionId) AS conversionRate
```

```
FROM fact_user_session_data_sample
GROUP BY date, userId
HAVING SUM(totalsTransactions) > 0
ORDER BY date ASC, revenue DESC;
```

对比 5.4.5 节的 SQL 语句，这里在第一行使用 CREATE TABLE manual_order_data AS 创建新表，省去了根据 SQL 查询结果手动建表的麻烦。在 Navicat 中执行 SQL 语句，结果如图 5-18 所示，可以看到数据库中新增了一张名为 manual_order_data 的表，打开该表可以看到数据记录与前文结果一致。

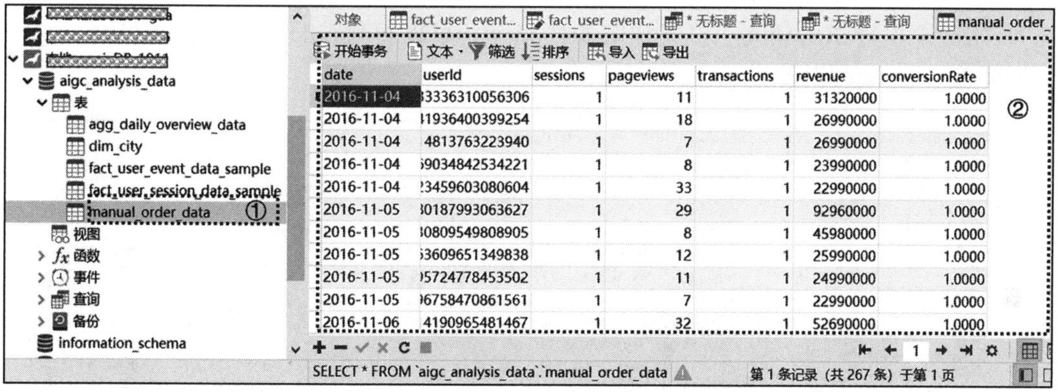

图 5-18　在 Navicat 中查询新写入的表

场景 2：将查询结果增量写入一张已有的表。提示指令如下：

[New Bing Chat] 5/12/2　使用 MariaDB 10 编写一个 SQL 查询语句，查询名为 fact_user_session_data_sample 的表，并返回满足以下条件的数据。
1）按照 date、userId 分组汇总。
2）基于分组汇总列，计算以下指标：
❏ 对 sessionId 计数，得到指标 sessions。
❏ 对 totalsPageviews 求和，得到指标 pageviews。
❏ 对 totalsTransactions 求和，得到指标 transactions。
❏ 对 totalsTransactionRevenue 求和，得到指标 Revenue。
❏ 使用 totalsTransactions 求和除以 sessionId 计数，得到指标 conversionRate。
3）从聚合后的结果中筛选出 totalsTransactions 求和大于 0 的记录。
4）最后，按 date 正序排序，按 totalsTransactionRevenue 求和倒序排序。
请根据以上提示编写一个 SQL 查询语句以实现所需的功能，然后将查询结果增量写入名为 manual_order_data 的表。

上述提示指令与场景 1 基本相同，仅在最后增加了将结果增量写入已经存在的表的描述。New Bing Chat 根据提示指令，返回如下 SQL 语句：

```
INSERT INTO manual_order_data (date, userId, sessions, pageviews, transactions,
    revenue, conversionRate)
SELECT
    date,  userId,
    COUNT(sessionId) AS sessions,
```

```
    SUM(totalsPageviews) AS pageviews,
    SUM(totalsTransactions) AS transactions,
    SUM(totalsTransactionRevenue) AS revenue,
    SUM(totalsTransactions) / COUNT(sessionId) AS conversionRate
FROM fact_user_session_data_sample
GROUP BY date, userId
HAVING SUM(totalsTransactions) > 0
ORDER BY date ASC, revenue DESC;
```

与场景 1 的 SQL 语句相比，这里在第一行使用 INSERT INTO manual_order_data (date, userId, sessions, pageviews, transactions, revenue, conversionRate) 指定要写入的表和字段。在 Navicat 中执行 SQL 语句，结果如图 5-19 所示，可以看到 order_data 表的记录数从 267 增加到 534，说明数据追加成功。

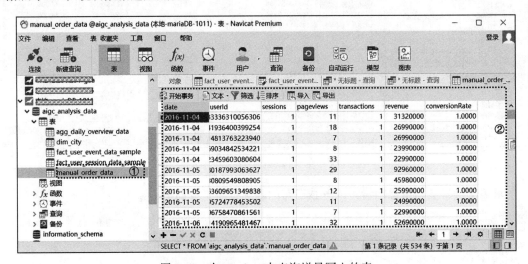

图 5-19　在 Navicat 中查询增量写入的表

5.5　AIGC 实现 SQL 高效数据清洗和转换

数据清洗和转换是 SQL 常用的处理场景。本节我们介绍如何通过 AIGC 辅助 SQL 完成数据格式和类型转换，字符串拆分组合与正则提取，空值、异常值的判断与处理，数据去重，数据归一化和标准化，多行数据聚合为一行以及多查询结果的合并等操作。

5.5.1　数据格式与类型转换

在数据库中，我们经常需要将数据从一种格式或类型转换为另一种格式或类型，同时还可能涉及其他数据清洗和预处理的操作。例如，将字符串类型转换为日期类型，将数字类型转换为字符串类型，将数字的单位进行转换等。通过 AIGC 辅助生成 SQL 的转换函数和表达式，我们可以方便地执行这些转换操作。

使用 AIGC 辅助完成数据格式和类型转换时，我们需要明确告诉 AI 数据的原始格式和目标格式，同时要保证格式与数据库环境相符。

下面演示该分析过程。假设我们要从 fact_user_event_data_sample 表中查询符合如下条件的数据：

❑ 将 date 从字符串类型转换为日期类型。

❑ 将 isMobile 从字符串类型转换为数字类型，true 转为 1，false 转为 0。

❑ 将 eventTime 从数字格式转换为日期时间格式。

提示指令如下：

[New Bing Chat] 5/13/1　使用 MariaDB 10 编写一个 SQL 查询语句，查询名为 fact_user_event_
　data_sample 的表，查询以下列并处理后返回数据：
❑ 将 date 从字符串类型转换为日期类型，原始字符串格式如 20161123，得到指标 dateNew。
❑ 将 isMobile 从字符串类型转换为数字类型，其中 true 转为 1，false 转为 0，得到指标 isNewVisitsNew。
❑ 将 eventTime 从数值类型的时间戳转换为日期时间格式，例如，1479924907 转换为 2016-11-24
　02:15:07，得到指标 eventTimeNew。
请根据以上提示编写一个 SQL 查询语句，以实现所需的功能，返回 date、dateNew、isNewVisits、
　isNewVisitsNew、eventTime、eventTimeNew。

上述提示语的信息要点是关于数据类型和格式转换的内容：

❑ 关于 dateNew 的描述，指出了原始数据类型，并使用样例数据来描述日期字符串的原始格式。在描述日期格式时，直接使用样例数据而不是数据库中的格式字符串（如"%Y%m%d"）更为直观。如果我们不确定应该使用"YYYYMMDD""%Y%m%d"还是"%y%m%d"等格式，建议直接使用样例数据，让 AI 根据样例判断格式。

❑ 对于 isMobile 的处理，需要先了解该列的唯一值规则，然后根据规则编写转换逻辑。在本示例中，原始字符串只包含 true 和 false 两种状态，因此可以直接将 true 转换为 1，false 转换为 0。

❑ 对于 eventTime 从数字格式转换为日期时间格式的描述，重点是通过示例介绍了原始数据和转换后的数据。

> **注意**　对于日期、日期时间等类型，无须指定转换后的显示格式和类型。只有在将日期时间或日期转换为字符串时，才需要指定显示格式。

New Bing Chat 根据提示指令，返回如下 SQL 语句：

```
SELECT
    date,  STR_TO_DATE(date, '%Y%m%d') AS dateNew,  isMobile,
    CASE isMobile  WHEN 'true' THEN 1  WHEN 'false' THEN 0  ELSE NULL  END AS
        isMobileNew,  eventTime,  FROM_UNIXTIME(eventTime) AS eventTimeNew
FROM fact_user_event_data_sample;
```

在 Navicat 中执行 SQL 语句后，可以观察到结果如图 5-20 所示。在该结果中，可以看到各个字段都已成功转换为目标格式，表明数据类型和格式转换的操作顺利完成。

date	dateNew	isMobile	isMobileNew	eventTime	eventTimeNew
▶20161204	2016-12-04	true	1	1481656916	2016-12-14 03:21:56
20161204	2016-12-04	true	1	1481656916	2016-12-14 03:21:56
20161204	2016-12-04	true	1	1481642390	2016-12-13 23:19:50
20161204	2016-12-04	true	1	1481642390	2016-12-13 23:19:50
20161204	2016-12-04	true	1	1481602131	2016-12-13 12:08:51

SELECT　date, STR_TO_DATE(date, '%Y%m%d') AS　只读　　　　查询时间: 0.187s　　　第 1 条记录（共 79815 条）

图 5-20　数据格式与类型转换结果

5.5.2　字符串拆分、组合与正则提取

字符串拆分、组合与正则提取是数据处理中常见的任务之一，它涉及将一个字符串拆分为多个部分、将多个字符串拼接成一个整体，或者从字段中提取符合特定条件的字符串等操作。这在数据清洗、数据集成和数据分析中都有重要的作用。

使用 AIGC 辅助字符串拆分和组合时，需要明确描述分列和组合的逻辑，即使用哪个或哪些列，以及分割、拼接、提取的规则。

下面演示该分析过程。假设我们要从 fact_user_event_data_sample 表中查询符合如下条件的数据：

❏ 将 browserSize 按 "x" 拆分为两个字段，分别表示分辨率的宽度和高度，例如将 380x540 分割为 380、540。

❏ 将 operatingSystem 和 operatingSystemVersion 以空格为分隔符拼接为新的字段，例如将 iOS 和 10.2 拼接为 iOS 10.2。

❏ 从 browser 中提取浏览器名称，例如从 Safari（in-app）中提取出 Safari、从 Android Webview 中提取出 Android，这里的提取规则是取第一个单词的空格之前的字符串。

提示指令如下：

> [New Bing Chat] 5/14/1　使用 MariaDB 10 编写一个 SQL 查询语句，查询名为 fact_user_event_data_sample 的表，查询以下列并处理后返回数据：
> ❏ 将 browserSize 按 "x" 将分辨率的宽度和高度拆分为 2 列，分别命名为 width、height，例如将 380x540 拆分为 380、540。
> ❏ 将 operatingSystem 和 operatingSystemVersion 以空格为分隔符组合为新列 newOS，例如将 iOS 和 10.2 组合为 iOS 10.2。
> ❏ 从 browser 中提取浏览器，规则是取第一个英语单词之前的字符串，得到新列 newBrowser，例如从 Safari (in-app) 中提取出 Safari、从 Android Webview 中提取出 Android。
> 请根据以上提示编写一个 SQL 查询语句，以实现所需的功能，返回 browserSize、width、height、operatingSystem、operatingSystemVersion、newOS、browser、newBrowser。

上述提示语中的重点信息是关于拆分、组合与正则提取规则的描述，每个规则都包括字段名、处理规则、新字段名以及示例。根据这些描述，New Bing Chat 生成的 SQL 语句如下所示：

```
SELECT
    browserSize,
    SUBSTRING_INDEX(browserSize, 'x', 1) AS width,
```

```
      SUBSTRING_INDEX(browserSize, 'x', -1) AS height,
      operatingSystem,  operatingSystemVersion,
      CONCAT(operatingSystem, ' ', operatingSystemVersion) AS newOS,
      browser,  SUBSTRING_INDEX(browser, ' ', 1) AS newBrowser
   FROM  fact_user_event_data_sample;
```

在 Navicat 中执行上述 SQL 语句，结果如图 5-21 所示。可以看到，字段完成了拆分、组合与正则提取操作，生成了相应的新字段。

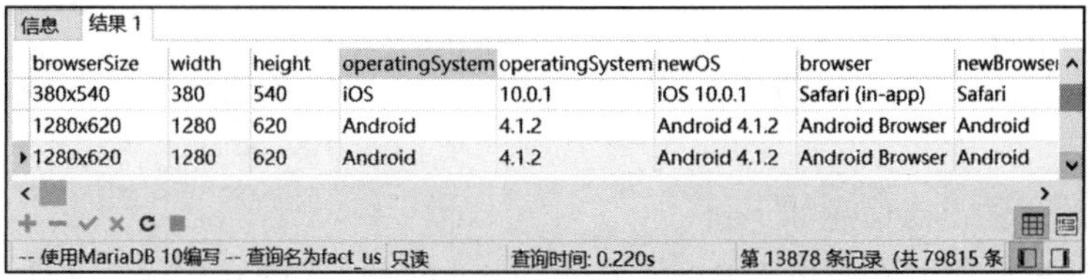

图 5-21　字符串拆分、组合与正则提取结果

5.5.3　空值、异常值的判断与处理

在数据处理中，我们经常遇到空值和异常值的问题。空值是指缺少完整有效数据的情况，例如某个字段为空；异常值则是指与其他数据明显不一致的异常观测值，例如某个字段的值非常大，或者数据超出了正常的范围。

使用 AIGC 辅助空值、异常值的判断与处理时，需要明确描述空值、异常值的识别逻辑；关于如何处理则可以结合业务背景和数据处理经验，也可以征求 AI 的建议。

下面演示该分析过程。假设我们要从 fact_user_session_data_sample 表中查询出 sessionId、totalsIsBounce、totalsTransactions、totalsTransactionRevenue，其中：

❑ totalsIsBounce、totalsTransactions、totalsTransactionRevenue 都有空值，我们需要进行填充。

❑ totalsTransactionRevenue 的值都是整数，例如，58970000、25990000 等，这些数据看起来不正常。

首先，我们要分析数据。在拿到原始数据后，我们需要了解数据采集和存储的基本原理，然后才能判断数据为空的原因，是系统原因、人为原因还是系统的固有处理机制。本章的数据源来自 Google Bigquery，该数据是从 Google Analytics 导入 Google Bigquery 的每日同步表，记录了用户在网站和应用上的所有属性、行为数据。上面涉及的相关字段解释如表 5-1 所示。

表 5-1　fact_user_session_data_sample 表字段解释

字段名	解释
totalsIsBounce	会话是否为跳出会话，如果是则为 1，否则为空
totalsTransactions	会话内订单量，如果有订单，对订单量计数；否则为空
totalsTransactionRevenue	会话内订单量，如果有订单金额，对订单金额求和；否则为空。传递到 Google Analytics 的值乘以 106（例如，2.40 将显示为 2400000）

根据上述表格的字段解释，我们可以了解各个字段为空的原因以及空值所代表的含义。此外，通过对底层数据采集原理的了解，我们也能够得知订单金额数据异常的原因。

基于以上数据分析，我们可以给出如下提示指令：

> [New Bing Chat] 5/15/1 使用 MariaDB 10 编写一个 SQL 查询语句，查询名为 fact_user_session_data_sample 的表，完成如下处理：
> ❑ 对 totalsIsBounce、totalsTransactions、totalsTransactionRevenue 中的空值填充 0，得到新列 totalsIsBounceNew、totalsTransactionsNew、totalsTransactionRevenueNew。
> ❑ 对 totalsTransactionRevenueNew 除以 1000000，得到新列 totalsTransactionRevenueNew。
> 请根据以上提示编写一个 SQL 查询语句实现上述功能，最终返回处理后的 sessionId、totalsIsBounce、totalsIsBounceNew、totalsTransactions、totalsTransactionsNew、totalsTransactionRevenue、totalsTransactionRevenueNew 列。

上述提示语中的重点信息如下：

❑ 虽然对各个缺失值都填充 0，但 totalsIsBounce 填充的 0 表示结果为否，即数据的一种状态值；而 totalsTransactions、totalsTransactionRevenue 填充的 0 表示结果是 0（未发生）。

❑ totalsTransactionRevenue 的数据处理，依赖于我们最初对于数据存储逻辑的理解。我们直接用数字 1000000 表示 10^6，防止 AI 错误地将其理解为 106。

New Bing Chat 根据提示指令，返回如下 SQL 语句：

```
SELECT  sessionId, totalsIsBounce,
    IFNULL(totalsIsBounce, 0) AS totalsIsBounceNew,
    totalsTransactions, IFNULL(totalsTransactions, 0) AS totalsTransactionsNew,
    totalsTransactionRevenue, IFNULL(totalsTransactionRevenue, 0) / 1000000 AS
        totalsTransactionRevenueNew
FROM  fact_user_session_data_sample;
```

在 Navicat 中执行 SQL 语句，结果如图 5-22 所示，可以看到，数据已经正确填充，订单金额也已经还原为正确的数据单位。

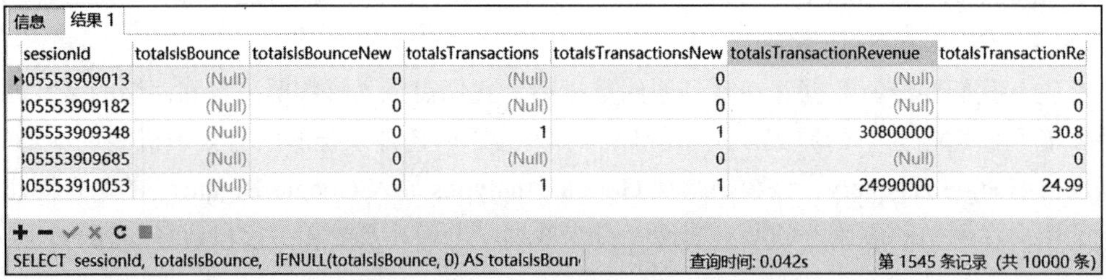

信息	结果 1					
sessionId	totalsIsBounce	totalsIsBounceNew	totalsTransactions	totalsTransactionsNew	totalsTransactionRevenue	totalsTransactionRe
▶305553909013	(Null)	0	(Null)	0	(Null)	0
305553909182	(Null)	0	(Null)	0	(Null)	0
305553909348	(Null)	0	1	1	30800000	30.8
305553909685	(Null)	0	(Null)	0	(Null)	0
305553910053	(Null)	0	1	1	24990000	24.99

＋ － ✓ × C ▪
SELECT sessionId, totalsIsBounce, IFNULL(totalsIsBounce, 0) AS totalsIsBoun | 查询时间: 0.042s | 第 1545 条记录（共 10000 条）

图 5-22　空值、异常值的判断与处理结果

5.5.4　数据去重

数据去重是指从数据集中删除重复的记录或观测值。在数据处理中，数据重复是一个常见的问题。通过识别和删除这些重复数据，我们可以减少数据集的冗余，提高数据的质

量和价值。

在 SQL 中，实现数据去重的方法有很多，一般都是与其他功能配合使用，例如聚合统计、唯一值查询等。本章在之前多次用到了 GROUP BY 和 DISTINCT 两种用法。例如：

❑ 在 5.4.2 节中，我们使用 COUNT(DISTINCT userId) AS user_count 实现对用户 ID 的去重。

❑ 在 5.4.5 节中，我们使用 GROUP BY userId 实现对用户 ID 的去重。

这两种方法在实际使用时有什么区别呢？我们可以直接询问 AI：

[New Bing Chat] 5/16/1　DISTINCT 和 GROUP BY 的数据去重有什么不同？

AI 基于提示指令，给出如下解释：

DISTINCT 和 GROUP BY 都可以用来去重数据，但它们有一些不同之处：

❑ DISTINCT 只能放在查询字段的最前面，而 GROUP BY 可以放在任意位置。

❑ DISTINCT 对后面所有的字段均起作用，即去重是查询所有字段完全重复的数据，而不是只对 DISTINCT 后面连接的单个字段重复的数据。GROUP BY 也对后面所有的字段均起作用，但可以通过聚合函数（如 COUNT、SUM 等）来对分组后的数据进行统计。

❑ DISTINCT 不能单独针对一个字段去重，而 GROUP BY 可以。

❑ DISTINCT 和 GROUP BY 在效率上有差别。一般来说，在重复量比较高的表中，使用 DISTINCT 可以有效提高查询效率，而在重复量比较低的表中，使用 DISTINCT 会严重降低查询效率。在重复量比较高的表中，GROUP BY 比 DISTINCT 效率高一点点，而在重复量比较低的表中，DISTINCT 就比 GROUP BY 效率高一点了。

在这些区别中，除了位置、字段范围和应用条件外，最重要的是执行效率的差异。因此，在实际场景中选择合适的去重方法非常重要。

5.5.5　数据归一化和标准化

数据集中的不同特征往往具有不同的度量单位、取值范围或分布形态，数据归一化和标准化可以将数据转换为具有统一尺度和分布的形式，以消除不同特征之间的量纲差异和偏差，使得它们更容易进行比较和处理。

❑ 数据归一化通常是将数据线性映射到特定范围（例如 0 到 1 之间），使得所有特征值都在相同的数值范围内。这有助于避免某些特征对分析结果产生过大的影响，使得不同特征能够平等地参与分析。

❑ 数据标准化是通过对数据进行平移和缩放操作，使其服从特定的分布，通常是均值为 0，标准差为 1 的标准正态分布。标准化可以消除特征之间的偏差和差异，使得数据更适合应用于某些统计方法和机器学习算法。

使用 AIGC 辅助完成 SQL 数据归一化和标准化时，由于 SQL 内没有预置数据归一化和标准化函数，因此需要在提示信息中，详细而准确地描述归一化或标准化的实现逻辑，或者使用常见的归一化或标准化方法。

下面演示该分析过程。假设我们要从 fact_user_session_data_sample 表中查询 totalsPageviews 并分别完成数据归一化和数据标准化处理。提示指令如下：

> [New Bing Chat] 5/17/1 使用MariaDB 10编写一个SQL查询语句，查询名为fact_user_ session_data_sample的表，完成如下处理：
> ❑ 对totalsPageviews使用Max-min方法做数据归一化处理，归一化后的数据值分布区间为0到1，得到新列PVMaxMin。
> ❑ 对totalsPageviews使用Z-Score方法做数据标准化处理，标准化后的数据的均值为0，标准差为1，得到新列PVZScore。
> 请根据以上提示编写一个SQL查询语句实现上述功能，输出totalsPageviews、PVMaxMin、PVZScore。

上述提示语的核心是对于归一化和标准化的描述，里面包含了3个重要信息：处理名称（例如数据归一化、数据标准化）、归一化或标准化方法（例如Max-min、Z-Score）、处理后的数据特点（例如数据分布范围、均值和标准差特点）。由于数据归一化和标准化有多种实现方法，因此建议读者按照该示例把具体方法和处理后的数据特点描述清楚，这样利于AI理解任务需求。New Bing Chat根据提示指令，返回如下SQL语句：

```
SELECT
    totalsPageviews,
    (totalsPageviews - MIN(totalsPageviews) OVER ()) / (MAX(totalsPageviews)
        OVER () - MIN(totalsPageviews) OVER ()) AS PVMaxMin,
    (totalsPageviews - AVG(totalsPageviews) OVER ()) / STDDEV(totalsPageviews)
        OVER () AS PVZScore
FROM fact_user_session_data_sample;
```

在Navicat中执行SQL语句，结果如图5-23所示。可以看到，数据已经完成了归一化和标准化处理。

图5-23 数据归一化和标准化结果

5.5.6 多行数据聚合为一行

在实际数据应用场景中，我们经常会遇到需要将多个记录或观测值进行汇总和统计的情况。例如，对于某个特定客户或产品，可能有多行销售记录，而我们更希望将这些记录合并成一行，以便更好地了解客户的总体销售情况或产品的累计销售数据。通过将多行数据聚合为一行，我们可以更方便地查询数据序列和集合，还可以简化数据的存储和传输，减少存储空间。

AIGC辅助完成多行数据聚合为一行时，主要需要把聚合的逻辑以及聚合的主体描述清楚，即以什么字段为聚合识别主体，将哪些、哪个字段的值聚合为一个新列。

下面演示该分析过程。假设我们要从fact_user_event_data_sample表中查询每个用户在每个会话内浏览的页面的序列，将序列组合为一个新列。例如，用户浏览了A、B、C、D四个页面，在数据中会存储4条数据，我们现在需要将4条数据聚合为1条数据，形成

A→B→C→D 浏览路径。提示指令如下：

[ChatGPT] 5/18/1 使用 MariaDB 10 编写一个 SQL 查询名为 `fact_user_event_data_sample` 的表，获取 `date`、`userId`、`sessionId`、`eventTime`、`pageId` 列并完成如下处理：

❑ 首先对 `date`、`userId`、`sessionId`、`eventTime` 正序排序。
❑ 然后基于排序后的数据，将 `date`、`userId`、`sessionId` 相同的窗口内多行的 `pageId` 聚合为一个新的值，列名为 `pageSequence`。例如，假设有如下原始数据：

```
| date     | userId | sessionId | eventTime  | pageId |
|----------|--------|-----------|------------|--------|
| 20161123 | 44     | 123       | 1479875282 | 55     |
| 20161123 | 44     | 123       | 1479875283 | 55     |
| 20161123 | 44     | 123       | 1479875444 | 921    |
```

聚合后的数据为：

```
| date     | userId | sessionId | pageSequence   |
|----------|--------|-----------|----------------|
| 20161123 | 44     | 123       | 55→55→921      |
```

❑ 最后基于 `date`、`userId`、`sessionId` 分组汇总。
请根据以上提示编写一个 SQL 查询语句实现上述功能，最后输出 `date`、`userId`、`sessionId`、`pageSequence`。

在上述提示语中，有两个核心点需要注意：

❑ 首先，需要对数据进行排序，以确保按照页面浏览事件的发生时间顺序排列，只有排序后才能得到正确的序列。
❑ 其次，描述了"多行转一行"的聚合逻辑。重要的描述点是提供了原始数据和聚合后的数据示例，直接展示了聚合的过程。连接符号可以通过数据示例进行描述。

另外，聚合的数据分组汇总需要基于会话区间进行标记，不能细化到事件级别。

🎯 提示　在聚合后的数据示例中，可以使用示例来表示是否去重。例如，要对 pageId 为 55 的页面进行去重，可以在聚合后的 pageSequence 中将结果写为 55→921，并在描述中增加去重后的序列路径的相关描述。

ChatGPT 根据提示指令，返回如下 SQL 语句：

```sql
SELECT date, userId, sessionId, GROUP_CONCAT(pageId ORDER BY eventTime SEPARATOR
    '→') AS pageSequence
FROM fact_user_event_data_sample
GROUP BY date, userId, sessionId;
```

在 Navicat 中执行 SQL 语句，结果如图 5-24 所示，新的页面浏览序列在数据 pageSequence 中，里面可以清晰地看到用户在每个会话内的浏览页面序列。

图 5-24　多行数据聚合为一行结果

为了验证数据的准确性，包括数据区间是否正确、序列是否正确，我们直接查询 sessionId 为 100363305555199455 的用户，通过原始数据核对图 5-24 中的信息。原始数据查询结果如图 5-25 所示。该用户在会话中共有 4 条记录，按照 eventTime 排序后可以看到 pageId 的记录顺序与图 5-24 中的 pageSequence 序列是相同的，说明 SQL 查询结果正确。

date	userId	sessionId	eventTime	pageId
20161103	6486566928827230829	100363305555199455	1478250592	2141
20161103	6486566928827230829	100363305555199455	1478316772	1849
20161103	6486566928827230829	100363305555199455	1478667408	8296
20161103	6486566928827230829	100363305555199455	1479034622	10156

图 5-25　用户页面浏览序列验证

 提示　一行数据拆分为多行的逻辑正好与多行数据聚合为一行的逻辑相反，在提示语指令中，除了修改拆分描述外，重点需要把本案例中的"原始数据"与"处理后的数据"的样例进行调换，即"处理后的数据"是原始数据样例，而"原始数据"则变成处理后的数据样例。

5.5.7　多个查询结果的合并

在数据查询和分析过程中，我们经常需要将不同库、表或子查询的信息汇总到一个查询中，并将它们整合成一个更完整和一致的视图。

使用 AIGC 辅助完成多查询结果的合并时，只需要明确描述合并的多个子查询的逻辑，以及合并逻辑（是否去重）即可。

下面以 fact_user_event_data_sample 为例演示该过程。假设我们要从 fact_user_event_data_sample 表中分别查询 operatingSystem 为 iOS 以及 operatingSystem 不等于 Windows 的记录，然后把两个子查询的数据合并到一起。这两个子查询中存在重复的记录，因为 operatingSystem 不等于 Windows 的记录中会包含 operatingSystem 为 iOS 的记录。

场景 1：不去重的合并。提示指令如下：

```
[ChatGPT] 5/19/1 使用 MariaDB 10 编写一个 SQL 查询名为 fact_user_event_data_sample 的
表，查询 operatingSystem 列并完成如下处理：
❑ 获取 operatingSystem 等于 iOS 的数据。
❑ 获取 operatingSystem 不等于 Windows 的数据。
❑ 把上述 2 个数据集合并到一起，不去重。
请根据以上提示编写一个 SQL 查询语句实现上述功能并输出 operatingSystem 列。
```

上述提示语中的核心描述是如何获取 2 个数据集，以及如何对 2 个数据集做合并的逻辑说明。New Bing Chat 根据提示指令，返回如下 SQL 语句：

```
SELECT operatingSystem FROM fact_user_event_data_sample WHERE operatingSystem =
    'iOS'
UNION ALL
SELECT operatingSystem FROM fact_user_event_data_sample WHERE operatingSystem
    <> 'Windows';
```

SQL 中的关键在于使用了 UNION ALL 完成两份数据的合并。我们在 Navicat 中执行 SQL 语句，得到如图 5-26 所示的结果，可以看到，不去重的数据记录共 122218 条。

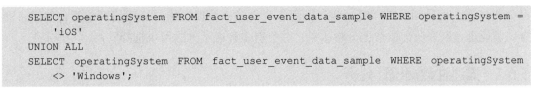

图 5-26　不去重的多查询结果的合并

场景 2：去重的合并。提示指令如下：

[ChatGPT] 5/19/2　使用 MariaDB 10 编写一个 SQL 查询名为 fact_user_event_data_sample 的
　表，查询 operatingSystem 列并完成如下处理：
❑ 获取 operatingSystem 等于 iOS 的数据。
❑ 获取 operatingSystem 不等于 Windows 的数据。
❑ 把上述 2 个数据集合并到一起并去重。
请根据以上提示编写一个 SQL 查询语句实现上述功能并输出 operatingSystem 列。

与场景 1 相比，上述提示语的不同之处在于，合并 2 个数据集时增加了去重逻辑的说明。New Bing Chat 根据提示指令，返回如下 SQL 语句：

```
SELECT operatingSystem FROM fact_user_event_data_sample WHERE operatingSystem =
    'iOS'
UNION
SELECT operatingSystem FROM fact_user_event_data_sample WHERE operatingSystem
    <> 'Windows';
```

这个 SQL 语句与场景 1 的不同之处在于使用了 UNION 操作符来合并数据。我们在 Navicat 中执行 SQL 语句，结果如图 5-27 所示，可以看到，经过去重处理后，共有 8 条记录。

图 5-27　去重的多查询结果的合并

5.6　AIGC 助力高阶数据分析：SQL 数据分析大师

要在数据库中进行数据分析，不仅需要扎实的数理专业知识，还需要熟练掌握 SQL 数据分析技能。而使用 AIGC 后，这一过程将变得轻松便捷，用户只要用简单的自然语言命令，就能迅速获取所需的数据分析结果，并且有多种展示方式可供选择。

5.6.1 描述性数据统计分析

描述性数据统计分析是对数据库中的数据进行基础的统计和概述，如求平均值、标准差、最大值、最小值等。这些统计量能够帮助我们认识数据的分布和特点，发现数据中可能存在的异常或错误。描述性数据统计分析是数据分析的起点，它为后续的探索性或预测性数据挖掘分析奠定基础，指引方向。

在使用 AIGC 进行描述性数据统计分析时，除了要说明针对哪些字段（字段对象）、采用何种统计方法（分析方法）和包含哪些指标（范围）外，还要向 AI 提供目标字段的业务含义、字段 Schema 信息和字段样例。

接下来演示一下这个过程。假设我们要对 fact_user_session_data_sample 表中的 date、userId、totalsPageviews、totalsIsBounce、totalsTransactions 等指标进行描述性统计分析。

提示指令如下：

```
[New Bing Chat] 5/20/1 使用 MariaDB 10 编写一个 SQL 查询名为 fact_user_session_data_
    sample 的表，对该表完成如下描述性统计分析，列字段说明如下：
❏ date：事件发生的日期，日期类型。
❏ totalsPageviews：用户总页面浏览量，数值类型。数据示例：1。
❏ totalsIsBounce：会话是否跳出，可为空，空值表示非跳出。数据示例：1。
❏ totalsTransactions：会话内的总订单次数，可为空，空值表示订单次数为 0。数据示例：2。
请根据上述信息，编写一个 SQL 实现针对不同类型的列选择适合的描述性统计分析方法和指标，计算并输出
    结果。数据结果需要在一行内显示。
```

在上述提示语中，我们主要说明了统计分析的背景和需求：

❏ 首先，我们详细介绍了数据信息，包括字段名、业务含义、数据类型和值的示例。同时，我们也说明了空值的状态和含义。

❏ 其次，我们描述了描述性统计分析的处理过程，有两个关键点：一是让 AI 根据字段类型和业务含义自动选择合适的指标，如果有特别关注的指标可以明确指定，比如对 totalsTransactions 求最大值和最小值；二是让数据结果在同一行显示。

New Bing Chat 根据提示指令，返回如下 SQL 语句：

```
SELECT
    MIN(date) AS min_date,  MAX(date) AS max_date,
    SUM(totalsPageviews) AS sum_pageviews,  AVG(totalsPageviews) AS avg_pageviews,
        STDDEV_SAMP(totalsPageviews) AS stddev_pageviews,  MIN(totalsPageviews) AS
        min_pageviews,  MAX(totalsPageviews) AS max_pageviews,
    COUNT(*) AS total_sessions,  SUM(totalsIsBounce) AS bounce_sessions,
    SUM(totalsTransactions) AS sum_transactions,  AVG(totalsTransactions)
        AS avg_transactions,  STDDEV_SAMP(totalsTransactions) AS stddev_
        transactions,  MIN(totalsTransactions) AS min_transactions,
        MAX(totalsTransactions) AS max_transactions
```

```
FROM fact_user_session_data_sample;
```

AIGC 生成的 SQL 语句针对不同列自动选择了以下统计策略。

❑ date 列：使用 MIN 和 MAX 函数计算日期范围。

❑ totalsPageviews 列：用户总页面浏览量，数值类型。使用 SUM、AVG、STDDEV_SAMP、MIN 和 MAX 函数计算总和、平均值、标准差、最小值和最大值。

❑ totalsIsBounce 列：会话是否跳出，可为空，空值表示非跳出。使用 COUNT、SUM 和 AVG 函数计算总会话数、跳出会话数和跳出率。

❑ totalsTransactions 列：会话内的总订单次数，可为空，空值表示订单次数为 0。使用 SUM、AVG、STDDEV_SAMP、MIN 和 MAX 函数计算总订单次数、平均订单次数、标准差、最小值和最大值。

在上述统计策略中，关于跳出率的计算存在错误。原因是原始数据中 totalsIsBounce 存在缺失值，该缺失值应填充为 0，表示非跳出。因此，计算跳出率应为：SUM(totalsIsBounce) / COUNT(*)。

由于一次性输出的列较多，我们手动将结果粘贴到 Excel 中，并分多行显示。详细结果如图 5-28 所示。

min_date	max_date	sum_pageviews	avg_pageviews	stddev_pageviews
2016/11/3	2016/12/31	47060	4.7107	9.8872

min_pageviews	max_pageviews	total_sessions	bounce_sessions	bounce_rate
1	177	10000	3036	1

sum_transactions	avg_transactions	stddev_transactions	min_transactions	max_transactions
267	1	0	1	1

图 5-28　描述性统计分析结果

 提示　由于 bounce_rate 的结果是错误的，因此我们可以忽略其输出值。

5.6.2　数据透视表分析

SQL 数据透视表分析是一种把源表或视图的结果转成数据透视表的方法，数据透视表是一种方便汇总和展示数据的表格形式。与 Excel 直接提供强大的数据透视表交互功能不同，用 SQL 实现数据透视表分析的操作相对复杂，并且不是所有的数据库系统都支持 SQL 数据透视表分析的功能或关键字。

比如，MariaDB 没有内置的数据透视表功能或关键字，但可以用其他方法实现数据透视表分析，如：用存储过程动态生成和执行 SQL 查询语句，用 CONNECT 引擎提供的 PIVOT 表类型把源表或视图的结果转换成数据透视表，或者用普通的 SQL 查询语句，结合

GROUP BY、SUM、IF 等函数模拟数据透视表分析的效果。

在用 AIGC 描述数据透视表分析需求时，要清楚地说明数据透视表的逻辑，主要包括以下内容。

- ❑ 分组行名：选择哪些字段作为"行"，即按什么字段分组。
- ❑ 分组列名：选择哪些字段作为"列"，即显示不同的指标列。
- ❑ 指标聚合字段和函数逻辑：根据行和列的交叉，对哪些字段用哪些聚合函数计算特定指标。
- ❑ 还可以根据需求添加其他描述，比如排序、过滤等。

接下来演示一下这个过程。假设我们要从 fact_user_session_data_sample 表中以 date 为分组行名，以 totalsisNewVisits 为分组列名，分别计算 sessionId 计数和 totalsTransactionRevenue 求和并作为指标，分析新老用户在会话数和订单金额上的差异，最终得到类似如表 5-2 所示的结果。

表 5-2 数据透视表示例结果

日期	新用户		老用户	
	总用户量	总订单金额	总用户量	总订单金额
20161123	12	0	29	2

提示指令如下：

```
[New Bing Chat] 5/21/1  使用 MariaDB 10 查询名为 fact_user_session_data_sample 的表，
   完成数据透视表分析。该表的列说明如下。
❑ date：事件发生的日期，日期类型。
❑ sessionId：会话 ID，数值类型。数据示例：9999049552070889。
❑ totalsisNewVisits：新老用户，数值类型。1 表示新用户，Null 表示老用户。
❑ totalsTransactionRevenue：用户总订单金额，数值类型。数据示例：134100。
请基于上述列信息，实现透视表计算。
❑ 行分组：date（日期）。
❑ 列分组：totalsisNewVisits（新、老用户）。
❑ 指标列和聚合计算逻辑：sessionId 计数（用户数），totalsTransactionRevenue 求和（订单金额）。
请根据以上提示，编写一个 SQL 实现上述功能并输出数据透视表结果，结果包括 5 列：日期、新用户数、老
用户数、新用户订单金额、老用户订单金额。
```

上述提示指令中的重点信息是列说明和透视表计算逻辑。列说明中需要详细介绍 totalsisNewVisits 的值域，以便设置不同列的过滤条件。如果使用其他指标，也需要提供完整的值域描述。透视表逻辑中的行分组、列分组、指标列和聚合计算逻辑应根据任务目标进行描述。

New Bing Chat 根据提示指令，给出如下 SQL 语句：

```
-- 创建一个临时表，将 totalsisNewVisits 列的 Null 值替换为 0，表示老用户
CREATE TEMPORARY TABLE temp_table AS
SELECT date, sessionId, totalsTransactionRevenue,
```

```
CASE WHEN totalsisNewVisits IS NULL THEN 0 ELSE totalsisNewVisits END AS
    totalsisNewVisits
FROM fact_user_session_data_sample;

-- 使用临时表进行数据透视表分析
SELECT date,
SUM(CASE WHEN totalsisNewVisits = 1 THEN 1 ELSE 0 END) AS new_user_count,
SUM(CASE WHEN totalsisNewVisits = 0 THEN 1 ELSE 0 END) AS old_user_count,
SUM(CASE WHEN totalsisNewVisits = 1 THEN totalsTransactionRevenue ELSE 0 END)
    AS new_user_revenue,
SUM(CASE WHEN totalsisNewVisits = 0 THEN totalsTransactionRevenue ELSE 0 END)
    AS old_user_revenue
FROM temp_table
GROUP BY date ORDER BY date;
```

在 Navicat 中执行 SQL 语句，结果如图 5-29 所示。可以看到，对于新老用户的两个指标，分别进行计算后得到四列结果。

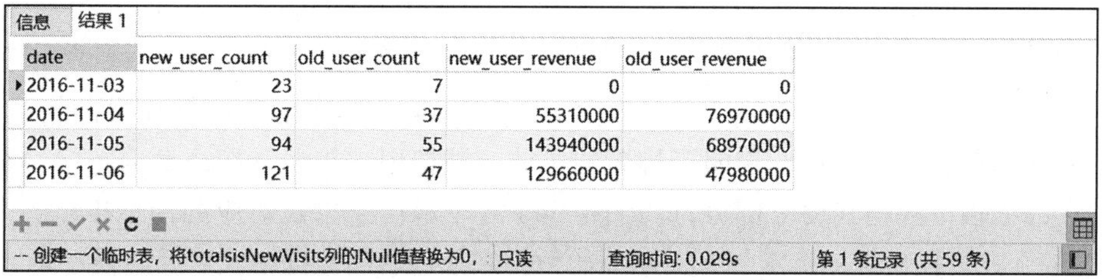

date	new_user_count	old_user_count	new_user_revenue	old_user_revenue
2016-11-03	23	7	0	0
2016-11-04	97	37	55310000	76970000
2016-11-05	94	55	143940000	68970000
2016-11-06	121	47	129660000	47980000

-- 创建一个临时表，将totalsisNewVisits列的Null值替换为0，　只读　　查询时间: 0.029s　　第 1 条记录 (共 59 条)

图 5-29　数据透视表分析结果

5.6.3　排名、分组排名

在之前的 5.4.4 节中，我们介绍了窗口函数的应用，其中包括窗口内排名的用法。排名是 SQL 中最常用的场景之一，特别是在分析整体和细分主体的价值度、贡献度时经常使用。例如，获取排名前 20% 的高价值用户，或者获取贡献最高的前 3 个订单品类等。

下面演示如何排名。假设我们要从 fact_user_event_data_sample 表中进行以下操作：

❑ 首先，按照每个 userId 查询其总页面浏览量，并对用户进行排名。

❑ 然后，按照每个会话查询每个用户在该会话中的页面浏览量，并对每个用户的会话再次进行排名。

这个需求中涉及两层排名逻辑：基于 userId 的排名是在全部用户数据窗口中进行的，而基于会话的排名是在每个用户的数据窗口中进行的。

提示指令如下：

```
[New Bing Chat] 5/22/1　使用 MariaDB 10 查询名为 fact_user_event_data_sample 的表，完
    成排名、分组排名。
❑ userId: 用户 ID。
❑ sessionId: 会话 ID。
```

❑ user_pv: 用户总页面浏览量。以 userId 为窗口，对 pageId 计数。
❑ session_pv: 每个用户在每个会话内的页面浏览量。以 userId、sessionId 为窗口，对 pageId 计数。
❑ user_rank: 用户总页面浏览量排名。按用户总页面浏览量倒序排序。
❑ session_rank: 每个用户会话内页面浏览量排名。按每个用户在每个会话内页面浏览量倒序排序。
最后，按 user_rank、userId、session_rank 正序排序。
例如，假如有如下数据：

userId	sessionId	pageId
43	1003633055553494911	10
43	1003633055553494988	7807
43	1003633055553494988	7949
51	1003633055553494502	36

经过数据计算后输出如下结果：

userId	sessionId	user_rank	user_pv	session_rank	session_pv
43	1003633055553494988	1	3	1	2
43	1003633055553494911	1	3	2	1
51	1003633055553494502	2	1	1	1

请根据以上提示编写一个 SQL 查询语句实现上述功能，最终输出查询结果。

上述提示指令的核心包括两个方面的描述：排名的计算逻辑和数据输出的格式要求。在排名的计算逻辑部分，我们说明了排名的主体，即按用户排名和按会话内排名两种计算方式。在数据输出的格式要求部分，我们指定了各个输出列以及对应的指标逻辑。为了帮助 AI 理解，我们提供了一个示例，展示原始数据和处理后的数据格式以及转换逻辑。

New Bing Chat 基于提示指令，返回如下 SQL 语句：

```
-- 创建一个临时表，计算用户总页面浏览量和用户总页面浏览量排名
WITH user_pv_rank AS (
    SELECT userId, COUNT(pageId) AS user_pv, RANK() OVER (ORDER BY COUNT(pageId)
        DESC) AS user_rank
    FROM fact_user_event_data_sample GROUP BY userId
),
-- 创建一个临时表，计算每个用户在每个会话内的页面浏览量和每个用户会话内页面浏览量排名
session_pv_rank AS (
    SELECT userId, sessionId, COUNT(pageId) AS session_pv, RANK() OVER (PARTITION
        BY userId ORDER BY COUNT(pageId) DESC) AS session_rank
    FROM fact_user_event_data_sample GROUP BY userId, sessionId
)
-- 连接两个临时表，输出最终结果，并按 user_rank、userId、session_rank 正序排序
SELECT u.userId, s.sessionId, u.user_rank, u.user_pv, s.session_rank, s.session_
    pv
FROM user_pv_rank u
JOIN session_pv_rank s ON u.userId = s.userId
ORDER BY u.user_rank, u.userId, s.session_rank;
```

SQL 的实现主要涉及三个部分，分别是：

❑ 第一个部分（user_pv_rank）用于计算每个用户的总页面浏览量和对应的排名。
❑ 第二个部分（session_pv_rank）用于计算每个用户在每个会话内的页面浏览量和对

应的排名。

❑ 第三个部分主要查询语句将上述两个子查询关联起来，获得数据结果并进行排序。

在 Navicat 中执行 SQL 语句，结果如图 5-30 所示，可以看到，图中分别显示了基于用户的页面浏览量的排名和基于会话内的页面浏览量的排名。

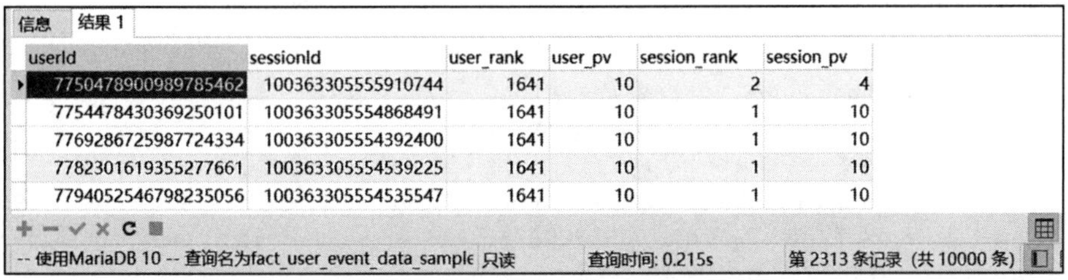

图 5-30　排名、分组排名结果

我们从数据中获取原始数据进行校验。在图 5-30 中，我们选择了 userId 为 775047890 0989785462 的用户行为记录，并查看了该用户在两次会话中的页面浏览情况。如图 5-31 所示，我们查询到了该用户的数据，其中包含 10 条记录，分为两个会话：sessionId 为 100363305554343613 和 100363305555910744 的会话，对应的页面浏览量分别为 6 和 4。通过与图 5-30 的结果进行对比，可以发现数据完全一致，证明 SQL 逻辑是正确的。

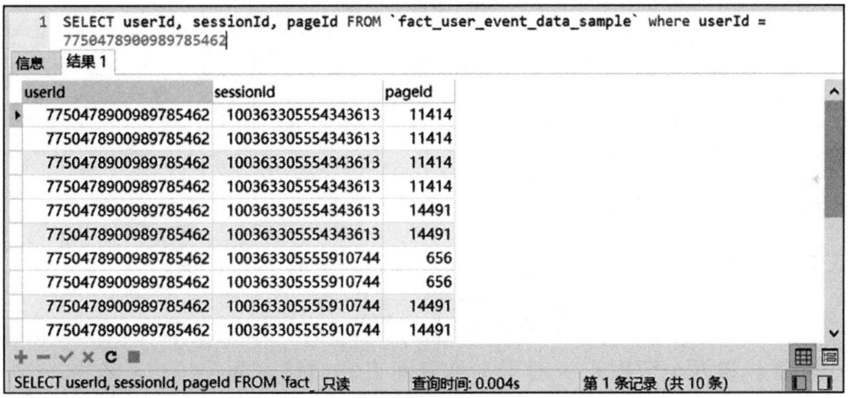

图 5-31　查询 userId 为 7750478900989785462 的用户行为记录

5.6.4　自定义欧氏距离实现相似度分析

相似度分析是用于比较两个对象之间相似程度的算法，在信息检索、数据挖掘、模式识别等领域应用广泛。它的核心问题是选择合适的相似度度量方法。在数据分析中，我们经常需要查询与特定记录相似的其他记录，例如查询与用户 A 相似的其他用户，这就需要进行相似度分析。

常见的相似度计算方法包括欧氏距离、曼哈顿距离、夹角余弦、相关系数、汉明距离、杰卡德相似系数等。其中，欧氏距离由于结构简单、容易理解，在实际应用中被广泛采用。

下面演示这个过程。假设我们要从 fact_user_main_sample 表中查询 userId 为 81289909 7700848969 的用户在 bounceRate、avgPV、avgTime、conversionRate、avgRevenue 这些特征上与其他用户的相似度，并输出相似度结果。可以使用如下提示指令：

> [New Bing Chat] 5/23/1 使用 MariaDB 10 查询名为 fact_user_main_sample 的表，查询 userId 为 812899097700848969 的用户在 bounceRate、avgPV、avgTime、conversionRate、 avgRevenue 列特征上与其他用户的相似度（欧氏距离）。
>
> 请根据以上提示编写一个 SQL 查询语句实现上述功能，输出结果为 3 列，分别如下。
> ❏ rawUserId：表示 userId 为 812899097700848969 的用户，值固定为 812899097700848969。
> ❏ otherUserId：表示排除 userId 为 812899097700848969 外，其他用户的 userId 的值。
> ❏ similarity：表示欧氏距离，结果正序排序。

上述提示语主要包含两部分内容：一是欧氏距离相似度的计算逻辑，即按照指定列完成欧氏距离的计算；二是明确了输出字段和格式的要求。New Bing Chat 根据提示指令，返回如下 SQL 语句：

```sql
SELECT
    812899097700848969 AS rawUserId, other.userId AS otherUserId,
    SQRT(POW(raw.bounceRate - other.bounceRate, 2) +
        POW(raw.avgPV - other.avgPV, 2) +
        POW(raw.avgTime - other.avgTime, 2) +
        POW(raw.conversionRate - other.conversionRate, 2) +
        POW(raw.avgRevenue - other.avgRevenue, 2)
    ) AS similarity
FROM fact_user_main_sample AS raw
JOIN fact_user_main_sample AS other
ON raw.userId = 812899097700848969 AND other.userId <> raw.userId
ORDER BY similarity ASC;
```

在 AIGC 给出的 SQL 中，核心逻辑是使用欧氏距离计算相似度：

$$d_{12} = \sqrt{(x_1 - x_2)^2 + (y_1 - y_2)^2}$$

其中 1 和 2 代表两个数据点，对于本示例而言它们代表两个用户。x_1 和 y_1 表示第一个用户的两个特征，x_2 和 y_2 表示第二个用户的特征，如果有更多特征，则依次增加特征差值的平方项即可。

在执行该 SQL 语句后，使用 MariaDB 得到了如图 5-32 所示的结果，其中欧氏距离的值越小表示两者距离越近。从结果中可以看出，用户 812899097700848969 与用户 5343340410948765224、6081236558559200853 的相似度最高，它们之间的距离为 1，表示在选定的特征下完全相同。

为了验证欧氏距离的计算正确性，我们直接从原始数据中查询了这三个用户在选定列上的数据，如图 5-33 所示，可以看到它们的数据是一致的，说明欧氏距离的计算是正确的。

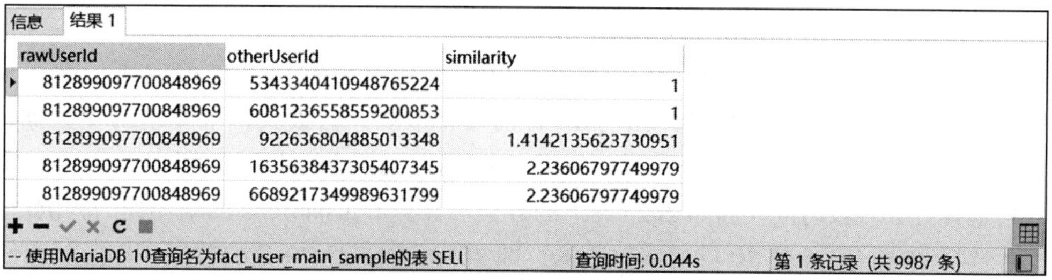

图 5-32　相似度分析结果

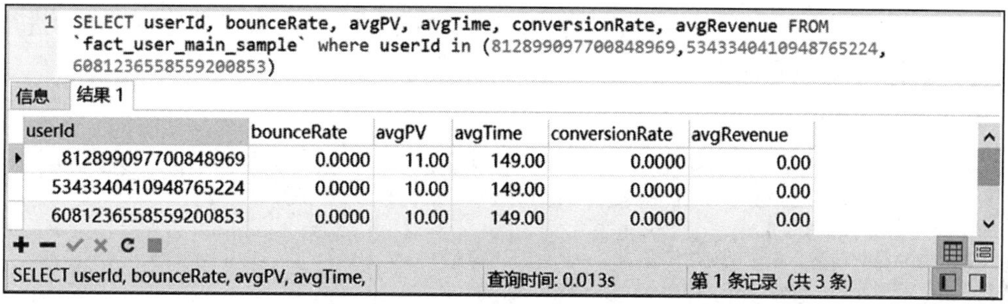

图 5-33　相似度原始数据查询结果

5.6.5　基于均值、同比、环比和加权规则的简单预测分析

预测是数据分析中常见的任务之一，在数据库中，即使不使用复杂的算法，我们仍然可以通过简单的方式完成预测分析工作。最简单的预测方法包括基于均值、同比、环比和加权规则四种方式。

- ❏ 基于均值的预测方法的基本原理是假设未来与过去的平均值相同，计算历史数据的均值，并将其作为预测值。
- ❏ 基于同比和环比的预测方法相对基于均值的预测方法，考虑更多的是历史同期和上期的效果，因此具有更强的同周期下的可比性。
- ❏ 此外，我们还可以将同比、环比和均值进行加权计算，得到加权预测结果，以适应不同场景下的自定义计算需求。

这些方法可以应用于各种时间序列数据的预测分析，如销量、利润、温度、降雨量等。例如，要预测下个月的销量，可以计算过去 12 个月的月销量均值，并将其作为下个月的预测销量；或者与去年同期或上个月的数据进行对比，以得到预测结果。

这类预测方法的特点包括：

- ❏ 简单、直观、易于理解和解释，特别适用于信息缺乏或不可靠的情况，可能是比较实用的方法。
- ❏ 由于假设未来与过去完全相同，无法捕捉数据变化的趋势，预测精度不高，不如更复杂的统计方法或机器学习方法。

下面我们以 agg_daily_overview_data 表为例，演示这些预测方法的应用。该表包含了从 2022 年 01 月 01 日到 2023 年 05 月 19 日的按日数据。假设我们要基于历史数据预测 2023 年 05 月 20 日的 transactions 数据。根据上述描述，我们有以下选择：

❑ 选择过去一段时间（例如 2023 年）的数据，计算 transactions 的均值作为预测值。

❑ 选择 2023 年 05 月 20 日的同比数据，即 2022 年 05 月 20 日的数据，作为预测值。

❑ 选择 2023 年 05 月 20 日的环比数据，即 2023 年 04 月 20 日的数据，作为预测值。

❑ 选择使用加权规则，根据业务经验设置权重，例如设置均值、同比、环比的权重分别为 1、1.2 和 1.5，其中环比的权重最大，其次是同比，最后是均值，然后进行加权计算，得到预测值。

提示指令如下：

```
[New Bing Chat] 5/24/1 使用 MariaDB 10 查询名为 agg_daily_overview_data 的表，基于
   date（日期，日期类型）、transactions（订单量，数值类型），完成如下计算。
第一步，计算三个基础指标：
❑ 今年均值订单量。查询日期范围在 2023-01-01 到 2023-05-19 的记录，然后计算 transactions 均
   值，得到指标：avgTransactions2023。
❑ 去年同期订单量。查询日期为 2022-05-20 的记录，然后获取 transactions 值，得到指标：
   lastYeartransactions。
❑ 上月同期订单量。查询日期为 2023-04-20 的记录，然后获取 transactions 值，得到指标：
   lastMonthtransactions。
第二步，基于上面三个计算后的基础指标，再次计算加权得分值，得到综合加权订单量，公式为：综合加权
   订单量 =（今年均值订单量 *1 + 去年同期订单量 *1.2 + 上月同期订单量 *1.5）/ 3。得到指标：
   totalTransactions。
请根据以上提示编写一个 SQL 查询语句实现上述功能，输出：今年均值订单量、去年同期订单量、上月同期
   订单量、综合加权订单量。
```

上述提示语的主要描述是将四个指标的计算逻辑拆分为两步：第一步计算三个基础指标，第二步依赖第一步计算的指标进行二次计算。

New Bing Chat 基于提示指令，返回如下 SQL 语句：

```
WITH
avgTransactions2023 AS (
    SELECT ROUND(AVG(transactions), 2) AS avgTransactions2023
    FROM agg_daily_overview_data WHERE date BETWEEN '2023-01-01' AND '2023-05-19'),
      lastYeartransactions AS (
    SELECT transactions AS lastYeartransactions
    FROM agg_daily_overview_data WHERE date = '2022-05-20'),
lastMonthtransactions AS (
    SELECT transactions AS lastMonthtransactions
    FROM agg_daily_overview_data WHERE date = '2023-04-20')
SELECT a.avgTransactions2023, b.lastYeartransactions, c.lastMonthtransactions,
ROUND((a.avgTransactions2023 * 1 + b.lastYeartransactions * 1.2 + c.lastMonthtr-
    ansactions * 1.5) / 3, 2) AS totalTransactions
FROM avgTransactions2023 a, lastYeartransactions b, lastMonthtransactions c;
```

AIGC 给出的 SQL 分别使用 WITH 定义了 3 个从句，用于查询 3 种逻辑下的预测指标；然后再基于三个指标计算综合预测指标。在 Navicat 中执行 SQL 语句，结果如图 5-34 所示，我们可以选择其中一个或者几个指标，综合参考得到 2023-05-20 的预测值结果。

avgTransactions2023	lastYeartransactions	lastMonthtransactions	totalTransactions
204.22	144	123	187.17

图 5-34　基于均值、同比、环比和加权规则的简单预测分析

5.7　AIGC 化解 SQL 困局：SQL 解释、转换、排错、性能优化

在数据库统计分析和数据挖掘应用中，经常会遇到以下场景：
- ❑ SQL 解释和逻辑说明，需要解释已有 SQL 的实现逻辑和方法。
- ❑ 跨数据库和不同版本的 SQL 转换，将一种数据库的 SQL 转换为另一种数据库可用的 SQL。
- ❑ SQL 问题诊断和修复，解决 SQL 出现的错误。
- ❑ SQL 查询效率优化，通过优化 SQL 来提升性能。

这些场景对数据分析师的要求往往很高，因为需要掌握 SQL 原理、实现过程、多数据库环境、底层逻辑等多个方面的技术。然而，借助于 AI，这些问题都可以轻松解决。

5.7.1　SQL 解释和逻辑说明

对于不熟悉 SQL 的用户来说，理解通过 AIGC 或其他途径获取的 SQL 语句可能是一项具有挑战性的任务，因为它涉及数据库、SQL 和数据理解等多个领域的知识。然而，AI 可以有效地解释 SQL 语句，帮助用户快速理解 SQL 查询的含义和逻辑。SQL 解释和逻辑说明系统主要适用于以下场景：
- ❑ 初学者可以通过实际的 SQL 场景学习和理解 SQL 语言的基本概念和用法。
- ❑ 开发人员和数据分析师在日常工作中可以使用 SQL 解释和逻辑说明系统解析和调试 SQL 查询。
- ❑ 用户可以更好地理解查询语句的逻辑和执行计划，为优化 SQL 查询和提升查询效率提供基础辅助信息。

使用 AI 实现 SQL 解释和逻辑说明系统的操作流程相对简单。用户只需将 SQL 查询语句输入 AI，就可以获得 AI 提供的关于 SQL 的解释和说明。如果用户有更多关于 SQL 和数据库 Schema 的辅助信息，也可以一并输入 AI，以获得更准确的解释。

示例 1：简单 SQL 的解释，不带有任何背景信息。

假设我们从企业的其他场景中获取了一段 SQL 语句，现在需要了解这段 SQL 语句的含义。提示指令如下：

```
[New Bing Chat] 5/25/1  请帮我解释下面的 SQL 语句。

SELECT
    totalsPageviews,
    (totalsPageviews - MIN(totalsPageviews) OVER ()) / (MAX(totalsPageviews)
        OVER () - MIN(totalsPageviews) OVER ()) AS PVMaxMin,
    (totalsPageviews - AVG(totalsPageviews) OVER ()) / STDDEV(totalsPageviews)
        OVER () AS PVZScore
FROM fact_user_session_data_sample;
```

在上述提示中，我们没有提供任何背景信息，而是直接向 AI 提供了一段 SQL 语句，希望 AI 能够解释其含义。New Bing Chat 给出如下推理和解释：

> 这个语句使用了窗口函数，它们是一种可以在一组记录上计算值的函数。窗口函数需要使用 OVER 子句来定义窗口，也就是要计算的记录的集合。OVER 子句可以包含 PARTITION BY、ORDER BY 和 ROWS/RANGE 三个部分，分别用于指定窗口的分组、排序和范围。
>
> 这个 SQL 语句的目的是从 fact_user_session_data_sample 表中选择 totalsPageviews 列，并计算两个基于窗口函数的列：PVMaxMin 和 PVZScore。这两个列分别表示 totalsPageviews 的最大最小归一化值和标准化值。
>
> ❑ PVMaxMin 列使用了 MIN 和 MAX 函数来计算 totalsPageviews 在整个结果集中的最小值和最大值。然后用当前行的 totalsPageviews 减去最小值，再除以最大值和最小值的差，得到一个介于 0 和 1 之间的数，表示当前行的 totalsPageviews 相对于整个结果集的位置。OVER 子句没有指定任何 PARTITION BY 或 ORDER BY，所以窗口就是整个结果集。
> ❑ PVZScore 列使用了 AVG 和 STDDEV 函数来计算 totalsPageviews 在整个结果集中的平均值和标准差。然后用当前行的 totalsPageviews 减去平均值，再除以标准差，得到一个数，表示当前行的 totalsPageviews 相对于整个结果集的分布情况。OVER 子句也没有指定任何 PARTITION BY 或 ORDER BY，所以窗口也是整个结果集。

从结果中可以看出，AI 能够对给定的 SQL 语句进行识别、解析和解释，并提供相关的信息和解释。AI 首先对查询语句进行语法分析，确保其正确性。然后，它会解析查询的结构，并提取其中的关键信息，如表名、字段名和条件等。基于这些信息，AI 逐步解释查询的目的和逻辑。

AI 还会解释每个查询字段的含义和作用，根据字段的来源、计算方法和使用的函数进行解释。对于使用的窗口函数、条件表达式、连接方式和其他 SQL 特性，AI 也能够识别和解释，帮助用户理解查询的执行逻辑和结果。

需要注意的是，在特定领域或特殊情况下，某些查询语句的解释可能需要根据更具体的上下文和数据模型信息进行分析。因此，在输入 SQL 语句时，如果能够提供注释、业务背景和数据库 Schema 等额外信息，将有助于 AI 更好地理解和解释查询。

示例 2：复杂 SQL 的解释，带有一定的背景和解释信息。

通过在提示指令中增加注释、背景和 Schema 等信息，AI 能够更准确地理解查询的含义和逻辑。提示指令如下：

[New Bing Chat] 5/25/2　下面的 SQL 中，visits 表示访问量、transactions 表示订单量。该 SQL 用于计算回归方程。请帮我解释这段 SQL，然后直接给出回归方程。

```
CREATE TEMPORARY TABLE temp_table AS
SELECT visits AS x, transactions AS y, visits * visits AS x2, transactions *
    transactions AS y2, visits * transactions AS xy
FROM agg_daily_overview_data;

-- 计算x和y的总数、平均值、协方差、相关性、方差
SELECT COUNT(x) AS n, AVG(x) AS x_mean, AVG(y) AS y_mean,
(SUM(xy) - SUM(x) * SUM(y) / COUNT(x)) / (COUNT(x) - 1) AS cov_xy,
(SUM(xy) - SUM(x) * SUM(y) / COUNT(x)) / SQRT((SUM(x2) - SUM(x) * SUM(x) /
    COUNT(x)) * (SUM(y2) - SUM(y) * SUM(y) / COUNT(x))) AS corr_xy,
(SUM(x2) - SUM(x) * SUM(x) / COUNT(x)) / (COUNT(x) - 1) AS var_x,
(SUM(y2) - SUM(y) * SUM(y) / COUNT(y)) / (COUNT(y) - 1) AS var_y
INTO @n, @x_mean, @y_mean, @cov_xy, @corr_xy, @var_x, @var_y
FROM temp_table;

-- 计算回归系数、截距和解释系数
SET @slope = @cov_xy / @var_x;
SET @intercept = @y_mean - @slope * @x_mean;
SET @r_squared = POWER(@corr_xy, 2);

-- 输出结果
SELECT ROUND(@slope,2) AS slope, ROUND(@intercept,2) AS intercept, ROUND(@r_
    squared,2) AS r_squared;
```

在上述提示指令中，我们增加了关于字段含义、SQL 目标等信息的描述，并在 SQL 中添加了注释以提供更多解释和说明。结合这些信息，New Bing Chat 给出了如下解释：

这段 SQL 的目的是计算访问量（x）和订单量（y）之间的线性回归方程，即 $y = ax + b$ 的形式，其中 a 是回归系数，b 是截距。线性回归方程可以用来描述两个变量之间的关系，以及预测未来的趋势。

这段 SQL 的步骤如下：
- 首先，创建一个临时表 temp_table，用来存储原始数据表 agg_daily_overview_data 中的 x 和 y 列，以及它们的平方和乘积列，即 x^2、y^2、xy。
- 然后，从临时表中计算 x 和 y 的总数、平均值、协方差、相关性、方差等统计量，并存储到变量中，如 @n、@x_mean、@y_mean 等。
- 接着，根据公式，用变量计算出回归系数 a（@slope）、截距 b（@intercept），以及解释系数 r^2（@r_squared）。
- 最后，输出结果，即回归方程的参数。

根据这段 SQL，回归方程为 $y = 0.01x + 0.03$
解释系数为 $r^2 = 0.02$

AI 在解释中对 SQL 目标进行了更详细的补充说明，同时提供了方程表达式和方程的用途。针对 SQL 实现过程，AI 也详细解释了各个变量和计算逻辑的含义。需要注意的是，最后输出的回归方程和 r^2 值是错误的，因为 AI 没有我们数据库中的实际数据，所以无法得到正确的回归方程和解释系数。因此，读者只需参考这个输出示例，了解在数据库中执行后可能得到类似的结果即可。

5.7.2 跨异构数据库的 SQL 转换

在企业应用中，由于不同应用场景使用了不同的数据库解决方案，导致数据存储在异构数据库中。异构数据库系统可以包括关系型数据库（如 MySQL、Oracle）、大数据平台数据库（如 Hive）、云数据库方案（如 BigQuery）等。甚至在相同数据库的不同环境下，版本差异也可能存在。这些数据库系统可能采用不同的数据模型、查询语言和版本，增加了数据集成和查询的复杂性和难度。

例如，假设我们的网站流量原始数据存储在 Google BigQuery 中，IT 部门已经通过技术手段将 Google BigQuery 的数据按日备份到企业内部的 MySQL 数据库中。营销部门一直使用 Google BigQuery 进行数据查询，而客户运营部门则使用 MySQL 实现数据查询。由于两个部门使用的数据库不同，因此无法直接使用对方提供的 SQL 查询语句。

为了实现 Google BigQuery 和 MySQL 之间的 SQL 转换，用户需要熟悉这两种数据库的 SQL 语言。然而，借助于 AI，这个过程将变得异常简单。下面我们通过两个简单场景来说明具体的用法。

场景 1：简单 SQL 转换。

我们需要将 5.5.6 节中的多行数据转为一行的 MariaDB SQL 转换为 BigQuery SQL。提示指令如下：

```
[New Bing Chat] 5/26/1 请将下面的 MariaDB SQL 转换为 BigQuery SQL，以 Markdown 格式输
    出，BigQuery 查询的表需要改为：`big-query-test-162305.aigc_data.fact_user_event_
    data_sample`。

SELECT date, userId, sessionId, GROUP_CONCAT(pageId ORDER BY eventTime SEPARATOR
    '→') AS pageSequence
FROM fact_user_event_data_sample
GROUP BY date, userId, sessionId;
```

提示指令中，我们需要额外注意的是关于 BigQuery 中查询的表名的引用位置。BigQuery 中没有数据库的概念，而是通过项目 - 数据集 - 表进行组织和管理。因此，需要将 MariaDB 中的表名改为项目 ID+ 数据集 ID+ 表名的表示方法。AIGC 给出如下 BigQuery SQL 语句：

```
SELECT date, userId, sessionId, STRING_AGG(CAST(pageId AS STRING) , '→' ORDER
    BY eventTime) AS pageSequence
FROM `big-query-test-162305.aigc_data.fact_user_event_data_sample`
GROUP BY date, userId, sessionId;
```

在 AIGC 给出的 BigQuery SQL 语句中，由于 BigQuery 不支持 GROUP_CONCAT 函数，因此我们使用 STRING_AGG 函数代替。此外，还增加了 CAST 转换函数，以确保 pageId 是字符串格式。在 BigQuery 中执行该 SQL 语句，将得到如图 5-35 所示的结果。

场景 2：复杂 SQL 转换。

假设我们要把 BigQuery SQL 转换为 MariaDB SQL。可以使用如下提示指令：

图 5-35　在 BigQuery 中执行 SQL 获得网页浏览序列

```
[New Bing Chat] 5/26/2  请将下面的 Bigquery SQL 转换为 MariaDB SQL，以 Markdown 格式输
    出。注意：
❑ 需要仅保留 MariaDB 中原始表的 agg_daily_overview_data。
❑ 支持 MariaDB 10，该版本数据库中不支持协方差、相关性、方差计算函数，请用最简单的数学函数实
    现相关功能。

WITH DATA AS ( SELECT visits AS x, transactions AS y FROM `big-query-
    test-162305.aigc_data.agg_daily_overview_data` ),
stats AS (SELECT COUNT(*) AS n, AVG( x ) AS xbar, AVG( y ) AS ybar, STDDEV( x )
    AS sx, STDDEV( y ) AS sy, CORR ( x, y ) AS r FROM DATA)
SELECT ROUND( r * sy / sx, 2 ) AS slope, ROUND( ybar - r * sy / sx * xbar, 2 )
    AS intercept, ROUND( POWER( r, 2 ), 2 ) AS r2 FROM stats;
```

　　在上述指令中，我们强调了原始表的表名修改，并提醒 AI 在转换过程中避免使用 MariaDB
不支持的函数。同时，我们使用了最简单的数学函数来实现整个功能。在 BigQuery 中执行
上述 SQL 语句后，得到如图 5-36 所示的结果。

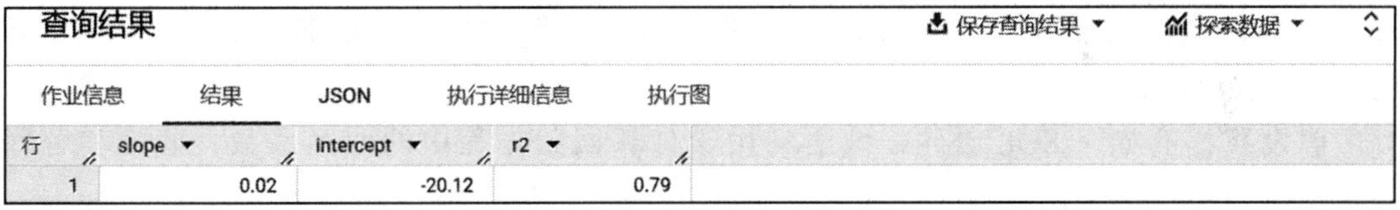

图 5-36　在 BigQuery 中执行 SQL 语句获取回归方程信息

New Bing Chat 基于提示指令，给出如下适用于 MariaDB 的 SQL 语句：

```
-- 原始表仅保留 agg_daily_overview_data
CREATE TEMPORARY TABLE IF NOT EXISTS DATA AS (
    SELECT visits AS x, transactions AS y FROM `agg_daily_overview_data`);
-- 使用最简单的数学函数实现协方差、相关性、方差计算函数
SET @n = (SELECT COUNT(*) FROM DATA);
SET @xbar = (SELECT AVG(x) FROM DATA);
SET @ybar = (SELECT AVG(y) FROM DATA);
SET @sx = SQRT((SELECT SUM(POWER(x - @xbar, 2)) / (@n - 1) FROM DATA));
SET @sy = SQRT((SELECT SUM(POWER(y - @ybar, 2)) / (@n - 1) FROM DATA));
SET @cov = (SELECT SUM((x - @xbar) * (y - @ybar)) / (@n - 1) FROM DATA);
SET @r = @cov / (@sx * @sy);
```

```
-- 输出结果
SELECT ROUND(@r * @sy / @sx, 2) AS slope, ROUND(@ybar - @r * @sy / @sx * @xbar, 2)
    AS intercept, ROUND(POWER(@r, 2), 2) AS r2;
```

我们在 Navicat 中执行转换后的 MariaDB SQL，得到的结果与 BigQuery SQL 结果一致，如图 5-37 所示。这表明 SQL 逻辑已经正确还原。

信息	结果 1		
slope		intercept	r2
▶	0.02	-20.12	0.79

图 5-37　在 Navicat 中执行 SQL 获取回归方程信息

> **注意** 并非所有的 SQL 在跨数据库环境中都能实现逻辑转换，因为不同数据库之间的功能存在巨大差异。例如，BigQuery 中涉及逻辑回归、KMeans、随机森林、ARIMA 等复杂算法的 SQL，在 MariaDB、MySQL 等数据库中复现这些复杂逻辑时经常会遇到报错。这些复杂功能往往使用了大量的自定义函数和存储过程，因此调试这些功能是一项艰巨的任务。

5.7.3　SQL 排错和问题修复

在撰写 SQL 查询时，我们常常会遇到各种错误和问题，如语法错误、类型错误、引用错误和逻辑错误等。虽然某些工具提供了一些辅助功能来解决这些问题，但这些功能主要针对简单的场景，如语法错误和引用错误，并且往往无法直接提供修改建议来修复错误。AI 可以帮助我们定位问题、分析问题，并提供解决方案。通过与 AI 的交互，我们能更好地描述和解决问题。

假设我们有如下 SQL 语句，该语句用于计算回归方程中的回归系数、截距和解释系数：

```
-- 原始表仅保留 agg_daily_overview_data
SELECT visits AS x, transactions AS y FROM agg_daily_overview_data INTO DATA;
-- 使用最简单的数学函数实现协方差、相关性、方差计算函数
SET @n = (SELECT COUNT(*) FROM DATA);
SET @xbar = (SELECT AVG(x) FROM DATA);
SET @ybar = (SELECT AVG(y) FROM DATA);
SET @sx = SQRT((SELECT SUM(POWER(x - @xbar, 2)) / (@n - 1) FROM DATA));
SET @sy = SQRT((SELECT SUM(POWER(y - @ybar, 2)) / (@n - 1) FROM DATA));
SET @cov = (SELECT SUM((x - @xbar) * (y - @ybar)) / (@n - 1) FROM DATA);
SET @r = @cov / (@sx * @sy);
-- 输出结果
SELECT ROUND(@r * @sy / @sx, 2) AS slope, ROUND(@ybar - @r * @sy / @sx * @xbar, 2)
    AS intercept, ROUND(POWER(@r, 2), 2) AS r2;
```

该 SQL 语句在 Navicat 中执行时报错，错误信息如图 5-38 中的①所示。

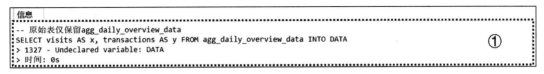

图 5-38　在 MariaDB 中执行时发生报错

下面是问题排查和解决的步骤。

首先，我们需要将错误截图保存下来。在 New Bing Chat 中，我们可以通过文本、语音和图片进行交互。因此，我们只需单独保存图 5-38 中①部分的截图，将其命名为"mariadb error.png"并保存在桌面上。

接下来，我们需要上传错误截图，过程如图 5-39 所示。在 New Bing Chat 的对话框中，单击图片按钮（图中①），然后选择"从此设备上传"（图中②），并选择刚才保存在桌面上的图片。上传完成后，对话框中会显示刚才上传的图片的缩略图（图中③）。

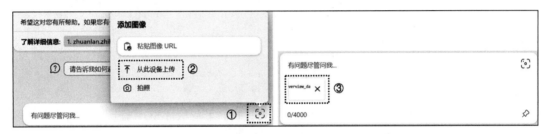

图 5-39　在 New Bing Chat 中上传错误截图

然后，在对话框中，我们需要输入与错误相关的文本描述。由于上传的图片中只包含错误信息，因此我们可以通过一些文本描述提供更多辅助信息，如错误发生的查询模块、函数引用、表和视图位置等。这样有助于 AI 更准确地确定问题。这里我们输入如下提示指令：

[New Bing Chat] 5/27/1　在执行"SELECT visits AS x, transactions AS y FROM agg_ daily_overview_data INTO DATA"时报错，报错提示见上传的图片附件。错误信息似乎说明：要写入的 DATA 对象不存在。

完整的对话框输入指令信息如图 5-40 所示。

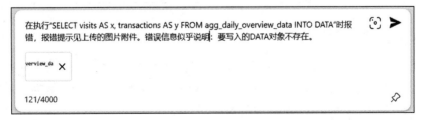

图 5-40　New Bing Chat 中完整的错误提示反馈信息

根据我们提供的指令，New Bing Chat 会首先分析上传的图片，提取其中的信息，然后结合我们的文本描述和图片信息，综合生成答案，并最终返回错误修复建议以及修改后的 SQL 语句：

```
你好，这是 Bing。我可以帮你了解一些常见的 SQL 错误有哪些。根据你上传的图片附件，我发现你的 SQL
语句有一个错误，就是使用了 SELECT ... INTO ... 语法，这在 MySQL 和 MariaDB 中是不支持的。
你需要使用 INSERT INTO ... SELECT ... 语法来将数据从一个表插入另一个表。如果你想将数据
插入一个变量中，可以使用 SELECT ... INTO @variable 语法，但是只能一次设置一个变量。
-- 创建一个临时表 DATA
CREATE TEMPORARY TABLE DATA (x INT, y INT);
-- 将数据从 agg_daily_overview_data 表插入 DATA 表
INSERT INTO DATA (x, y) SELECT visits, transactions FROM agg_daily_overview_
    data;
-- 使用最简单的数学函数实现协方差、相关性、方差计算函数
SET @n = (SELECT COUNT(*) FROM DATA);
SET @xbar = (SELECT AVG(x) FROM DATA);
SET @ybar = (SELECT AVG(y) FROM DATA);
SET @sx = SQRT((SELECT SUM(POWER(x - @xbar, 2)) / (@n - 1) FROM DATA));
SET @sy = SQRT((SELECT SUM(POWER(y - @ybar, 2)) / (@n - 1) FROM DATA));
SET @cov = (SELECT SUM((x - @xbar) * (y - @ybar)) / (@n - 1) FROM DATA);
SET @r = @cov / (@sx * @sy);
-- 输出结果
SELECT ROUND(@r * @sy / @sx, 2) AS slope, ROUND(@ybar - @r * @sy / @sx * @xbar, 2)
    AS intercept, ROUND(POWER(@r, 2), 2) AS r2;
```

根据 AIGC 给出的新的修改建议和 SQL 语句，我们重新执行 SQL 查询，这次能够正确地获得计算结果，如图 5-41 所示。

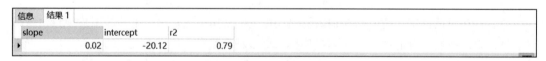

图 5-41 基于 AIGC 的建议修改后的 SQL 执行结果

> **注意** 根据错误的复杂度和具体场景的不同，有些问题可能无法在一次交互中解决。在这种情况下，我们可能需要通过多次交互来逐步解决问题。根据我的经验，如果经过 5 次交互仍无法解决问题，可能需要考虑更换对话或使用其他 AI 工具来解决问题。

5.7.4 SQL 查询性能优化

在编写 SQL 查询时，如果逻辑和用法不合理，那么在完成大量数据查询时的效率可能会很低。这不仅会导致用户等待时间更长，当查询并发较多时，还会给数据库带来巨大的压力，甚至导致无法及时、准确地返回结果。

数据库查询性能优化涉及多个方面，包括服务器性能、数据库架构设计、表模型设计和索引设计等。对于终端查询用户来说，我们只能控制如何编写更优化的 SQL 语句，通过优化查询语句的编写和结构来提高查询性能。

我们以一个简单的示例来说明优化过程。给定一个需要优化的 SQL 语句，该语句用于从 fact_user_session_data_sample 表中计算每日的会话数、订单量和转化率，并过滤出转化率大于均值的记录。提示指令如下：

```
[New Bing Chat] 5/28/1  你是一个资深 DBA，下面是一段 MariaDB 10 的 SQL 语句。请从查询性能
    优化的角度优化 SQL，并使用 Markdown 格式输出优化后的代码。

SELECT
    date, count( DISTINCT sessionId ) AS sessions,
    count( totalsTransactions ) AS orders,
    count( totalsTransactions ) / count( sessionId ) AS conversionRate
FROM fact_user_session_data_sample
GROUP BY date
HAVING count( totalsTransactions ) / count( sessionId ) > ( SELECT AVG(
    conversionRate ) FROM ( SELECT count( totalsTransactions ) / count( sessionId
    ) AS conversionRate FROM fact_user_session_data_sample ) AS subquery );
```

根据提示指令，New Bing Chat 给出了优化后的 SQL 语句：

```
-- 创建一个临时表，存储每个日期的会话数、订单数和转化率
CREATE TEMPORARY TABLE tmp AS
SELECT
    date, count( DISTINCT sessionId ) AS sessions,
    count( totalsTransactions ) AS orders,
    count( totalsTransactions ) / count( sessionId ) AS conversionRate
FROM fact_user_session_data_sample
GROUP BY date;
-- 创建一个索引，加速分组查询
CREATE INDEX idx_date ON tmp(date);
-- 计算平均转化率
SET @avg_rate := ( SELECT AVG( conversionRate ) FROM tmp );
-- 查询转化率高于平均值的日期
SELECT date, sessions, orders, conversionRate
FROM tmp
WHERE conversionRate > @avg_rate and conversionRate < 1.5 * @avg_rate;
```

AI 的优化思路包括三个方面：

❏ 使用临时表将原始表的数据按日期分组，并计算每个日期的会话数、订单数和转化率。这样可以避免在主查询和子查询中重复扫描原始表，提高查询效率。

❏ 在临时表上创建索引，以加速按日期分组的查询。这样可以减少全表扫描的开销，提高查询速度。

❏ 使用公共变量存储平均转化率的值。这样可以避免在每次过滤条件中重新计算平均转化率，提高查询性能。

需要注意的是，由于优化后的代码增加了创建视图和索引的过程，因此第一次执行时，优化后的代码执行时间可能比优化前的要长。这是正常的，因为优化的效果只有在后续场景中才能更好地体现出来，特别是在代码复用、反复查询以及数据量更大的情况下。

例如，在实际查询中，如果需要调整过滤条件，比如将条件改为"高于 0.8 倍的转化率"，我们只需执行优化后的部分 SQL 代码而不必重复执行之前的代码，提高了查询性能。

根据实际测试结果（如图 5-42 所示），在第一次执行时，两个 SQL 的查询时间相差不大。但从第二次查询开始，优化后的 SQL 只需执行部分代码（右侧选中 17～19 行代码，单击图中① "运行已选择的"），而原始 SQL 需要执行全部过程（左侧）。优化后的 SQL 查询时间明显较短，显示为 0.002s，而原始 SQL 的查询时间为 0.012s。

图 5-42　SQL 优化前后的查询效率对比

> 提示　在数据分析场景中，我们经常需要根据查询结果不断调整查询逻辑和条件。优化后的 SQL 能够缓存已固定逻辑的临时结果，这在探索性分析和优化查询中非常有效。

5.8　常见问题

5.8.1　本章的知识和内容是否适用于不同数据库

本章所使用的 MariaDB 的语法与 MySQL 的语法兼容，因此基本上可以通用于 MySQL 数据库。然而，本章并没有严格限定数据库类型或版本，读者可以根据实际情况使用任何数据库。如果读者使用其他数据库类型或版本，只需根据实际情况修改提示指令，AI 的回答会有所不同。

无论使用何种数据库，本章的知识思路是相通的。只要读者掌握了本章的知识，就能够使用任何数据库与 AI 进行有效的沟通和互动，从而获得相应的答案。

5.8.2　为什么通过关键数据进行逻辑验证必不可少

对于简单的 SQL 查询，有经验的分析师可以直接通过 SQL 语句检验逻辑的合理性。然而，对于更复杂的 SQL 语句，受限于用户与 AI 之间沟通时信息的完整性和准确性，以及 AI 自身知识的局限性，虽然 AI 可以提供 SQL 语句，但不能保证在所有场景下都 100% 正确。

举个例子，假设我们想要获取用户 ID、会话 ID、用户的总页面浏览量和会话内的页面浏览量。我们比较两组提示指令，看看 AI 会如何返回 SQL。先来看第一组。

[New Bing Chat] 5/29/1 使用 MariaDB 10 查询名为 fact_user_event_data_sample 的表，查询并计算如下。
❑ userId: 用户 ID。
❑ sessionId: 会话 ID。
❑ user_pv: 用户总页面浏览量。以 userId 为窗口，对 pageId 计数。
❑ session_pv: 每个用户在每个会话内的页面浏览量。以 userId、sessionId 为窗口，对 pageId 计数。
最后，按 user_pv 倒序排序。

根据给定的提示指令，从逻辑上看，似乎没有任何问题。我们通过在 Navicat 中执行 AI 给出的 SQL 语句，得到如图 5-43 所示的结果。我们发现返回结果共 79815 行，并且数据中存在大量重复行，这显然是不合理的。

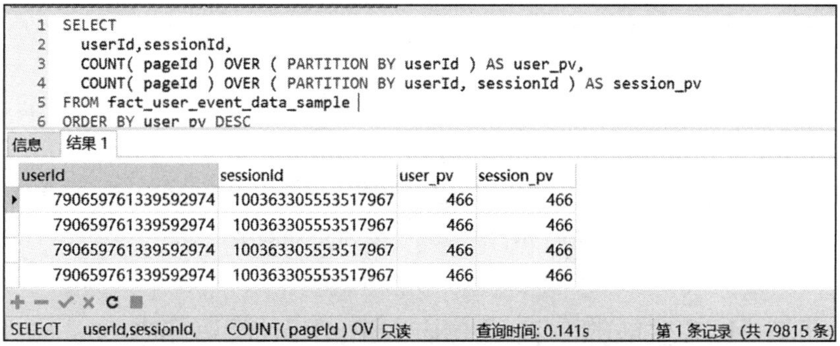

图 5-43 第一组提示指令 SQL 执行结果

我们查看原始数据表，如图 5-44 所示，发现该表的数据是以事件为粒度记录的，因此每天的记录中都包含用户 ID 和会话 ID 的值，导致上述 SQL 语句输出了所有行下的用户和会话信息。这说明既不是我们描述的计算逻辑有问题，也不是 AI 给出的 SQL 有问题，而是我们对原始数据的理解不够准确。

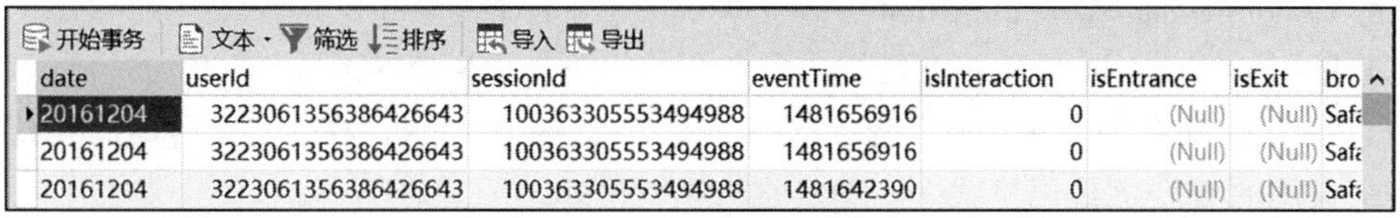

图 5-44 原始事件表数据

基于以上问题，我们在第一组提示指令的基础上，增加了对数据去重的描述。

[New Bing Chat] 5/29/2 使用 MariaDB 10 查询名为 fact_user_event_data_sample 的表，并完成如下计算。
❑ userId: 用户 ID。
❑ sessionId: 会话 ID。
❑ user_pv: 用户总页面浏览量。以 userId 为窗口，对 pageId 计数。

> ❑ session_pv：每个用户在每个会话内的页面浏览量。以 userId、sessionId 为窗口，对 pageId 计数。最后，按 user_pv 倒序排序，对数据去重后输出。

根据本次改进后的提示指令，New Bing Chat 在原来的 SQL 基础上，增加了通过 GROUP BY 进行数据去重的逻辑。如图 5-45 所示，经过去重处理后，我们得到了正确的数据结果。

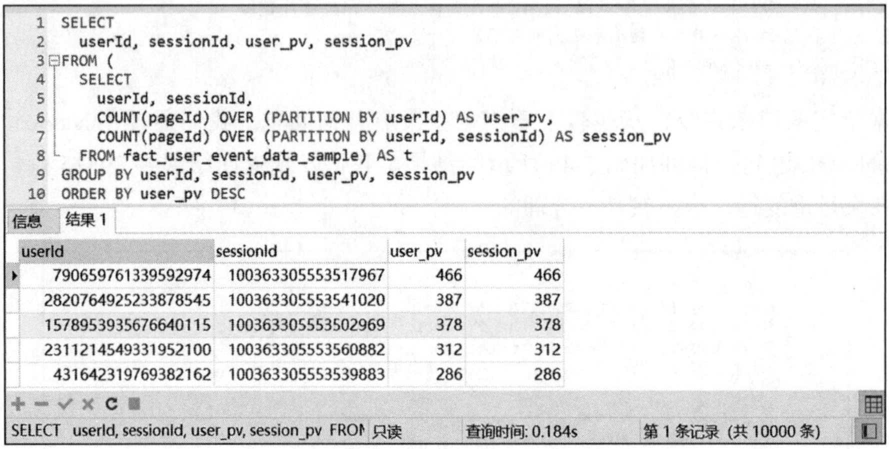

```
 1  SELECT
 2    userId, sessionId, user_pv, session_pv
 3 □FROM (
 4    SELECT
 5      userId, sessionId,
 6      COUNT(pageId) OVER (PARTITION BY userId) AS user_pv,
 7      COUNT(pageId) OVER (PARTITION BY userId, sessionId) AS session_pv
 8    FROM fact_user_event_data_sample) AS t
 9  GROUP BY userId, sessionId, user_pv, session_pv
10  ORDER BY user_pv DESC
```

信息	结果 1		
userId	sessionId	user_pv	session_pv
790659761339592974	100363305553517967	466	466
2820764925233878545	100363305553541020	387	387
1578953935676640115	100363305553502969	378	378
2311214549331952100	100363305553560882	312	312
431642319769382162	100363305553539883	286	286

SELECT userId, sessionId, user_pv, session_pv FROM 只读　　查询时间: 0.184s　　第 1 条记录 (共 10000 条)

图 5-45　第二组提示指令 SQL 执行结果

5.8.3　如何将 AIGC 生成的 SQL 语句嵌入 Python 等程序中

除了可以直接在数据库或客户端执行查询，AIGC 生成的 SQL 还可以与 Python 等程序集成。Python 的许多第三方库支持连接数据库，并执行 SQL 查询以获取结果。

例如，可以使用 Pandas 库在 Python 中实现与数据库的连接、SQL 查询以及获取查询结果的功能。你需要安装 Pandas 和相应的数据库驱动程序，并使用 pd.read_sql()、pd.read_gbq() 等方法将 SQL 脚本通过程序提交到数据库。

将 AIGC 生成的 SQL 与 Python 等程序集成的基本流程如下：

❑ 使用 AIGC 生成 SQL，即使用本章介绍的相关知识生成 SQL 语句。

❑ 将 SQL 保存为文件，可以选择任意的 TXT 或 SQL 格式。在保存文件时，建议使用通用的 UTF-8 编码格式。

❑ 在 Python 程序中，使用 Pandas 等第三方库读取 SQL 文件。该 SQL 文件将被读取到内存中，以字符串形式存在。

❑ Python 程序将 SQL 字符串提交给数据库，以获取数据查询结果。

该过程如图 5-46 所示。图中的①表示定义和读取 AIGC 生成的 SQL 文件，图中的②显示了 SQL 字符串的输出内容，这些字符串是用于实现数据汇总计算的 SQL 查询语句。图中的③使用 Python 库连接数据库，并提交 SQL 查询以获取数据结果，最后将结果输出。

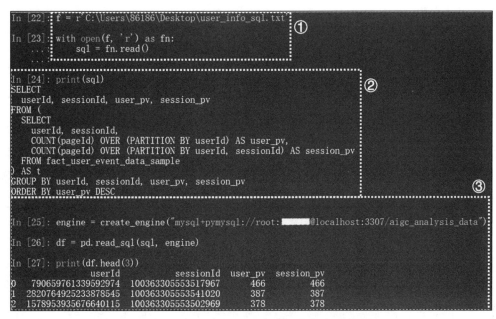

图 5-46　Python 读取 SQL 文件从数据库获取数据

5.8.4　数据库是否可以实现所有的数据分析和数据挖掘功能

数据库是存储、管理和分析数据的工具。它可以通过 SQL 语言执行一些简单的查询、统计、排序、分组等操作，也可以通过触发器、存储过程、函数等实现一些复杂的逻辑。然而，在许多场景下，数据库并不是最适合的工具，例如：

❑ 数据库并不擅长处理非结构化数据。一些新型的 NoSQL 数据库提供了针对非结构化数据处理的特定解决方案，例如 ElasticSearch 支持文本检索。

❑ 许多数据库本身不具备复杂的机器学习和数据挖掘功能。虽然 BigQuery、SQL Server 等少数数据库支持一些机器学习和数据挖掘算法，但大多数数据库在这方面的功能相对较弱。

❑ 数据库的可视化能力有限，在分析展示和探索性分析方面的应用有一定的局限性。我们常说"一图胜千言"，这说明图表在传达信息时相比纯文本和数字具有更强的表达能力。

因此，在处理日常的数据分析和简单、直接支持的数据挖掘任务时，可以直接使用数据库完成相关工作。但在面对大规模、复杂的数据集时，需要借助其他工具和技术来完成更高级的分析和挖掘任务，例如专业的统计分析工具或数据挖掘工具库（如 Python、R）、大数据处理框架（如 Hadoop 和 Spark）以及机器学习算法库等。这些工具可以与数据库结合使用，以扩展数据分析和挖掘的能力。

5.8.5　为何选择在数据库内执行数据挖掘任务而非使用第三方工具

许多工具，如 MindsDB 和 MADlib 等系统，支持在数据库上执行数据挖掘任务。然而，使用这些工具有一个前提条件，就是需要在企业内部部署该程序。否则，用户需要在自己的计算机或服务器环境中手动配置这些工具，这对于非 IT 人员（包括业务人员、分析师、算法工程师等）来说具有一定难度。

此外，要在企业中实际应用这些工具，必须进行企业统一部署和配置，因为企业内部的数据通常不允许从数据环境之外（甚至企业外部）直接访问。所以，即使用户在自己的计算机上配置了这些工具，由于无法连接到企业真实的数据库，无法获取数据源，他仍然无法有效地进行数据挖掘工作。

AIGC 辅助 SQL 数据分析与挖掘的实践

6.1　AIGC 优化广告渠道评估：构建客观、全面的评估体系

广告是企业推广产品和服务的一种重要手段，但评估广告效果却很难，特别是多渠道广告投放时。为了更好地衡量广告效果并决策，我们需要建立客观、完整的广告渠道效果指标体系。本节将介绍评估广告渠道效果的流程和方法，以及 AIGC 如何提供数据分析和解读的智能建议，帮助用户快速发现数据中的关键信息和优化建议，从而更好地完成评估任务。

本章所用数据统一保存在第 6 章配套资源的 data.sql 文件中，读者可直接执行 SQL 命令将其导入第 5 章建立的 aigc_analysis_data 数据库中。推荐大家使用 Navicat 客户端工具执行 SQL 导入过程。如图 6-1 所示，在进入数据库后，在 aigc_analysis_data 数据库上单击鼠标右键（图中①）；在弹出的菜单中选择"运行 SQL 文件"（图中②）；在弹出的对话框中单击图中③位置选择 SQL 文件。

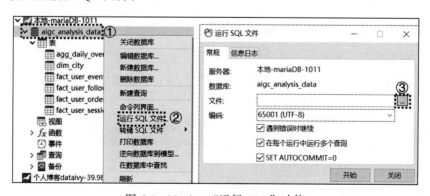

图 6-1　Navicat "运行 SQL" 功能

如图 6-2 所示，在打开的文件窗口中，选择本章对应的 SQL 文件（图中①）；然后单击图中②"开始"按钮执行导入过程；如果导入正常，那么会出现如图中③所示的"已处理"记录，以及在消息框中出现"successfully"字样。

图 6-2　执行 SQL 文件导入

6.1.1　广告渠道效果评估概述

广告渠道是企业宣传产品或服务的方式，如电视、报纸、网络等。广告对销售、品牌和成本都有影响，需要定期评估和优化。

评估广告渠道需要考虑多个指标，如曝光、点击、转化、成本、收益等。这些指标反映广告效果的不同方面。然而，它们可能存在差异，例如曝光多但转化低，或成本高但收益低。详细列举如下。

❑ 广告效果因不同时间周期和指标变化而难以一致判断。例如，成本低但转化低的广告与成本高但转化高的广告无法直接比较。

❑ 不同广告渠道性质不同，但企业需要根据统一的标准来评估它们的贡献，尤其是在广告预算和渠道组合方面。

为了解决这些问题，可以对指标进行加权处理，根据其重要性给予不同的权重，然后将它们相加，得出一个综合评估值，用来比较广告渠道的效果，使评估更客观和全面。

6.1.2　构建完整的广告渠道效果指标体系

评估广告渠道效果的第一步是构建指标体系，这也是客观、全面地评估广告效果的基础。我们可以结合 AI 的专业知识和企业经营需求，综合确定指标体系的构建方法和指标的选择标准。例如，我们可以给出如下提示指令：

> [New Bing Chat] 6/1/1 你是一个资深数据分析师。请根据品效评估的原则，选择合适的指标来客观、全面地评估不同广告渠道的效果。品效评估是指同时考虑品牌类和效果类广告效果的评估方法。

上述提示指令中，重要信息包括：

❑ 明确 AI 的角色，让 AI 能从我们的视角思考问题。

❑ 突出问题信息，用"评估""广告渠道""客观""全面"等关键词描述问题。

- ❑ 遵循品效评估的原则，即同时考虑品牌类和效果类广告效果，让 AI 能更全面地评估广告渠道。

New Bing Chat 根据提示指令，给出如下参考建议：

> 一般来说，评估广告渠道效果时，可以从两个方面来考虑：品牌指标和效果指标。这两类指标分别反映了广告渠道对于提升品牌知名度、形象、忠诚度等方面的贡献，以及对于促进销售、转化、留存等方面的贡献。具体的品牌指标和效果指标有很多种，不同的行业和企业可能有不同的侧重点和标准。但是，一些常见和通用的品牌指标和效果指标如下。
>
> 品牌指标：
> - ❑ 品牌知名度：衡量目标用户对于品牌的认知程度，可以通过问卷调查、搜索量、社交媒体提及等方式来测量。
> - ❑ 品牌形象：衡量目标用户对于品牌的印象、态度、情感等方面的评价，可以通过问卷调查、网评分析、情感分析等方式来测量。
> - ❑ 品牌忠诚度：衡量目标用户对于品牌的偏好、重复购买、推荐等方面的行为，可以通过复购率、推荐率、净推荐值（NPS）等方式来测量。
>
> 效果指标：
> - ❑ 曝光量：衡量广告渠道能够覆盖多少潜在用户，可以通过展示次数、展示人数、覆盖率等方式来测量。
> - ❑ 点击量：衡量广告渠道能够吸引多少潜在用户进入营销漏斗，可以通过点击次数、点击人数、点击率、点击成本等方式来测量。
> - ❑ 转化量：衡量广告渠道能够促成多少潜在用户完成预期目标，可以通过注册人数、订单数量、付费人数、转化率等方式来测量。
> - ❑ 留存量：衡量广告渠道能够维持多少已转化用户的活跃度和忠诚度，可以通过日活人数、月活人数、留存率等方式来测量。
>
> 以上是一些常用的品牌指标和效果指标，当然还有很多其他的指标可以根据具体情况自由选择。重要的是要根据企业的目标和策略，选择合适的指标，并定期跟踪和分析数据，以优化广告渠道的投放效果。

　　AIGC 的评估体系包括品牌类和效果类指标。品牌类指标如品牌知名度、品牌形象、品牌忠诚度等，主要通过市场调研、问卷调查、市场分析等多种方式获取外部数据并综合分析。这类指标一般适用于大型企业，中小型企业较少使用。我们重点分析效果类广告指标，该指标体系具有以下三个特征：

- ❑ 它将指标分为四类，即曝光类、点击类、转化类和留存类，这些指标涵盖了广告渠道的核心场景，即所有的广告渠道效果都可以归属于上述指标场景的一个或多个。
- ❑ 每类指标中都包含了数据量和效率两个方面，这样可以避免单一指标的局限性。例如，点击量和点击率就是一对数据量和效率的指标，如果只看点击量，那么可能会认为 1000 比 500 好，但是如果结合点击率，1000 的点击率是 1%，而 500 的点击率是 10%，那么评估结果可能相反。
- ❑ 考虑了成本和收益两个角度。对于任何一类广告渠道效果，我们都要同时看花了多少钱产生了什么效果。例如每次转化成本和每次转化收益。

但是结合企业营销场景，我们发现该指标体系存在以下几个问题：

- ❑ 指标可采集性。考虑到实际数据采集的可行性，品牌类广告的很多指标需要专业的第三方公司或企业投入较多资源才能收集到相关信息，并且该信息的数据周期一般是季度、半年或年度，对于企业的日常营销管理帮助不大。

❑ 指标细分性。转化类指标需要细分，根据不同的企业营销需求，可能将转化定义为不同的事件或目标，例如，流量回访、流量到站、新客注册、老客挽回、订单等，此时，我们需要将转化进一步完善，以适应多种日常场景。

❑ 指标通用性。由于我们需要对企业的所有渠道进行评估，因此需要尽量考虑到不同渠道的特点，所使用的指标需要尽量覆盖所有渠道，即所有渠道都可以顺利采集到。如果有些指标只能覆盖某些渠道，那么这类指标就不适合作为企业的总体评估指标。例如留存适用于具有拉新功能的广告渠道，而对于 EDM 这类只针对已有客户的营销渠道就无法评估。

基于上述分析，我们对指标体系和指标进行了重新梳理，得到如表 6-1 所示的评估指标体系矩阵。

表 6-1　评估指标体系矩阵

指标类型	中文指标	英文指标	说明
曝光类	曝光量	Impressions	广告在站外的曝光量
	千次展示成本	CPM	展示 1000 次广告的成本
点击类	点击量	Clicks	广告在站外的点击量
	点击率	CTR	点击量 / 曝光量
	每次点击成本	CPC	成本 / 点击量
转化类	用户数	Users	广告渠道带来的用户数，以用户 ID 去重计数
	会话数	Sessions	广告渠道带来的会话数，以会话 ID 去重计数
	注册量	Registration	新客转化量，拉新的核心指标之一
	交易量	Transactions	产生电子商务交易的次数
	每用户成本	CostPerUser	成本 / 用户数
	单次会话成本	CostPerSession	成本 / 会话数
	每注册成本	CostPerRegistration	成本 / 注册数
	每交易成本	CostPerTransaction	成本 / 交易量
	电子商务转化率	ConversionRate	交易量 / 会话数
	收入	Revenue	电子商务交易产生的收入
	成本	Cost	实际广告费用
	投入产出比	ROI	收入 / 成本
	每用户收入	ARPU	平均每个用户带来的收入

6.1.3　广告渠道数据的收集和准备

为了进行广告渠道效果评估，我们需要准备广告渠道数据。这包括以下五个部分：数据采集工具、数据采集方案、数据标记、数据导入数据库、数据清洗整合。这些步骤将确保数据的准确性、一致性和可用性，为后续的分析和决策提供可靠的基础。

提示　本书推荐使用 Google Analytics 作为数据采集工具，因为它有免费和付费版本，提供了强大的功能来满足广告效果评估与分析需求，同时也能与 Google 广告生态结合，通过系统界面配置实现多数据源集成。

数据采集工具：根据广告渠道的特点和需求，选择合适的工具进行数据采集。例如，可以使用网站分析工具（如 Google Analytics）来收集网站或 App 上的广告渠道数据，也可以使用广告平台提供的 API 来直接获取广告渠道数据。

数据采集方案：在开始数据采集之前，需要制定详细的数据采集方案。这包括确定需要收集的指标和数据类型、数据采集频率、数据采集的时间范围等。规划好数据采集方案可以确保数据的完整性和一致性，并方便后续的数据分析和比较。本案例涉及了与用户到站、注册、订单交易等核心转化事件相关的数据，因此需要追溯这些数据。

数据标记：为了更好地追踪和识别广告数据，对数据进行标记是必要的。广告数据标记可以通过在 URL 中添加参数、使用 UTM 标签、使用自定义事件等方式实现。这样可以将不同的广告渠道和广告内容关联起来，便于后续的数据分析和效果评估。被标记的广告渠道流量到达网站或 App 后，就能将站外广告渠道与站内的所有行为数据关联起来。

数据导入数据库：一旦数据采集完成，可以选择将原始数据导出到 Google BigQuery 或企业本地数据库中进行存储和进一步分析。可以通过 API 程序化导出或人工下载 CSV、Excel 文件等方式实现数据导出，然后使用数据库管理工具或编程语言（如 SQL）将数据导入数据库中。

数据清洗整合：通过 Google Analytics 采集的数据主要包括用户在网站或 App 上的所有行为和转化数据，默认不包含广告渠道站外数据（例如曝光、点击等）。但是 Google Analytics 可以直接关联 Google Marketing Platform 营销工具，例如 Ads 360、Display & Video 360、Search Ads 360、Campaign Manager 360 等。在关联好营销工具后，我们就能在 Google Analytics 中直接获取站外广告成本、效果以及站内所有行为和转化数据。如果企业还有其他渠道的广告数据，则需要按照广告标记信息与站外广告渠道进行关联并整合。

本案例使用了 channel_performance 表作为示例数据，表中包含了不同广告渠道的各项指标值。广告渠道效果数据概览如图 6-3 所示。

```
1  SELECT * FROM `channel_performance`
```

信息　结果 1

Channels	Impressions	CPM	Clicks	CTR	CPC	Users	Sessions	Registrations	Transactions	CostPerUse
▸ A0001	42054	10.51	292	0.0069	1.29	195	195	0	0	520
A0002	172961	7.23	1716	0.0099	0.62	1709	1711	0	0	59
A0003	10966	11.48	377	0.0344	0.28	390	391	0	0	260
A0004	20426	12.64	320	0.0157	0.69	195	195	0	0	520

SELECT * FROM `channel_performance`　　查询时间: 0.015s　　第 1 条记录（共 217 条）

图 6-3　广告渠道效果数据概览

6.1.4 合理剔除高度共线性指标

共线性是指两个或多个指标之间存在强烈的线性相关性。高度共线性会导致指标提供的信息重复或相似，影响分析结果的准确性和可信度。因此，剔除高度共线性指标是数据预处理的重要步骤之一。剔除高度共线性指标的目的是减少冗余信息，提高数据分析的客观性、模型的解释能力和预测准确性。识别和处理高度共线性指标的常见方法列举如下。

- ❑ 相关系数分析：通过计算指标之间的相关系数，可以评估它们之间的线性相关程度。常用的相关系数有皮尔逊相关系数和斯皮尔曼相关系数。如果两个指标之间的相关系数接近于 1 或 −1，则表示它们之间存在高度共线性。
- ❑ 方差膨胀因子（VIF）：VIF 是一种衡量共线性程度的指标。它衡量了某个指标与其他指标的相关程度，值越大表示共线性越高。通常，如果某个指标的 VIF 超过阈值（如 5 或 10），则可以考虑将其剔除。

剔除高度共线性指标的方法通常根据实际情况选择，可以单独使用或结合使用。在剔除指标时，需要注意保留具有重要业务意义或信息丰富度高的指标，以确保模型的有效性和解释性。这里我们选择在 4.3 节中提到的方法，使用 Excel 数据分析工具中的相关性分析，配合条件格式化的色阶功能对指标矩阵的相关性做分析。具体操作步骤这里不再赘述，只展示相关性分析结果。

图 6-4 列出了所有指标之间的相关系数，颜色越深（红色）表示相关性越高。我们对大于 0.8 的指标进行重点分析，发现有几个指标呈现了高度相关性：

- ❑ Cost 与 Impressions 高度相关，相关系数为 0.83，这些大多是展示类广告，即展示越多，费用越高。
- ❑ CTR 与 CPM 高度相关，相关系数为 0.85。从业务逻辑上看，CPM 表示成本效率，CTR 表示效果效率，二者没有直接业务关联性。针对这个问题，我们可以与业务人员深入沟通，看看他们对此有何理解。
- ❑ 与 Clicks 高度相关的指标，包括 Users、Sessions、Transactions、Revenue、Cost，其中 Clicks 与 Users、Sessions 的相关系数高达 0.99，这符合营销投放效果的逻辑，即点击越多，带来的用户和会话越多，同时广告费用也越高，这是广告渠道价值的直接体现。
- ❑ 与 Users 高度相关的指标，包括 Sessions、Transactions、Revenue、Cost，尤其是 Users 与 Sessions 相关系数高达 1.00（实际数据是 0.9999，Excel 保留 2 位小数时四舍五入为 1.00），即访问用户越多，会话数越多。因此，Sessions 也与 Transactions、Revenue、Cost 有非常强的相关性。用户和会话的增加带动了交易量和订单金额的增长，属于业务上的因果联系；这些增长又推动营销需要更多的广告投入，因此带动成本增加。
- ❑ Revenue 与 Transactions 高度相关，二者相关系数高达 1.00（实际数据为 0.9999，Excel 保留 2 位小数时四舍五入为 1.00）。订单越多，订单金额越高。
- ❑ ROI、ConversionRate 与 ARPU 高度相关，相关系数较高，三者都是评估转化效率的指标，但评估的角度不同，分别从总成本、会话、用户角度评估转化效率。

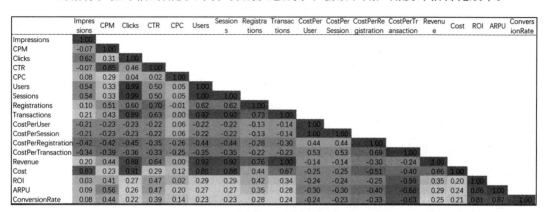

	Impressions	CPM	Clicks	CTR	CPC	Users	Sessions	Registrations	Transactions	CostPerUser	CostPerSession	CostPerRegistration	CostPerTransaction	Revenue	Cost	ROI	ARPU	ConversionRate
Impressions	1.00																	
CPM	-0.07	1.00																
Clicks	0.62	0.31	1.00															
CTR	-0.07	0.85	0.46	1.00														
CPC	0.08	0.29	0.04	0.02	1.00													
Users	0.54	0.33	0.99	0.50	0.05	1.00												
Sessions	0.54	0.33	0.99	0.50	0.05	1.00	1.00											
Registrations	0.10	0.51	0.60	0.70	-0.01	0.62	0.62	1.00										
Transactions	0.21	0.43	0.89	0.63	0.06	0.92	0.92	0.73	1.00									
CostPerUser	-0.21	-0.23	-0.23	-0.22	0.06	-0.22	-0.22	-0.13	-0.14	1.00								
CostPerSession	-0.21	-0.23	-0.23	-0.22	0.06	-0.22	-0.22	-0.13	-0.14	1.00	1.60							
CostPerRegistration	-0.42	-0.42	-0.45	-0.35	-0.26	-0.44	-0.44	-0.28	-0.30	0.44	0.44	1.00						
CostPerTransaction	-0.34	-0.39	-0.36	-0.33	-0.25	-0.35	-0.35	-0.22	-0.23	0.53	0.53	0.69	1.00					
Revenue	0.20	0.44	0.88	0.64	0.00	0.92	0.92	0.76	1.00	-0.14	-0.14	-0.30	-0.24	1.00				
Cost	0.83	0.23	0.91	0.29	0.12	0.88	0.88	0.44	0.67	-0.25	-0.25	-0.51	-0.40	0.66	1.00			
ROI	0.03	0.41	0.27	0.47	0.02	0.29	0.29	0.42	0.34	-0.24	-0.24	-0.25	-0.59	0.35	0.20	1.00		
ARPU	0.09	0.56	0.26	0.47	0.20	0.27	0.27	0.35	0.28	-0.30	-0.30	-0.40	-0.68	0.29	0.24	0.86	1.00	
ConversionRate	0.08	0.44	0.22	0.39	0.14	0.23	0.23	0.28	0.24	-0.24	-0.23	-0.33	-0.63	0.25	0.21	0.81	0.87	1.00

图 6-4　对指标做相关性分析

综合上述分析，我们发现高度共线性的指标大致可以分为三类：

❑ 业务联动带来的高度相关。这类指标反映了业务在上游的投放对用户行为和转化在后续网站上的效果提升的影响，是广告渠道价值的直接体现，通常需要保留。

❑ 带有重复业务意义的高度相关。例如用户数和会话数属于流量规模或人群规模的评估，订单量和订单金额属于收入规模的评估，因此这类指标保留一个即可。

❑ 单纯数字意义上的相关。有些指标之间没有直接的业务因果联系，只是数据上高度相关，但属于不同的测量角度，例如 CPM 和 CTR 之间的高度相关性。这类指标可以暂时保留。

基于上述分析结论，我们在后续分析时，需要剔除无意义的重复性指标，然后根据业务投放目标按照业务场景重新梳理指标分类。保留的效果评估指标如表 6-2 所示。

表 6-2　保留的效果评估指标

业务类型	中文指标	英文指标
市场品牌类指标	曝光量	Impressions
	千次展示成本	CPM
用户流量类指标	点击量	Clicks
	点击率	CTR
	每次点击成本	CPC
	用户数	Users
	每用户成本	CostPerUser
	每用户收入	ARPU
交易转化类指标	注册量	Registration
	每注册成本	CostPerRegistration
	每交易成本	CostPerTransaction
	电子商务转化率	ConversionRate

（续）

业务类型	中文指标	英文指标
综合类指标	收入	Revenue
	成本	Cost
	投入产出比	ROI

6.1.5 科学确定指标权重

当报表只有 1 个指标时，可以根据该指标的变化得出数据结论；但当指标较多时，我们需要用一种方法将多个指标加权汇总，形成一个综合性指标，然后基于该指标做效果评估。常见的加权处理方法有多种，例如层次分析法（AHP）、综合评价法（TOPSIS）、模糊综合评价法（FCE）等。

AHP 是日常数据分析中较常用的指标权重确定方法，它通过建立层次结构、建立比较矩阵、计算权重向量和进行一致性检验，获得相对准确的指标权重结果。但是这种方法在面对较多指标（例如本案例有 15 个指标）时，在实施时会变得非常困难，因此不太适用。例如，在"建立比较矩阵"阶段，我们需要依次对 15 个指标的每两个指标之间做比较然后给出评估，这至少需要操作 $C(15, 2) = 15 \times 14/2 = 105$ 次。针对这样烦琐的评估过程，业务方很难积极配合实施打分。因此，我们需要寻找其他方法来帮助我们更快地完成权重打分过程。

我们可以询问 AI，看看它是否有更好的建议。

> [New Bing Chat] 6/2/1 你是一个资深数据分析师。你现在要对广告渠道的评估指标设定权重，以便计算广告渠道的加权求和值，然后对比不同渠道的效果表现。你现在已经选择了 15 个评估指标，有什么好的方法能够快速完成指标权重设定过程？
> 请排除具有下面特征的两类方法：
> 1）各个指标的熵值对该场景下的指标权重设计毫无意义，因此不考虑此类方法。
> 2）AHP（层次分析法）的实施过程过于烦琐，因此也不考虑该方法。所有需要两两打分的方法都不考虑。

为了描述任务目标、背景信息、输出信息和排除条件，我们可以按照以下要点来组织提示指令。

- ❑ 任务目标：说明要做什么（设置指标权重）、为什么做（计算加权求和、对比渠道效果）。
- ❑ 背景信息：说明有什么（15 个评估指标）。
- ❑ 输出信息：说明需要什么（快速设置指标权重的方法）。
- ❑ 排除条件：说明不要什么。（熵值法、AHP 法等两两打分的方法可以用来设定权重，但在业务评估中不适用，因此不具有业务可解释性以及实际业务价值。）

New Bing Chat 基于提示指令，给出如下实施建议：

> 根据我的搜索结果，有一些可能适合你的广告渠道评估指标权重设定的方法，如下。

❑ **基于目标的方法**：这种方法是根据你的广告活动的目标来确定每个指标的权重。例如，你的目标是提高品牌认知度，那么你可以给品牌认知度相关的指标分配较高的权重，如曝光量、点击率、受众覆盖率等。如果你的目标是提高销售转化率，那么你可以给销售相关的指标分配较高的权重，如成本收益比、客户终身价值、客户获取成本等。这种方法的优点是简单直观，缺点是可能忽略了其他指标的重要性。

❑ **基于专家意见的方法**：这种方法是通过征求专家或利益相关者的意见来确定每个指标的权重。例如，你可以邀请一些广告行业的专家或你的同事、上级、客户等对每个指标进行评分或排序，然后根据他们的评价来计算每个指标的平均权重。这种方法的优点是能够充分利用专业知识和经验，缺点是可能受到主观偏好或不一致性的影响。

❑ **基于数据分析的方法**：这种方法是运用数据分析技术来确定每个指标的权重。例如，你可以使用主成分分析（PCA）或因子分析（FA）来对指标进行降维和分类，然后根据每个主成分或因子对广告效果的解释程度来分配权重。或者，你可以使用回归分析（RA）或结构方程模型（SEM）来建立指标之间的因果关系，然后根据每个指标对广告效果的贡献度来分配权重。这种方法的优点是能够客观地反映数据特征和规律，缺点是可能需要较高的数据质量和分析能力。

为了详细分析 AIGC 给出的建议，我们可以从以下几个方面来考察：

❑ 基于目标的方法，即根据业务场景或广告目标设置权重，这是一种合理且常用的方法。它能够体现营销目标的导向性，即什么指标与目标更相关，就赋予什么指标更高的权重。

❑ 基于专家意见的方法，也是一种广泛采用的方法，它能够利用业务经验和专家知识，在数据分析中发挥关键作用。

❑ 基于数据分析的方法，无论是 PCA 还是 FA，得到的新的主成分或因子并不能反映原始指标的信息量或价值度，而只能解释主成分或因子自身所包含的信息量。RA 和 SEM 的因果关系在我们的评估指标中并不适用，因为我们的各个指标都是"果"，而没有"因"，所以无法进行因果分析。

综上所述，我们可以结合前两种方法来完成指标权重设计。由于不同的广告活动可能有不同的目标，因此我们假设该指标矩阵的目标是评估大型促销活动（例如 618、双 11）的效果，这样可以在一个具体的场景下，更加聚焦目标并解决业务问题。

在该场景下，企业的总体目标是促销，促销的核心是销售。按照与销售关系的紧密程度，与销售更相关的综合类指标和交易转化类指标应该具有最高的权重，其次是用户流量类指标，最后是市场品牌类指标。此外，为了区分不同业务指标类型，我们可以设计二级权重，使得指标类型和指标都有各自的权重。具体的打分方法和操作流程如下：

❑ 先对各个业务类型定义类别权重，权重之和为 1。

❑ 再对各个业务类型内的指标确定权重，各个业务类型内的指标权重之和为 1。

❑ 最后计算指标综合权重，指标综合权重 = 业务类型权重 × 指标权重。

最终得到的指标权重设计如表 6-3 所示。

表 6-3　指标权重设计

业务类型	业务类型权重	指标	指标权重	指标综合权重
市场品牌类指标	0.1	曝光量	0.5	0.05
		千次展示成本	0.5	0.05

（续）

业务类型	业务类型权重	指标	指标权重	指标综合权重
用户流量类指标	0.2	点击量	0.1	0.02
		点击率	0.1	0.02
		每次点击成本	0.2	0.04
		用户数	0.2	0.04
		每用户成本	0.1	0.02
		每用户收入	0.3	0.06
交易转化类指标	0.35	注册量	0.2	0.07
		每注册成本	0.1	0.035
		每交易成本	0.2	0.07
		电子商务转化率	0.5	0.175
综合类指标	0.35	收入	0.5	0.175
		成本	—	—
		投入产出比	0.5	0.175

注：成本项通常不作为"效果"评估指标，而是作为参考和分析的辅助信息。

6.1.6 对转化成本字段缺失值的处理

在计算转化成本指标时，有些指标无法得到结果。例如：每交易成本 = 成本 / 交易量，如果交易量为 0，那么每交易成本数据就无法计算，因为分母为 0。如图 6-5 所示，由于 Registrations 和 Transactions 有 0 值的情况，导致 CostPerRegistration 和 CostPerTransaction 无法通过公式计算得到结果。

Sessions	Registrations	Transactions	CostPerUser	CostPerSession	CostPerRegistration	CostPerTransactio	Revenue	Cost
195	0	0	5202.99	5202.99	(Null)	(Null)	0	375.60
1711	0	0	593.67	592.98	(Null)	(Null)	0	1062.93
391	0	0	2601.50	2594.84	(Null)	(Null)	0	106.96
195	0	0	5202.99	5202.99	(Null)	(Null)	0	219.32
293	0	0	3462.74	3462.74	(Null)	(Null)	0	283.82
244	0	0	4158.13	4158.13	(Null)	(Null)	0	221.36
159515	294	3723	6.37	6.36	3450.96	272.52	246468	196008.72
440	0	0	2311.12	2305.87	(Null)	(Null)	0	104.53
6259	0	98	162.28	162.10	(Null)	10352.89	7582	12062.59

图 6-5 Registrations 和 Transactions 有 0 值的情况

对于缺失值，通常的策略是用 0、均值、中位数等方式填充，但在这里哪种方式更合理呢？我们可以向 AI 咨询，看看它如何解决这个问题。

[New Bing Chat] 6/3/1 你是一个资深数据分析师。在计算复合型广告指标时，如果分母为 0，那么该指标无法计算出结果。例如：每订单成本 = 成本 / 订单量，如果订单量为 0，那么无法计算得到"每订单成本"。
注意：
❑ 必须为"每订单成本"设定一个值，因为后面我们需要结合权重计算加权结果。

❑ 不能丢弃该记录，因为我们需要评估每条记录对应的广告渠道的效果。
你打算采用什么方法给"每订单成本"设置一个合理的值？

上述提示指令主要描述了问题的内容，即说明该复合计算指标的计算公式及存在的问题，同时，给出了两个参考信息点：要求 AI 保留缺失值记录，且为缺失值设定一个值。

New Bing Chat 根据提示指令给出如下建议：

你好，这是 Bing。我是一个资深数据分析师，我可以帮助你解决这个问题。☺
如果分母为 0，那么一种可能的方法是给"每订单成本"设置一个极大值，比如 999999，表示该广告渠道的效果非常差，需要优化或停止投放。这样可以避免丢失数据，也可以反映出广告渠道的表现。
另一种可能的方法是给"每订单成本"设置一个平均值，比如所有广告渠道的"每订单成本"的均值或中位数，表示该广告渠道的效果一般，不突出也不太差。这样可以避免数据偏差，也可以保持数据的一致性。

通过对比上面两个方案，我们得出以下结论：

❑ 为分母为 0 的数据设置一个极大值是一个较为合理的方案，因为它能够从数据层面反映出业务效果"极差"。

❑ 使用平均值等方式不是最佳方案，因为分母为 0 意味着没有转化，即该指标的效果表现极差，已经无法用数字来直接衡量了；如果强行赋予一个比"极差"要好得多的值，那么显然会失去原始数据的业务含义。

综上所述，我们选择第一种方案实施，即为每订单成本和每注册成本设置一个极大值。那么另一个问题是，极大值应该设置多大？此时我们可以先查询数据库，看看目前数据中这两个带有缺失值的字段的最大值情况。

通过如图 6-6 所示的 SQL 查询，我们可以看到这两个字段的最大值都是 20705.79，因此，我们手动设置的缺失值的最大值不能比这个值小。比如，我们可以设置为 10^7（注意该值不能超过表字段设置的数据类型的最大值，该字段类型为 DECIMAL(10,2)，可设置的最大值为 99999999.99，即 10 位数字，其中包含 2 位小数）。如果你不确定最大数字，可以直接询问 AI：MariaDB 中 decimal(10,2) 字段的最大数字可以设置为多少？

图 6-6　查询缺失值字段的最大值

设置缺失值的方法很简单，只需执行如下 SQL 语句即可：

```
UPDATE `channel_performance` SET CostPerRegistration = pow(10,7) WHERE
    CostPerRegistration is null;
UPDATE `channel_performance` SET CostPerTransaction = pow(10,7) WHERE
    CostPerTransaction is null;
```

在 Navicat 中执行 SQL 语句后，底部信息栏会显示更新的记录数，如图 6-7 所示。

```
信息

UPDATE `channel_performance` SET CostPerRegistration = pow(10,7) WHERE CostPerRegistration is null
> Affected rows: 175
> 时间: 0.003s


UPDATE `channel_performance` SET CostPerTransaction = pow(10,7) WHERE CostPerTransaction is null
> Affected rows: 154
> 时间: 0.001s
```

图 6-7　为缺失值设置一个极大值

> 💡 提示　我们还可以采用其他实施策略，例如：将分母为 0 的情况视为缺失值，并在计算加权结果时忽略它们，这样不会影响其他指标的计算，也不会引入额外的假设或偏差；将分母为 0 的情况视为特殊值，并在计算加权结果时赋予它们一个合适的权重，这样可以根据实际情况调节权重的大小来灵活处理该值的影响。

6.1.7　数据归一化和加权汇总计算

为了进行加权计算，我们需要先对数据进行归一化处理，以消除数据量纲的影响，保证加权计算的有效性。以下是提示指令：

[New Bing Chat] 6/4/1　你是一个资深数据分析师。使用 MariaDB 10 编写一个 SQL 查询语句，查询名为 channel_performance 的表并完成如下计算。

首先，对下列字段使用 Max-Min 归一化处理并得到新指标，归一化后的数据分布在 0 到 1 之间。

❏ Impressions：曝光量，得到新指标 ImpressionsMM。
❏ CPM：千次展示成本，得到新指标 CPMMM。
❏ Clicks：点击量，得到新指标 ClicksMM。
❏ CTR：点击率，得到新指标 CTRMM。
❏ CPC：每次点击成本，得到新指标 CPCMM。
❏ Users：用户数，得到新指标 UsersMM。
❏ CostPerUser：每用户成本，得到新指标 CostPerUserMM。
❏ ARPU：每用户收入，得到新指标 ARPUMM。
❏ Registrations：注册量，得到新指标 RegistrationsMM。
❏ CostPerRegistration：每注册成本，得到新指标 CostPerRegistrationMM。
❏ CostPerTransaction：每交易成本，得到新指标 CostPerTransactionMM。
❏ ConversationRate：电子商务转化率，得到新指标 ConversationRateMM。
❏ Revenue：收入，得到新指标 RevenueMM。
❏ ROI：投资回报率，得到新指标 ROIMM。

然后，基于上述归一化的指标，计算得到新指标 Score（综合得分），具体逻辑如下：

Score（综合得分）= ImpressionsMM * 0.05 + CPMMM * 0.05 + ClicksMM * 0.02 + CTRMM * 0.02 + CPCMM * 0.04 + UsersMM * 0.04 + CostPerUserMM * 0.02 + ARPUMM * 0.06 + RegistrationsMM * 0.07 + CostPerRegistrationMM * 0.035 + CostPerTransactionMM * 0.07 + ConversationRateMM * 0.175 + RevenueMM * 0.175 + ROIMM * 0.175

请根据以上提示编写一个 SQL 查询语句实现上述功能，输出 Channels、Score、Impressions、CPM、Clicks、CTR、CPC、Users、CostPerUser、ARPU、Registrations、CostPerRegistration、CostPerTransaction、ConversationRate、Revenue、ROI、ImpressionsMM 、CPMMM、ClicksMM、CTRMM、CPCMM、UsersMM、CostPerUserMM、ARPUMM、RegistrationsMM、CostPerRegistrationMM、CostPerTransactionMM、ConversationRateMM、RevenueMM、ROIMM。按 Score（综合得分）倒序排列。

根据提示指令，我们可以将该过程分为三个部分：

❑ 第一部分是数据归一化的描述，它说明了归一化方法、值域、归一化计算字段和归一化输出字段。

❑ 第二部分是综合加权得分字段的计算逻辑，它根据我们之前确定的权重，用公式表示计算方法。

❑ 第三部分是输出字段和格式的控制，以及排序逻辑的表述。输出的字段中，除了原始的效果评估指标、综合汇总字段外，还包含了归一化后的值，用于数据校验。

New Bing Chat 根据提示指令，返回如下 SQL：

```sql
SELECT
    Channels,
    ((
    Impressions - MIN( Impressions ) OVER ()) / (MAX( Impressions ) OVER () -
        MIN( Impressions ) OVER ()) * 0.05 +
    (CPM - MIN( CPM ) OVER ()) / (MAX( CPM ) OVER () - MIN( CPM ) OVER ()) * 0.05 +
    (Clicks - MIN( Clicks ) OVER ()) / (MAX( Clicks ) OVER () - MIN( Clicks )
        OVER ()) * 0.02 +
    (CTR - MIN( CTR ) OVER ()) / (MAX( CTR ) OVER () - MIN( CTR ) OVER ()) * 0.02 +
    (CPC - MIN( CPC ) OVER ()) / (MAX( CPC ) OVER () - MIN( CPC ) OVER ()) * 0.04 +
    (Users - MIN( Users ) OVER ()) / (MAX( Users ) OVER () - MIN( Users ) OVER ()) * 0.04 +
    (CostPerUser - MIN( CostPerUser ) OVER ()) / (MAX( CostPerUser ) OVER () -
        MIN( CostPerUser ) OVER ()) * 0.02 +
    (ARPU - MIN( ARPU ) OVER ()) / (MAX( ARPU ) OVER () - MIN( ARPU ) OVER ()) * 0.06 +
    (Registrations - MIN( Registrations ) OVER ()) / (MAX( Registrations ) OVER ()
        - MIN( Registrations ) OVER ()) * 0.07 +
    (CostPerRegistration - MIN( CostPerRegistration ) OVER ()) / (MAX(
        CostPerRegistration ) OVER () - MIN( CostPerRegistration ) OVER ()) * 0.035 +
    (CostPerTransaction - MIN( CostPerTransaction ) OVER ()) / (MAX(
        CostPerTransaction ) OVER () - MIN( CostPerTransaction ) OVER ()) * 0.07 +
    (ConversationRate - MIN( ConversationRate ) OVER ()) / (MAX(
        ConversationRate ) OVER () - MIN( ConversationRate ) OVER ()) * 0.175 +
    (Revenue - MIN( Revenue ) OVER ()) / (MAX( Revenue ) OVER () - MIN( Revenue
        ) OVER ()) * 0.175 +
    (ROI - MIN( ROI ) OVER ()) / (MAX( ROI ) OVER () - MIN( ROI ) OVER ()) * 0.175
    ) AS Score,
    Impressions,CPM,Clicks,CTR,CPC,Users,CostPerUser,ARPU,Registrations,CostPer
        Registration,CostPerTransaction,ConversationRate,Revenue,ROI,
    (Impressions - MIN( Impressions ) OVER ()) / (MAX( Impressions ) OVER () -
        MIN( Impressions ) OVER ()) AS ImpressionsMM,
    (CPM - MIN( CPM ) OVER ()) / (MAX( CPM ) OVER () - MIN( CPM ) OVER ()) AS CPMMM,
    (Clicks - MIN( Clicks ) OVER ()) / (MAX( Clicks ) OVER () - MIN( Clicks ) OVER ())
        AS ClicksMM,
    (CTR - MIN( CTR ) OVER ()) / (MAX( CTR ) OVER () - MIN( CTR ) OVER ()) AS CTRMM,
    (CPC - MIN( CPC ) OVER ()) / (MAX( CPC ) OVER () - MIN( CPC ) OVER ()) AS CPCMM,
    (Users - MIN( Users ) OVER ()) / (MAX( Users ) OVER () - MIN( Users ) OVER ())
        AS UsersMM,
    (CostPerUser - MIN( CostPerUser ) OVER ()) / (MAX( CostPerUser ) OVER () - MIN
        ( CostPerUser ) OVER ()) AS CostPerUserMM,
```

```
    (ARPU - MIN( ARPU ) OVER ()) / (MAX( ARPU ) OVER () - MIN( ARPU ) OVER ())
        AS ARPUMM,
    (Registrations - MIN( Registrations ) OVER ()) / (MAX( Registrations ) OVER ()
        - MIN( Registrations ) OVER ()) AS RegistrationsMM,
    (CostPerRegistration - MIN( CostPerRegistration ) OVER ()) / (MAX(
        CostPerRegistration ) OVER () - MIN( CostPerRegistration ) OVER ()) AS
        CostPerRegistrationMM,
    (CostPerTransaction - MIN( CostPerTransaction ) OVER ()) / (MAX(
        CostPerTransaction ) OVER () - MIN( CostPerTransaction ) OVER ()) AS
        CostPerTransactionMM,
    (ConversationRate - MIN( ConversationRate ) OVER ()) / (MAX(
        ConversationRate ) OVER () - MIN( ConversationRate ) OVER ()) AS
        ConversationRateMM,
    (Revenue - MIN( Revenue ) OVER ()) / (MAX( Revenue ) OVER () - MIN( Revenue
        ) OVER ()) AS RevenueMM,
    (ROI - MIN( ROI ) OVER ()) / (MAX( ROI ) OVER () - MIN( ROI ) OVER ()) AS ROIMM
FROM
    channel_performance
ORDER BY
    Score DESC;
```

在 Navicat 中执行 SQL 语句，得到如图 6-8 所示的结果。

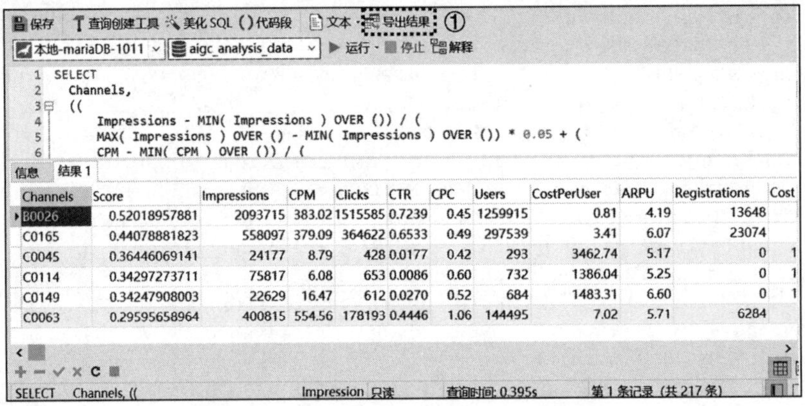

图 6-8　数据归一化和加权计算结果

为了验证 Score 的正确性，我们需要检查两个部分的逻辑实现：

❑ 指标的归一化处理结果。随机选取一个指标，找出其最大值和最小值，然后对比归一化后的结果是否分别为 1 和 0。

❑ 加权汇总结果。根据提示指令中的计算公式，基于任意一条记录归一化后的字段计算加权汇总结果，然后与 Score 的值进行对比，查看是否相同。

为了方便操作，可以将查询结果导出到 Excel 中，具体方法如下：单击图 6-8 顶部功能栏中的"导出结果"，按步骤操作即可，导出格式选择 Excel。

打开 Excel，单击 ROI 列，如图 6-9 所示，单击"开始"-"排序和筛选"-"筛选"。

图中①会出现下拉选项，单击后，查看最小值（图中⑤）和最大值（图中④）。然后在 Excel 中找到最大值和最小值对应的记录，对比 ROIMM 的值，发现最大值为 1，最小值为 0。结果一致。

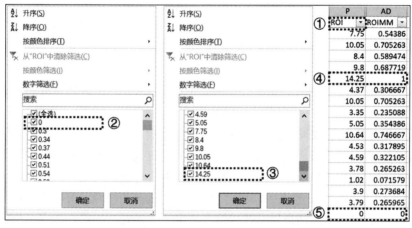

图 6-9　检验 ROI 字段的最大值和最小值

接下来我们验证加权汇总结果。按照提示指令中的公式，我们在 C 列插入新列，然后将原始公式中的指标名替换为实际表格 ID，得到如图 6-10 所示的结果。图中①是修改后的公式，图中②是基于公式得到的结果，对比 B 列和 C 列的值，发现二者相同，说明 Score 计算无误。

	A	B	C	R	S	T	U	V	W	X	Y	Z	AA	AB	AC	AD	AE
1	Channe	Score		Impre	CPMN	Clicks	CTRM	CPCM	Users	CostP	ARPU	Regis	CostP	CostP	Conv	Rever	ROIM
2	B0026	0.520190	0.520192	0.0207	0.6905	1.0000	1.0000	0.1388	1.0000	0.0000	0.4692	0.5915	0.0000	0.0000	0.3391	1.0000	0.5439
3	C0165	0.440789	0.440796	0.0055	0.6835	0.2406	0.9022	0.1514	0.2361	0.0000	0.6797	1.0000	0.0000	0.0000	0.4222	0.3422	0.7053
4	C0045	0.364461	0.36446	0.0002	0.0154	0.0002	0.0220	0.1293	0.0001	0.4982	0.5789	0.0000	1.0000	0.0021	1.0000	0.0003	0.5895
5	C0114	0.342973	0.342967	0.0007	0.0105	0.0004	0.0094	0.1861	0.0005	0.1994	0.5879	0.0000	1.0000	0.0010	0.7996	0.0007	0.6877
6	C0149	0.342479	0.342486	0.0002	0.0293	0.0004	0.0349	0.1609	0.0004	0.2134	0.7391	0.0000	1.0000	0.0021	0.4282	0.0009	1.0000
7	C0063	0.295957	0.29596	0.0039	1.0000	0.1175	0.6132	0.3312	0.1146	0.0000	0.6394	0.2723	0.0000	0.0000	0.4276	0.1564	0.3067
8	C0146	0.293071	0.293074	0.0008	0.0071	0.0003	0.0060	0.1798	0.0004	0.2491	0.5700	0.0000	1.0000	0.0000	0.5000	0.0006	0.7053
9	C0125	0.287985	0.287989	0.0011	0.0169	0.0003	0.0047	0.4921	0.0002	0.3743	0.8712	0.0000	1.0000	0.0021	0.7494	0.0006	0.2351
10	C0073	0.266452	0.266447	0.0001	0.7281	0.0021	0.3493	0.4227	0.0019	0.0585	1.0000	0.0021	0.0021	0.0005	0.4677	0.0042	0.3544

C2 公式：$= R2 * 0.05 + S2 * 0.05 + T2 * 0.02 + U2 * 0.02 + V2 * 0.04 + W2 * 0.04 + X2 * 0.02 + Y2 * 0.06 + Z2 * 0.07 + AA2 * 0.035 + AB2 * 0.07 + AC2 * 0.175 + AD2 * 0.175 + AE2 * 0.175$

图 6-10　验证加权汇总结果

6.1.8　广告渠道评估报表的分析和应用

在验证 SQL 语句正确无误后，我们可以将该 SQL 语句固定下来，后续每次导入新的数据时，只需执行 SQL 语句就能生成渠道分析报表。在广告渠道的效果评估的基础上，我们可以通过以下方式进行进一步分析和应用。

应用一：整合更多广告渠道数据进行交叉分析。我们可以基于 Channels 将广告投放数据、属性数据关联起来，从多个维度对数据进行交叉分析。

应用二：将广告渠道分组分析。由于广告渠道较多（超过 200 个），我们可能无法对所有广告渠道进行详细分析，因此，可以按照 Score 倒序排序，使用 ABC 分析法、二八分析法等简单分组方法，或者基于聚类等模型方法，将渠道分为若干组，然后针对重点组别进行深入分析。例如，找出该组中的优势渠道、未来的投放策略、效果侧重点等。

应用三：围绕核心广告进行焦点分析。焦点分析通常有明确的对象，例如，营销活动中成本和费用较高的渠道、此次新增加的测试性投放渠道等，由于成本或业务因素，我们需要重点关注这些渠道的表现、与同类渠道的对比，以及在各个评估维度上有哪些优势和不足。

应用四：基于雷达图做渠道优劣势分析。如果已经选定了少数广告渠道（例如通过分组找到的高 Score 渠道），那么我们可以通过雷达图等方式，再次选择 5 个左右的指标，分别分析这些核心渠道在这些指标上的优劣势，从而更快地发现问题。当然，我们也可以把本案例涉及的 15 个指标，从原来的加权得到一个 Score 改为按照业务类型加权得到四个指标，这四个指标分别用于评估市场品牌、用户流量、交易转化、综合表现，然后基于这四个指标做雷达图分析。

6.1.9 案例小结

本案例是企业中经常遇到的数据分析场景之一，借助 AIGC 的思维扩展和解决问题的能力以及数据库的数据统计分析能力，我们可以比较容易地获取客观、完整的广告渠道评估报表。在整个过程中，需要重点注意以下几个问题：

- ❏ 指标的场景化细分。本案例所选择的评估指标是一些常用的通用指标。但在特定场景下，仍然有很多指标可以细化和定制，例如，在拉新方面，除了看新用户数外，还会关注留存；在老用户挽回方面，除了看回访或激活的老用户数外，还会分析激活成本等。
- ❏ 指标权重场景化定义。本案例假设的场景是以销售为导向的促销活动。当换到不同场景时，各个指标的权重需要重新设定。
- ❏ 指标权重的客观评估。本案例考虑到实际工作量，没有使用 AHP 等常用的权重打分方法。如果读者内部资源充足，可以考虑使用 AHP 打分法，该方法能有效地将数据和业务经验结合，是一种常用且有效的打分方法。

除了上述常规问题外，读者还需要区分评估型指标和过程型指标的应用场景。本案例是围绕评估场景展开的指标选择与应用，因此没有涉及很多过程类指标，例如跳出、停留时间、加车、留资等。如果读者希望指标辅助业务过程执行，尤其是基于转化漏斗、过程关键因子或事件的分析，希望得到一些有效的效果评估经验，建议把这些作为另外一个课题单独研究。原因是效果评估的作用是为阶段性业务给出一个结论：好或不好。在这个基础上，如果好，则应该如何继续保持；如果不好，应该如何改进和优化就属于另外一个需要单独研究的课题了。这样可以让业务方抓住重点，同时也可以节省精力。另外，领导层通常"只关注结果"，而执行层才更关注"执行过程"。

6.2　AIGC 复现归因报表：揭示真实转化贡献

本节将介绍如何用广告渠道的转化归因方法分析订单的贡献，帮助你更精准地评估广告渠道的效果，并优化广告投放策略。我们将从转化归因的概念入手，逐步介绍如何准备广告渠道数据和计算不同归因模型的结果，包括末次归因、首次归因、线性归因、位置归因等。

6.2.1　转化归因概述

转化归因是一种将转化功劳分配给用户转化路径中不同广告或点击的分析方法。与传统的转化效果评估方法相比，它可以更合理地考虑所有对最终结果有价值的因素，从而更客观、公正地反映实际效果。

很多网站分析工具（例如 Google Analytics）都会提供多种归因模型。根据计算逻辑的不同，归因模型可以分为以下两类：

❏ 以数据为依据的归因模型。这类模型根据每个转化事件的数据来分配转化功劳，使用特定模型来计算每次互动的实际功劳。

❏ 以规则为依据的归因模型。常见的规则模型包括首次互动归因（也叫首次归因）、末次互动归因（也叫末次归因）、线性归因、基于位置的归因（也叫位置归因）、时间衰减归因等。

这里我们重点介绍前四种基于规则的归因，这类归因逻辑清晰、可理解和可解释性强，更适合大多数企业对于归因的"白盒"（可观察、可理解、可还原、可解释）需求。

❏ 首次归因：它将转化功劳全部分配给用户转化路径中的首个互动，认为首次接触到广告的渠道对转化起决定性作用。

❏ 末次归因：它将转化功劳全部分配给用户转化路径中的最后一个互动，认为最后一次接触到广告的渠道对转化起决定性作用。

❏ 线性归因：它将转化功劳平均分配给用户转化路径中的所有互动，认为每个互动对转化的贡献相同。

❏ 位置归因：它根据用户转化路径中互动的位置进行功劳分配，对首次互动和最后一次互动各分配一定比例的功劳，中间的互动平均分配剩余的功劳。

假设一个用户在购买一件商品之前与广告渠道进行了以下互动。

❏ 第一次互动：通过搜索引擎点击了广告 A。

❏ 第二次互动：在社交媒体上看到了广告 B，并点击了广告链接。

❑ 第三次互动：在电子邮件中收到了广告 C，并点击了广告链接。

❑ 最后一次互动：在在线论坛上看到了广告 D，并点击了广告链接，最终完成了购买。

下面以不同的归因方法来计算各个广告渠道对转化的贡献：

❑ 首次归因：将转化功劳全部分配给第一次互动，因此广告 A 将获得 100% 的转化功劳。

❑ 末次归因：将转化功劳全部分配给最后一次互动，因此广告 D 将获得 100% 的转化功劳。

❑ 线性归因：将转化功劳平均分配给所有互动，因此广告 A、广告 B、广告 C 和广告 D 都将获得 25% 的转化功劳。

❑ 位置归因：假设分配比例为 40%、20% 和 40%，则首次互动广告 A 获得 40% 的转化功劳，最后一次互动广告 D 获得 40% 的转化功劳，中间渠道一共获得 20% 的转化功劳，广告 B 和广告 C 各获得 10%。

通过以上不同的归因方法，可以得到不同的广告渠道转化贡献结果。这突出了不同归因模型之间的差异，业务人员和分析师可以根据不同的业务需求和分析目的，选择合适的归因方法来评估广告渠道的效果和优化广告投放策略。

6.2.2　准备广告渠道数据

下面我们以广告转化为例，准备本节所需的分析数据。我们直接把示例数据存储在 fact_user_order_source_data_sample 表中，后续就使用该数据完成转化归因计算和广告贡献分配分析。该表的部分数据示例如表 6-4 所示。

表 6-4　fact_user_order_source_data_sample 表的部分数据示例

userId	sessionDate	sessionTime	sourceMedium	transactionId	Revenue
9999176736	2017-01-15	2017-01-15 11:38:48	Shareasale/Referral		
9999176736	2017-01-15	2017-01-15 13:33:09	Shareasale/Referral	32232245	95.95
9998679257	2017-01-15	2017-01-15 23:54:23	Pinterest/Cpc	32232528	25.99

下面介绍取数逻辑。假设我们要分析 2017-01-15 产生的所有订单的广告归因效果，需要获取符合如下规则的数据：

首先，过滤出表中订单日期等于 2017-01-15 且订单不为空的用户范围，这些用户所产生的广告渠道数据是广告归因分析的主体。

其次，订单转化归因是以订单为标记点，即只查看该订单之前用户所经过的所有广告渠道。因此，需要查询每个用户在 2017-01-15 之前（包含当前日期）、上个订单之后的所有数据。如果没有上个订单，则获取所有用户广告渠道来源数据。

下面我们以表 6-5 为例说明上面的取数逻辑。表中显示了用户 9235252795 和 9577679725 在 2017-01-15 都产生了交易。

- ❏ 对于用户 9235252795，我们需要取 2016-12-20 与 2017-01-15 之间的所有记录，用于计算广告归因分配；同时需要排除 2017-01-18 的记录，因为该记录在目标订单日期之后。
- ❏ 对于用户 9577679725，我们需要取 2017-01-11 与 2017-01-15 之间的所有记录，用于计算广告归因分配；2017-01-11 和 2017-01-12 处于另一个转化周期内，因此不能计入 2017-01-15 的订单归因范围，该日期所属的归因范围内的数据只有 2017-01-13 和 2017-01-15 两条记录；2017-01-16 处于目标转化日期之外，也要排除。

表 6-5　广告渠道序列路径

userId	sessionDate	sessionTime	sourceMedium	transactionId	Revenue
9235252795	2016-12-20	2016-12-20 02:36:35	WebUsers/Email		
9235252795	2016-12-21	2016-12-21 08:33:10	WebUsers/Email		
9235252795	2017-01-15	2017-01-15 00:56:26	Christmas/Email	32231957	23.98
9235252795	2017-01-18	2017-01-18 02:57:55	NewBuyers/Email		
9577679725	2017-01-11	2017-01-11 12:14:11	Google/Cpc		
9577679725	2017-01-12	2017-01-12 15:21:39	(Direct)/(None)	32232241	37.17
9577679725	2017-01-13	2017-01-13 23:20:03	(Direct)/(None)		
9577679725	2017-01-15	2017-01-15 06:40:50	Linkshare/Affiliate	32232242	30.99
9577679725	2017-01-16	2017-01-16 11:38:48	Google/Organic		

用图形来表示用户 9577679725 的广告渠道路径，结果如图 6-11 所示。该用户在 2017-01-12 和 2017-01-15 分别进行了 2 次转化，对应 2 个转化周期。我们要分析的是 2017-01-15 转化周期内的广告归因分配，因此需要计算的是自上次订单（2017-01-12）之后到转化日（2017-01-15）之间的结果，即转化周期 2 的广告渠道。

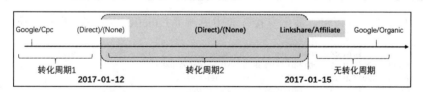

图 6-11　用户 9577679725 的广告渠道路径

6.2.3　基于订单 ID 构建转化周期 ID

按照表 6-5 和图 6-11 中的数据示例，我们做广告转化归因时，需要将同一个转化周期（转化窗口）内的所有渠道标记为一个整体，这样才能找到转化周期内的所有广告渠道。如图 6-12 所示，我们为两个转化周期分别构建一个转化周期 ID，可以使用订单 ID，因为订单 ID 已经是唯一标记订单转化的 ID，所以可以直接把转化周期和订单 ID 对应起来，方便后续识别和应用。

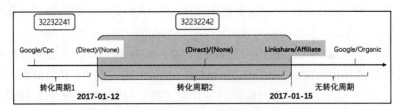

图 6-12　为广告转化增加转化周期 ID

我们要在表 6-5 的基础上增加一列新的转化周期 ID（LabelId），值就是订单 ID，该 ID 标记的记录范围是两个订单记录之间的所有数据范围。标记完成的数据如表 6-6 所示，LabelId 列就是标记完成的列。其中没有标记 LabelId 值的两行记录表示该记录没有完成订单转化。

表 6-6　增加转化周期 ID

userId	sessionDate	sessionTime	sourceMedium	transactionId	Revenue	LabelId
9235252795	2016-12-20	2016-12-20 02:36:35	WebUsers/Email			32231957
9235252795	2016-12-21	2016-12-21 08:33:10	WebUsers/Email			32231957
9235252795	2017-01-15	2017-01-15 00:56:26	Christmas/Email	32231957	23.98	32231957
9235252795	2017-01-18	2017-01-18 02:57:55	NewBuyers/Email			
9577679725	2017-01-11	2017-01-11 12:14:11	Google/Cpc			32232241
9577679725	2017-01-12	2017-01-12 15:21:39	(Direct)/(None)	32232241	37.17	32232241
9577679725	2017-01-13	2017-01-13 23:20:03	(Direct)/(None)			32232242
9577679725	2017-01-15	2017-01-15 06:40:50	Linkshare/Affiliate	32232242	30.99	32232242
9577679725	2017-01-16	2017-01-16 11:38:48	Google/Organic			

因此，基于上面的逻辑，我们直接在表中更新了 LabelId，结果如图 6-13 所示。

userId	sessionDate	sessionTime	sourceMedium	transactionId	Revenue	LabelId
9999176736	2017-01-15	2017-01-15 11:38:48	Shareasale/Referral	(Null)	(Null)	32232245
9999176736	2017-01-15	2017-01-15 13:33:09	Shareasale/Referral	32232245	95.95	32232245
9998679257	2017-01-15	2017-01-15 23:54:23	Pinterest/Cpc	32232528	25.99	32232528

图 6-13　fact_user_order_source_data_sample 完整字段示例

6.2.4　基于末次归因计算广告渠道订单贡献

末次归因是网站分析工具中最常用的归因逻辑。下面我们以 2017-01-15 为例，分析各个广告渠道在末次归因下的订单贡献情况。采用末次归因时，我们只需选取每个 LabelId 对应的最后一条记录，即下单时的数据，然后按照 sourceMedium 进行分组汇总，对 transactionId 进行计数，对 Revenue 进行求和。提示指令如下：

[New Bing Chat] 6/5/1　你是一个资深数据分析师。数据库中表 fact_user_order_source_data_
　　sample 的字段说明如下：

Field	Type	Null	Key	Default	Extra
userId	varchar(255)	YES	MUL	NULL	
sessionDate	date	YES	MUL	NULL	
sessionTime	datetime	YES	MUL	NULL	
sourceMedium	varchar(255)	YES	MUL	NULL	
transactionId	int(10)	YES	UNI	NULL	
Revenue	decimal(10,2)	YES	MUL	NULL	
LabelId	int(10)	YES		NULL	

请根据字段说明，使用 MariaDB 10 编写一个 SQL 查询语句，查询表 fact_user_order_source_data_
　　sample，使用 WITH 语句，以 LabelId 为窗口函数主体，按 userId 和 sessionTime 正序排序，使
　　用 LAST_VALUE 取最后一条记录，并对最后一条记录的 sourceMedium 做分组汇总：
❑ 对最后一条记录的 transactionId 计数，得到新指标 lastTransactions。
❑ 对最后一条记录的 Revenue 求和，得到新指标 lastRevenue。
最后输出 sourceMedium、lastTransactions、lastRevenue，并按 lastRevenue 倒序排序。

上述提示除说明了查询表名、字段含义（通过 DESC fact_user_order_source_data_sample
可以查看字段详情）外，还描述了窗口内排序、获取数据和计算归因的逻辑：

❑ 窗口函数以 LabelId 为主体，因为 LabelId 标识了每一个转化周期。
❑ 按 userId 和 sessionTime 正序排序后使用 LAST_VALUE 函数取最后一行记录（相比
　　使用行号等方式，这样实现起来更简单）。
❑ 最后根据首页获取的维度、指标进行分组汇总。
❑ WITH 语句主要用于提高维护性、解读性。

> **提示**　按 userId、sessionTime 正序排序后取最后一条数据与按 userId、sessionTime 倒序排
> 序后取第一条数据在逻辑上是等效的，但是在 SQL 实现上，二者的复杂度却有很大
> 差异，因此建议使用后者。

New Bing Chat 基于提示指令，给出如下 SQL 语句建议：

```sql
WITH last_record AS (
    SELECT *,
    LAST_VALUE(sourceMedium) OVER (PARTITION BY LabelId ORDER BY userId,
        sessionTime) AS lastSourceMedium,
    LAST_VALUE(transactionId) OVER (PARTITION BY LabelId ORDER BY userId,
        sessionTime) AS lastTransactionId,
    LAST_VALUE(Revenue) OVER (PARTITION BY LabelId ORDER BY userId, sessionTime)
        AS lastRevenue
    FROM fact_user_order_source_data_sample
)
SELECT lastSourceMedium AS sourceMedium, COUNT(lastTransactionId) AS
    lastTransactions, SUM(lastRevenue) AS lastRevenue
FROM last_record GROUP BY lastSourceMedium ORDER BY lastRevenue DESC;
```

在 Navicat 中执行 SQL 语句，得到如图 6-14 所示的结果。

sourceMedium	lastTransactions	lastRevenue
▶ Pinterest/Cpc	438	18184.59
(Direct)/(None)	146	7445.62
Google/Organic	100	5553.27
Facebook/Cpc	90	3965.77

WITH last_record AS (SELECT *, LAST_VALUE(sourceMedium) OVI 只读 　　　查询时间: 0.024s 　　第 1 条记录 (共 47 条)

图 6-14　基于末次归因的计算结果

 注意 transactionId 为 Null 的记录表示没有产生订单，在计数时会被忽略，所以，COUNT (transactionId) 只会返回 transactionId 有值的行数。

6.2.5　基于首次归因计算广告渠道订单贡献

首次归因是指只考虑用户转化周期内的第一次访问数据，即下单时的数据与最早一条数据相同，然后获取相应的广告渠道。它与末次归因的逻辑正好相反。提示指令如下：

[New Bing Chat] 6/5/2　你是一个资深数据分析师。使用 MariaDB 10 编写 SQL 语句，查询 fact_user_order_source_data_sample，使用 WITH 语句，完成如下计算：
❑ 以 LabelId 为窗口函数主体，按 userId 和 sessionTime 正序排序，使用 FIRST_VALUE 取首行记录，获取 sourceMedium。
❑ 以 LabelId 为窗口函数主体，按 userId 和 sessionTime 正序排序，使用 LAST_VALUE 取最后一条记录，获取 transactionId 和 Revenue。
❑ 在上述结果中，以 sourceMedium 分组汇总，对 transactionId 计数得到新指标 firstTransactions，对 Revenue 求和得到新指标 firstRevenue。
最后输出 sourceMedium、firstTransactions、firstRevenue，并按 firstRevenue 倒序排序。

上述提示主要描述了将"末次广告渠道"替换为"首次广告渠道"的实现逻辑：按 userId 和 sessionTime 正序排序后使用 FIRST_VALUE 函数取首行记录，获取 sourceMedium。另外，由于我们继续使用相同的会话，上下文中已经有表的信息，因此这里不再重复说明。

New Bing Chat 基于提示指令，给出如下 SQL 语句建议：

```
WITH first_record AS (
  SELECT *,
  FIRST_VALUE(sourceMedium) OVER (PARTITION BY LabelId ORDER BY userId,
    sessionTime) AS firstSourceMedium,
  LAST_VALUE(transactionId) OVER (PARTITION BY LabelId ORDER BY userId,
    sessionTime) AS lastTransactionId,
  LAST_VALUE(Revenue) OVER (PARTITION BY LabelId ORDER BY userId, sessionTime)
    AS lastRevenue
  FROM fact_user_order_source_data_sample
)
SELECT firstSourceMedium AS sourceMedium, COUNT(lastTransactionId) AS
  firstTransactions, SUM(lastRevenue) AS firstRevenue
FROM first_record GROUP BY firstSourceMedium ORDER BY firstRevenue DESC;
```

在 Navicat 中执行 SQL 语句，得到如图 6-15 所示的结果。

图 6-15　基于首次归因的计算结果

6.2.6　基于线性归因计算广告渠道订单贡献

线性归因的实现逻辑与首次归因和末次归因有所不同。在首次归因和末次归因中，订单转化"只"归属于转化周期内的某个渠道，因此可以通过取特定记录（首行、末行）的方式获取目标广告渠道。在线性归因中，由于每个广告渠道都要平均分配订单贡献，因此，我们需要先统计每个 LabelId 中的广告渠道的数量，然后给每个渠道赋予相同的占比，最后再汇总统计每个渠道的广告贡献。提示指令如下：

> [New Bing Chat] 6/5/3 你是一个资深数据分析师。使用 MariaDB 10 编写 SQL 查询语句，查询 fact_user_order_source_data_sample，使用 WITH 语句完成如下功能：
> 首先，计算新指标 tmpTransactions，计算逻辑是：每条记录的 tmpTransactions 等于相同 LabelId 的记录数的倒数。例如，假设相同的 LabelId 有 4 条数据，那么每条数据的占比就是 1/4。
> 其次，基于指标 tmpTransactions，计算得到新指标 tmpRevenue，计算逻辑是：以 LabelId 为窗口函数主体，按 userId 和 sessionTime 正序排序，使用 LAST_VALUE 取最后一条记录的 Revenue；将该值填充到 LabelId 的所有记录中；再使用 tmpTransactions * Revenue 得到 tmpRevenue。
> 最后，在上述结果中，以 sourceMedium 分组汇总，对新指标 tmpTransactions 和 tmpRevenue 分别求和，得到新指标 linearTransactions 和 linearRevenue，并按 linearRevenue 倒序排序。

上述提示指令中，每个广告渠道都参与贡献分配，因此按照等比例分配各自的贡献；在计算订单金额时，以订单转化记录的订单金额乘以贡献比例得出实际贡献金额。其中，关键一步是将同一转化周期内的原始 Revenue 填充到其他空值列，这样才能通过加权计算得到实际的贡献分配金额。如图 6-16 所示，填充和没有填充的过程数据有明显差异。图中①是未增加"将该值填充到 LabelId 的所有记录中"描述时的 SQL 执行结果；图中②是增加了该描述后的结果。

图 6-16　未填充和填充的过程数据对比

New Bing Chat 基于提示指令，给出如下 SQL 语句：

```
WITH tmp_data AS (
    SELECT *,
    1.0 / COUNT(*) OVER (PARTITION BY LabelId) AS tmpTransactions,
    LAST_VALUE(Revenue) OVER (PARTITION BY LabelId ORDER BY userId, sessionTime
        ROWS BETWEEN UNBOUNDED PRECEDING AND UNBOUNDED FOLLOWING) AS lastRevenue
    FROM fact_user_order_source_data_sample
),
tmp_result AS (
    SELECT *, tmpTransactions * lastRevenue AS tmpRevenue FROM tmp_data
)
SELECT sourceMedium, SUM(tmpTransactions) AS linearTransactions, SUM(tmpRevenue)
    AS linearRevenue
FROM tmp_result GROUP BY sourceMedium ORDER BY linearRevenue DESC;
```

上述 SQL 查询利用 WITH 语句定义了三个子查询，分别实现了以下功能：获取订单贡献分配比例，即每个转化周期内的广告渠道数量的倒数；获取订单金额值，即每个转化周期内的订单收入；计算订单金额分配，即每个转化周期内的每个广告渠道的贡献金额，等于订单金额值乘以订单贡献分配比例。最后通过汇总计算，即按照广告渠道分组，对每个广告渠道的贡献金额求和。

在 Navicat 中执行 SQL 语句，得到如图 6-17 所示的结果。

sourceMedium	linearTransactions	linearRevenue
▶ Pinterest/Cpc	449.30183	18827.2260312
(Direct)/(None)	160.22606	8163.1952865
Google/Organic	105.97056	5909.9810965
Facebook/Cpc	95.43528	4280.6797596

图 6-17　基于线性归因的计算结果

6.2.7　基于位置归因计算广告渠道订单贡献

位置归因需要综合考虑首次、末次和线性归因的基础逻辑，由于它涉及转化周期窗口内的广告渠道排序，以及不同渠道位置的权重定义问题，因此它的实现逻辑较为复杂。

为了便于理解，我们这里只实现一种简单的位置归因，即末次位置和辅助位置。其中，末次位置是指用户最后一次接触的广告渠道，辅助位置是指除了最后一次接触渠道之外的所有渠道。另外，当转化周期内只有一个渠道时，默认为末次位置渠道。同时，对于末次位置和辅助位置的权重分配规则分别是 0.6 和 0.4，即末次渠道占 60%，其他渠道共占 40%。

基于上述逻辑，我们撰写的提示指令如下：

[New Bing Chat] 6/5/4　你是一个资深数据分析师。使用 MariaDB 10 编写 SQL 查询语句，查询 fact_user_order_source_data_sample，使用 WITH 语句实现如下计算逻辑：

第一步，获取所有表字段，以 LabelId 为窗口函数主体，按 userId 和 sessionTime 倒序排序后使用
row_number 分配行号。
第二步，基于第一步的数据，计算末次位置贡献。取行号为 1 的记录，获取 sourceMedium，并设置新指标
tmpTransactions 的值为 0.6，设置新指标 tmpRevenue 的值为 0.6 * Revenue。
第三步，基于第一步的数据，计算辅助位置贡献。取行号大于 1 的记录并完成如下计算：

❑ 计算新指标 tmpTransactions，计算逻辑是：每条记录的 tmpTransactions 等于相同 LabelId 的
记录数的倒数。例如，假设相同的 LabelId 有 4 条数据，那么每条数据的占比就是 1/4。
❑ 基于指标 tmpTransactions，计算得到新指标 tmpRevenue，计算逻辑是：以 LabelId 为窗口函数主
体，按 userId 和 sessionTime 正序排序，使用 LAST_VALUE 取最后一条记录的 Revenue；将该值填
充到 LabelId 的所有记录中；再使用 tmpTransactions * Revenue 得到 tmpRevenue。

第四步，合并上述末次位置贡献和辅助位置贡献数据，以 sourceMedium 分组汇总，对
tmpTransactions 和 tmpRevenue 分别求和，得到新指标 positionTransactions 和
positionRevenue，并按 positionRevenue 倒序排序。

提示指令介绍了末次归因和线性归因相结合的指令方法。整个过程可以分为四个步骤：

❑ 第一步是选择所有字段，并根据转化周期内的访问顺序给每条记录增加行号。这里
使用倒序排序和行号的方式是为了方便获取原始数据中的最后一条记录和其他辅助
记录。倒序排序后，原始数据中的最后一条记录对应排序后的第一行，原始数据中
的其他辅助记录对应第二行及以下的记录，这样只需根据行号是否为 1 就能区分出
这两类记录。

❑ 第二步是计算末次位置贡献。这里采用了与末次归因相同的逻辑，只是在计算
Transactions 和 Revenue 时增加了权重因素。

❑ 第三步是计算辅助位置贡献。这里只选取除了第一行记录以外的其他记录，计算方
法与线性归因完全一致。

❑ 第四步是对上述两部分数据进行合并，然后再进行汇总计算。

New Bing Chat 基于上述提示指令，给出如下 SQL 实现方案：

```
WITH step1 AS (
    SELECT *, ROW_NUMBER() OVER (PARTITION BY LabelId ORDER BY userId,
        sessionTime DESC) AS row_num FROM fact_user_order_source_data_sample
),
step2 AS (
    SELECT sourceMedium, 0.6 AS tmpTransactions, 0.6 * Revenue AS tmpRevenue
        FROM step1 WHERE row_num = 1
),
step3 AS (
    SELECT *,
    1.0 / COUNT(*) OVER (PARTITION BY LabelId) AS tmpTransactions,
    LAST_VALUE(Revenue) OVER (PARTITION BY LabelId ORDER BY userId, sessionTime
        ROWS BETWEEN UNBOUNDED PRECEDING AND UNBOUNDED FOLLOWING) AS lastRevenue,
    (1.0/COUNT(*) OVER (PARTITION BY LabelId)) * LAST_VALUE(Revenue) OVER
        (PARTITION BY LabelId ORDER BY userId, sessionTime ROWS BETWEEN
        UNBOUNDED PRECEDING AND UNBOUNDED FOLLOWING) AS tmpRevenue
    FROM step1 WHERE row_num > 1
),
```

```
step4 AS (
    SELECT * FROM step2  UNION ALL
    SELECT sourceMedium, tmpTransactions, tmpRevenue FROM step3
)
SELECT sourceMedium, SUM(tmpTransactions) AS positionTransactions,
    SUM(tmpRevenue) AS positionRevenue
FROM step4 GROUP BY sourceMedium ORDER BY positionRevenue DESC;
```

在 Navicat 中执行 SQL 语句，得到如图 6-18 所示的结果。

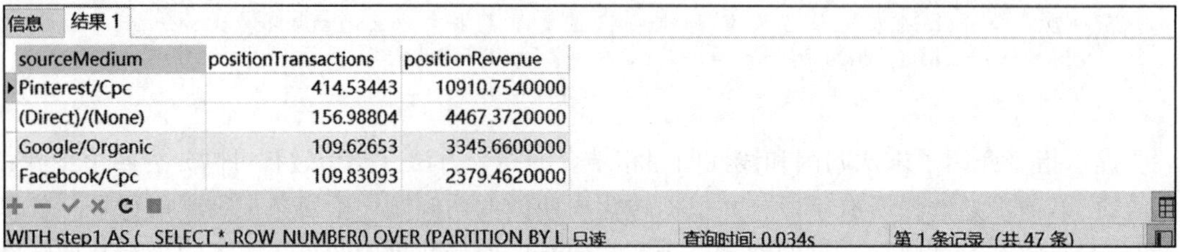

sourceMedium	positionTransactions	positionRevenue
Pinterest/Cpc	414.53443	10910.7540000
(Direct)/(None)	156.98804	4467.3720000
Google/Organic	109.62653	3345.6600000
Facebook/Cpc	109.83093	2379.4620000

WITH step1 AS (SELECT *, ROW_NUMBER() OVER (PARTITION BY L 只读   查询时间: 0.034s   第 1 条记录（共 47 条）

图 6-18　基于位置归因的计算结果

6.2.8　归因报表的对比分析和应用

通过上面几个示例，我们已经得到了不同归因模型下的报表，下面需要将它们汇总到一张报表中，并进行对比分析。该过程更适合在 Excel 等交互式报表中完成。常见的分析和应用角度列举如下：

❑ **广告渠道角色定位分析**。有些广告渠道的价值集中在末次归因中，例如 SEM 类、搜索类广告以及直接输入渠道；而某些广告渠道的价值则主要集中在辅助转化上，这类渠道以流量类、品牌类广告为主。

❑ **广告价值评估**。按照默认的广告价值评估，所有订单贡献都被归因于最后一次互动（来源）的广告渠道，但是通过多种归因模型可以得到多个计算结果。此时可以选择以末次归因为主，兼顾其他归因逻辑的方式，基于不同归因模型的权重系数加权得到总的订单贡献。例如末次归因、线性归因、首次归因、位置归因的权重分别是 0.4、0.1、0.1、0.4，经过加权汇总得到总的订单量和订单金额，这样的效果评估更客观、合理。

❑ **广告投放预算分配**。上述广告评估结果直接影响的是广告预算分配。这决定了对哪些渠道应该花多少钱，有些广告渠道在任何模型下效果都很差，说明该渠道在企业关注的核心价值上贡献很小，未来可以在该渠道上减少资源。

❑ **广告组合投放应用**。也就是广告投放组合规划，这决定了广告应该以何种更合理的方式组合传播。例如对于辅助价值明显的渠道，应该在广告的前期和中期增大投入，主要作用是蓄水、预热、引流；而对于转化价值明显的渠道，应该主要在转化高潮期增大投入，尤其是电商促销高峰期间。

6.2.9 案例小结

本案例涉及的广告转化归因分析是各个企业都会遇到的实际场景。转化可以被定义为任何企业关注的目标，例如留资、下载、销售、充值等。所有的广告贡献都可以应用到这些场景的归因计算中。

本节的重点是理解各个归因类型的计算逻辑，以便准确无误地描述清楚计算需求，让 AI 根据提示指令给出更符合预期的回复内容。

以下两点需要重点注意：

一是中间过程的验证。在首次归因和末次归因中，由于每次只针对 1 条数据做归因，因此逻辑简单；但是在线性归因和位置归因中，由于要对所有转化周期内的数据做归因，因此需要验证中间过程。我们以线性归因为例介绍验证逻辑：在 AIGC 返回的 SQL 语句中，核心逻辑在 tmp_data 子查询中，因为这里定义了每条数据的订单量权重以及订单金额基础值。建议在 Navicat 中查询该语句，并增加排序功能，以便观察数据。具体操作如图 6-19 所示。

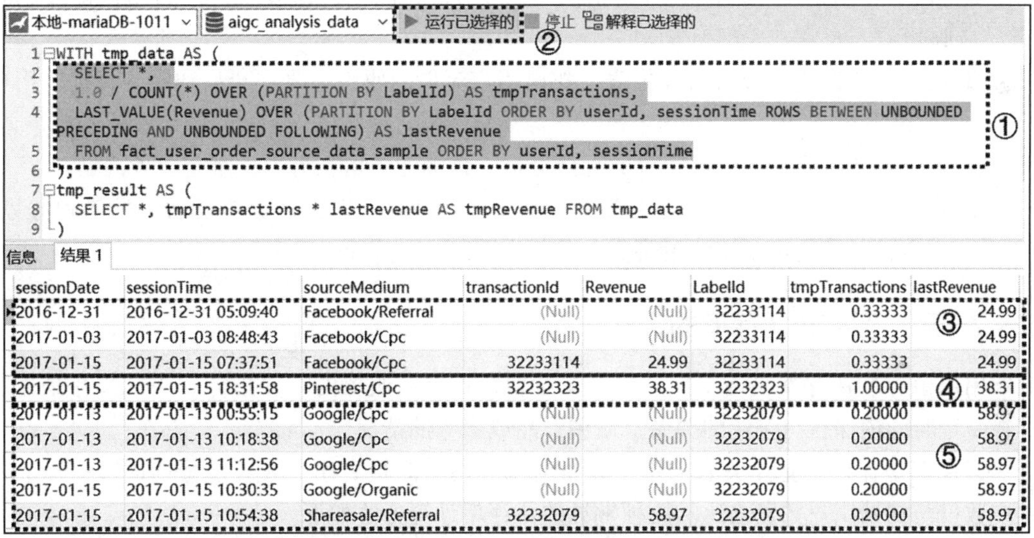

图 6-19 验证线性归因模型中间结果

图中①为要验证的 SQL 语句，我们在 SQL 语句中增加了 ORDER BY 排序语句。点击图中②的"运行已选择的"，运行 SQL 语句。图中③是 LabelId 为 32233114 的三次访问记录，我们看到 tmpTransactions 等于 1/3，lastRevenue 等于该转化周期内的订单金额，该数据是正确的。

按照同样的逻辑，我们检查图中④和⑤，发现这两列（tmpTransactions 和 lastRevenue）都准确无误。

二是原始数据的准备。为了节省篇幅，我们省略了利用 AIGC 准备数据的过程。该过程的逻辑比较清晰，但是要得到这份数据很可能需要通过大量的对话以及调整才能实现。

有兴趣的读者可以自行尝试通过 AIGC 交互来得到结果。

6.3　AIGC 构建留存报表：发现用户增长的关键

用户留存报表是核心主题，它可以帮助我们了解留存率和流失率，推动业务增长。本节首先介绍用户留存报表的定义、计算方法、数据准备，以及如何使用 AIGC 生成留存报表。然后，分享数据验证和质量检查策略，确保报表准确可靠。最后，深入分析报表，发现业务增长的关键因素。

6.3.1　用户留存报表概述

用户留存是企业成功的重要指标之一。用户留存报表是一种关键的数据工具，可以显示用户留存率和流失率的详细信息。用户留存报表有多个应用场景，列举如下。

- ❑ 营销策略优化：根据留存率和流失率，调整和优化营销策略，提高用户留存和忠诚度。
- ❑ 用户体验改进：分析留存报表，找出用户流失的原因，改进产品和服务，提升用户体验。
- ❑ 业务增长预测：基于留存率的趋势分析，预测业务增长潜力，制定业务规划。
- ❑ 竞争对手分析：比较留存率和流失率，与竞争对手对比，分析自己的优势和劣势，制定针对性的市场竞争策略。

6.3.2　用户留存和留存率的定义

用户留存和留存率是衡量用户是否持续使用产品或服务的重要指标。用户留存是指用户在一定时间内保持与企业的关系、使用产品或服务的情况。

留存率是保持与企业关系的用户数量与初始用户数量之比，或者说是达成留存标准的用户数量与初始用户数量之比。两种常见的留存率计算方法如下。

- ❑ 基于时间区间的留存率：留存率 =（在指定时间区间内达成留存标准的用户数量 / 初始时间点的用户数量）× 100
- ❑ 基于时间点的留存率：留存率 =（在每个时间点达成留存标准的用户数量 / 初始时间点的用户数量）× 100

表 6-7 给出了一个示例，用于说明两种计算方法的区别。用户 A 在 1-1 第一次到达网站，属于新用户；后来在 1-2 和 1-5 再次到达网站。

表 6-7　用户留存数据示例

	1-1	1-2	1-3	1-4	1-5	1-6	1-7
用户 A	初始状态	到站			到站		

假设我们要计算 7 日留存，如果采用时间区间的计算方式，那么用户只要在 7 天内至少来一次就满足条件；如果采用时间点的计算方式，那么用户需要在每一天都到达网站才满足条件。

第一种计算方式适合非连续型的活跃要求；第二种计算方式适合需要高频回访或刺激来完成业务诉求的场景，如通过每日活动来培养客户的行为习惯。

留存率有多种类型，包括新客留存率、老客留存率、活跃用户留存率、购买留存率、转化留存率等。留存率也可以按不同的时间间隔计算，如次日留存率、3 日留存率、7 日留存率、30 日留存率等。根据业务需求和数据可用性，可以采用不同的留存定义和计算方法。

6.3.3　用户数据的收集和准备

要计算用户留存，我们需要收集和准备用户的初始状态和后续行为状态数据，这些数据包含三个关键字段：用户 ID、日期时间和行为事件。其中，行为事件需要反映用户留存的标志信息，例如：如果以订单为留存目标，就需要记录订单事件；如果以登录为留存目标，就需要记录登录事件。

在本案例中，我们将使用 fact_user_login_data_sample 表作为数据源，该表记录了所有新用户的注册时间和最近一次登录时间。数据表示例如表 6-8 所示。

表 6-8　用户注册和登录数据表示例

userId	registrationDate	lastLoginDate
2974369985305420135	2016/12/6	2016/12/12
2100371447965447153	2016/12/3	2016/12/4
6035329049008451475	2016/12/13	2016/12/26

本案例的目标是计算每个用户从注册开始到上次登录的不同周期内的留存率，包括次日（1 日）留存率、3 日留存率等。我们采用基于时间区间的留存率计算方法，即只要用户在统计周期内至少完成一次登录，就认为他是留存用户。

6.3.4　基于 AIGC 生成日留存率报表

要通过 SQL 计算留存率，关键步骤是计算所有用户从注册到上次登录的时间间隔，然后根据时间间隔将用户划分到次日留存、3 日留存等不同时间周期内。提示指令如下：

```
[New Bing Chat] 6/6/1：你是一个资深数据分析师。在数据库中，表 fact_user_login_data_
    sample 的字段说明如下：
| Field             | Type         | Null | Key | Default | Extra |
|-------------------|--------------|------|-----|---------|-------|
| userId            | varchar(255) | YES  | UNI | NULL    |       |
| registrationDate  | date         | YES  | MUL | NULL    |       |
```

```
| lastLoginDate   | date         | YES | MUL | NULL    |         |
```

请基于表字段说明，使用 MariaDB 10 编写 SQL 查询语句，查询表 fact_user_login_data_sample，
    使用 WITH 语句完成用户留存报表。
首先，查询所有字段，并计算新指标 diffDays，计算逻辑为：lastLoginDate- registrationDate。
其次，根据上述数据，完成新指标计算：
❑ 计算新指标 is_1DayRetention，计算逻辑为：如果 diffDays=1，则该值为 1，否则为 0。
❑ 计算新指标 is_3DayRetention，计算逻辑为：如果 diffDays<=3，则该值为 1，否则为 0。
再次，基于上述数据，计算新用户数、1 日留存用户数和 3 日留存用户数。按 registrationDate 完成汇
    总计算：
❑ 计算新指标 newUsers，计算逻辑为：对 userId 去重计数。
❑ 计算新指标 1DayRetentionUsers，计算逻辑为：对 is_1DayRetention 求和。
❑ 计算新指标 3DayRetentionUsers，计算逻辑为：对 is_3DayRetention 求和。
然后，基于上述数据，计算 1 日留存率和 3 日留存率：
❑ 计算新指标 1DayRetentionRate，计算逻辑为：1DayRetentionUsers / newUsers。
❑ 计算新指标 3DayRetentionRate，计算逻辑为：3DayRetentionUsers / newUsers。
最后，输出日期（date）、新用户数（newUsers）、1 日留存率（1DayRetentionRate）、3 日留存率
    （3DayRetentionRate），按日期正序排序。

上述提示指令虽然描述文字较多，但各个模块的功能比较清晰，每个步骤之间都是顺序依赖关系。一共分为五个部分：

❑ 第一部分计算用户从注册到上次登录的时间间隔。

❑ 第二部分根据时间间隔，判断是否属于 1 日留存、3 日留存等不同时间周期。

❑ 第三部分按照注册时间，统计新用户数、1 日留存用户数和 3 日留存用户数。

❑ 第四部分基于第三部分的结果，进一步计算 1 日留存率和 3 日留存率。

❑ 第五部分确定输出的字段顺序和排序规则。

New Bing Chat 基于提示指令，给出如下 SQL 实现方案：

```sql
WITH retention_data AS (
    SELECT userId, registrationDate, lastLoginDate,
        DATEDIFF(lastLoginDate, registrationDate) AS diffDays,
        CASE WHEN DATEDIFF(lastLoginDate, registrationDate) = 1 THEN 1 ELSE 0
            END AS is_1DayRetention,
        CASE WHEN DATEDIFF(lastLoginDate, registrationDate) <= 3 THEN 1 ELSE 0
            END AS is_3DayRetention
    FROM fact_user_login_data_sample
),
summary_data AS (
    SELECT registrationDate,
        COUNT(DISTINCT userId) AS newUsers,
        SUM(is_1DayRetention) AS 1DayRetentionUsers,
        SUM(is_3DayRetention) AS 3DayRetentionUsers
    FROM retention_data GROUP BY registrationDate
)
SELECT
    registrationDate AS date, newUsers,
    1DayRetentionUsers / newUsers AS 1DayRetentionRate,
    3DayRetentionUsers / newUsers AS 3DayRetentionRate
FROM summary_data ORDER BY registrationDate;
```

在上述 SQL 方案中，AI 将计算时间间隔、判断留存周期和统计用户数这三个步骤合并到一个 WITH 子查询中，然后分别使用两个子查询来计算留存率、确定输出字段，整个模块功能清晰。在 Navicat 中执行 SQL 语句，得到如图 6-20 所示的结果。

date	newUsers	1DayRetentionRate	3DayRetentionRate
2016-12-19	615	0.2715	0.5447
2016-12-20	394	0.3147	0.6371
2016-12-21	311	0.3666	0.7170
2016-12-22	284	0.4366	0.7500
2016-12-23	242	0.4215	1.0000
2016-12-24	183	0.5027	1.0000
2016-12-25	123	1.0000	1.0000

图 6-20　日留存报表结果

6.3.5　用户留存报表的数据验证和质量检查

在我们的日留存报表中，数据应该具备以下几个基本特征：

❑ N 日留存率的值都在 0 到 1 之间，且很少出现 0 或 1 的极端情况。

❑ 3 日留存率应该不小于 1 日留存率，因为 3 日留存率的统计周期更长。

然而，我们发现图 6-20 中有一些异常数据：2016-12-23、2016-12-24 的 3 日留存率为 1，2016-12-25 的 1 日留存率和 3 日留存率都为 1。这种情况非常罕见，因此我们需要检查原始数据。为了分析 2016-12-23 和 2016-12-24 的用户 3 日留存率都为 1 的原因，我们使用如下 SQL 语句：

```
SELECT *, (lastLoginDate-registrationDate) as n FROM fact_user_login_data_sample
    WHERE registrationDate in ('2016-12-23', '2016-12-24') ORDER BY n desc
```

该 SQL 语句查询了在 2016-12-23 和 2016-12-24 这两天注册的用户的注册时间与最近登录时间的间隔，并按间隔天数降序排序。如果间隔天数的最大值不超过 3，说明结果是正确的。图 6-21 展示了结果符合预期。

userId	registrationDate	lastLoginDate	n
59549038107068343399	2016-12-23	2016-12-26	3
81477887934814333497	2016-12-23	2016-12-26	3
48446927536765703364	2016-12-23	2016-12-26	3

图 6-21　验证 2016-12-23 和 2016-12-24 的数据准确性

我们接着使用如下 SQL 语句分析 2016-12-25 的数据，该语句查询每个用户的注册时间和最近一次登录时间的间隔。

```sql
SELECT *, (lastLoginDate-registrationDate) as n FROM fact_user_login_data_
    sample WHERE registrationDate ='2016-12-25' ORDER BY n desc
```

如图 6-22 所示，所有用户注册时间与最近一次登录时间的最大间隔都为 1，说明这些用户都是 1 日留存用户。而 1 日留存用户是 3 日留存用户的子集，所以这些用户也都是 3 日留存用户。因此结果准确无误。

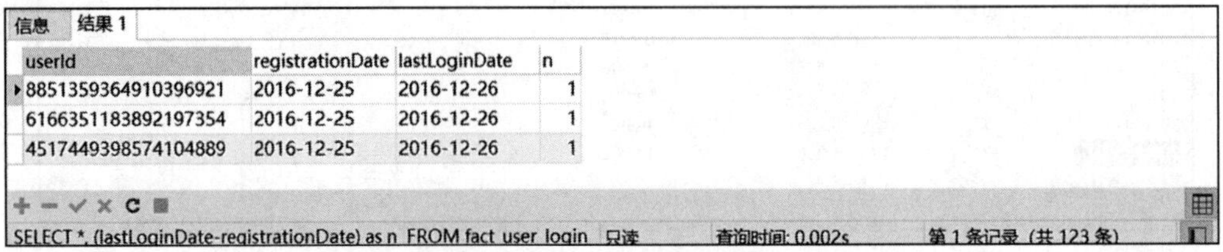

userId	registrationDate	lastLoginDate	n
8851359364910396921	2016-12-25	2016-12-26	1
6166351183892197354	2016-12-25	2016-12-26	1
4517449398574104889	2016-12-25	2016-12-26	1

图 6-22 验证 2016-12-25 的数据准确性

综上所述，日留存报表的数据是准确可信的。

6.3.6 用户留存报表的分析和解读

用户留存报表是数据分析的重要工具之一，它能帮助企业深入了解用户行为，发现业务增长机会。通过对留存数据的准确分析，企业可以优化产品功能，提高用户体验，增强用户的参与度和忠诚度，从而推动业务的可持续增长。例如，我们可以从以下角度来分析和解读留存报表。

- **新用户数和留存率关联：**通过比较每日新增用户数和留存率的变化趋势，可以反映用户对产品或服务的初次体验和持续使用情况。如果新增用户数增加而留存率下降，可能意味着产品的初次体验有待改进，或者存在用户转化障碍。
- **用户特征与留存率关联：**结合用户留存报表和用户特征数据，可以分析不同用户群体的留存差异。例如，分析不同地区、不同设备类型或不同注册时间段的用户留存率，找出留存率较高或较低的用户群体，进而优化目标定位和用户策略。
- **用户行为与留存率关联：**结合用户行为数据，可以探索用户行为与留存率之间的因果关系。例如，分析用户在注册后的第一次使用行为和留存率的相关性，了解产品对用户的吸引力和黏性。

通过上述分析，我们可以在多个业务场景中优化业务动作或留存方案，从而提升留存效果。

- A/B 测试分析：通过留存报表，可以对比不同版本或变量对用户留存率的影响，并评估其效果。如果某一天的留存率突然变化，可能是 A/B 测试的结果。例如，在产品界面设计上进行 A/B 测试，分析不同界面设计对用户留存率的影响，从而确定最佳设计方案。
- 用户流失分析与问题改善：留存报表可以帮助识别用户流失的原因和模式，以及在用户留存率下降的特定时间段内发生的事件。通过了解用户流失趋势，可以采取针对性措施，例如改进产品功能、提供个性化支持等，以减少用户流失。

❑ 个性化推荐：结合留存报表和用户行为数据，可以分析用户的兴趣和偏好，并根据其留存情况进行个性化推荐。例如，在电商平台上根据用户的留存数据推荐相关产品，以提高购买转化率和留存率。

❑ 用户生命周期管理：通过留存报表，可以将用户划分为不同的生命周期阶段，并对每个阶段的留存率进行分析。这有助于了解不同阶段的用户行为和需求，制定并优化相应策略，例如针对新用户的引导和培养，以及针对老用户的回流措施。

❑ 客户满意度评估：留存报表可以作为评估客户满意度的指标之一。通过分析留存率和客户反馈数据，可以判断客户对产品或服务的满意程度。如果留存率较低，则需要及时改进和调整产品或服务中存在的不满意因素。

6.3.7　案例小结

用户留存是企业内部广泛应用的关键目标，它在评估业务效果方面具有重要的参考意义。在使用留存分析时，需要注意以下几个方面。

❑ **明确留存目标**：定义留存的含义和留存率的计算方法，包括确定留存的时间范围、事件标志等。本案例仅以注册用户的登录事件为例，实际上可以根据企业需求定义更多场景。

❑ **明确用户分类**：确定留存的对象是新用户、活跃用户、注册用户、全部用户还是其他特定特征的群体。一般来说，留存监控与企业用户规模增长密切相关，因此建议以新用户、新注册用户为主要跟踪对象。

❑ **明确时间属性**：时间属性包括时间周期和时间粒度。时间周期是指要监控的留存时长，时间粒度是指在特定周期内统计留存信息的频率。通常情况下，留存的时间周期要根据不同企业的业务属性和客户生命周期来确定。例如，新用户的留存周期一般为 30～60 天。针对时间粒度，短期监控一般以天为单位，如次日留存、3 日留存等；长期监控一般以周为单位，如首周留存、隔周留存等。

❑ **关联其他指标分析**：留存率应该结合其他指标和上下文来进行解读和分析。了解留存率的变化趋势、与其他关键指标的关系以及与行业标准或竞争对手的对比，有助于更全面地理解留存率的意义。

❑ **明确业务关联场景**：由于留存率只反映了一个汇总结果，而没有提供任何可执行的信息，因此，当发现留存异常时，需要及时与各个主要业务部门、IT 部门、产品部门进行沟通，从业务活动、网站体验、运营内容等方面进行排查。一般情况下，对留存率影响较大的因素有网站改版、网站服务器响应问题、企业大型促销活动、企业重大新闻或事件、营销广告投放计划等，这些因素容易导致突发流量和用户情绪变动，进而导致留存率发生波动。

AIGC 辅助 Python 数据分析与挖掘

本部分旨在详细介绍 AIGC 技术在 Python 数据分析与挖掘领域的应用，致力于实现智能、自动和高效的数据工作流程，为数据工作者提供新颖的编程方法、数据处理技巧以及机器学习应用方式。本部分涵盖了 AIGC 在 Python 中的关键技巧和应用场景，包括环境构建、数据探索、数据处理、AutoML、模型评估以及具体应用案例等。

Chapter 7 | 第 7 章

AIGC 辅助 Python 数据分析与挖掘的方法

7.1 利用 AIGC 提升 Python 数据分析与挖掘能力

随着人工智能的发展，Python 数据分析和挖掘正经历革命。在 AIGC 的帮助下，数据分析师能够更高效地处理数据，挖掘数据的更多潜在价值。本章将讨论 AIGC 如何提升数据工作效率，包括代码生成、智能 IDE、交互式编程和对话式分析。

7.1.1 利用 AI 生成与调试 Python 代码

AIGC 为 Python 数据分析师带来了全新的代码生成方式。分析师们只需用自然语言描述需求，便能让 AI 自动生成相应的 Python 代码。这种创新方法不仅极大地提高了工作效率，还降低了学习曲线，使不熟悉编程的人也能够轻松进行数据分析工作。

例如，你可以直接告诉 AI："请使用 Python 帮我编写一个程序，实现读取 test.csv 数据，然后展示前 3 条数据信息。"AI 将直接返回以下 Python 代码：

```python
import pandas as pd
# 读取 CSV 文件
file_path = 'test.csv'
data = pd.read_csv(file_path)
# 展示前 3 条信息
print(data.head(3))
```

你只需将代码粘贴到 Python 编辑器或调试工具中，然后执行即可输出结果。

7.1.2 利用 Copilot/AI 工具增强 Python 编程能力

AIGC 不仅在代码生成方面进行了创新，还与各种集成开发环境（IDE）融合，提供多

项辅助功能，以提高编程的效率和智能化。无论是对于初学者还是对于有经验的开发者，
AIGC 都能够提供针对性的帮助，使编程更加简便。

目前，许多厂商提供了类似的 Copilot 工具，如 GitHub Copilot、AWS Codewhisperer、
Codeium、CodeGeeX 等。这些工具提供了编程辅助功能，极大地促进了编程创新。

- ❑ 智能提示：根据大量的代码库和算法模型，实时提供建议。例如，当输入代码的一部分时，AIGC 会分析上下文并推荐可能的代码续写，加速编码过程。
- ❑ 错误提示：分析代码并指出潜在的语法错误、逻辑问题或漏洞，有助于早期发现问题，提高代码质量和可维护性。
- ❑ 代码联想：根据上下文和已有代码库提供可能输入的代码选项，减少手动输入。
- ❑ 代码调试：自动分析代码，辅助快速定位问题，特别适用于处理复杂逻辑错误。
- ❑ 代码优化：分析代码并提供改进建议，降低不必要的计算步骤、内存占用或磁盘访问，提高程序性能和运算效率。
- ❑ 代码翻译：将现有代码从一种编程语言转换为另一种，降低跨平台开发的难度。
- ❑ 代码解释和文档生成：解释复杂算法或逻辑，生成代码文档和说明，有助于其他团队成员理解代码的功能和目的。

图 7-1 展示了 AWS Codewhisperer 的代码辅助功能，图 7-1a 为当代码输入到 read_csv
后，联想出后续可能要输入的代码；图 7-1b 为当单击"Next"之后，切换到其他的联想代
码。当单击"Insert Code"后，代码会自动插入编辑器。

图 7-1 AWS Codewhisperer 的代码辅助功能

7.1.3 在 Notebook 中直接与 AI 交互

在数据分析领域中，交互式 Notebook 编程环境如 Jupyter Notebook 和 Google Colab 在展示数据工作过程、工作成果以及可视化等方面具有极佳体验。通过第三方插件集成 AI，这些工具的交互效果将得到进一步增强。

如图 7-2 所示，在浏览器中安装 ChatGPT for Google Colab 插件后，你可以在 Google Colab Notebook 中选中代码段（图中①），然后提交问题（图中②），交互结果如图 7-3 所示。

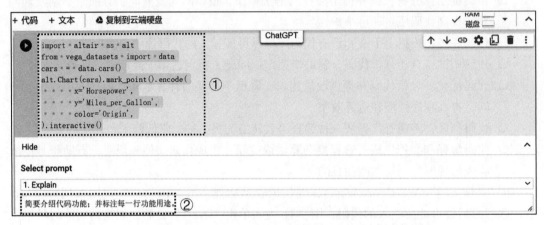

图 7-2　在 Google Colab 中通过插件向 ChatGPT 提交问题

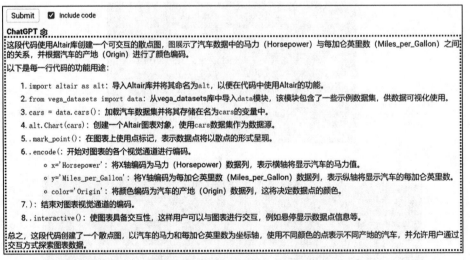

图 7-3　Google Colab 基于 ChatGPT 返回交互结果

在图 7-4 中，Jupyter Notebook 通过浏览器插件（ChatGPT-Jupyter - AI Assistant）将常见代码功能的封装为小工具，包括格式化、代码解释、代码调试、代码补全、代码审查等。点击图中①的解释按钮，即可获得图中②返回的解释结果。

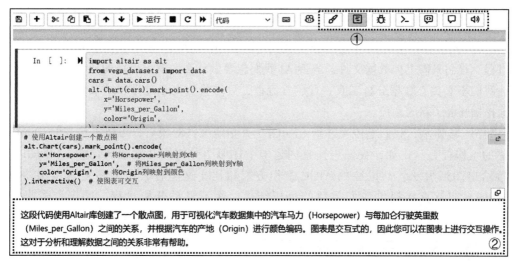

图 7-4　Jupyter Notebook 基于插件的 ChatGPT 交互

> **注意** 插件原作者使用英文编写提示，因此默认返回英文内容。如果需要返回中文内容，请联系笔者获取修改后支持中文输出的插件。

此外，还有一些第三方库可以通过设置 OPENAI_API_KEY 来直接将 ChatGPT 的功能集成到 Jupyter Notebook 中，你可以直接在 Notebook 的单元格中与 ChatGPT 对话。例如，使用 chapyter 或者 jupyter-ai 可以在单元格中给 ChatGPT 发送指令，ChatGPT 会生成 Python 代码并执行，然后该库会将执行结果显示在 Notebook 中。图 7-5 展示了这个工作过程：

- ❑ 图中①加载插件到 Notebook。
- ❑ 图中②在 NoteBook 单元格中输入提示指令。
- ❑ 图中③ ChatGPT 基于指令返回交互内容，这里是生成 Python 代码。
- ❑ 图中④执行 Python 代码后的结果。

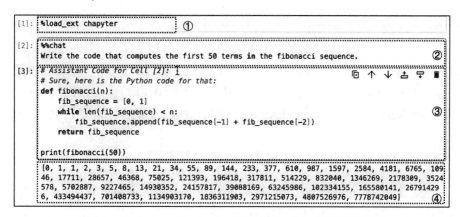

图 7-5　在 Jupyter Notebook 中利用 ChatGPT 实现交互编程

7.1.4 通过 ChatGPT Code Interpreter 和 Pandas AI 实现对话式数据分析

ChatGPT 4 插件 Code Interpreter 让我们可以通过自然语言与 AI 交互，直接实现数据分析过程。我们只需上传数据文件，告诉 AI 我们想要做什么，就可以得到分析结果。这项功能让我们不必关心数据分析工具、代码、流程，只需关注交互过程和结果，为数据分析和数据挖掘开辟了新的途径。

如图 7-6 所示，我们上传文件给 ChatGPT 并指定文件对象后，可以直接告诉 ChatGPT 具体的工作任务。比如，我们想让它创建一个柱形图并按周几展示转化率。ChatGPT 将直接给出图形展示。与以往的 AIGC 工作方式相比，这里省去了很多复杂步骤。Code Interpreter 能够直接提供我们需要的分析结果，而不只是分析过程、操作步骤或实现代码。

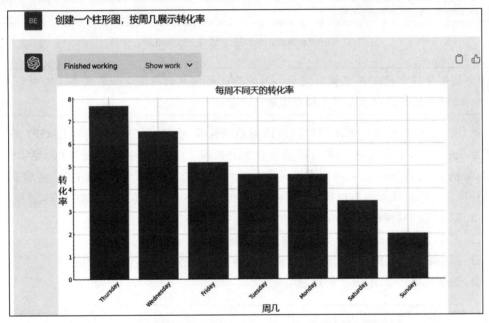

图 7-6　利用 ChatGPT Code Interpreter 实现对话式分析

Pandas AI 则是另一款与 ChatGPT Code Interpreter 类似的对话式分析工具库。Pandas AI 支持集成多种大语言模型，包括 OpenAI 模型（ChatGPT）、HuggingFace 模型、Google PaLM、Google Vertexai、Azure OpenAI 等。要使用 Pandas AI，你需要获取对应模型的授权 KEY。

与 Code Interpreter 不同的是，使用 Pandas AI 进行交互式对话是在代码中实现的：

```
import pandas as pd
from pandasai import SmartDataframe
# DataFrame 数据示例
```

```
df = pd.DataFrame({
    "country": ["United States", "United Kingdom", "France", "Germany", "Italy",
        "Spain", "Canada", "Australia"],
    "gdp": [19294482071552, 2891615567872, 2411255037952, 3435817336832,
        1745433788416, 1181205135360, 1607402389504, 1490967855104],
    "happiness_index": [6.94, 7.16, 6.66, 7.07, 6.38, 6.4, 7.23, 7.22]
})
# 初始化一个大语言模型
from pandasai.llm import OpenAI
llm = OpenAI(api_token="YOUR_API_TOKEN")
df = SmartDataframe(df, config={"llm": llm})
# 对话式分析
df.chat('幸福指数最高的 5 个国家是？')    # 提问
```

上述代码示例通过调用 df.chat 方法发送提示指令，然后 AI 根据这些提示指令和 Python 代码的上下文智能处理信息并直接返回结果。与 Code Interpreter 相比，这种交互方式为数据分析师提供了更加灵活的工作方式，使他们能够在保护数据隐私和确保合规的前提下，更有效地开展数据工作。同时，利用 Python 本地执行环境，还可以处理大规模的数据，满足各种复杂分析需求。

以下是 Pandas AI 发送提示指令后返回的执行结果：

```
6           Canada
7        Australia
1   United Kingdom
3          Germany
0    United States
Name: country, dtype: object
```

7.2　Python 应用中的 Prompt 核心要素

本节深入探讨如何更好地利用 Prompt 与 AI 进行交互，包括准确描述 Python 环境和版本、完整陈述代码任务需求、界定代码输出格式和规范、提交全面的 Python 代码片段，以及提供清晰详尽的错误反馈。

7.2.1　准确描述 Python 环境和版本

编写代码时，常遇到一个问题：相同的功能在不同环境下可能会出错。这主要源于 Python 环境的差异，包括操作系统、Python 版本和第三方库的不同。

首先，不同操作系统可能会导致代码表现不同。例如，在 Windows 上正常运行的代码在 Linux 或 macOS 上运行可能会出问题。这是因为操作系统处理文件路径、系统调用等方式不同。因此，明确指定操作系统和环境很重要，以确保 AI 生成兼容不同环境的解决方案。

其次，Python 版本的不同是挑战之一。不同 Python 版本可能有新语法、修改现有语法，或在内置函数和库中进行改进。因此，明确指定使用的 Python 版本很重要，有助于 AI 生成兼容不同 Python 版本的代码片段。

最后，第三方库的版本也可能导致功能差异。不同库版本可能引入新功能、改变现有功能或修复错误。要解决这个问题，需要明确告知 AI 使用的第三方库的主要版本信息。

因此，了解和准确描述你的工作环境至关重要，有助于 AI 提供更符合需求的代码建议，确保代码在不同环境下都能稳定运行，提高工作效率和代码可靠性。

7.2.2　完整陈述代码任务需求

为了确保 AI 能够充分理解你的任务需求，你需要提供尽量完整且充分的信息，以下是应该包括的关键要点。

- ❑ 定义 AI 角色：明确任务需要哪种 AI 角色，如数据分析师或数据挖掘工程师。
- ❑ 确定任务目标：清晰地说明希望通过 Python 代码实现的任务目标，如数据输出、文件生成、图形显示、打印代码等。
- ❑ 标明算法或模块：如果你了解任务所需的 Python 库和模块，请提供相关信息，以帮助 AI 选择合适的工具来完成任务，例如使用 XGBoost 算法或 Scikit-Learn 的 PCA 模块。
- ❑ 制定实现流程：对于复杂任务，将任务分解为多个具体步骤，包括数据读取、数据处理、特征工程、模型训练、验证和预测等。详细描述每个步骤，包括可能的子任务，如数据处理和异常值处理。
- ❑ 提供算法或模块参数：如果需要特定参数设置，请提供详细的参数信息，如弱分类器数量或主成分数量。
- ❑ 数据描述：提供数据相关信息，如数据类型、缺失值情况、分布，同时提供数据示例。这有助于 AI 生成更准确的代码。

7.2.3　界定代码输出格式和规范

在 Python 与 AI 的交互中，主要涉及 Python 代码的输出，同时也可以要求 AI 直接提供数据解读、结论提取和策略建议。为了确保 AI 的输出符合需求，我们可以制定详细的格式和规范，以满足各种需求。以下是一些具体说明。

1）关于 Python 代码输出。

- ❑ 代码封装：我们可以要求 AI 将特定的代码以函数或类的方式封装，以更容易地实现代码复用。这有助于提高代码的整洁性和可维护性。
- ❑ Pipeline 输出：当任务包含多个操作步骤时，例如多个特征工程处理任务，可以要求 AI 使用 Pipeline 管道式输出。这样可以清晰地展示操作步骤，同时提高了任务的可扩展性。
- ❑ 模型训练结果输出：在模型训练完成后，如果需要同时输出预测类别标签和预测概率，可以明确告知 AI 这一要求，以便我们调整分类阈值。

2）数据解读、结论提取和策略建议输出。

❑ 输出数量：如果需要 AI 提供特定数量的数据解读、结论或策略建议，例如 8 条或 10 项，可以明确指定所需的数量，以确保 AI 提供足够的信息。一般而言，我们会设定一个较大值，后期再人工根据经验进行合并。

❑ 方向：为了使 AI 的输出更具针对性，可以指定输出的方向，例如，围绕营销或运营等特定领域。

❑ 场景或落地点：提供有关输出内容的场景或应用场景信息，例如，是否涉及老客户召回或拉新策略等。这有助于 AI 生成更切实可行的策略建议。

7.2.4　提交完整的 Python 代码片段

在实际的数据分析和挖掘工作中，有时候需要更多的辅助，例如代码解读、问题排查、代码文档的生成，甚至需要将 Python 代码转换为其他编程语言。此时，我们需要提供完整的 Python 代码以方便 AI 了解代码全景。

❑ 代码优化：假设一个数据分析师在处理大量的时间序列数据时遇到性能问题，希望优化代码以提高处理速度。当分析师将相关代码片段提交给 AI 后，AI 将分析代码，指出潜在的性能瓶颈，并提供优化策略，例如并行处理、更简化的实现逻辑、更高效的数据结构等，以提高代码的执行效率。

❑ 文档生成：团队中的数据分析师可能希望为他们的分析流程编写详细的文档，以便其他团队成员能够理解和重复执行相同的分析。通过提交需要文档化的代码片段，AI 将根据最佳实践为代码自动生成注释，从而帮助用户快速生成清晰的文档。

❑ 代码转换：有时需要将 Python 代码转换为其他编程语言，以适应不同的运行环境。例如，数据分析师可能开发了一个用于数据清洗的 Python 脚本，但团队的生产环境要求使用 Java 来运行。通过提交 Python 代码片段，AI 可以轻松将其转换为 Java 代码。

7.2.5　提供清晰详尽的错误反馈

在 Python 编程的过程中，错误总是难以避免的。与 AIGC 进行交流时，你可以将错误信息提供给 AIGC，AIGC 将根据这些信息快速定位问题，并提供详尽的错误反馈和修复建议。通常，错误反馈信息包括以下内容。

❑ 初始出错代码行：即代码执行到哪一步出错，例如第 6 行。

❑ 出错代码：具体引发错误的代码，直接在提示指令中描述出来，例如"import pandas as pd"。

❑ 报错信息：这是错误的具体提示信息，通常位于程序输出的底部，例如"ZeroDivision-Error: division by zero"。

❑ 可能的原因猜测：基于你的经验和任务目标，你可以猜测导致问题的潜在原因，以协助 AI 更好地排查问题。

除了在文本提示信息中提供错误描述，如果 AI 工具（例如 New Bing Chat）支持上传截图，你还可以截取完整的错误报告并上传给 AI，这将更有助于 AI 对错误进行溯源和深入分析。这种方式提供了更全面的信息，有助于 AI 更准确地理解错误的更多细节，从而提供更精确的解决方案。

> 🎯 **提示** 一些插件，比如将在第 7.3.5 节介绍的 "ChatGPT-Jupyter-AI Assistant"，具备自动提交代码或错误信息的功能，使得用户无须手动提交错误反馈，而可以直接与 AI 互动。

7.3　AIGC 智能化环境构建：轻松搞定 Python 环境

准备 Python 环境一直以来都是许多朋友使用 Python 所面临的直接挑战。借助 AIGC 的强大功能，这个问题将不再是障碍。本节将探讨如何轻松搞定 Python 环境，包括一键安装 Python 数据分析环境、设置第三方库安装源、安装和管理第三方库、自定义设置 Jupyter、安装 Chrome 插件，以实现 Jupyter Notebook 与 AI 的交互。

7.3.1　一键安装 Python 数据分析环境

数据分析的第一步通常是建立适当的分析环境，以确保所使用的工具和库与项目需求完美匹配。然而，不同的项目可能需要不同版本的 Python 以及相关的第三方库，使得环境安装和配置变得复杂和耗时。在这一部分，AIGC 可以看作智能的导航员。通过准确理解用户的需求，AIGC 能够为分析师提供精准适配的 Python 版本和集成环境建议。

> [ChatGPT] 7/1/1　如何快速在 Windows 10 上部署 Python 数据分析环境？最好是一键安装部署。

在上述提示指令中，我们强调了几个关键要求：首先，安装环境为 Windows 10；其次，目标是建立 Python 数据分析环境；最后，实现一键安装和部署。这些关键信息将最大程度地帮助我们初始化数据分析环境，并降低配置工作的复杂性。

ChatGPT 根据提示指令提供以下操作步骤：

> 在 Windows 10 上快速部署 Python 数据分析环境，你可以使用 Anaconda 发行版来实现一键安装和配置。以下是详细步骤。
> 1）**下载 Anaconda**：访问 Anaconda 官方网站（https://www.anaconda.com/products/distribution），选择适用于 Windows 10 的 Anaconda 发行版，并下载 Python 3.x 版本的安装程序。
> 2）**运行安装程序**：打开下载的安装程序（.exe 文件），按照向导提示进行安装。在安装过程中，你可以选择是否将 Anaconda 添加到系统的环境变量中。建议勾选这个选项，这样你可以在命令提示符或 Anaconda 提示符中直接使用 Anaconda。
> 3）**启动 Anaconda Navigator**：安装完成后，打开开始菜单，找到 Anaconda 文件夹，然后运行 Anaconda Navigator。

> 4）**创建环境**：在 Anaconda Navigator 中，你可以创建一个新的环境，专门用于数据分析。点击左侧导航栏中的"Environments"（环境），然后单击"Create"（创建），输入环境名称（例如：data_analysis），并选择所需的 Python 版本（推荐选择 Python 3.x）。
> 5）**安装数据分析工具**：在新创建的环境下，切换到 Home（主页），在"Applications on"下拉菜单中选择刚刚创建的环境。然后在"Search Packages"搜索框中搜索并选择你需要的数据分析工具，例如：pandas、numpy、matplotlib、seaborn、jupyter。选中这些工具后，单击"Apply"（应用）按钮，Anaconda 会自动安装选定的工具及其依赖项。
> 6）**启动 Jupyter Notebook**：在 Anaconda Navigator 的主页中，选择你刚刚创建的环境，然后单击"Home"下的"Launch"（启动）按钮，选择 Jupyter Notebook。这将会在默认浏览器中打开 Jupyter Notebook 界面，你可以在其中创建和运行 Python 笔记本。

ChatGPT 提供了详细的 Python 环境准备的操作解释，具体如下：

- ❑ 第 1 步和第 2 步是必要的步骤，用于下载 Anaconda 安装程序并完成安装。这些步骤将为你创建一个完整的 Anaconda 集成数据分析和数据挖掘工作环境，包括常用的 Pandas、Numpy、Sklearn 等第三方库。
- ❑ 第 3～5 步旨在创建新的环境，以区分不同的数据工作项目需求。例如，在项目 A 中，你可能需要使用 Python 3.9.11，而在项目 B 中，你可能需要使用 Python 3.11.3。这些步骤允许你为每个项目定制不同的 Python 环境，确保项目之间的环境隔离。如果你不需要这种定制环境的功能，可以跳过创建虚拟环境和自定义安装数据分析工具的步骤。
- ❑ 第 6 步涉及启动 Jupyter Notebook，并准备进行数据分析工作。

按照以上步骤，你将成功配置基于 Anaconda 的 Python 环境。在接下来的章节中，我们将利用 Jupyter Notebook 完成数据挖掘、分析和可视化的全过程。

7.3.2　设置第三方库安装源

Python 强大的部分原因在于其丰富的第三方库。虽然 Anaconda 已经内置了许多常用的第三方库，例如 Pandas、SKlearn、Matplotlib、NLTK 等，但仍然有一些库未包含在 Anaconda 发行环境中，需要用户自行安装。然而，管理这些库的安装源、版本和依赖关系可能非常烦琐。AIGC 能够根据用户需求，提供智能的实施指南和操作建议，以使第三方库的管理更加高效。

通常情况下，使用 pip、conda 等工具安装第三方库时，会从特定的镜像网站下载代码到本地并完成安装。例如，PyPI 是 pip 安装时默认使用的安装源，但国内有许多知名的安装源可以提供更快的下载速度。我们可以让 AI 推荐合适的安装源，并提供配置指南，以便轻松地切换到更高效的安装源。

> [ChatGPT] 7/2/1　中国有哪些知名的 pip 安装源？如何在 Windows 10 中设置自定义的 pip 安装源？

ChatGPT 根据提示指令，提供以下安装源建议和配置指导，我们只需要根据步骤操作即可：

> 以下是一些中国知名的 pip 安装源：
> 1）阿里云 PyPI 镜像：https://mirrors.aliyun.com/pypi/simple/

2）腾讯云 PyPI 镜像: https://mirrors.cloud.tencent.com/pypi/simple/
3）清华大学 PyPI 镜像: https://pypi.tuna.tsinghua.edu.cn/simple/
4）网易云 PyPI 镜像: https://mirrors.163.com/pypi/simple/

在 Windows 10 中设置自定义的 pip 安装源可以通过以下步骤完成:
1）打开命令提示符（Command Prompt）或者 PowerShell，进入命令行界面。
2）使用以下命令进行全局设置（对所有用户生效），将 pip 的安装源修改为你想选择的国内源，例如使用清华大学的源:
pip config set global.index-url https://pypi.tuna.tsinghua.edu.cn/simple
3）如果你只想对当前用户进行设置，可以使用以下命令:
pip config set index-url https://pypi.tuna.tsinghua.edu.cn/simple
4）若要查看当前 pip 的配置信息，可以使用以下命令:
pip config list
在这些命令中，可以将 https://pypi.tuna.tsinghua.edu.cn/simple 替换为你选择的其他镜像源的 URL。
设置完成后，你的 pip 安装源就会切换到你选择的国内源，从而提高包的下载和安装速度。如果需要恢复到默认的官方源，可以运行以下命令:
pip config unset global.index-url # 对全局设置生效
pip config unset index-url # 对当前用户设置生效
请注意，随着时间的推移，这些源的可用性和稳定性可能会发生变化，建议随时关注相关信息以获得最新的更新。

7.3.3　安装和管理第三方库

Python 中管理第三方库的主要方法是使用 pip 或 conda（主要适用于 Anaconda 发行环境）。下面，我们以 pip 为例，详细介绍如何进行第三方库的安装和管理。

[ChatGPT]　7/3/1　如何使用 pip 安装和管理第三方库? 请给出常见命令使用场景介绍，以及简要示例，最终输出一个表格，包括三列: 用法简介、命令语法、应用示例。

我们直接向 ChatGPT 提出问题，要求它提供有关 pip 的全面管理第三方库的知识点。ChatGPT 整理的有关 pip 的用法介绍如表 7-1 所示。表中列出了使用 pip 进行第三方库的安装、更新、卸载、搜索、批量导入和批量导出的具体方法，其中:

❑ package_name 代表第三方库的名称。
❑ version 表示第三方库对应的版本。
❑ requirements.txt 是导出第三方库列表的文件名称，可以指向具体路径下的文件。

表 7-1　pip 用法汇总

用法简介	命令语法	应用示例
安装库	pip install package_name	pip install numpy
安装特定版本的库	pip install package_name==version	pip install requests==2.25.1
更新库	pip install --upgrade package_name	pip install --upgrade pandas
卸载库	pip uninstall package_name	pip uninstall matplotlib
列出已安装的库	pip list	pip list
搜索库	pip search search_term	pip search image processing
创建 requirements 文件（批量导入）	pip freeze > requirements.txt	pip freeze > requirements.txt
从 requirements 文件安装库（批量导出）	pip install -r requirements.txt	pip install -r requirements.txt

7.3.4　自定义 Jupyter 默认工作路径

当我们在系统命令行窗口输入"Jupyter Notebook"或点击 Windows 系统菜单栏的快捷入口时，默认会跳转到当前用户路径。在 Windows 系统下，默认路径通常为："C:\Users[YOUR_NAME]"，该路径下包含许多与数据分析无关的目录和文件。图 7-7 展示了笔者的 Jupyter Notebook 默认工作路径。

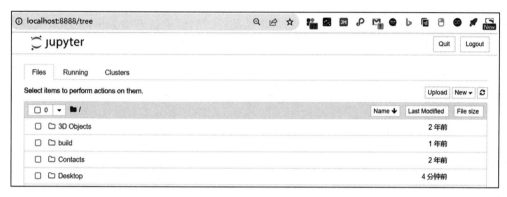

图 7-7　Jupyter Notebook 默认工作路径

我们也可以自定义 Jupyter 的默认工作路径，将其设置为特定的目录，比如"D:[书籍]基于 ChatGPT 的数据分析应用 \04 随书附件"。提示指令如下：

> [ChatGPT]　7/3/2　我已经安装了 Anaconda 环境，如何在 Windows 10 中，设置 Jupyter 默认路径为：D:\[书籍]基于 ChatGPT 的数据分析应用 \04 随书附件？

提示指令表明我的 Python 环境基于 Anaconda，并需要在 Windows 10 中设置新的 Jupyter 工作路径。以下是 ChatGPT 提供的操作说明。

> 要将 Jupyter Notebook 的默认路径更改为"D:\[书籍]基于 ChatGPT 的数据分析应用 \04 随书附件"，你可以按照以下步骤进行操作：
> 1）打开 Anaconda Navigator：在 Windows 菜单中搜索并打开 Anaconda Navigator。
> 2）启动 Jupyter Notebook：在 Anaconda Navigator 的主界面，找到并单击"Home"环境下的 Jupyter Notebook 图标，启动 Jupyter Notebook。
> 3）创建配置文件：在 Jupyter Notebook 中，单击右上角的"New"按钮，然后选择"Terminal"，这将在浏览器中打开一个终端界面。
> 4）生成配置文件：在终端中输入以下命令来生成 Jupyter Notebook 的配置文件。
> 　　jupyter notebook --generate-config
> 5）编辑配置文件：在生成的配置文件路径中，找到并打开"jupyter_notebook_config.py"文件。你可以在终端中使用以下命令来打开配置文件：
> 　　notepad C:\Users\<YourUsername>\.jupyter\jupyter_notebook_config.py 或者使用其他文本编辑器，将 <YourUsername> 替换为你的 Windows 用户名。
> 6）修改配置：在打开的配置文件中，找到以下行并进行修改：
> 　　# c.NotebookApp.notebook_dir = ''
> 　　将上述行修改为：
> 　　c.NotebookApp.notebook_dir = 'D:\\[书籍]基于 ChatGPT 的数据分析应用 \\04 随书附件'

> 请注意，你需要使用双反斜杠来表示路径中的单个反斜杠。
> 7）保存并关闭配置文件：在文本编辑器中保存修改后的配置文件，并关闭文本编辑器。
> 8）重启 Jupyter Notebook：回到 Jupyter Notebook 的终端界面，按下 Ctrl+C 组合键关闭当前运行的 Jupyter Notebook。然后再次在终端中输入以下命令来重新启动 Jupyter Notebook：
> jupyter notebook

ChatGPT 提供的操作步骤已经非常详细，按照步骤操作即可，注意需要将步骤中的 <YourUsername> 替换为实际的 Windows 用户名，例如笔者的用户名为 "86186"。

如图 7-8 所示，在图中①位置设置新的默认路径，然后重新启动 Jupyter Notebook，你将看到默认路径已成功更改为本书配套资源的路径，如图中②所示。

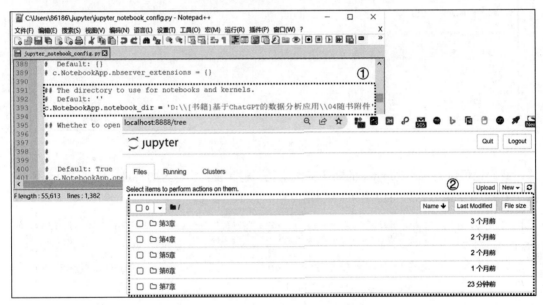

图 7-8　Jupyter Notebook 自定义工作路径

对 Jupyter 有更多兴趣和需要进一步了解的读者，可以随时向 AI 提出问题，以获取更多关于 Jupyter 的使用技巧、自定义配置等信息。以下是一些可能有用的问题示例：

❑ 如何在 Jupyter Notebook 中创建新的 Notebook？

❑ 如何为 Jupyter Notebook 添加新的内核支持，例如 R 内核？

这些问题可以帮助读者更好地利用 Jupyter 进行数据分析和自定义配置，以满足特定的任务需求。

7.3.5　安装 Chrome 插件 ChatGPT-Jupyter-AI Assistant

插件 ChatGPT-Jupyter-AI Assistant 是一个 Chrome 浏览器插件，并非 Jupyter Notebook 本身的插件。在后续内容中，我们需要使用该插件来辅助 Python 代码的调试等应用。下面简要介绍两种插件安装方法。

方法 1：从 Chrome 应用商店安装原始插件

第一步，打开 Chrome 浏览器，并访问 https://chrome.google.com/webstore/category/extensions。

第二步，在搜索栏中输入"ChatGPT-Jupyter-AI Assistant"，然后按 Enter 键进行搜索。

第三步，在搜索结果页面中，找到插件并进入插件详情页，如图 7-9 所示。

图 7-9　搜索 ChatGPT-Jupyter-AI Assistant 结果页

第四步，在插件详情页，单击"添加至 Chrome"按钮，如图 7-10 所示。在浏览器弹出的确认对话框中，单击"添加扩展程序"。

图 7-10　添加 Chrome 插件

第五步，[可选]设置 ChatGPT。按照图 7-11 中的示例操作，首先单击图中①以打开所有 Chrome 插件，然后单击图中②来设置插件的可见性。接着，单击图中③所示的插件图标，进入下拉菜单，并单击图中④以进入配置页面。如果你尚未登录，需要先登录 ChatGPT。登录后，你可以选择使用 ChatGPT Webapp 或 OpenAI API 中的模型。如果你选择使用 OpenAI API，还需要在图中⑤处设置相应的 API 密钥。

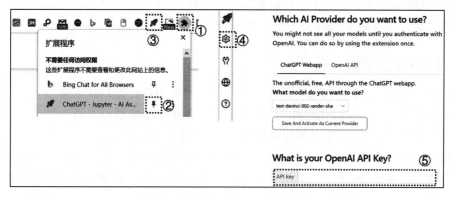

图 7-11　设置 ChatGPT 配置信息

方法 2：加载本地插件

原作者的 ChatGPT - Jupyter - AI Assistant 插件的提示信息都是英文输出，可能不方便国内读者使用。笔者已将返回语言设定为中文。以下是加载本地插件的步骤，如图 7-12 所示。

图 7-12　加载自定义插件

第一步，下载插件的压缩包到本地计算机并解压，例如笔者解压后的目录是 C:\GreenSF\chrome-plugins\chat-gpt-jupyter-extension。

第二步，在 Chrome 浏览器中输入地址栏"chrome://extensions/"，然后按 Enter 键，以打开扩展程序页面。

第三步，在扩展程序页面右上角，打开"开发者模式"（图中①），以启用加载非应用商店插件的选项。

第四步，单击页面左上角的"加载已解压的扩展程序"（图中②），然后选择第一步解压后的插件目录，例如" C:\GreenSF\chrome-plugins\chat-gpt-jupyter-extension"，并单击"选择文件夹"。

第五步，插件将被自动加载到 Chrome 浏览器中。随后的插件设置方法与方法 1 相同，这里略过。

7.4　AIGC 驱动的智能数据探索：数据洞察的新途径

数据探索是揭示数据背后洞察的关键步骤，而 AIGC 的应用为数据分析师提供了更智能、更高效的数据探索方式。本节将介绍如何基于 AIGC 快速帮助分析师获取数据概要报告、数据质量报告，并尝试简单分析数据特征之间的关系。

本节用到的 Jupyter Notebook 代码可在本章配套资源的 eda.ipynb 中找到。

7.4.1　自动输出数据探索报告

AIGC 在 Python 中的应用使数据分析师能够更智能地进行探索性分析，迅速获取数据的关键统计指标、分布情况和趋势。通过 AIGC 自动生成的摘要和图表，数据分析师可以快速了解数据的特点，从而更准确地确定进一步分析和行动的方向。

传统上，获取数据探索报告的方法是使用 Pandas 的 describe()、count()、info() 等方法来输出特定数据对象的信息，然后进行手工总结和分析。通过 AIGC，我们可以利用 ydata-profiling（原名 pandas-profiling）库，一次性输出所有数据的探索信息和概要报告。

在 Jupyter Notebook 的默认工作目录中，单击"第 7 章"以进入本章的配套资源目录，后续章节的操作方式与此相同。现在，我们需要 AI 指导我们如何使用该库来读取 game_data.csv 文件并生成数据概要报告。

> [ChatGPT]　7/4/1　系统基于 Anaconda 安装了 Python 环境。在 Jupyter Notebook 中，如何使用 Python 相关库读取 game_data.csv 的数据，并使用 ydata-profiling 输出概要报告到 Jupyter Notebook 中渲染？ 请给出完整实现功能的 Python 代码，并在关键代码段处注释其用途。

上述提示指令首先介绍了 Python 的安装环境，并明确了 AI 的工作目标：通过 Python 代码读取数据文件并生成数据概要报告，将其呈现在 Jupyter Notebook 中。在生成结果时，我们要求 AI 在关键代码段提供注释，以便更好地理解代码的功能。

ChatGPT 基于提示指令，给出如下操作步骤：

> 在 Anaconda 安装的 Python 环境中，你可以使用 Jupyter Notebook 来完成这个任务。首先，确保你已经安装了需要的库，如 pandas、ydata-profiling 等。你可以在 Anaconda Navigator 的环境中进行安装，或者在 Jupyter Notebook 中使用 !pip install 命令进行安装。
>
> 下面是一个完整的示例代码，演示如何使用 Python 库读取 game_data.csv 文件的数据，如何使用 pandas 和 ydata-profiling 生成概要报告，并在 Jupyter Notebook 中进行渲染。
>
> ```python
> # 导入所需的库
> import pandas as pd
> from pandas_profiling import ProfileReport
> # 读取 CSV 文件数据
> data = pd.read_csv('game_data.csv')
> # 创建概要报告
> profile = ProfileReport(data, title='Game Data Summary Report', explorative=True)
> # 在 Jupyter Notebook 中渲染报告
> profile.to_notebook_iframe()
> ```

然而，在 AIGC 的操作步骤中，ChatGPT 提到的安装库和导入库并不匹配，这可能导致程序出现错误。具体而言，安装的库名为 ydata-profiling，但在导入时使用了" from pandas_profiling import ProfileReport"。实际上，当前这两个库名均可使用；

❑ 当前的库名 pandas_profiling 仍然可以继续用于安装和导入。

❑ 未来会将库名更改为 ydata_profiling，因此在导入时需要更改为" from ydata_profiling import ProfileReport"。在本示例中，我们采用了这种方式。

无论选择哪个库名，安装和导入源应该保持一致。由于 ChatGPT 的信息更新截至 2021 年，所以无法了解到最新的库更新信息。从长远来看，建议大家使用 ydata_profiling。

我们将修改后的代码粘贴到 Jupyter Notebook 中并执行，得到了如图 7-13 所示的结果。其中，①是核心执行代码，②是执行后生成的探索报告。

基于 ydata_profiling 生成的完整报告，我们可以查看概览信息、变量信息、进行交互式分析、查看变量间的相关性、检查缺失值情况以及样本数据。接下来，我们将详细介绍每个部分的内容，并结合 AIGC 来进行智能数据分析。

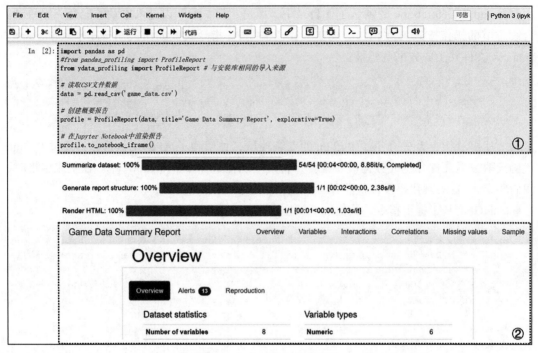

图 7-13 自动数据探索报告

7.4.2 整体数据质量评估

如图 7-14 所示，单击评估报告导航栏中的 Overview（概览）（图中①）可跳转到 Overview 模块（图中②）。该模块主要呈现了数据的基本信息、需要关注的警告信息以及任务信息。前两个部分与数据本身相关，因此需要特别关注。

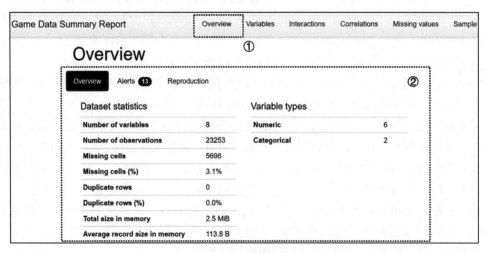

图 7-14 数据质量概览

通过观察，我们可以发现 Overview 模块提供了关于数据的统计信息，而 Alerts 模块则根据多种规则提供了相关信息。图 7-15 展示了一些关键预警信息示例。

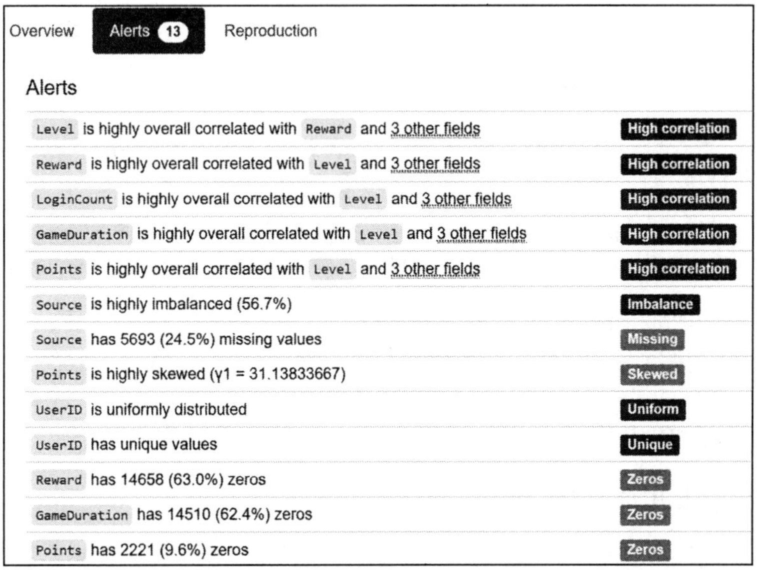

图 7-15　关键预警信息示例

面对如此多的输出信息，我们应该如何解读和应用它们呢？建议向 AI 寻求使用经验和指导。

```
[ChatGPT] 7/4/2  我想让你扮演数据分析师。你从下面的数据探索报告中得到哪些结论，你对此数据集
         的整体质量如何评价？
Number of variables              8
Number of observations           23253
Missing cells                    5698
Missing cells (%)                3.1%
Duplicate rows                   0
Duplicate rows (%)               0.0%
Total size in memory             2.5 MiB
Average record size in memory    113.8 B
```

这些提示指令是前面对话的延续。我们为 AI 设定了一个数据分析师的角色，以使其定位和工作目标更加清晰。同时，我们将从 ydata-profiling 生成的概览中提取数据统计指标，并将其粘贴到提示指令中，以便 ChatGPT 更好地理解数据输入情况。由于指标和值的格式比较整洁，因此可以直接复制粘贴。ChatGPT 给出如下解释：

从提供的数据探索报告中，我们可以得出以下结论：
1）变量数和观察数：数据集中有 8 个变量（列）和 23253 个观察（行）。
2）缺失值：数据集中存在 5698 个缺失值，占总体数据的 3.1%。缺失值可能会对分析造成影响，需要考虑如何处理这些缺失值，例如通过填充、删除或插值来处理。
3）重复行：数据集中没有重复的行，即没有两行数据是完全相同的。

4）总内存大小：整个数据集占用的内存大小为 2.5 MiB。

5）平均记录大小：数据集中每条记录平均占用 113.8B 的内存。

基于以上信息，我对数据集的整体质量作出如下评价。

❑ 数据完整性：数据集中存在一定数量的缺失值，占比为 3.1%，需要根据具体情况决定如何处理这些缺失值。缺失值可能会影响后续分析的准确性，因此需要仔细处理。

❑ 数据重复性：数据集中没有重复的行，这是一个积极的迹象，说明数据采集和整理阶段可能得到了有效处理。

❑ 内存消耗：数据集的内存消耗相对较小，这对于处理和分析数据来说是一个好处，因为它可以在不占用过多系统资源的情况下进行操作。

总体而言，该数据集在一定程度上是可用的，但需要处理缺失值并根据具体分析需求进行必要的数据清洗和预处理。评估数据集的完整性、准确性和一致性是继续分析的重要步骤，确保从中得出可靠的结论。

通过 AI 的解读和结论，结合我们对数据指标的综合判断，总体来看，数据质量还算不错。现在，我们将继续分析 Alerts 模块中的信息，看看 AI 如何解释这些信息。

7.4.3 异常数据初步解读

如下是异常数据解读的提示指令：

```
[ChatGPT] 7/4/3  作为一个数据分析师，如何看待下面数据中存在的问题？
| Level is highly overall correlated with Reward and 3 other fields    |
   High correlation  |
|----------------------------------------------------------------------|-----
   --------------|
| Reward is highly overall correlated with Level and 3 other fields    |
   High correlation  |
| LoginCount is highly overall correlated with Level and 3 other fields |
   High correlation  |
| GameDuration is highly overall correlated with Level and 3 other fields |
   High correlation  |
| Points is highly overall correlated with Level and 3 other fields    |
   High correlation  |
| Source is highly imbalanced (56.7%)              | Imbalance    |
| Source has 5693 (24.5%) missing values           | Missing      |
| Points is highly skewed (γ1 = 31.13833667)       | Skewed       |
| UserID is uniformly distributed                  | Uniform      |
| UserID has unique values                         | Unique       |
| Reward has 14658 (63.0%) zeros                   | Zeros        |
| GameDuration has 14510 (62.4%) zeros             | Zeros        |
| Points has 2221 (9.6%) zeros                     | Zeros        |
```

在上述提示指令中，我们将 Alerts 模块中的信息首先转换为 Markdown 格式，然后输入 AI，并直接向它提出问题。将 HTML 格式的信息转换为 Markdown 格式的步骤如下（见图 7-16）：

❑ 复制 Alerts 模块中表格的所有内容，将 HTML 格式的表格复制到剪贴板（见图①）。

❑ 打开 https://tableconvert.com/zh-cn/excel-to-markdown，并确保数据源是 Excel，在

输入框中使用 Ctrl+V 组合键粘贴刚刚复制的内容（见图②）。

❑ 在网页底部的输出区域，你可以看到生成的 Markdown 表格（见图③）。

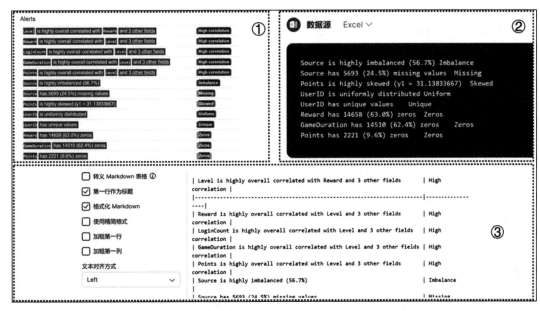

图 7-16　将 HTML 格式转换为 Markdown 格式

ChatGPT 基于提示指令，给出如下解读信息：

作为一个数据分析师，我会对提供的问题和观察结果进行以下分析：

1）高相关性问题：数据中提到了几个字段之间存在高相关性。这意味着这些字段在某种程度上随着彼此的变化而变化。高相关性可能会导致多重共线性，影响模型的解释性和稳定性。分析师可以考虑进行相关性分析，了解这些相关性的具体情况，如果有必要，可以选择进行特征选择或降维，以减少冗余信息。

2）类别不平衡问题：数据中提到了 Source 字段存在类别不平衡，其中有一类占了 56.7%。这可能会影响模型的训练和评估，导致对多数类别的预测性能较好，而对少数类别的预测性能较差。分析师可以考虑采取类别平衡技术，如欠采样、过采样或集成方法，以改善模型在不平衡数据上的表现。

3）缺失值问题：数据中提到了 Source 字段存在缺失值，占比为 24.5%。缺失值可能会影响数据的完整性和分析结果的可靠性。分析师需要决定如何处理这些缺失值，可以考虑填充、删除或插值等方法。

4）偏斜分布问题：数据中提到了 Points 字段具有高偏斜性，表现为存在极端值。这可能会影响模型的性能和可靠性，因为偏斜数据可能引起模型过拟合。分析师可以考虑对数据进行变换，如对数变换，以减小偏斜度，或者在建模时使用适应偏斜数据的技术。

5）唯一性问题：数据中提到 UserID 字段具有唯一的值，这是一个积极的特点，确保了数据的唯一性。这对于确保数据的准确性和分析的可靠性非常重要。

6）零值问题：数据中提到几个字段存在大量零值，这可能会影响数据的分布和分析结果。分析师需要考虑这些零值的含义，以及如何在分析中处理它们。可能的方法包括将零值视为一个特殊类别，进行变换，或者根据具体业务需求决定是否保留这些零值。

综上所述，这些观察结果提供了关于数据集中存在的问题和特征的重要见解。作为数据分析师，我会继续探索这些问题，进一步分析各个字段之间的关系，以及如何在后续的数据处理、特征工程和建模阶段中应对这些问题，以便得出有意义的结论并作出相应的决策。

ChatGPT 对高相关性、类别不平衡、缺失值、偏斜分布、唯一性以及零值等问题进行了进一步的分析和解释。根据作为数据分析师的基础业务经验和积累，我们已经可以排查和确定的信息如下。

❑ 类型不平衡问题：Source 字段代表客户的注册来源渠道，它本身可能会导致数据不平衡的问题，即某些渠道的数据较多，而其他渠道的数据较少。

❑ 缺失值问题：经过与数据库管理员和业务方的沟通，我们确认 Source 字段的缺失值表示注册来源渠道未知。

❑ 唯一性问题：UserID 字段是用户的唯一识别标识，因此必须是唯一的。

❑ 零值问题：Reward、GameDuration 和 Points 字段中的 0 可能表示未发生或没有任何记录，也就是没有互动记录和数据，或者因为未记录到而被标记为 0。

经过核对和确认，只剩下两个问题需要进一步验证和分析：高相关性和偏斜分布问题。

7.4.4 变量高相关性分析

我们单击探索报告导航栏的 Correlations（相关性），进入相关性分析模块，如图 7-17 所示。

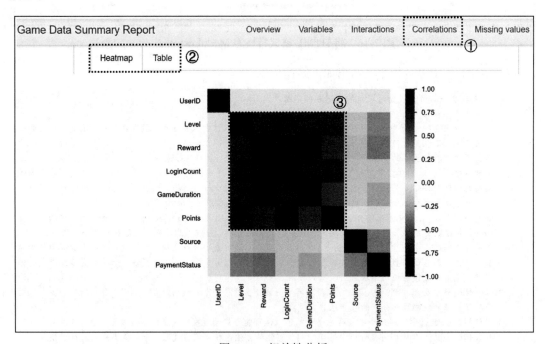

图 7-17 相关性分析

在图 7-17 中，我们可以通过②中的 Heatmap（热力图）和 Table（表格）两种视觉方式，从不同角度分析不同变量之间的相关性。我们特别关注 Alerts 模块中提到的 Level、Reward、LoginCount、GameDuration 和 Points 这几个字段，它们对应图中③区域。

通过热力图，结合图形颜色和右侧的相关性渐变标识图，我们可以初步评估这些指标之间的相关性基本在 0.5 以上。接下来，我们单击 Table，从数据角度进行更详细的分析，如图 7-18 所示。

Heatmap	Table							
	UserID	Level	Reward	LoginCount	GameDuration	Points	Source	PaymentStatus
UserID	1.000	-0.006	-0.004	-0.007	-0.007	-0.005	0.000	0.000
Level	-0.006	1.000	0.677	0.726	0.698	0.709	0.136	0.345
Reward	-0.004	0.677	1.000	0.766	0.835	0.639	0.176	0.387
LoginCount	-0.007	0.726	0.766	1.000	0.718	0.748	0.131	0.141
GameDuration	-0.007	0.698	0.835	0.718	1.000	0.601	0.116	0.244
Points	-0.005	0.709	0.639	0.748	0.601	1.000	0.000	0.037
Source	0.000	0.136	0.176	0.131	0.116	0.000	1.000	0.352
PaymentStatus	0.000	0.345	0.387	0.141	0.244	0.037	0.352	1.000

图 7-18　相关性结果表

借助 AI，我们可以迅速分析变量之间的相关性。

```
[ChatGPT] 7/4/4 作为一个数据分析师，请分析下面的变量相关性结果表，然后回答哪些变量之间具有
高度相关性，为什么？
|NAME |UserID|Level|Reward|LoginCount|GameDuration|Points|Source|PaymentStatus|
|-------------|--------|-------|-------|-------|-------|-------|-------|-------|
|UserID       | 1.000  |-0.006 |-0.004 |-0.007 |-0.007 |-0.005 | 0.000 | 0.000 |
|Level        | -0.006 | 1.000 | 0.677 | 0.726 | 0.698 | 0.709 | 0.136 | 0.345 |
|Reward       | -0.004 | 0.677 | 1.000 | 0.766 | 0.835 | 0.639 | 0.176 | 0.387 |
|LoginCount   | -0.007 | 0.726 | 0.766 | 1.000 | 0.718 | 0.748 | 0.131 | 0.141 |
|GameDuration | -0.007 | 0.698 | 0.835 | 0.718 | 1.000 | 0.601 | 0.116 | 0.244 |
|Points       | -0.005 | 0.709 | 0.639 | 0.748 | 0.601 | 1.000 | 0.000 | 0.037 |
|Source       | 0.000  | 0.136 | 0.176 | 0.131 | 0.116 | 0.000 | 1.000 | 0.352 |
|PaymentStatus| 0.000  | 0.345 | 0.387 | 0.141 | 0.244 | 0.037 | 0.352 | 1.000 |
```

在上述提示指令中，除了明确了角色设定和任务目标，重点是如何正确输入相关性结果的 Markdown 表格。当我们从 Jupyter Notebook 中复制表格并粘贴到 https://tableconvert.com/zh-cn/excel-to-markdown 时，出现了一个问题：由于左上角的第一个单元格为空，导致整个第一行向左偏移一个单元格，进而导致整个矩阵错位。

如表 7-19 所示，图中①显示了所有列都向左偏移，结果是相关性结果也发生了错位。例如，图中②显示原始 Notebook 中 UserID 和 Level 之间的相关性为 −0.006，但粘贴后的相关性结果变为 1。解决方法是，在复制后的输入区域中手动添加一个占位符的列名以及分隔符（默认为 \t，可以直接复制）。如图中③所示，新增一个 NAME 列，这样就恢复了原始行和列的匹配关系。

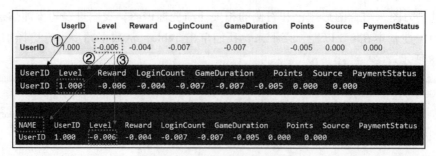

图 7-19　错位的相关性结果表

基于上述提示指令，ChatGPT 提供以下解读和判断：

> 通过观察变量相关性结果表，我们可以看出哪些变量之间具有高度相关性。通常来说，绝对值大于 0.7 的相关系数被认为是高度相关的。变量之间具有高度相关性以及可能的原因分析如下：
>
> 1）Level 和 Reward：相关系数为 0.677。这两个变量可能具有高度相关性，因为在某些游戏中，玩家的等级（Level）可能会直接影响他们获得的奖励（Reward），例如升级后解锁新的奖励。
> 2）Reward 和 LoginCount：相关系数为 0.766。这两个变量具有高度相关性可能是因为玩家获得的奖励（Reward）数量与他们的登录次数（LoginCount）有关，例如每次登录都可以获得一定的奖励。
> 3）Reward 和 GameDuration：相关系数为 0.835。这两个变量具有高度相关性可能是因为玩家获得的奖励（Reward）数量与他们在游戏中的持续时间（GameDuration）有关，例如游戏时间越长，获得的奖励可能越多。
> 4）LoginCount 和 GameDuration：相关系数为 0.718。这两个变量具有高度相关性可能是因为玩家登录次数（LoginCount）和他们在游戏中的持续时间（GameDuration）之间存在一定的关联，登录次数较多的玩家可能会在游戏中花费更多的时间。
>
> 需要注意的是，高度相关性并不一定表示因果关系。在进一步分析中，可能需要进行更多的探索和统计测试，以了解变量之间关系的具体性质。如果存在多重共线性，可能需要考虑特征选择或降维方法，以避免在建模过程中引入不必要的冗余信息。

AI 提供了四组高度相关的结果，并简要解释了可能的原因。从结果中可以得出以下结论：

❑ Reward 和 GameDuration 的相关性非常高，达到了 0.835。因此，很可能需要考虑删除其中一个变量。

❑ 在选择删除 Reward 或 GameDuration 时，需要注意的是，如果删除 GameDuration，那么第四组高相关性将不存在（因为 GameDuration 已经被删除）；如果删除 Reward，那么第一组和第二组的高相关性也将消失。因此，综合考虑，删除 Reward 可能是更好的选择。

❑ 如果删除 Reward，那么只剩下第四组 LoginCount 和 GameDuration，从业务逻辑上看，虽然这两者有关联，但不一定存在必然的因果关系。此外，由于相关系数略低，因此可以考虑保留它们。

7.4.5　数据偏斜分布问题

在 7.4.3 节中，还有一个需要进一步分析的数据偏斜分布问题，涉及 Points 字段。如图 7-20

所示，在探索报告导航中选择 Variables（变量），然后从下拉菜单中选择 Points。在有关 Points 的信息中，我们发现最大值是 38282（图中③）。

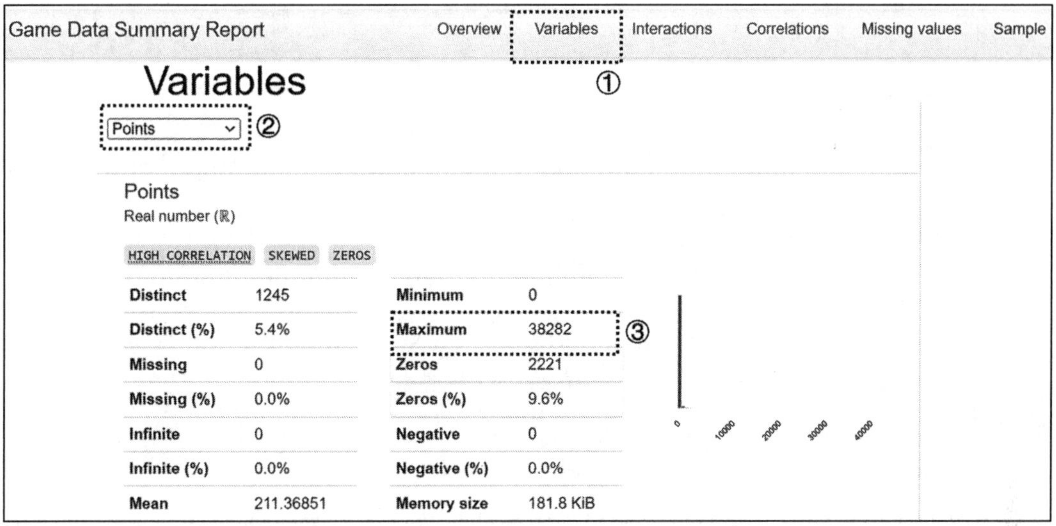

图 7-20　数据偏斜分布分析

尽管 Points 的最大值为 38282，但仅仅知道这个值还不足以确定问题。我们需要进一步了解该字段的数据分布情况。单击"More details"按钮，可以查看有关该字段的详细信息。如图 7-21 所示，其中显示 Points 字段的中位数为 144，而 95% 分位数为 505。这意味着极大值 38282 确实是异常值。

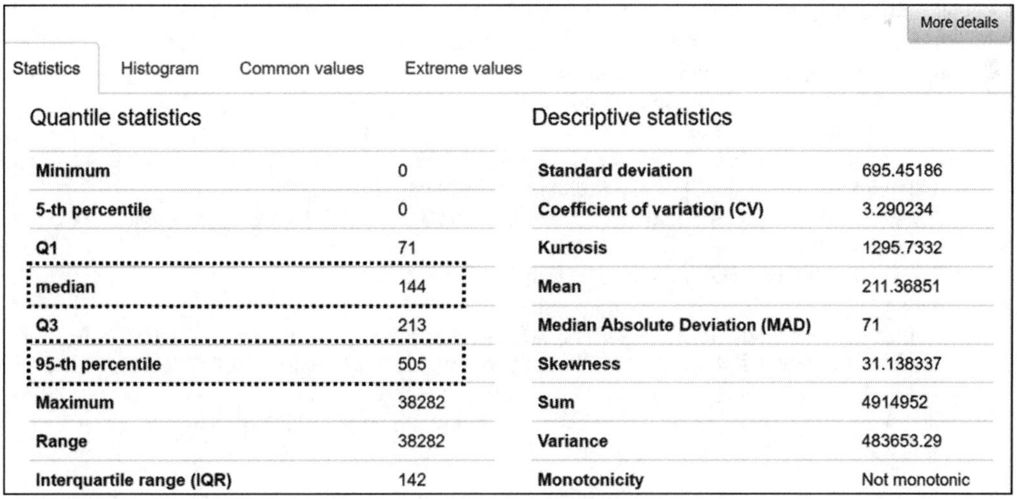

图 7-21　Points 字段详情

我们将上述信息输入 AI，以便它能够详细分析该字段的异常情况。

[ChatGPT] 7/4/5 作为一个数据分析师，你已经确定字段 Points 具有数据偏斜分布问题。请结合下面
输出的该字段的统计指标，概要分析和解释该字段的异常程度、异常原因等。

```
Minimum                              0
5-th percentile                      0
Q1                                   71
median                               144
Q3                                   213
95-th percentile                     505
Maximum                              38282
Range                                38282
Interquartile range (IQR)            142
Standard deviation                   695.45186
Coefficient of variation (CV)        3.290234
Kurtosis                             1295.7332
Mean                                 211.36851
Median Absolute Deviation (MAD)      71
Skewness                             31.138337
Sum                                  4914952
Variance                             483653.29
Monotonicity                         Not monotonic
```

根据上述提示指令，我们将探索报告中的分位数统计（Quantile statistics）和变异性
统计（Descriptive statistics）表格添加到提示信息中，以便 AI 可以全面分析该字段的异常
情况。

ChatGPT 基于提示指令提供以下分析结论。

从提供的统计指标和概要分析中，可以看出字段 Points 存在严重的数据偏斜分布问题。下面是对这些指标
的解释。
1）最小值（Minimum）和最大值（Maximum）：Points 字段的最小值为 0，最大值为 38282。这两个极端
值之间的范围非常大，显示了数据中的极端差异。
2）分位数（Percentiles）：数据的 5% 分位数和 95% 分位数都为 0 和 505，显示了数据的分布范围。中位
数（median）为 144，意味着 50% 的数据小于 144。
3）平均值（Mean）和标准差（Standard Deviation）：平均值为 211.37，标准差为 695.45。标准差相
对较大，说明数据的分散程度较高，这与偏斜分布一致。
4）偏度（Skewness）和峰度（Kurtosis）：偏度非常高，为 31.14，显示了数据分布的不对称性，长尾在
右侧。峰度为 1295.73，也非常高，说明数据分布的尖峰特性很明显，有很多极端值。
5）变异系数（Coefficient of Variation, CV）：变异系数为 3.29，相对较高，表明数据的变异性较大，
与标准差相一致。
6）总和（Sum）：数据的总和为 4914952，可用于了解数据的总体规模。

综合来看，Points 字段的数据分布异常程度非常高，这可能是由极端值所导致的。偏度和峰度的高值也进一
步证实了数据分布的不对称性和尖峰特性。可能的异常原因包括极少数玩家获得了非常高的得分，或者
存在异常数据输入。在进行分析和建模时，需要考虑如何处理这种极端的数据分布，可能的方法包括使
用变换（如对数变换）来减小偏斜度，或者将数据分段以更好地捕捉不同范围内的模式。同时，需要谨慎
处理极端值，以免影响分析结果的可靠性。

AI 通过分析 Points 字段的最小值和最大值、分位数、平均值和标准差、偏度和峰度变
异系数、总合等多个方面，发现数据右侧存在明显的长尾特征，并包含一些极大值特例。
我们继续查看数据的极值样本。

如图 7-22 所示，单击 Extreme values（极值）标签（图中的①），然后单击 Maximum 10 values（极大的 10 个值）（图中的②），查看极大值分布情况（图中的③）。从图 7-22 中可以看出，不仅有一个极值为 38282，而且前十个极值都远高于 50% 甚至 95% 分位数。在与业务方确认后，这些值被确认为正常业务行为和客户属性的反馈，因此它们被视为正常记录。但是，从数据分析和挖掘的角度来看，这些异常值可能会影响数据的结论，因此需要进一步处理这些异常值。

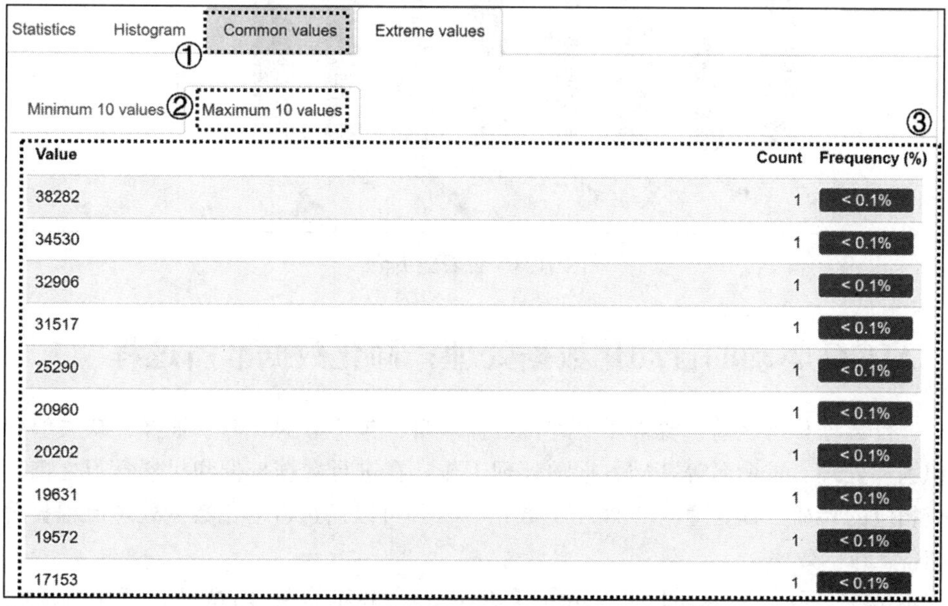

图 7-22　查看 Points 字段的极值样本

7.4.6　重复值和缺失值问题

在概要（Overview 模块）分析中，我们已经通过与 AI 的对话以及输出的指标统计确认不存在重复值。然而，关于缺失值，虽然在关键预警信息（Alerts 模块）中提到有 2 个缺失值信息，但这里显示的只是"重要信息"。因此，我们仍然需要查看是否存在更多"不重要"的缺失值信息。

如图 7-23 所示，我们单击探索报告顶部导航栏的 Missing values（缺失值）（图中①），进入缺失值模块；然后单击 Count（计数）（图中②），查看所有列的计数结果。从图中可以看出，除了预警中提到的 Source 列（图中③）外，Reward 和 LoginCount 列（图中④和⑤）也存在一定数量的缺失值。因此，这些缺失值都需要在后续处理中加以考虑。

> 🎯 提示　本节提到的 ydata-profiling 仅介绍了一些常用的应用功能，该工具还提供了更多交互式的分析来帮助分析师深入了解数据，同时还提供了丰富的自定义配置功能。

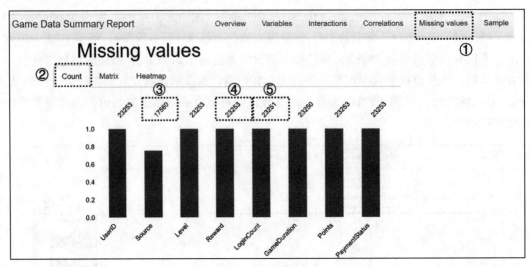

图 7-23 查看缺失值

7.5 AIGC 驱动的自动化数据处理：简化数据准备过程

在进行数据分析之前，通常需要进行数据准备，包括数据合并、抽样、缺失值和异常值的识别和处理、重命名等基础数据预处理工作；在进行数据挖掘和机器学习之前，还需要完成相应的特征工程处理。借助 AI，数据分析师可以通过自动化数据处理流程显著提高数据准备工作的效率。

在本节中，我们主要使用 Pyjanitor 和 Sklearn，并结合 AI 的帮助，简化自动化数据处理过程。我们仍然使用本章附带的 game_data.csv 作为数据源，根据发现的数据洞察进行数据预处理，然后使用管道技术完成整个特征工程部分。本节及 7.6 节中使用的 Jupyter Notebook 代码可以在本章配套资源的 data_mining.ipynb 文件中找到。

7.5.1 智能输出预处理方案

在 7.4 节中，结合分析过程，我们确认了需要处理的问题，具体如下所示。

❏ 高相关性问题：确定要丢弃 Reward 列。

❏ 缺失值问题：涉及 Source、Reward 和 LoginCount 三列，其中 Source 是字符串型，约有 24.5% 的记录存在缺失值；Reward 和 LoginCount 是数值型，分别有 0.1% 和 1.6% 的记录存在缺失值。具体处理方案仍待确认。

❏ 数据偏斜分布问题：Points 字段存在极大值。具体处理方案也需要进一步确认。

现在，我们需要让 AI 协助确定数据处理方案。提示指令如下：

[New Bing Chat] 7/5/1 我想让你担任数据分析师。你已经通过前期数据探索分析，发现了一些数据问题，具体描述如下。

❑ **缺失值问题**：字段包括 Source、Reward 和 LoginCount，其中 Source 是字符串型，有 24.5% 的记录存在缺失值，缺失表示来源渠道未知；Reward 和 LoginCount 是数值型，分别有 0.1% 和 1.6% 的记录存在缺失值，缺失表示数据未发生或未行为记录或未记录到。
❑ **数据偏斜分布问题**：Points 是数值型，数据分布范围是 [0, 38282]，中位数为 144，存在极大值。
请针对上面的问题描述，提供合理的数据预处理策略。

上述提示指令并没有具体描述 Reward 列的问题。这是因为在前期的分析中，我们已经经过审慎考虑，认定了这个方案相当合理，所以没有必要再次请教 AI 的建议。至于缺失值和数据偏斜分析问题的描述，我们特别强调了两类信息：首先，我们提供了数据字段的类型以及缺失值情况；其次，我们强调了数据缺失在业务方面的含义。

New Bing Chat 基于提示指令，给出如下方案内容：

1）**缺失值问题**：对于 Source 字段，由于缺失值较多，且缺失表示来源渠道未知，我建议用 "Unknown" 来填充缺失值，以便后续分析来源渠道的影响。对于 Reward 和 LoginCount 字段，由于缺失值较少，且缺失表示数据未发生或未行为记录，我建议用 0 来填充缺失值，以保持数据的一致性。
2）**数据偏斜分布问题**：对于 Points 字段，由于数据分布存在极大值，导致数据的均值和方差受到影响，不利于后续的建模和分析。我建议对 Points 字段进行对数变换，以减少数据的偏斜程度，使其更接近正态分布。对数变换可以使用 Python 的 numpy 库中的 log 函数实现，具体代码如下：

```
import numpy as np
# 假设 data 是一个包含 Points 字段的 DataFrame 对象
data['Points'] = np.log(data['Points'] + 1) # 加 1 是为了避免出现 log(0) 的情况
```

我们进一步分析 AIGC 给出的预处理方案。

❑ **Reward 和 LoginCount 的缺失值处理**：在 7.4.3 节中，我们已经对 Reward 和 LoginCount 的缺失问题进行了解释。因此，AIGC 建议将缺失值填充为 0 是合理的。

❑ **Source 的缺失值处理**：同样，我们在 7.4.3 节中解释了 Source 的缺失值问题，表示来源渠道未知。因此，AIGC 将缺失值填充为 "Unknown" 的建议也是合理的。

❑ **Points 字段的极大值问题处理**：AIGC 提供的对数变换方法在本案例中并不适用，因为该字段包含大量值为 0 的记录，而 log(0) 会产生无限大的值，这毫无意义。所以，在代码示例中，AI 特意将 Points 字段的所有值加 1，以避免出现 0 值，这是一个较为合理的解决方案。此外，我们还可以考虑使用分箱法、归一化或标准化等方法，这些方法同样合理。

7.5.2　使用链式方法批量实现预处理

一旦明确了处理方案，接下来我们需要 AI 指导如何快速而简便地完成这些预处理工作。在本节中，我们将采用链式预处理方法来完成这些工作。链式方法将所有数据处理步骤连接在一起，形成一个处理链条。这种方法类似于管道（Pipeline）的工作思路，可以将所有处理步骤整合到一个流程中，从而将多个步骤合并为一个。

例如，针对 7.5.1 节中提到的 3 个问题，如果使用 Python 原始方法，可能需要至少三个步骤来处理。如果使用链式方法，则可以将这三个步骤合并为一个步骤。此外，为了更好地进行后续分析，我们还需要添加以下预处理要求：

❑ 将 LoginCount 列名更改为 Login。

❑ 仅保留 GameDuration 大于 0 的记录，因为我们发现如果用户不玩游戏，基本上就
不会转化。因此，可以删除不玩游戏的记录。

综合考虑上述需求，总共有 5 个预处理要求。如果将填充缺失值的字符串和数值字段
的处理分开，那么就有 6 个预处理要求。以下是生成链式处理方法的提示指令。

```
[New Bing Chat] 7/5/2  作为数据分析师，你需要编写 Python 代码来实现如下功能：
1）读取 game_data.csv 数据为 df。
2）使用 Python 库，通过链式工作方法（例如 pyjanitor），对 df 做数据处理，包括：
❑ 丢弃 Reward 列。
❑ 将字段 LoginCount 的缺失值填充为 0。
❑ 将字段 Source 的缺失值填充为 Unknown。
❑ 对字段 Points 使用 log 方法做对数转换，转换前先对该列每个值加 1，这样就不会出现 log(0) 的问题。
❑ 将 LoginCount 列名替换为 Login。
❑ 仅保留 GameDuration 大于 0 的记录。
3）最后，输出处理后的数据的前 3 条结果。
请输出 Python 代码。
```

在提示中，我们明确列出了要求 AI 编写 Python 代码实现的 6 个预处理要求，同时包
括数据读取的要求，这是预处理的前提条件。此外，在对 Points 列进行对数转换之前，特
别强调了需要先进行处理，以避免出现 log(0) 的问题。根据提示指令，New Bing Chat 生成
了以下 Python 代码：

```python
# 导入所需的库
import pandas as pd
import janitor
import numpy as np
# 读取 game_data.csv 数据为 df
df = pd.read_csv("game_data.csv")
# 使用链式工作方法对 df 做数据处理
df = (
    df.clean_names()  # 将列名转换为小写，并用下划线替换空格
    .drop(columns="reward")  # 丢弃 Reward 列
    .fillna({"login_count": 0, "source": "Unknown"})  # 将字段 LoginCount 的缺失值填
        充为 0，将字段 Source 的缺失值填充为 Unknown
    .transform_column("points", lambda x: np.log(x + 1))  # 对字段 Points 使用 log 方
        法做对数转换，转换前先对该列每个值加 1，这样就不会出现 log(0) 的问题
    .rename_column("login_count", "login")  # 将 LoginCount 列名替换为 Login
    .filter_on("game_duration > 0")  # 仅保留 GameDuration 大于 0 的记录
)
# 输出处理后的数据的前 3 条结果
print(df.head(3))
```

我们将代码粘贴到 Jupyter Notebook 中并执行，如图 7-24 所示，发现在 Python 执行
过程中出现了错误。错误代码段是首次出现 login_count 列名的模块，即 fillna({"login_
count": 0, "source": "Unknown"}) 模块。报错信息显示 " ValueError: login_count not present

in dataframe columns"，即在处理后的 df 对象中不存在该列名。

```
ValueError                                Traceback (most recent call last)
Cell In[21], line 11
      7 df = pd.read_csv("game_data.csv")
      9 # 使用链式工作方法对df做数据处理
     10 df = (
---> 11     df.clean_names() # 将列名转换为小写，并用下划线替换空格
     12     .drop(columns="reward") # 丢弃Reward列
     13     .fillna({"login_count": 0, "source": "Unknown"}) # 对字段LoginCount的缺失值填充为0，对字段Source的缺失值填充为Unknown
     14     .transform_column("points", lambda x: np.log(x + 1)) # 对字段Points使用log方法做对数转换，转换前先对该列每个值加1，这样就不会出现log(0)的问题
     15     .rename_column("login_count", "login") # 将LoginCount列名替换为Login
     16     .filter_on("game_duration > 0") # 仅保留GameDuration大于0的记录
     17 )
     19 # 打印输出处理后的数据的前3条结果
     20 print(df.head(3))
     ...

File D:\Anaconda3\lib\site-packages\janitor\utils.py:406, in check_column(df, column_names, present)
    404 for column_name in column_names:
    405     if present and column_name not in df.columns:  # skipcq: PYL-R1720
---> 406         raise ValueError(
    407             f"{column_name} not present in dataframe columns!"
    408         )
    409     elif not present and column_name in df.columns:
    410         raise ValueError(
    411             f"{column_name} already present in dataframe columns!"
    412         )

ValueError: login_count not present in dataframe columns!
```

图 7-24　Python 代码执行报错提示

7.5.3　利用 New Bing Chat 上传截图调试代码

为了解决上述问题，我们可以利用 New Bing Chat 的图片识别功能，以自动识别错误信息并提供解决方案。以下是完整的操作步骤：

第一步，将 Jupyter Notebook 中的完整错误信息截图，并将其保存为图片文件至桌面。

第二步，在 New Bing Chat 对话框中，输入下面的提示指令，然后上传错误信息截图文件，如图 7-25 所示。

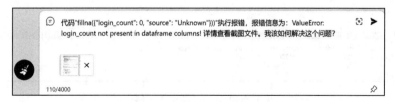

图 7-25　New Bing Chat 上传图片调试代码

第三步，在完成提示指令文本和图片上传后，请单击提交按钮。

根据图片信息提炼和提示指令，New Bing Chat 提供了以下解决方案：

抱歉，你的代码出现了错误。根据报错信息，我猜测是因为你的数据框中没有 login_count 这一列，所以无法将其重命名为 login。你可以检查一下你的数据框的列名是否正确，或者使用 df.columns 来查看所有的列名。如果你的列名不是 login_count，而是其他的名称，比如 loginCount 或者 Login_Count，那么你需要将代码中的 login_count 改为对应的名称。希望这能帮助你解决问题。

前述回答基本没有实质性内容，但指明了一个方向，即需要自行查看和输出数据的列。因此，我们可以采用以下方式输出在代码段出错之前的 DataFrame 的列情况。代码如下：

```
df2 = (
    df.clean_names() # 将列名转换为小写，并用下划线替换空格
    .drop(columns="reward") # 丢弃 Reward 列
)
print(df2.columns)
```

由于出现 login_count 的首段代码是从 fillna 模块开始，因此我们注释掉或删除了 fillna 之后的代码，并输出如下结果：

```
Index(['userid', 'source', 'level', 'logincount', 'gameduration', 'points',
    'paymentstatus'], dtype='object')
```

从结果中，我们发现 clean_names 函数对大小写进行了转换，但没有添加下划线，因此 login_count 不存在，正确的列名应为 logincount。另外，代码中 game_duration 也存在类似的问题。既然已经找到问题所在，那么我们可以直接修改代码：将代码中所有的 login_count 改为 logincount，将 game_duration 改为 gameduration。修改后再次执行代码，结果如图 7-26 所示。

```
# 导入所需的库
import pandas as pd
import janitor
import numpy as np

# 读取game_data.csv数据为df
df = pd.read_csv("game_data.csv")

# 使用链式工作方法对df做数据处理
df = (
    df.clean_names() # 将列名转换为小写，并用下划线替换空格
    .drop(columns="reward") # 丢弃Reward列
    .fillna({"logincount": 0, "source": "Unknown"}) # 将字段LoginCount的缺失值填充为0，将字段Source的缺失值填充为Unknown
    .transform_column("points", lambda x: np.log(x + 1)) # 对字段Points使用log方法做对数转换，转换前先对该列每个值加1，这样就不会出现log
    .rename_column("logincount", "login") # 将LoginCount列名替换为Login
    .filter_on("gameduration > 0") # 仅保留GameDuration大于0的记录
)

# 输出处理后的数据的前3条结果
print(df.head(3))
```

```
   userid    source  level  login  gameduration    points  paymentstatus
0       1   Unknown    187   11.0        3600.0  5.707110              1
1       2  GooglePlay   2849   62.0        7200.0  5.998937              0
2       3  GooglePlay   1158   21.0       50400.0  5.192957              1
```

图 7-26　基于 New Bing Chat 建议修改后的代码

至此，基础的数据预处理已经完成。

7.5.4　管道式特征工程处理及特征解读

针对本数据集，我们的特征工程主要实现以下几个常见场景：

❑ 将 source 列中的字符串进行独热编码（One-Hot Encoding）转换。

❑ 对 level、login、gameduration、points 等列进行数据归一化。

❑ 针对上述转换后的所有特征进行特征选择，仅保留有实际意义的特征。

下面是我们的提示指令：

[New Bing Chat] 7/5/3　我想让你扮演数据挖掘工程师。你现在需要针对 df 对象，通过 Sklearn 的 ColumnTransformer 和 Pipeline 相关方法完成如下特征工程处理。

1）针对字符串和数值型字段的处理。

❑ 对 source 中的字符串做哑编码（独特编码）转换。

❑ 对 level、login、gameduration、points 列做数据归一化，值范围是 [0,1]。

2）对上述得到的所有特征做特征选择，以 paymentstatus 为预测目标，选择显著性最高的前 4 个特征，输出 X。

3）从 df 中选择列 paymentstatus 为预测目标，输出 y。

4）最后打印 X 和 y 的前 3 条数据。

请以 Markdown 格式输出实现上述功能的完整 Python 代码。

在提示指令中，我们重新定义了 AI 的角色为数据挖掘工程师，因为这个角色更专业，特别适合特征工程的工作。此外，我们详细描述了 AI 需要完成的任务，包括明确的目标和约束条件。我们还提到了使用 ColumnTransformer 和 Pipeline 来实现特征工程的流程。ColumnTransformer 用于分别对不同的列进行处理，而 Pipeline 可以将多个特征工程步骤整合成一个流程，实现统一的处理调用。

New Bing Chat 根据提示指令生成了如下代码：

```python
# 导入所需的库
import pandas as pd
from sklearn.preprocessing import OneHotEncoder, MinMaxScaler
from sklearn.compose import ColumnTransformer
from sklearn.pipeline import Pipeline
from sklearn.feature_selection import SelectKBest, chi2
# 假设 df 是一个包含 source、level、login、gameduration、points、paymentstatus 列的数据框
# 定义一个列转换器，用于对不同类型的列做不同的处理
ct = ColumnTransformer([
    # 对 source 列做哑编码转换
    ("onehot", OneHotEncoder(), ["source"]),
    # 对 level、login、gameduration、points 列做数据归一化，值范围是 [0,1]
    ("minmax", MinMaxScaler(), ["level", "login", "gameduration", "points"])
])
# 定义一个管道，用于对所有特征做特征选择，选择显著性最高的前 4 个特征，预测目标为 paymentstatus
pipe = Pipeline([
    # 应用列转换器
    ("ct", ct),
    # 应用特征选择器，使用卡方检验作为评分函数
    ("skb", SelectKBest(chi2, k=4))
])
# 对 df 做管道处理，得到新的特征矩阵 X
X = pipe.fit_transform(df, df["paymentstatus"])
# 从 df 中选择 paymentstatus，输出 y
y = df["paymentstatus"]
# 打印 X 和 y 的前 3 条数据
```

```
print("X:", X[:3])
print("y:", y[:3])
```

上述代码在 Jupyter Notebook 中成功执行，得到以下结果：

```
X: [[0.        0.        0.        0.02056241]
    [0.        0.        1.        0.31643881]
    [0.        0.        1.        0.12848727]]
y: 0    1
   1    0
   2    1
```

这些 X 特征已经失去了原有特征的基础含义。如果需要输出转换后的列名，请使用 print(pipe.get_feature_names_out())。通过这种方式，我们可以清晰地了解这 4 列是通过上述不同的转换方法得到的新列。我们还可以进一步了解这些列的含义：

[New Bing Chat] 7/5/4 使用 print(pipe.get_feature_names_out()) 输出了 ['onehot__source_Apple' 'onehot__source_FB' 'onehot__source_GooglePlay' 'minmax__level']，这些列是什么意思？如何形成的？

New Bing Chat 提供了以下解释：

这些列是经过列转换器和特征选择器处理后的新的特征列，它们的含义如下。
❏ onehot__source_Apple：表示用户的来源是不是 Apple，如果是，值为 1，否则为 0。
❏ onehot__source_FB：表示用户的来源是不是 FB，如果是，值为 1，否则为 0。
❏ onehot__source_GooglePlay：表示用户的来源是不是 GooglePlay，如果是，值为 1，否则为 0。
❏ minmax__level：表示用户的等级在所有用户中的相对位置，值范围是 [0,1]，越接近 1 表示等级越高。

这些列是如何形成的呢？首先，列转换器对 source 列做了哑编码转换，将一个字符串类型的列拆分成多个二元类型的列，每个列对应一个可能的来源。然后，列转换器对 level、login、gameduration、points 列做了归一化，将数值类型的列缩放到 [0,1]，保持原有的分布。最后，特征选择器根据卡方检验的评分函数，从所有经过列转换器处理后的特征中选择了显著性最高的前 4 个特征，作为新的特征矩阵 X。

通过 New Bing Chat 的解释，我们明确了经过特征工程处理后列的含义以及它们的构造过程。这有助于我们更清晰地理解每个列的业务含义，并更合理地解释给业务方。

7.6 AIGC+AutoML：智能自动化机器学习新纪元

机器学习是数据分析的核心任务之一，但传统的工作方法涉及的领域多样、环节复杂、问题繁多、场景多变，使得许多分析师难以实现理想的机器学习成果。在 7.5 节中，我们通过自动化和一体化的 Python 库实现了数据准备阶段的智能快速处理。本节将介绍如何融合 AIGC+AutoML，以解决机器学习全流程中的问题。

7.6.1 AIGC+AutoML 重塑机器学习全流程

机器学习是数据分析的核心技术，但它复杂且需要专业知识，在应用时可能会出现多个问题，包括如何选择合适的模型、调整参数、评估模型和应用预测结果。AIGC+AutoML 为这些问题提供了便捷的解决方案。AutoML 自动化了机器学习过程，智能搜索最佳解决方案，包括数据处理、特征工程、模型选择和参数调优。结合 AIGC，分析师可以轻松完成整个数据从洞察到行动的流程。

具体来说，AIGC+AutoML 为分析师提供以下几方面的帮助。

- ❑ 特征工程：尽管我们已经进行了初步特征工程，但在 AutoML 中，我们仍可进行二次特征工程，利用之前的数据。
- ❑ 模型选择：智能选择适用于数据类型和任务的机器学习模型，如线性模型、树模型、神经网络模型等，还会根据任务的难度和数据规模提供合适的模型结构和规模。
- ❑ 参数调优：自动寻找最佳参数组合，以优化模型性能。它考虑参数类型、范围，采用合适的搜索方法，如网格搜索、随机搜索、贝叶斯优化，并调整参数的敏感性和影响力。
- ❑ 模型评估：使用恰当的评估指标和方法来准确评估模型性能，考虑任务目标和数据规模，如准确率、精确率、召回率、F1 值、ROC 曲线、AUC 值，并采用合适的评估方法，如留出法、交叉验证法、自助法等。
- ❑ 预测应用：提供智能解释，解释特征对预测的影响，根据业务目标和限制条件，为每个业务场景提供最佳决策建议。

7.6.2　7 个常用的 AutoML 库

完整的数据挖掘和机器学习流程包括准备数据、数据清洗、特征工程、模型选择、参数调优以及模型校验。以 TPOT 为例，AutoML 的工作流程如图 7-27 所示。

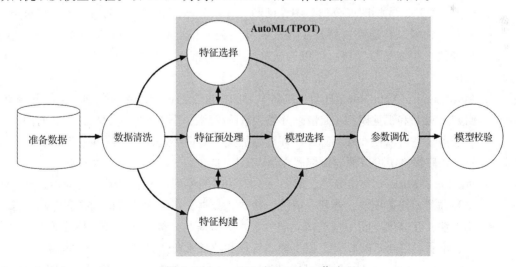

图 7-27　AutoML（TPOT）工作流程

- ❏ 前期准备：准备数据、数据清洗，这两部分需要分析师预先处理好。
- ❏ AutoML：特征工程（包括特征预处理、特征选择、特征构建）、模型选择、参数调优，这些是最核心也是最复杂的部分，由 AutoML 自动完成。
- ❏ 模型校验：当 AutoML 完成后，将输出最优模型（或模型流程），数据分析师只需在新的验证数据集上进行模型校验即可。

从数据挖掘的角度看，机器学习的任务主要包括分类（预测用户是否购买）、回归（预测大促销销售额）、时间序列（预测未来销售额）、聚类（分析用户类别）、关联规则挖掘（挖掘交易中的商品模式）、异常检测（识别黄牛订单客户）等类型，最常见的是分类和回归。

目前存在许多 AutoML 库，下面将介绍各个库的基本特性，以方便你选择合适的库：

- ❏ Auto-Sklearn：Auto-Sklearn 是一个基于 scikit-learn 的 AutoML 库，它用贝叶斯优化搜索算法，支持回归、分类和多标签分类任务。它可以自动处理数据和特征，并导出为 scikit-learn 管道或 pickle 文件。它的优点是与 scikit-learn 兼容，使用简单，支持多种算法。
- ❏ TPOT：TPOT 是一个基于 scikit-learn 的 AutoML 库，它用遗传算法，支持回归和分类任务。它可以自动完成特征工程，并导出为 Python 代码或 scikit-learn 管道。它的优点是使用灵活，可以自定义搜索空间和评估指标，遗传算法支持全局搜索。
- ❏ H2O AutoML：H2O AutoML 是一个基于 H2O 的 AutoML 库，它用随机森林搜索算法，支持回归、分类、时间序列预测和自然语言处理任务。它可以自动处理数据和特征，并导出为 H2O MOJO 或 POJO 文件。它的优点是支持分布式部署，能处理大数据集，支持多种算法和任务。
- ❏ AutoKeras：AutoKeras 是一个基于 Keras 或 TensorFlow 的 AutoML 库，用神经架构搜索算法，支持图像分类、图像回归、文本分类、文本回归和结构化数据分类等任务。它可以自动完成特征工程，并导出为 Keras 或 TensorFlow 模型。它的优点是专注于深度学习领域，可以构建高性能的神经网络模型，使用简单，只需几行代码。
- ❏ AutoGluon：AutoGluon 自动化机器学习和深度学习模型，支持分类、多标签分类、回归、NLP 和视觉识别（如情感分类、意图检测、图像分类、实体提取）、时间序列等任务。它可以在 CPU 和 GPU 训练以加速模型训练过程，性能和效率有优势。另外，该库提供了可以便捷地部署在 AWS 上的功能。
- ❏ MLBox：MLBox 支持分类、回归、文本和时间序列任务。它通过自动预处理、优化和预测，快速读取、处理、清洗、格式化数据，用强大的特征选择和信息泄漏检测方法，在高维空间中精确优化超参数，用最新的分类和回归预测模型（如深度学习、堆叠、LightGBM 等），提供模型解释和特征重要性分析。
- ❏ auto_ml：auto_ml 是一个基于 scikit-learn 的 AutoML 库，可以自动完成数据处理、特征工程、模型选择、超参数调整等步骤，并提供解释和部署方案。auto_ml 支持多种数据类型，如数值、文本、图像、日期等，并且可以处理缺失值和异常值。auto_ml 还具有支持深度学习、分布式训练等重要特性。

接下来将以 TPOT 为例，介绍 AutoML 的基本用法、高级调优策略以及预测实践。

7.6.3　开箱即用的 AutoML 应用示范

本节将通过实际案例向你展示如何使用开箱即用的 AutoML 工具——TPOT，将复杂的机器学习流程简化为易于操作的步骤。你将亲自体验如何在实践中运用 AutoML 来解决现实世界的数据挖掘难题。本节将继续使用 7.5 节处理得到的数据对象，完成后续的建模过程。

> [ChatGPT]　7/6/1　我想让你扮演数据挖掘工程师。现在你有 2 个数据对象，分别是 X 和 y。请你使用 TPOT 库，以 X 为特征，以 y 为预测目标实现分类建模，模型评估指标为 ROC　AUC。请在模型训练完成后，输出最优模型参数、最优模型交叉检验结果以及导出 TPOT 为 Python 代码文件（文件名为：tpot_pipe.py）

在指令中，有几个关键信息点需要注意：

❑ 确定 AI 的角色为数据挖掘工程师或机器学习工程师，以便它能够应用该领域的专业知识。

❑ 指定 AI 要训练的数据对象，特别是要区分特征和目标，以确保使用正确的数据对象。

❑ 告知 AI 模型训练的目标是分类建模，这将帮助 AI 选择正确的方法。

❑ 明确模型优化的指标，以确保模型优化具有正确的评估标准。

❑ 清楚地指定输出信息，包括最优模型参数、交叉验证结果以及导出 Python 代码文件。

根据上述提示指令，ChatGPT 给出了以下 Python 代码：

```python
# 导入必要的库
import numpy as np
import pandas as pd
from sklearn.model_selection import train_test_split
from tpot import TPOTClassifier
# 将 X 和 y 转换为 NumPy 数组
X = np.array(X)
y = np.array(y)
# 划分数据集为训练集和测试集
X_train, X_test, y_train, y_test = train_test_split(X, y, test_size=0.2, random_state=42)
# 创建 TPOT 分类器实例
tpot = TPOTClassifier(generations=5, population_size=20, verbosity=2, scoring='roc_auc', random_state=42, n_jobs=-1)
# 训练模型
tpot.fit(X_train, y_train)
# 输出最优模型参数
print("Best pipeline steps:", tpot.fitted_pipeline_)
```

```
# 输出最优模型交叉验证结果
print("Cross-validation ROC AUC score:", tpot.score(X_test, y_test))
# 导出 TPOT 为 Python 代码文件
tpot.export('tpot_pipe.py')
```

通过执行上述代码，你可以在 Jupyter Notebook 中获得如下相关信息：

```
Best pipeline: MLPClassifier(input_matrix, alpha=0.0001, learning_rate_init=0.01)
Best pipeline steps: Pipeline(steps=[('mlpclassifier',MLPClassifier(learning_
    rate_init=0.01, random_state=42))])
Cross-validation ROC AUC score: 0.7318849885844749
```

> **注意** 如果你的 Sklearn 的版本过低，那么需要升级 Sklearn 版本，否则会有如下错误：
> ImportError: cannot import name 'get_scorer_names' from 'sklearn.metrics' (D:\
> Anaconda3\lib\site-packages\sklearn\metrics__init__.py)。

接下来，我们可以让 AI 解释输出信息的含义。

```
[ChatGPT] 7/6/2  作为数据挖掘工程师，请解释下面输出信息的含义：
Best pipeline: MLPClassifier(input_matrix, alpha=0.0001, learning_rate_init=0.01)
Best pipeline steps: Pipeline(steps=[('mlpclassifier',MLPClassifier(learning_
    rate_init=0.01, random_state=42))])
Cross-validation ROC AUC score: 0.7318849885844749
```

在上述模型的输出结果的基础上，我们可以得到以下解释信息：

以下是各部分的含义解释：

Best pipeline
这部分显示了通过 TPOT 搜索得出的最佳机器学习管道。在这种情况下，最佳管道是 MLPClassifier，它是一个多层感知器（神经网络）分类器。该分类器使用了一些超参数来进行配置，包括 alpha（正则化参数）和 learning_rate_init(初始学习率)。这个最佳管道将输入特征数据 input_matrix 作为输入，然后通过配置的超参数训练一个多层感知器分类模型。

Best pipeline steps
这部分显示了最佳管道的构建步骤。在这个示例中，构建最佳管道的唯一步骤是 'mlpclassifier'，它是使用了最佳超参数的 MLPClassifier 分类器。这个步骤显示了分类器的配置，其中 learning_rate_init 被设置为 0.01，random_state 被设置为 42。

Cross-validation ROC AUC score
这部分显示了在交叉验证过程中计算得到的 ROC AUC 分数。ROC AUC 是一种模型评估指标，用于衡量二分类问题中模型的预测能力。分数 0.731 表示模型在交叉验证中的平均性能，数值越接近 1 表示模型的性能越好。这个分数给出了模型在 ROC 曲线下的面积，从而表示了模型正确分类正例和负例的能力。

综合来看，你的最佳管道是一个使用多层感知分类器进行分类的模型，它的超参数由 TPOT 优化。交叉验证 ROC AUC 分数为 0.731，表示模型在处理给定数据集上的分类问题时具有一定程度的预测能力，但仍可能需要进一步的调整和改进。

至此，我们已经完成了 AutoML 的最佳模型训练过程。

7.6.4　基于 AI 的 AutoML 调优策略

基于 AI 的 AutoML 调优旨在寻找最佳模型，这一目标的实现关键在于巧妙地运用不同策略来优化各个模型、参数及其组合。因此，为了精确制定 AutoML 的优化策略，我们需要考虑以下几个关键方面：首先，选择适当的优化策略；其次，为模型提供充足的时间进行优化；接着，增加迭代次数，以更全面地搜索参数空间；最后，考虑扩展可选的模型范围。在这一过程中，我们可以参考 AI 的经验和智慧，以获得最佳实施策略。

以下是相应的提示指令：

[ChatGPT] 7/6/3　如何设置 TPOT，以得到更好的模型效果？

基于提示指令，ChatGPT 提供了如下策略建议：

要获得更好的模型效果，你可以尝试以下方法来设置 TPOT。

1) 增加进化代数和种群大小：增加 generations（进化代数）和 population_size（种群大小）的值，以允许 TPOT 使用更多的时间和资源来搜索模型。增加这些值通常会增加找到更好模型的机会，但也会增加计算成本。

2) 更广泛的超参数搜索空间：考虑扩大超参数搜索空间，允许 TPOT 尝试更多的模型和超参数组合。你可以使用 config_dict 参数来自定义搜索空间，或者使用默认配置进行搜索。

3) 更多的数据预处理：在管道中包括更多的数据预处理步骤，例如特征缩放、特征选择、数据变换等。这有助于改善模型性能，特别是在原始数据需要处理或转换时。

4) 更长的搜索时间：增加 TPOT 的运行时间，以允许更长时间的搜索。通过增加 max_time_mins 或 max_eval_time_mins 参数的值，你可以让 TPOT 有更多的时间来搜索最佳模型。

5) 领域专业知识：如果你的数据和问题包含领域专业知识，可以手动指定一些超参数或特定的模型。这些知识可以帮助你引导 TPOT 的搜索，以便更快地找到合适的模型。

6) 集成学习：考虑使用 TPOT 的集成学习功能，例如 config_dict='TPOT sparse'，它将尝试不同的机器学习算法并将它们集成在一起以提高性能。

7) 更多的特征工程：如果可能的话，尝试更多的特征工程技巧，以改善数据的表现。探索新的特征、交互项或数据转换可能有助于提高模型性能。

8) 评估指标选择：根据问题的性质选择合适的评估指标。有些问题更适合使用准确率指标，而有些问题更适合使用 ROC AUC、F1-score 等指标。

9) 调整随机种子：尝试不同的随机种子，以查看是否对模型性能有影响。不同的种子可能会导致不同的超参数组合。

10) 硬件资源：如果可能的话，将 TPOT 运行在更强大的硬件资源上，如具有更多 CPU 核心和内存的机器上，可以加速搜索过程。

通过尝试这些方法，你可以逐步改进 TPOT 生成的模型，并找到适合你的数据和问题的最佳模型。请注意，TPOT 的搜索过程可能需要一些时间，因此需要权衡搜索时间与计算资源之间的关系。

通过 ChatGPT 的介绍，我们已经了解了优化 TPOT 的主要策略和方法。结合目前的资源和以往的数据工作经验，我们通常会采取以下优化策略：

❑ 增加进化代数和种群大小：将 generations 和 population_size 的值设置为更大的数值。如二者默认值均为 100，我们建议将 generations 设置为 200，population_size 设置为 100。

❑ 延长搜索时间：在优化 TPOT 时，必须注意限定优化时间，即在多长时间内希望获得最优模型（有限时间内的最优模型）。这是所有优化的基础。我们建议将最长时间设置为 10 分钟（如果时间充裕，也可以考虑设置更长时间），即 max_time_mins=10。

❑ 扩大超参数搜索空间：可以通过配置 config_dict 参数来扩大超参数搜索空间。TPOT内置的搜索模式包括 None（默认策略）、TPOT Light（简单策略，用于快速返回有限组合内的最优模型)、TPOT MDR(基因研究专用策略)、TPOT Sparse(支持稀疏矩阵的策略)、TPOT NN(与 PyTorch 协同使用)、TPOT cuML(基于 GPU 加速的搜索策略)。基于当前的限制,建议使用默认策略。

❑ 进一步进行数据预处理和特征工程:虽然我们在 7.5 节已经完成了主要的特征预处理工作,但仍然可以考虑增加更多的处理步骤,例如特征组合等。

❑ 集成学习和领域专业知识:可以自定义 config_dict,将传统分类算法的最优模型以及参数范围组合在一起。一些效果较好的分类算法包括逻辑回归、XGBoost、GBDT 等。

除了上述策略,如果你的计算资源较充足,还可以考虑使用 GPU 进行训练或使用 Dask 进行分布式训练。在最长优化时间固定的情况下,提高训练效率可以探索更多的优化组合,从而更容易获得更好的模型结果。接下来,我们可以基于上述策略定义新的提示指令,以便 AI 进行 AutoML 代码的调优。

7.6.5 AI 调优 AutoML 代码

根据上述策略定义,我们将向 AI 提供新的提示指令。

[ChatGPT] 7/7/1 我想请你扮演数据挖掘专家。你需要在下面代码的基础上,优化 TPOT 的设置,以获得更好的模型结果,最终输出优化后的 Python 代码。TPOT 优化策略包括:

❑ 设置 generations 为 200。
❑ 设置 population_size 为 100。
❑ 设置搜索时间为 10 分钟。
❑ 在原始特征上应用 PCA 生成一个主成分,然后将该主成分与原始特征组合,并将组合后的特征用于集成模型的训练。
❑ 基于 config_dict 设置集成分类方法,候选模型包括逻辑回归、Xgboost 和 GBDT,每个模型设置 3 个最常用的优化参数,每个优化参数的候选值不超过 2 个。

```
###### 代码开始 ######
# 导入必要的库
import numpy as np
import pandas as pd
from sklearn.model_selection import train_test_split
from tpot import TPOTClassifier
# 将 X 和 y 转换为 NumPy 数组
X = np.array(X)
y = np.array(y)
# 划分数据集为训练集和测试集
X_train, X_test, y_train, y_test = train_test_split(X, y, test_size=0.2, random_
    state=42)
# 创建 TPOT 分类器实例
tpot = TPOTClassifier(generations=5, population_size=20, verbosity=2, scoring=
    'roc_auc', random_state=42, n_jobs=-1)
# 训练模型
tpot.fit(X_train, y_train)
# 输出最优模型参数
print("Best pipeline steps:", tpot.fitted_pipeline_)
# 输出最优模型交叉验证结果
```

```
print("Cross-validation ROC AUC score:", tpot.score(X_test, y_test))
# 导出 TPOT 为 Python 代码文件
tpot.export('tpot_pipe.py')
###### 代码结束 ######
```

这些提示指令基于新的对话区间，以避免之前信息的干扰。以下是关于提示指令的重要信息的解释。

❑ 指定新的 AI 角色：我们需要 AI 扮演数据挖掘专家的角色，知识广泛且层次较高。

❑ 设置工作目标：我们的目标是在现有代码的基础上进行优化，并明确指定了需要优化的 TPOT 配置。

❑ 描述完整的 TPOT 优化策略：在描述策略时，有些策略我们已经知道如何设置，因此可以直接告知 AI 设置方法，例如将 generations 设置为 200；有些策略则需要通过文字描述，而不是给出具体实现方式，例如，在原始特征上应用 PCA 生成一个主成分，然后将该主成分与原始特征组合，并将组合后的特征用于集成模型的训练。这些描述方式有助于将专业经验纳入提示指令中。

❑ 设置集成模型策略：我们告诉 AI 要使用哪个模型、参数以及参数的值的数量，以便 AI 知道如何进行设置。这有助于将专业经验整合到优化策略中，也有助于控制迭代耗时，提高模型优化效率。

❑ 提供完整代码：在提供代码时，我们使用"###### 代码开始 #####"和"###### 代码结束 ######"来表示代码的起止位置，以便 AI 更好地理解代码的具体范围。

基于提示指令，ChatGPT 生成了以下优化后的代码：

```
# 导入必要的库
import numpy as np
import pandas as pd
from sklearn.model_selection import train_test_split
from sklearn.decomposition import PCA
from tpot import TPOTClassifier
# 将 X 和 y 转换为 NumPy 数组
X = np.array(X)
y = np.array(y)
# 划分数据集为训练集和测试集
X_train, X_test, y_train, y_test = train_test_split(X, y, test_size=0.2, random_
    state=42)
# 创建 PCA 实例
pca = PCA(n_components=1)
X_train_pca = pca.fit_transform(X_train)
X_test_pca = pca.transform(X_test)
# 将 PCA 生成的主成分与原始特征合并
X_train_combined = np.concatenate((X_train, X_train_pca), axis=1)
X_test_combined = np.concatenate((X_test, X_test_pca), axis=1)
# 创建 TPOT 分类器实例，设置优化参数
tpot = TPOTClassifier(
    generations=200,  # 设置 generations 为 200
    population_size=100,  # 设置 population_size 为 100
```

```
        verbosity=2,
        scoring='roc_auc',
        random_state=42,
        n_jobs=-1,
        periodic_checkpoint_folder='tpot_checkpoints',
        max_time_mins=10,  # 设置搜索时间为 10 分钟
        memory='auto',
        use_dask=False,
        early_stop=10,
        config_dict={
            'sklearn.ensemble.GradientBoostingClassifier': {
                'n_estimators': [100, 200],  # GBDT 的 n_estimators 参数候选值
                'learning_rate': [0.01, 0.1],  # GBDT 的 learning_rate 参数候选值
                'max_depth': [3, 4],  # GBDT 的 max_depth 参数候选值
            },
            'xgboost.XGBClassifier': {
                'n_estimators': [100, 200],  # Xgboost 的 n_estimators 参数候选值
                'learning_rate': [0.01, 0.1],  # Xgboost 的 learning_rate 参数候选值
                'max_depth': [3, 4],  # Xgboost 的 max_depth 参数候选值
            },
            'sklearn.linear_model.LogisticRegression': {
                'penalty': ['l1', 'l2'],  # 逻辑回归的 penalty 参数候选值
                'C': [0.1, 1.0],  # 逻辑回归的 C 参数候选值
            },
        },
)
# 训练模型
tpot.fit(X_train_combined, y_train)
# 输出最优模型参数
print("Best pipeline steps:", tpot.fitted_pipeline_)
# 输出最优模型交叉验证结果
print("Cross-validation ROC AUC score:", tpot.score(X_test_combined, y_test))
# 导出 TPOT 为 Python 代码文件
tpot.export('tpot_pipe.py')
```

在 Jupyter Notebook 中执行上述代码。由于模型、过程和执行参数的设置相对复杂，因此可能需要更长的时间，最长模型运行时间为 10 分钟（根据我们在代码中的设置）。

需要注意的是，AutoML 中设置的最长计算时间不一定等于实际计算时间。最长计算时间仅定义了计算的最长时间限制，实际计算时间可能会短于此时间。具体计算时间取决于数据集的大小、模型搜索的复杂性、可优化的参数空间大小以及硬件资源性能。

在本案例中，数据集仅包含 8740 条数据和 4 个原始特征，在笔者的计算机上，执行时间大约为 5 分钟。以下是执行结果。

```
The optimized pipeline was not improved after evaluating 10 more generations.
    Will end the optimization process.
TPOT closed prematurely. Will use the current best pipeline.
Best pipeline: LogisticRegression(XGBClassifier(LogisticRegression(input_matrix,
    C=0.1, penalty=l2), learning_rate=0.01, max_depth=3, n_estimators=100),
    C=1.0, penalty=l2)
```

```
Best  pipeline  steps:  Pipeline(memory=Memory(location=C:\Users\86186\AppData\
    Local\Temp\tmp7zl8csp8\joblib),  steps=[('stackingestimator-1',StackingEstim
    ator(estimator=LogisticRegression(C=0.1,  random_state=42))),
...
                    ('logisticregression',  ogisticRegression(random_state=42))])
Cross-validation ROC AUC score: 0.7319111491628615
```

为了节省版面，此处省略了 pipline steps 部分的代码。从结果中我们可以看到评估指标 ROC AUC 的值为 0.7319111491628615，稍微优于最初的 0.7318849885844749。在实际场景中，当我们使用更大的数据集和更多特征时，性能提升可能更为显著。

需要注意的是，在模型优化问题上，通常并不存在绝对的"最佳"模型。这是因为只要数据量足够大、特征足够多、时间足够长，我们就可以不断提升模型性能。在本案例中，代码中提到了"The optimized pipeline was not improved after evaluating 10 more generations"。这是因为本案例的数据量相对较小，特征数量有限，基于既定的优化策略，AutoML 在经过 10 轮迭代后已找到了最优模型，即使花费更多时间，模型性能也没有进一步提高的空间。因此，AutoML 会中止进一步的优化尝试。

7.6.6　使用 AutoML 预测新数据

在通过前述步骤获得最优模型后，我们需要使用该模型完成预测任务。以本案例为例，我们使用游戏用户的原始行为特征来预测用户是否会进行支付转化。随后，我们可以根据预测结果制定运营策略，例如增加特定渠道的广告投放或对未转化用户进行转化激励等。

在进行新数据预测时，需要依次完成 7.5.2 节和 7.5.4 节的处理过程，即新数据也需要进行数据预处理和特征工程。接下来，可以使用 7.6.4 节或 7.6.5 节中的代码来完成预测过程。

假设要预测的新数据存储在名为 game_data_new.csv 的文件中，该数据集与 game_data.csv 相比仅少了最后一列 PaymentStatus，其他字段和数据格式完全一致。在此基础上，我们按照以下步骤完成新数据的预测。

第一步，数据预处理。

```python
# 读取 game_data.csv 数据为 df
df_new = pd.read_csv("game_data_new.csv")
# 使用链式工作方法对 df 做数据处理
df_new = (
    df_new.clean_names() # 将列名转换为小写，并用下划线替换空格
    .drop(columns="reward") # 丢弃 Reward 列
    .fillna({"login_count": 0, "source": "Unknown"}) # 将字段 LoginCount 的缺失值填
        充为 0，将字段 Source 的缺失值填充为 Unknown
    .transform_column("points", lambda x: np.log(x + 1)) # 对字段 Points 使用 log 方
        法做对数转换，转换前先对该列每个值加 1，这样就不会出现 log(0) 的问题
    .rename_column("login_count", "login") # 将 LoginCount 列名替换为 Login
    .filter_on("game_duration > 0") # 仅保留 GameDuration 大于 0 的记录
)
```

第二步，特征工程。

```
X_new = pipe. transform(df_new)
```

第三步，预测过程中的二次特征工程。

```
X_new = np.array(X_new)
X_new_pca = pca.transform(X_new)
X_new_combined = np.concatenate((X_new, X_new_pca), axis=1)
```

第四步，预测过程中的预测。

```
predict_x_new = tpot.predict(X_new_combined)
predictProba_x_new = tpot.predict_proba(X_new_combined)
print(predict_x_new[:3])
print(predictProba_x_new [:3])
```

前三步在之前已经介绍过，本节中我们只需要继续使用相同的数据转换方法，不需要再次进行训练。第四步是新增的预测代码，其中，predict 表示预测输出的分类类别，结果为 0 或 1；而 predict_proba 表示预测结果为 0 和 1 的概率，因此对于每个输入记录，会得到两个概率值，这两个值相加等于 1。

 提示　在执行这些步骤时，请务必保证之前的代码已经执行，因为这些代码需要依赖前面的库导入以及特征工程和模型对象（例如 pca、pipe、tpot 等）。

执行上述代码，得到如下预测结果：

```
[0 1 1]
[[0.74278525 0.25721475]
[0.05924918 0.94075082]
[0.14664314 0.85335686]]
```

第一行 [0 1 1] 表示前三个预测结果分别为 0、1 和 1。而接下来的三行每行都包含一个列表，每个列表内的值分别表示预测为 0 和 1 的概率。以第二行 [0.74278525　0.25721475] 为例，它表示预测为 0 的概率为 0.74278525，预测为 1 的概率为 0.25721475。如果基于预测概率大于 0.5 的标签来确定预测的分类值，那么该样本的预测标签为 0，与第一行的第一个值的结论相同。

 提示　本案例还生成了一个名为 tpot_pipe.py 的文件，其中记录了 TPOT 预测得到这些结果的 Python 代码过程以及参数信息等。如果读者有兴趣，可以查看该文件的源代码。

7.7　利用 AIGC 解析机器学习：原理、机制与底层逻辑

理解机器学习模型的工作方式，并能够将其清晰而准确地应用于模型选择、解释和业务场景中，是数据分析师的核心技能之一。本节将借助 AI 的智慧，帮助我们更好地理解模

型，包括模型的特性、预测结果、模型对目标的影响以及解读模型预测输出结果等。

本节用到的 Jupyter Notebook 代码可在本章配套资源的 explain_model.ipynb 中找到。

7.7.1 AI 辅助算法学习：探索不同算法的特性与应用场景

在数据挖掘中，我们需要提前了解不同算法模型的特点和适用领域，以获得更好的结果。下面，我们从具体分类示例入手，逐步获取这些信息，以更有效地解决问题。

首先，我们了解选择算法的基本因素。

> [ChatGPT] 7/8/1：我想请你扮演数据分析师。假如你要做用户订单转化预测（预测用户是否下单），你在选择分类算法时会考虑哪些因素？这些因素如何影响分类算法效果？

在提示指令中，我们除了指定角色外，还着重设定了一个算法应用场景——用户订单转化预测，同时定义了这是一个分类场景。因为订单转化预测可以预测用户是否转化，也可以预测用户订单销售额，所以可能包含两类场景。在返回信息中，让 AI 告诉我们选择算法的考虑因素。同时，我们还希望了解这些因素如何影响算法。

基于提示指令，ChatGPT 提供了以下算法选择因素及解释：

> 作为数据分析师，在选择分类算法时，需要考虑以下因素，这些因素将影响分类算法的效果。
> 1）数据质量：数据的质量对分类算法至关重要。确保数据准确、完整、无缺失值及异常值。不良的数据质量会降低算法的性能。
> 2）数据量：分类算法通常需要大量数据来进行训练，尤其是在深度学习领域。较少的数据量可能导致过拟合或欠拟合问题。
> 3）特征工程：选择哪些特征用于训练模型以及如何对它们进行编码或处理是关键因素。特征工程可以显著影响算法性能。
> 4）算法选择：根据问题的性质选择合适的分类算法。一些常见的分类算法包括决策树、随机森林、支持向量机、逻辑回归、神经网络等。算法的选择应该考虑数据的特点和问题的需求。
> 5）模型复杂度：模型复杂度会影响模型的泛化能力。选择过于简单的模型可能无法捕捉数据的复杂关系，而过于复杂的模型可能导致过拟合。需要在模型的偏差和方差之间找到平衡。
> 6）超参数调优：许多分类算法具有需要调整的超参数，如学习率、正则化参数等。通过交叉验证等技术来调优超参数以获得最佳性能。
> 7）类别不平衡：如果数据中的不同类别样本数量不平衡，即某一类别的样本比其他类别多很多，需要考虑采取平衡技术，如过采样、欠采样或类别加权，以避免模型对多数类别过于偏向。
> 8）交叉验证：使用交叉验证来评估模型的性能，确保模型在不同子样本上的泛化效果良好，防止过拟合。
> 9）特征选择：在一些情况下，不是所有特征都对分类任务有帮助。使用特征选择技术可以提高模型的效果，并减少计算复杂性。
> 10）解释性：有时候，模型的解释性对业务需求也非常重要。某些算法更容易解释，而深度学习模型通常被认为是黑盒模型。

ChatGPT 提供了以下因素及解释，这些信息质量参差不齐：

❑ 关于"数据质量""交叉验证"的内容属于正确但过于基础，对模型选择没有实质影响。

❑ 关于"算法选择"的观点提到了需要结合数据的特点和问题的需求，但没有描述具体细节，例如准确性要求、稳定性（鲁棒性）要求、执行耗时要求、数据处理复杂度等。

❑ 关于"数据量"的解释部分正确，需要补充的信息是，有些模型更适合数据样本量较少的场景，例如贝叶斯模型。

❑ 关于"特征工程"和"特征选择"的解释没有强调关键点，特征工程对算法选择的影响在于某些模型需要具备一定的数据处理前提，因此通常需要相应的特征工程步骤来配合。例如，逻辑回归更适合线性可分的特征，这意味着值为 0 和 1 的特征更适合逻辑回归。此时，相关的特征工程包括对分类字段的哑编码转换以及先将数值字段进行离散化后再进行哑编码转换。

❑ 关于"模型复杂度""超参数调优""类别不平衡""解释性"的回答相对正确，尤其是关于模型的解释性问题，因为与业务理解相关，与模型准确性无关，往往不会受到分析师的重视。

通过 AI 的提示以及我们的分析，我们已经大致了解了不同因素对模型的影响以及如何影响模型效果。接下来，我们需要了解常用的分类算法以及各自的特点。

[ChatGPT] 7/8/2 常用的二分类算法有哪些，请结合上面提到的不同算法选择影响因素，分别介绍这些算法的优点、不足和适用场景。

在提示指令中，我们进一步明确了二分类算法场景，并让 AI 结合算法选择影响因素来介绍常用算法。这样可以将基础理论与模型选择结合起来。此外，我们要求 AI 在分析算法时明确包括优点、不足和适用场景等限制要求，以使算法分析更加深入。

ChatGPT 基于提示指令返回以下信息：

常用的二分类算法有很多，下面我将介绍一些常见的算法，并结合上面提到的不同算法选择影响因素，分别介绍它们的优点、不足和适用场景。

1）逻辑回归 (Logistic Regression)：
❑ 优点：简单、易于解释、训练速度快、适用于线性可分和线性不可分问题。
❑ 不足：对于复杂的非线性关系建模能力有限，容易受到特征之间相关性的影响。
❑ 适用场景：二分类问题，特别是在要求模型解释性较高的情况下。

2）决策树 (Decision Trees)：
❑ 优点：易于理解和解释，可处理非线性关系，能够自动处理特征选择。
❑ 不足：容易过拟合，对噪声数据敏感，可能会创建深度较大的树。
❑ 适用场景：二分类问题，尤其是需要解释性或者特征重要性评估的情况。

3）随机森林 (Random Forest)：
❑ 优点：集成多个决策树，减少过拟合风险，具有较高的准确性，能够处理大量特征。
❑ 不足：模型较大，需要较多计算资源，不太容易解释。
❑ 适用场景：大规模数据集，需要高准确性的情况。

4）支持向量机 (Support Vector Machines, SVM)：
❑ 优点：在高维空间中有效，能够处理非线性问题，有强大的泛化能力。
❑ 不足：对于大规模数据集的训练可能较慢，对超参数敏感。
❑ 适用场景：复杂的二分类问题，尤其是在特征维度较高的情况下。

5）K 最近邻 (K-Nearest Neighbors, KNN)：
❑ 优点：简单直观，适用于处理非线性问题，对异常值不敏感。
❑ 不足：需要保留全部训练数据，计算复杂度高，对数据分布敏感，可能需要优化 K 值。
❑ 适用场景：小规模数据集，需要保持数据结构的情况。

6）朴素贝叶斯 (Naive Bayes)：
❑ 优点：简单、快速，对于高维度数据有效，适用于文本分类和稀疏数据。

❑ 不足：基于朴素假设，对特征之间相关性敏感，可能不适合处理复杂关系。
❑ 适用场景：文本分类、垃圾邮件检测等情况。
7）梯度提升树（Gradient Boosting Trees）：
❑ 优点：高准确性，可以处理非线性问题，对异常值鲁棒性较好。
❑ 不足：需要调优的超参数较多，训练时间相对较长。
❑ 适用场景：需要最高准确性的情况，如金融风险评估和搜索排名。

上述 AIGC 内容比较客观和全面，读者可以根据具体业务场景进行选择。例如：
❑ 如果我们希望模型的预测更准确，那么应选择梯度提升树相关算法，如 GBDT、XGBoost 等。
❑ 如果数据中存在明显的非线性特征，并且有足够的时间进行模型调整，那么支持向量机更适合。
❑ 如果数据具有线性可分的特征（或可以转化为线性可分），那么逻辑回归更合适。
❑ 如果强调模型的解释性，以便业务方更好地理解和应用，那么决策树是更好的选择。

提示　如果你对某类算法需要更详细的介绍，请深入提出问题，例如："请介绍决策树的各种算法，结合前述不同算法选择影响因素，分别介绍这些算法的优点、限制和适用场景。"

7.7.2 AI 辅助特征解读：可视化特征与目标的关系

在特征工程阶段选择特征或完成模型训练后，分析特征如何影响目标变量至关重要。这个过程有助于更深入地了解模型的运作方式，识别关键特征，改进模型性能。以下是一些常用的方法和技巧，用于分析特征的影响。
❑ 特征重要性分析：通过各种机器学习模型的特征重要性分析，可以确定哪些特征对目标变量的预测具有更大的影响力。例如，决策树、随机森林、梯度提升树等模型可以提供特征重要性得分。
❑ 相关性分析：通过计算特征与目标变量之间的相关性，可以确定它们之间是否存在线性关系。相关性分析有助于识别哪些特征与目标变量强相关，哪些不相关。
❑ 可视化分析：利用可视化工具，如散点图、箱线图、直方图等，可以直观地观察特征与目标变量之间的关系。这有助于发现数据的模式和趋势。
❑ 使用专业解释库：例如，使用 ELI5、SHAP、InterpretML 等解释库来解释特征的重要性、权重、决策路径等。它们能够通过特定的方法来展示模型的推导过程或对结果的影响，这对于使黑盒模型更透明和可理解至关重要。
在这里，我们将利用 AI 来使用 InterpretML 解释分类模型中特征对目标的影响。

[ChatGPT] 7/9/1　我想让你扮演数据挖掘工程师。请写一段 Python 代码实现如下功能：
1）读取 game_data.csv 文件并返回 df。

> 2）使用 InterpretML 构建分类模型，以 df 中的 Level、Reward、LoginCount、GameDuration、Points 为特征，以 PaymentStatus 为目标建模。
> 3）使用 InterpretML 解释特征对目标的影响并输出信息。

在上述提示指令中，我们仍然使用本章的数据文件。由于本节仅用于解释模型，因此我们直接选择特征列并指定目标字段，而不进行其他任何处理。关键信息点如下：

❑ 在构建分类模型时，需要明确指定特征字段名和目标字段名。

❑ 我们将使用 InterpretML 来完成建模以及解释模型的过程。

下面是 ChatGPT 基于提示指令返回的代码：

```python
import pandas as pd
from interpret import set_visualize_provider
from interpret.glassbox import ExplainableBoostingClassifier
from interpret import show
from interpret.provider import InlineProvider
# 1）读取 game_data.csv 文件并返回 df
df = pd.read_csv('game_data.csv')
# 2）使用 InterpretML 构建分类模型
# 特征和目标的选择
X = df[['Level', 'Reward', 'LoginCount', 'GameDuration', 'Points']]
y = df['PaymentStatus']
# 训练 Explainable Boosting Classifier（可解释性提升分类器）
ebm = ExplainableBoostingClassifier()
ebm.fit(X, y)
# 3）使用 InterpretML 解释特征对目标的影响并输出信息
# 创建解释器
ebm_global = ebm.explain_global()
# 显示全局解释信息
set_visualize_provider(InlineProvider())
ebm_global.visualize()
```

我们在 Jupyter Notebook 中执行上述代码，得到了如图 7-28 所示的结果。图中①可以下拉选择 Summary（摘要），以及单个特征或多个组合特征。图中②基于图中①选择的对象，展示了其对于目标的影响权重排序。图中③有一段英文说明，应该是与本图的用途或原理相关。

现在，我们让 AI 翻译图中③的含义，以更好地理解 InterpretML 到底要表达什么。

[ChatGPT] 7/9/2　请将下面的英文翻译为中文：

The term importances are the mean absolute contribution (score) each term (feature or interaction) makes to predictions averaged across the training dataset. Contributions are weighted by the number of samples in each bin, and by the sample weights (if any). The 15 most important terms are shown.

上述提示指令用到了 AI 的智能翻译功能。ChatGPT 给出如下翻译结果：

术语 importances 是指每个术语（特征或交互作用）对于预测的平均绝对贡献（得分），在训练数据集上进行了平均。贡献受每个分箱中样本的数量以及样本权重（如果有的话）的加权影响。这里显示了最重要的 15 个术语。

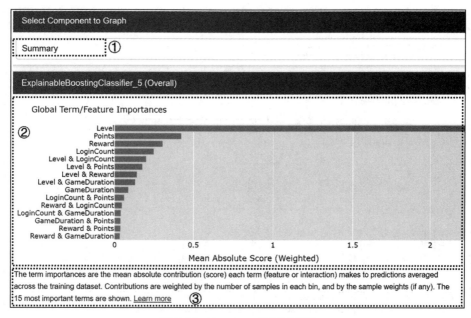

图 7-28　Interpret 模型解释图

由于缺乏更多的上下文信息，ChatGPT 对于 interaction 和 term 的翻译不够准确。interaction 应该表示为交互特征或交叉特征，而 term 则表示原始特征或交叉特征，因此翻译为"项目"更合适。

基于图中的标题以及 AI 的结果，我们可以大致判断出，这是一个展示特征对预测目标整体影响的信息图，图中输出了所有特征或交互特征对目标的影响度量得分。显而易见的是，得分越高说明该特征或交叉特征越重要。从图中②可以看出，Level 的影响是最大的；其次是 Points、Reward、LoginCount，但这些特征的影响差异比较小，总体得分贡献也比较小。

既然 Level 的影响最大，那么我们继续分析 Level 是如何影响目标的。如图 7-29 所示，单击图中①选择 Level，标题中展示了该字段的类型和唯一值；图中②跟随图中①显示了该字段对目标的影响，可以看到包含了 Score 和 Density 两个图形；图中③也提供了关于该图的解释信息。

我们再次让 AI 翻译其中的英文：

[ChatGPT] 7/9/3　请将下面的英文翻译为中文：

The contribution (score) of the term Level to predictions made by the model. For classification, scores are on a log scale (logits). For regression, scores are on the same scale as the outcome being predicted (e.g., dollars when predicting cost). Each graph is centered vertically such that average prediction on the train set is 0.

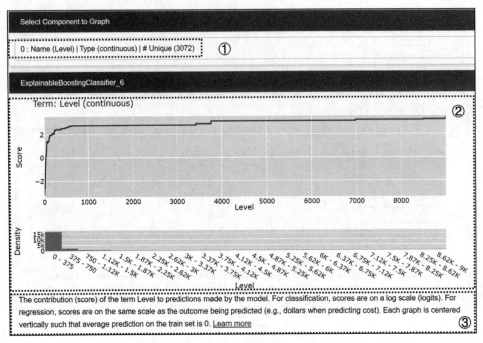

图 7-29　Level 特征的影响分析

ChatGPT 基于提示指令返回如下翻译结果：

> 术语 Level 对模型所做的预测的贡献（得分）。对于分类问题，得分是以对数刻度（logits）表示的。对于回归问题，得分与所预测的结果在同一刻度上（例如，当预测成本时，得分与美元在同一刻度上）。每个图表在垂直方向上居中，以使在训练集上的平均预测值为 0。

这次的翻译仍然存在相同的问题，无须再次详细解释。结合图形信息和翻译，我们大致了解到图 7-29 展示了 Level 字段对目标的预测贡献。在 Score 图中，横轴表示 Level 的实际值，纵轴以对数形式表示贡献分数；Density 图（密度图）展示了 Level 在不同离散区间（例如 0～375，375～750）内的频数分布，即数据分布的可视化结果。

通过 Score 图，我们大致可以观察到以下几点：

❑ 随着 Level 值的增加，它对目标的预测贡献增加。

❑ 特别值得注意的是，在 Level 值小于 1000 时，这种贡献增长最为显著。

因此，我们选取了 Level 值在 1000 以下的区域，如图 7-30 中的①，以便更加关注这个范围内的情况。此外，我们还注意到以下两个规律：

❑ 当 Level 值小于 400 时，贡献增长尤为显著。

❑ 根据纵轴上的 Score 值，我们可以看出，当 Level 值接近 31.5 时，贡献可以分为正向和负向两种情况：当 Level 小于 31.5 时，贡献为负；而大于 31.5 时，贡献为正。

经过上述分析，我们得出以下结论：

❑ Level 对目标 PaymentStatus 的影响最为显著且直接。

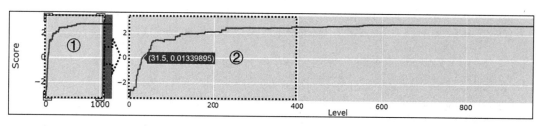

图 7-30　Level 关键影响区间分析

❑ 随着 Level 值的增加，对 PaymentStatus 的贡献也逐渐增加。

❑ 特别需要注意的是，当 Level 值小于 1000（具体而言，小于 400）时，Level 对 PaymentStatus 的贡献增长速度最快。

❑ 当 Level 值大于 31.5 时，达到了对 PaymentStatus 贡献的临界点。

因此，基于对已有数据样本和特征的分析，为提高 PaymentStatus，我们提出以下运营策略建议：

❑ 焦点应立即放在提高用户的游戏等级上，确保 Level 值超过 31.5。

❑ 投入更多运营资源，以提高用户游戏等级，特别是那些游戏等级低于 400 的用户。

对于其他特征和交叉特征的分析方法，你可以参考本节的思路，并借助 InterpretML 提供的交互图形进行更深入的分析，以了解它们对目标的影响。这些建议将有助于满足数据分析师、业务分析师、市场研究人员等数据领域工作者的需求。

7.7.3　AI 解析分类模型指标：掌握分类模型效果评估基准

在评估模型效果时，模型指标是唯一的标准和衡量尺度，因此，理解模型指标的含义和用途至关重要。以下是关于分类指标的示例，展示如何通过与 AI 的互动来理解这些信息。

> [ChatGPT]　7/10/1　常用的分类算法评估指标有哪些，请用通俗易懂的语言简要介绍各个指标的含义以及适用场景。

在提示指令中，我们明确指定了指标类型为分类算法评估指标。在输出语言风格方面，我们期望 AI 以通俗易懂的语言表达，以便更容易理解。除了解释指标含义外，我们还需要 AI 介绍这些指标应该在哪些情景下使用。

ChatGPT 基于提示指令提供了以下信息：

> 分类算法的评估指标有很多，但以下是一些常见的指标，我会用通俗易懂的语言来介绍它们的含义和适用场景。
> 1）准确率（Accuracy）：
> ❑ 含义：准确率是模型正确预测的样本数与总样本数之比，用来衡量模型在所有类别上的整体表现。
> ❑ 适用场景：适用于各类别样本数量大致相等的情况，但对于不平衡数据集可能不够准确。
> 2）精确率（Precision）：
> ❑ 含义：精确率是指模型预测为正类别的样本中，有多少是真正的正类别样本。即真正例 /（真正例 + 假正例）。
> ❑ 适用场景：关注减少假正例的情况，比如垃圾邮件检测。
> 3）召回率（Recall）：

❑ 含义：召回率是指所有真正的正类别样本中，模型成功预测出多少。即真正例 /（真正例 + 假负例）。
❑ 适用场景：关注减少假负例的情况，比如癌症检测。
4）F1 分数（F1-Score）：
❑ 含义：F1 分数是精确率和召回率的调和平均数，用来平衡精确率和召回率。
❑ 适用场景：需要同时考虑准确率和召回率的情况，特别是在不平衡数据集中。
5）ROC 曲线和 AUC 值（ROC Curve and AUC）：
❑ 含义：ROC 曲线是绘制真正例率（召回率）与假正例率之间的关系图，AUC 是 ROC 曲线下的面积，用于度量模型在不同阈值下的性能。
❑ 适用场景：用于比较不同模型的性能，特别是在处理不平衡数据或需要调整分类阈值时。
6）混淆矩阵（Confusion Matrix）：
❑ 含义：混淆矩阵展示了模型的真正例、假正例、真负例和假负例的数量。
❑ 适用场景：帮助更详细地理解模型的性能，特别是对于不同类别之间的错判情况。
7）特定类别的精确率和召回率：
❑ 含义：除了整体指标外，还可以计算每个类别的精确率和召回率，以了解模型在各个类别上的表现。
❑ 适用场景：在多类别问题中，有助于识别哪些类别受到模型的影响。

ChatGPT 的解释信息总体上相当客观，以下是一些重要信息点：

❑ 如果你关注整体的准确性，可以选择使用"准确率"，但请注意，对于样本不均衡的数据，它可能不适用。

❑ "精确率"和"召回率"非常相似，不同之处在于它们的分母计算方式。简单来说，如果你想要尽可能涵盖所有目标，可以重点关注"召回率"，而如果你更关注准确的结果，可以选择"精确率"。但请注意，优化召回率可能会导致更多误报，而优化精确率可能会错过一些真正的情况。例如，在实际业务中，如果你创建了一个黄牛识别模型，你可能会希望捕获尽可能多的潜在黄牛，然后由后台进行人工审核。但在有限的广告预算下，你可能更注重准确性，因此希望广告尽可能准确，即覆盖的人数越多，广告费用越低。

❑ 正因为准确率和召回率各有优缺点，所以有了综合信息的 F1 分数。如果你希望同时兼顾"准确性"和"覆盖率"，那么 F1 分数是一个不错的选择。

❑ ROC AUC 适用于样本不均衡以及需要根据阈值调整标签判断的场景。例如，7.6.6 节提到了以 0.5 作为阈值，将大于 0.5 的标签预测为正例。然而，有些情况下，你可能需要调整这个阈值，比如将其设为 0.7。举例来说，如果某个样本的预测概率分别为 0.4 和 0.6，按照 0.5 的基准，该样本将被预测为正例；但如果将阈值设为 0.7，那么该样本将被预测为负例。

7.7.4 AI 解析回归模型指标：掌握回归模型效果评估基准

按照分类模型相似的思路，我们将通过与 AI 的深入互动来学习和理解回归算法的评估指标。

[ChatGPT] 7/10/2　常用的回归算法评估指标有哪些，请用通俗易懂的语言简要介绍各个指标的含义以及适用场景。

基于提示指令，ChatGPT 给出如下回归指标解释：

回归算法的评估指标有很多，以下是一些常见的指标，我会用通俗易懂的语言来介绍它们的含义和适用场景。

1）均方误差（Mean Squared Error, MSE）：

❑ 含义：均方误差是预测值与实际值之间差值的平方的平均值，用来度量预测误差的平方大小。

❑ 适用场景：适用于大多数回归问题，对异常值敏感，常用于连续数值的预测。

2）均方根误差（Root Mean Squared Error, RMSE）：

❑ 含义：均方根误差是均方误差的平方根，它给出了与实际值的误差的平均大小。

❑ 适用场景：与 MSE 类似，但更容易解释，通常用于与目标变量在相同单位的问题中。

3）平均绝对误差（Mean Absolute Error, MAE）：

❑ 含义：平均绝对误差是预测值与实际值之间差值的绝对值的平均值，用来度量平均误差的大小。

❑ 适用场景：同样适用于大多数回归问题，对异常值不太敏感，更容易解释。

4）决定系数（Coefficient of Determination, R-squared）：

❑ 含义：决定系数度量了模型解释实际变化的比例，取值范围在 0 到 1 之间，越接近 1 表示模型拟合得越好。

❑ 适用场景：用于了解模型对数据的拟合程度，高 R-squared 表示模型较好地解释了变化。

5）平均百分比误差（Mean Absolute Percentage Error, MAPE）：

❑ 含义：平均百分比误差是预测误差的百分比平均值，用来度量误差相对于实际值的大小。

❑ 适用场景：适用于百分比误差更具意义的问题，如销售预测。

6）相关系数（Correlation Coefficient, r 或 ρ）：

❑ 含义：相关系数度量了两个变量之间的线性关系强度和方向，取值范围在 -1 到 1 之间，正值表示正相关，负值表示负相关。

❑ 适用场景：用于了解两个变量之间的关联程度，不局限于回归问题。

7）拟合优度（Goodness of Fit）：

❑ 含义：拟合优度指标包括调整的 R-squared、AIC（赤池信息准则）、BIC（贝叶斯信息准则）等，用来衡量模型拟合数据的程度。

❑ 适用场景：用于比较不同模型的拟合程度和复杂性。

相对于分类算法，回归算法更容易理解。综上，常用的指标可以分为两类：

❑ 误差类指标，包括均方误差、均方根误差、平均绝对误差、平均百分比误差。在处理异常值后，这些指标的结果基本一致。

❑ 决定系数，这个指标用于解释特征对目标变化的影响程度。

这两类指标无论选择哪一种，在最终的回归模型影响上差别不大，主要区别在于它们的可解释性和评估维度。

7.8 常见问题

7.8.1 有哪些标准的数据挖掘工作流程

数据挖掘和机器学习是复杂的过程，目前业界存在通用且广泛应用的工作流程和框架。对于数据分析师而言，在客观条件允许的情况下，遵循这些工作流程可以带来多方面的好处。

❑ 结构化方法：流程将项目分为不同阶段和任务，有助于整个过程的组织和管理。

❑ 最佳实践：流程包括最佳实践，有助于降低错误，提高模型质量。

❑ 协作和沟通：流程强调跨团队协作和沟通，更利于团队成员之间的有效合作。

❑ 文档和可追溯性：有助于提高项目的可追溯性和复现性。

❑ 问题导向：流程始于问题定义和业务理解，确保项目与业务目标一致。

以下是一些常见的数据挖掘工作流程和框架。

❏ CRISP-DM（Cross-Industry Standard Process for Data Mining，跨行业数据挖掘标准流程）：CRISP-DM 是广泛应用的数据挖掘工作流程框架。它分为六个阶段：业务理解、数据理解、数据准备、建模、评估和部署。每个阶段包括一系列任务，可以根据项目需求进行定制。

❏ SEMMA（Sample、Explore、Modify、Model、Assess，采样、探索、修改、建模、评估）：SEMMA 是 SAS 公司提出的另一种常见的数据挖掘工作流程框架。它包括五个核心环节：数据取样、数据探索、数据调整、模式化和评价与评估。

❏ TDSP（Team Data Science Process，团队数据科学流程）：TDSP 是微软提出的数据科学工作流程框架，旨在支持跨职能数据团队的协作。它包括一系列阶段：了解业务、数据采集和理解、建模和部署。

其中，最著名的是 CRISP-DM，它不仅广泛应用于数据挖掘领域，还是 IBM SPSS Modeler 的标准工作流程。

尽管这些工作流程提供了通用的指导方针，但在实际项目中，根据具体的业务需求和数据情况，可能需要进行自定义和调整。此外，灵活性也是关键因素，因为不同项目可能需要在不同阶段投入不同的时间和资源。

7.8.2 AIGC 是否能够协助不具备编程经验的个体成功完成整个数据分析与挖掘过程

AIGC 技术具备协助不懂编程的个体更加高效、迅速地完成整个数据分析与挖掘过程的能力。它在编写、调试和解释代码等方面提供了极大的支持。然而，需要明确的是，AIGC 的核心价值在于辅助数据分析师的工作，而非取代其工作，因此数据分析师仍然需要具备审查结果、确认输出正确性的能力。此外，代码本身也需要经过审查。

此外，由于各种原因，AI 生成的代码可能会出现问题，这些问题可能源于用户的计算机环境、执行编辑器、第三方库的更新与冲突，甚至用户在复制粘贴时格式错误等。调试代码需要数据分析师了解代码的基本逻辑和编写方式，并能够进行简单的编程，以使 AI 能够进行代码纠错甚至重写的工作。在这一过程中，数据分析师的专业知识和判断力仍然起着关键作用。

综合而言，AIGC 技术的出现降低了编程门槛，但并非将其完全消除。熟悉基本的 Python 代码规则和逻辑是充分利用 AIGC 的基础前提。在实际的数据分析工作中，数据分析师的知识和经验仍然不可或缺。也就是说，AIGC 与数据分析师的协同工作能够实现更高效和准确的数据挖掘和分析过程。

7.8.3 为何没有一种算法能够在所有情境下都表现最佳

之所以没有一种算法能够在所有情境下都表现最佳，是因为不同的问题和数据情境通常需要不同的方法和策略来获得最佳解决方案。每个算法都具有独特的优势、限制以及适用范围。例如，随机森林具有可并行处理、防止过拟合、稳定性等优势，但在准确性方面可能并非最佳选择。再如，神经网络在处理大规模图像和自然语言处理任务时表现卓越，但在小型数据集上可能过于复杂，容易出现过拟合问题。

因此，选择合适的算法通常取决于多种因素，包括业务需求、数据特征、期望输出、算法重点、时间限制、计算资源等。在实际工作中，我们通常受到时间约束，因此必须在有限的时间内找到最佳解决方案。这就需要我们根据具体问题进行深入分析，以确定最适合问题的算法和实施方案。这种判断能力是真正有价值的数据分析师和数据挖掘工程师的核心，也是不可能被人工智能替代的关键技能之一。

7.8.4　是否需要订阅付费的 OpenAI 服务才能执行 Python 智能任务

本章详细介绍了多种 Python 集成的 AI 工具和服务，其中包括购买 ChatGPT-4 的付费版，以便使用最新的 ChatGPT-4 进行对话。此外，还介绍了使用诸如 ChatGPT Code Interpreter 等插件进行高级数据分析的方法，以及开通 OpenAPI 并集成到 Pandas AI、Chapyter、Scikit-LLM、jupyter-ai 等工具中，以实现更多 Python 数据工具的集成使用。这些付费服务为用户提供了更多的功能和性能，为数据科学家和开发者提供了更多的工具和资源，以提高工作效率和质量。

然而，本章及之前的章节主要聚焦于基于免费的 ChatGPT-3.5 和 New Bing Chat 来展示各种应用场景。这两个工具都提供了免费版本或使用额度，可供用户在数据分析、自然语言处理等方面进行实验和开发。如果是普通的数据工作和对话，免费版本已经足够满足大多数需求。

如果你的工作需要特殊的功能或高频使用大型语言模型，那么付费订阅仍然具有一定的价值。付费版本通常提供更大的使用配额、更高的性能和支持，适用于专业领域和商业用途。然而，对于普通用户和小型项目，免费版本已经足够强大和实用。

因此，是否付费取决于你的具体需求和预算。无论你选择哪种版本，这些工具都提供了强大的功能，可以在数据分析、数据挖掘等领域帮助用户取得成功。

7.8.5　Code Interpreter：对 ChatGPT 数据分析的延伸还是变革

Code Interpreter 虽然被一些人认为是相对于 ChatGPT 的一次巨大的变革，但其实它只是 ChatGPT 对话式数据分析的一个延伸应用，并没有改变 ChatGPT 的核心算法和智能水平。因此，Code Interpreter 仍然受限于 ChatGPT 的能力和局限性，不能回答 ChatGPT 不能回答的问题，也会犯 ChatGPT 会犯的错误，在对话式数据分析的本质上，并没有发生真正的变革。

Code Interpreter 的优势在于它提供了一种新的、有趣的、便捷的数据分析方式，可以让用户通过和 AI 聊天的方式得到想要的结果，而不需要关心代码的细节。这对于没有编程经验或者不喜欢编程的用户来说，具有很大的吸引力。Code Interpreter 也可以让用户更快地探索数据，发现有价值的信息。

Code Interpreter 的缺点在于它还不够完善和稳定，有时会产生一些错误或不合理的输出，对某些类型的数据或问题不太熟悉，会忘记它能做的事情或者重复做同样的事情等。因此，用户在使用 Code Interpreter 时，还是需要保持一定的警惕和批判性，不能盲目地相信 AI 的输出。

另外，Code Interpreter 提供的沙箱执行环境，在很多方面都不如本地或服务器上的 Python 环境，在磁盘空间、服务器配置、数据处理效率、数据处理量级、弹性扩展等都有很大的差距。因此，Code Interpreter 只适合处理一些小规模、场景和逻辑简单的数据分析任务，而不适合处理一些大规模、复杂场景的数据分析任务。

AIGC 辅助 Python 数据分析与挖掘的实践

8.1 AIGC+Python 广告预测：基于回归模型的广告效果预测

本节将深入探讨如何基于 AIGC 与 Python 应用回归模型，精确预测广告效果。我们将从回归模型在广告效果预测中的基本概念入手，逐步深入，学习如何正确识别和追踪广告渠道、排除干扰噪声、整理数据，并借助 AI 辅助回归建模。此外，我们还将利用 AI 来模拟业务决策过程，将预测结果应用于实际企业场景中。

8.1.1 回归模型在广告效果预测中的应用概述

市场营销和广告投放是企业成功的关键因素之一，也是重要的成本部门。在竞争激烈、数据驱动的商业环境中，数据分析师需要分析一些关键问题，如广告对销售的影响或最有效的市场策略。

回归模型在解决这些问题上发挥着关键作用，它将历史数据转化为有用的数学模型，以准确预测未来广告效果。AI 技术可加速回归建模，提供高质量预测，辅助制定市场策略和决策，优化广告活动的数据支持。

完整的广告效果预测流程包括以下步骤。

- ❑ 广告渠道标记：正确识别不同广告带来的数据效果，便于区分广告渠道。
- ❑ 数据准备与异常信息处理：对数据进行基本洞察和数据清洗工作。
- ❑ 回归建模：使用 AutoML 工具（如 TPOT）实现回归建模。
- ❑ 预测新的广告费用可能产生的广告效果：基于多种广告预算方案，预测广告效果。
- ❑ 选择广告预算方案并实施：与业务方一起沟通，在面对不同的业务目标时，确定预算方案并设定广告预期。

在本节中，我们将基于 ads.csv 数据，使用 AutoML 完成本案例的核心过程。你可以在附件 ads_predict.ipynb 中找到本节的代码。

8.1.2 正确标识和追踪广告渠道

识别和追踪渠道是数据采集的第一步，也是对广告渠道效果进行识别、分析和建模的基础。通常情况下，企业都拥有自己的广告渠道跟踪系统，在全球范围内，使用最广泛的是 Google Analytics。国内也有许多工具支持与 Google Analytics 类似的广告跟踪和识别逻辑。

在识别和追踪广告渠道时，我们需要为不同的渠道打上不同的标记，以实现渠道的区分。我们可以借助 AI 来提供追踪和标记策略。以下是一些提示指令。

> [ChatGPT] 8/1/1 我们公司即将开展中秋节促销活动，现在需要使用 Google Analytics 跟踪和分析广告渠道效果。我应该如何设计 UTM 跟踪规则，以更好地跟踪、识别并分析广告渠道效果？请举 1 个示例说明如何实施 UTM 跟踪规则？

在上述提示指令中，我们介绍了任务的背景及使用的流量跟踪工具。我们的核心目标是让 AI 设计 UTM 参数跟踪规则，并在输出中列出 1 个示例，说明如何实施 UTM 跟踪规则。ChatGPT 根据提示指令返回了如下跟踪规则说明：

> 为了跟踪和分析中秋节促销活动的广告渠道效果，你可以使用 Google Analytics 中的 UTM（Urchin Tracking Module）参数，通过将这些参数添加到你的广告链接中，来标识不同的广告渠道和广告内容。这将帮助你更好地了解哪些渠道和广告策略效果最好。下面是一些 UTM 参数和规则以及如何实施它们的示例。
>
> ❏ utm_source（广告来源）：用于标识流量来自哪个渠道，例如 Google 等。
> ❏ utm_medium（广告媒介）：用于标识广告的媒介类型，例如 CPC（点击付费广告）、Banner（横幅广告）、Email（电子邮件广告）等。
> ❏ utm_campaign（广告活动名称）：用于标识广告活动的名称，例如 mid_autumn_sale（中秋节促销）。
> ❏ utm_content（广告内容）：可选参数，用于标识广告的具体内容，例如横幅广告中的不同广告版本或按钮文本。
> ❏ utm_term（关键词）：可选参数，用于标识广告关键词，通常用于搜索引擎广告。
>
> 以下是一个示例链接，展示了如何使用 UTM 参数来跟踪不同广告渠道的效果：
> https://www.example.com/landing-page?utm_source=google&utm_medium=cpc&utm_campaign=mid_autumn_sale&utm_content=ad_variant1&utm_term=mid_autumn
> 在这个示例中：
> ❏ utm_source 是 "google"，表示流量来自 Google 广告。
> ❏ utm_medium 是 "cpc"，表示媒介类型为点击付费广告。
> ❏ utm_campaign 是 "mid_autumn_sale"，表示广告活动名称为中秋节促销。
> ❏ utm_content 是 "ad_variant1"，表示广告内容为广告变体1。
> ❏ utm_term 是 "mid_autumn"，表示广告关键词为中秋节。
> 当用户点击这个链接并访问你的网站时，Google Analytics 将收集这些 UTM 参数的数据，你可以在 Google Analytics 仪表板中轻松分析不同广告渠道、媒介和内容的效果，以了解哪些广告策略最成功，从而优化你的中秋节促销活动。

ChatGPT 对 UTM 参数跟踪的规则解释得非常清晰和具体。在此，我们强调几个关键信息点：

❑ 请将 https://www.example.com/landing-page 替换为实际投放的落地页 URL。

❑ UTM 参数中的 utm_source、utm_medium、utm_campaign 是必不可少的，不能缺失。

❑ 你可以使用 Google 官方提供的在线工具（网址为 https://ga-dev-tools.google/campaign-url-builder/）来自动生成单个跟踪代码。

❑ 如果你需要生成多个跟踪代码，例如几十甚至上百个，可以使用 Excel 进行批量生成。

接下来，我们将介绍如何通过 AI 辅助完成这个 UTM 跟踪规则生成任务。

> [ChatGPT] 8/1/2 Excel 2013 版本中的 A、B、C、D 四列分别表示 url、utm_source、utm_medium、utm_campaign，如何在 E 列写一个函数，实现基于 A、B、C、D 的值，自动构建 UTM 跟踪链接，并生成跟踪 URL？

ChatGPT 根据提示提供了以下公式：

```
=CONCATENATE(A2, "?utm_source=", B2, "&utm_medium=", C2, "&utm_campaign=", D2)
```

根据这个公式我们可以看出，生成 URL 跟踪链接的规则是将 URL 与各个 UTM 参数及其对应的值拼接在一起，形成完整的 URL。然而，AI 忽略了一个重要问题，即如果原始 URL 已经包含问号（?），在 URL 中再次使用问号连接 UTM 跟踪参数会导致跟踪无法正确执行。因此，我们向 AI 提出了一个问题：如果 URL 已经包含问号，应该如何处理？

> [ChatGPT] 8/1/3 如果 URL 中已经带有 ?，上述跟踪应该如何修改？

ChatGPT 根据提示提供了以下新的解决方案：

```
=IF(ISNUMBER(FIND("?", A2)), CONCATENATE(A2, "&utm_source=", B2, "&utm_medium=",
    C2, "&utm_campaign=", D2), CONCATENATE(A2, "?utm_source=", B2, "&utm_
    medium=", C2, "&utm_campaign=", D2))
```

该公式首先使用 FIND 函数检查 URL 是否已包含问号。如果包含了问号，就在其后添加 UTM 参数，否则在 URL 末尾添加问号和 UTM 参数。这个逻辑是正确的。

> **注意** 请务必在生成 URL 后测试链接是否能够正常执行数据跟踪，或者更简单的方法是使用 Google 官方工具重新生成特殊或不确定的 URL，然后与手动或 Excel 生成的 URL 进行比对。如果结果一致，说明添加的规则是正确的。

生成了跟踪链接之后，请确保广告部门使用相应的链接，并将其用于广告投放设置。特别注意要区分不同的广告部门、广告系列、广告组，甚至关键字，以便日后进行总结和详细分析。

8.1.3　识别和排除广告效果中的噪声和异常信息

在我们已成功建立了正确的广告渠道跟踪和识别系统后，在广告推广期间会产生广告效果数据，这些数据对我们了解广告活动的效果至关重要。这些数据包括营销成本、投放设置、广告流量和转化效果等信息。

　　然而，尽管我们可以从这些数据中获得宝贵的信息，但也需要认识到数据收集过程中可能会出现一些问题，导致我们得到的数据不完全准确或受到干扰。以下是一些可能导致广告效果数据异常的情况。

❑ 广告投放补量：广告平台可能无法按照我们的预期投放广告，导致广告曝光量不足，因此广告平台可能会在后期补充投放广告，以达到我们的预期曝光量。然而，这样的补量投放可能与我们的广告策略不一致，从而导致我们收集到的数据不准确。

❑ 广告投放余量：广告平台可能无法精确控制广告的投放量，导致广告曝光量超出我们的预期。但是，这样的余量投放可能与我们的广告策略不一致，导致我们收集到的数据不准确。

❑ 广告投放缓存：广告平台可能无法及时更新广告内容或切换广告版本，导致用户看到的是过期或错误的广告内容或版本。这样的缓存投放会导致我们收集到的数据不反映本次或特定广告活动的真实效果。

❑ 错误投放：广告平台可能无法按照我们设定的广告策略或规则投放广告，导致广告出现在错误的位置、时间、频次或对象上。这样的错误投放会导致我们收集到的数据不反映我们的广告目标和预期的真实效果。

❑ 广告投放的变化：广告投放的变化是导致广告数据中噪声信息出现的关键因素。这些变化可能包括预算调整、尝试新的广告渠道、调整广告内容和受众、竞争压力、季节性因素等。这些因素的出现可能导致数据的波动和噪声，给广告活动效果的准确分析带来挑战。

❑ 网站或落地页改版：如果在广告活动期间修改了网站或落地页的设计或内容，那么用户的行为可能会发生变化，这会对广告效果数据产生影响。

❑ 促销活动变更：如果在广告活动期间更改了促销活动的条件或优惠，用户的反应和转化率可能会受到影响。

❑ 用户体验变化：用户体验的变化，如网站速度、响应时间、导航结构等，也可能会对广告效果数据产生影响。

❑ 网站服务器响应或宕机：如果网站服务器出现问题，导致用户无法访问网站，广告效果数据可能会受到严重干扰。

　　此外，广告效果数据还会受到用户行为的随机性、竞争对手以及数据采集工具本身的问题等外部因素的干扰，由于我们无法控制外部因素，因此通常会被忽略。

　　为了应对这些潜在问题，营销团队需要定期监测广告效果数据并了解其背后的情况。作为数据分析师，我们需要从多个角度进行数据对比和校验，同时加强与营销团队的沟通，以便及时获取这些异常信息。另外，建立清晰的数据记录和报告流程，以便日后再做类似活动或主题分析时，及时排除这些异常数据，并确保数据的准确性。

8.1.4　数据准备：整理广告效果数据

我们从 Google Analytics 中提取 Ads 报告数据，报告包括三列：日期（date）、成本（cost）和收入（revenue）。然后我们将这些数据导出并保存为 ads.csv 文件。接下来，我们将使用 AI 来完成数据准备工作。

> [New Bing Chat] 8/2/1　我想让你扮演数据分析师。我已经在电脑中安装了 Anaconda 以及 ydata_profiling。请你写一段 Python 代码，实现如下功能：
> 1）读取 ads.csv 并返回 df。
> 2）使用 ydata_profiling 生成探索分析报告，并输出到 Jupyter Notebook。

在上一章中，我们利用 ChatGPT 来生成探索性分析报告的代码。由于 ChatGPT 中关于 ydata_profiling 的数据尚未更新，因此我们选择使用 New Bing Chat 来完成相同的任务。提示指令描述的都是常规操作，包括指定 AI 角色、介绍计算环境、设置 AI 需要完成的任务，以及任务的细节。

New Bing Chat 基于提示指令，返回了以下 Python 代码：

```python
# 导入必要的库
import pandas as pd
import ydata_profiling
# 读取 ads.csv 并返回 df
df = pd.read_csv('ads.csv')
# 使用 ydata_profiling 生成探索分析报告，并输出到 Jupyter Notebook
report = ydata_profiling.ProfileReport(df)
report.to_notebook_iframe()
```

在 Jupyter Notebook 中执行上述代码，可以正常运行并生成探索性报告的结果。我们按照与 7.4 节相同的方法对数据进行分析。由于操作过程和方法完全相同，这里不再详细叙述整个过程，仅介绍通过该过程发现的问题以及解决方法。

通过单击"Variables"（变量），选择 cost 列，然后单击"More details"，我们发现了两个异常值：

❏ 广告费用中存在值为 0 的情况。经过与业务方的沟通确认，20220906 这一天确实停止了广告投放，但是对应却有收入记录，应该是广告余量的影响，因此，我们可以将这个记录视为异常值，并在后续处理中予以排除。

❏ 广告费用中存在一个极大值 23423.61，但 95% 分位数的值仅为 6534.542。经过与业务方的沟通，我们了解到当天的广告费用计划的确发生了突然增加，因此费用暴增是正常现象，不属于异常值，我们需要保留这个记录。

通过单击"Variables"（变量），选择 revenue 列，然后单击"More details"，我们发现了一个异常值：88487.65，远远超过 95% 分位数的值 12945.55。从数据上看，这是一个极大值异常。通过数据对比和与业务方的沟通，我们确认这个值是对应广告费用为 23423.61 时所获得的收入，因此这个值是正常的业务结果，需要保留。

由于本次回归建模只使用了 cost 来预测 revenue，因此我们只需去除 cost 为 0 的记录。

下面我们让 AI 提供 Python 实施代码。

> [New Bing Chat] 8/2/2 请在上个对话中 df 的基础上，去掉 cost 列值为 0 的记录，返回 df_clean。请给出 Python 实现代码。

本次对话交互需要继续上一次的对话，提示指令让 AI 协助我们去除 cost 为 0 的记录即可。New Bing Chat 基于提示指令提供了以下代码：

```
# 在上个对话中 df 的基础上，去掉 cost 列值为 0 的记录，返回 df_clean
df_clean = df[df['cost'] != 0]
```

接下来，我们进入回归建模阶段。

8.1.5 利用 AI+AutoML 实现广告回归建模

我们将使用 7.6 节中提到的方法，通过 AI 编写 AutoML 代码，自动完成回归建模的全过程。

> [New Bing Chat] 8/2/3 请编写 Python 代码，使用 TPOT 库，以 df_clean 的 cost 列为特征，以 df_clean 的 revenue 列为预测目标，实现回归建模，模型评估指标为 R2。请在模型训练完成后，输出交叉检验结果。

以下是关键提示和指令的总结：

❏ 明确指定使用 AutoML 库为 TPOT。

❏ 明确定义回归建模所需的特征和目标变量。

❏ 明确定义模型评估指标，我们选择 R2，因为 R2 值介于 0 和 1 之间，越接近 1 表示模型效果越好，这有助于我们清晰地评估模型效果。

❏ 明确输出结果，只需输出 R2 值。

基于提示指令，New Bing Chat 生成如下代码示例：

```
# 导入必要的库
import pandas as pd
from tpot import TPOTRegressor
from sklearn.model_selection import train_test_split
# 以 df_clean 的 cost 列为特征，以 df_clean 的 revenue 列为预测目标
X = df_clean['cost'].values.reshape(-1, 1)
y = df_clean['revenue']
# 划分训练集和测试集
X_train, X_test, y_train, y_test = train_test_split(X, y, test_size=0.2, random_
    state=42)
# 使用 TPOT 库，实现回归建模，模型评估指标为 R2
tpot = TPOTRegressor(generations=5, population_size=20, verbosity=2,
    scoring='r2')
tpot.fit(X_train, y_train)
# 输出交叉检验结果
print('The best R2 score achieved by TPOT is:', tpot.score(X_test, y_test))
```

在 7.6.5 节中，我们已经介绍了 AutoML 的调优，包括 TPOT 参数设置的部分。因此，

在此不再详细介绍。在 Jupyter Notebook 中执行上述代码后，你将获得模型的 R2 评分。

```
The best R2 score achieved by TPOT is: 0.7289549240565165
```

我们可以进一步咨询 AI，以获取其对此结果的评价。

[New Bing Chat] 8/2/4　作为一个数据分析师，通过回归模型建模后做交叉检验，得到了 R2 的值为 0.7289549240565165。如何评价这个结果？

根据提示，AI 会从数据分析师的角度来评价结果。然后，我们需要输出任务目标，即基于 R2 评价回归模型效果。

基于提示指令，New Bing Chat 生成如下评价：

R2 是一个衡量回归模型拟合优度的指标，它反映了模型能够解释因变量变异的比例。R2 的值在 0 到 1 之间，越接近 1 表示模型拟合得越好，越接近 0 表示模型拟合得越差。

你的 R2 值为 0.7289549240565165，这意味着你的回归模型能够解释因变量 72.90% 的变异，这是一个相对较高的值，说明你的模型有较强的预测能力。当然，你还需要考虑其他的评估指标，如均方误差（MSE）、均方根误差（RMSE）等，以及检查残差图，以确保你的模型没有偏差和异方差等问题。

从 AI 的回复中，我们初步确定回归模型的拟合效果还不错。然而，AI 建议我们考虑结合其他指标进行进一步评估。感兴趣的读者可以让 AI 输出更多指标和图表以进行深入分析，或者尝试让 AI 使用其他指标，例如 MSE（均方误差）等进行评估。

8.1.6　基于不同广告预算预估广告效果

在实际的广告决策过程中，企业通常会考虑在不同的广告预算下，不同广告渠道会带来怎样的效果。为了提供多重决策依据，我们可以利用已经训练好的模型来预测不同预算范围内的广告效果。

假设企业考虑设置每日广告预算，包括 1000、2000、4000 和 8000 四个不同的预算档位。我们可以直接向 AI 提问，如何将这些数字输入以获得相应的预测结果。

[New Bing Chat] 8/2/5　基于上述训练后的 TPOT 回归模型，当 cost 变量的值分别为 1000、2000、4000、8000 时，如何得到预测 revenue 结果？请提供 Python 代码。

这个提示指令明确要求在之前的会话中继续进行操作。指令要求明确使用之前训练的 TPOT 模型，并传递相应的输入信息，以便 AI 能够预测目标结果并生成相应的 Python 代码。

New Bing Chat 基于提示指令提供了如下 Python 代码：

```
# 基于上述训练后的 TPOT 回归模型，当 cost 变量的值分别为 1000、2000、4000、8000 时，得到预测
  revenue 结果
X_new = [[1000], [2000], [4000], [8000]] # 创建一个包含 cost 变量的新数据集
y_pred = tpot.predict(X_new) # 使用 TPOT 回归模型进行预测
print(y_pred) # 输出预测结果
```

我们在 Jupyter Notebook 中执行上述代码，得到如下结果：

```
[ 1996.48519426    3992.96991164    7985.9393464    15971.87821591]
```

上述结果分别是四个不同的广告预算输入相对应的预期收入。

8.1.7 AI 以营销经理的身份提供广告预算建议

当我们根据不同的广告预算预测相应的收入预期后，接下来如何做出决策呢？我们试图让 AI 以营销经理的角色为我们提供决策建议：

> [New Bing Chat] 8/3/1 我想让你扮演一个营销经理。数据分析师通过回归模型，预测出你的广告预算在 1000、2000、4000、8000 时，得到的收入预期是 1996.48519426、3992.96991164、7985.9393464、15971.87821591。面对这些数据支撑，你会使用哪种广告预算方案？

上述提示指令的一个关键要素是我们将 AI 定义为一名营销经理，即业务角色。我们的目标是让 AI 以营销经理的身份，基于数据来提供决策建议。在提示中，我们直接将不同预算对应的不同预测效果提供给 AI，以便让它根据数据决定采用何种方案。

AI 根据提示提供了以下决策方案：

> 我很高兴你让我扮演一个营销经理。根据数据分析师提供的回归模型，我可以看到广告预算和收入预期之间存在一个线性关系。也就是说，广告预算越高，收入预期越高。但是，这并不意味着我应该选择最高的广告预算方案。我还需要考虑其他因素，比如广告效果、市场竞争、成本效益等。
> 如果我选择 1000 的广告预算方案，我可以得到 1996.48519426 的收入预期。这意味着我的投资回报率（ROI）是 99.65%。这看起来很不错，但是我可能会错过一些潜在的客户，因为我的广告覆盖面不够广。
> 如果我选择 2000 的广告预算方案，我可以得到 3992.96991164 的收入预期。这意味着我的 ROI 是 99.65%，和上一个方案一样。这说明我的广告效果没有提高，只是增加了投入和产出。
> 如果我选择 4000 的广告预算方案，我可以得到 7985.9393464 的收入预期。这意味着我的 ROI 是 99.65%，还是没有变化。这可能是因为我的广告已经达到了饱和点，再增加广告预算也无法吸引更多的客户。
> 如果我选择 8000 的广告预算方案，我可以得到 15971.87821591 的收入预期。这意味着我的 ROI 是 99.65%，仍然没有变化。这可能是因为我的广告已经超过了市场需求，再增加广告预算也无法提高收入。
> 综上所述，我认为最合适的广告预算方案是 1000，因为它可以给我带来最高的成本效益，而且不会浪费资源。当然，这只是基于回归模型的推断，我还需要考虑其他因素，比如市场环境、竞争对手、客户反馈等，才能做出最终的决策。谢谢你让我分享我的想法。☺

在 AI 的决策方案中，一个核心思路是使用 ROI 来评估不同预算方案的效果。然而，在 AI 的回答中，并未提供 ROI 的具体定义，因此我们需要继续询问有关 ROI 计算逻辑的信息。

> [New Bing Chat] 8/3/2 你的回答中，ROI 是如何计算的？

根据提示，AI 提供了以下解释：

> ROI 是投资回报率的英文缩写，它是一种衡量投资收益和成本的比率。ROI 的计算方法有多种，但最常用的一种用净收益除以投资成本，然后乘以 100%，得到一个百分数。例如，一个投资的收益是 1000 元，而投资成本是 500 元，那么 ROI 就是 (1000-500)/500*100%=100%。这意味着这个投资的收益是成本的两倍。
> 另一种计算 ROI 的方法是用投资的最终价值减去初始价值，然后除以投资成本，再乘以 100%。例如，一个股票的初始价值是 10 元，而最终价值是 15 元，那么 ROI 就是 (15-10)/10*100%=50%。这意味着这个股票的价值上涨了 50%。

通过这两次与 AI 的互动信息，我们初步了解了 AI 计算 ROI 的两种逻辑：

- ❑ 第一种是净收益法，即利润除以成本，计算公式为：（收入－成本）/ 成本。例如，对于广告预算为 1000 元，收入预期为 1996.48519426 的情况，ROI =（1996.48519426 － 1000）/ 1000 = 0.9965，即 99.65%。
- ❑ 第二种是收益法，即使用收入除以成本，计算公式为：收入 / 成本。示例中提到的 "如果一个股票的初始价值是 10 元，而最终价值是 15 元，那么 ROI 就是 (15 － 10)/10*100% = 50%" 是错误的，因为 AI 仍然使用了第一种净收益法来计算。正确的计算公式应该是 15/10 = 1.5，即 150%。

8.1.8　通过人工反馈纠正 AI 的错误决策

我们已经了解了 AI 在广告投放决策方面的逻辑。然而，在 AI 的首次回复中，它的建议是："综上所述，我认为最合适的广告预算方案是 1000，因为它可以带来最高的成本效益，而且不会浪费资源。" 这个观点存在问题，因为我们可以从手动分析以及 AI 的详细解释中发现，当广告预算为 1000、2000、4000、8000 时，广告带来的 ROI 是恒定的，均为 99.65%。AI 的结论中提到 1000 元时带来最高的成本效益（基于 ROI），该观点是不成立的，因为各个预算区间内的 ROI 是相同的。

因此，我们继续与 AI 沟通，并将我们的观点反馈给它：

> [New Bing Chat] 8/3/3　感谢你的建议和解释。但是通过你初次的回答信息以及我自己的计算确认，我发现当广告预算在 1000、2000、4000、8000 时，对应的 ROI（使用净收益法）都是 99.65%，也就是说 ROI 是固定的。因此，广告预算为 1000 时的成本效益并不是最高的。所以，如果你作为一个营销经理，你如何决策使用哪种广告预算方案？

在上述提示指令中，我们首先肯定了 AI 的回复，然后解释了我们自己关注的信息和内容，以及 AI 判断逻辑的问题，最后重新描述并明确了最初需要 AI 解决的问题。

AI 基于提示提供了新的实施建议：

> 你好，我很高兴你对我的回答感兴趣。我想你是想知道，如果 ROI 是固定的，那么如何选择最优的广告预算方案。这是一个很好的问题，但是我不能给你一个确定的答案，因为这取决于你的目标和策略。
>
> 如果你的目标是最大化收入，那么你应该选择最高的广告预算方案，即 8000。这样，你可以得到最高的收入预期，即 15971.87821591。这可能会带来更多的利润和市场份额，但也会增加你的风险和成本。
>
> 如果你的目标是最小化成本，那么你应该选择最低的广告预算方案，即 1000。这样，你可以节省资源，而且不会损失太多的收入预期，即 1996.48519426。这可能会保护你的利润率和现金流，但也会限制你的增长和竞争力。
>
> 如果你的目标是平衡收入和成本，那么你应该选择中间的广告预算方案，即 2000 或 4000。这样，你可以在收入预期和成本之间找到一个折中点，分别是 3992.96991164 和 7985.9393464。这可能会让你在市场上保持稳定和适应性，但也会让你错过一些机会和创新。
>
> 总之，没有一个绝对正确的广告预算方案，只有适合你的方案。你需要根据你的目标、策略、环境等因素来做出决策，并且不断地评估和调整你的方案。我希望这能帮助你理解我的想法。☺

在这次回答中，AI 结合了不同情景，分别为我们提供了建议。尽管 ROI 相同，但当你的营销目标不同时，相应的决策结果也应该不同。AI 从最大化收入、最小化成本以及平衡收入和成本三个角度提供了不同的建议，并介绍了在不同预算方案下的优势和劣势。这些建议相对合理且可操作，是结合了实际业务场景的有效建议。

8.1.9 案例小结

尽管这个案例在实施上似乎很简单，但包含了一个完整的流程。广告效果预测的整个过程可以分为以下关键步骤：广告标记、数据准备和处理、回归建模、结果预测以及基于预测结果的逻辑应用。

在前面的章节中，我们已经详细介绍了回归算法建模的部分，因此这里只会简要提及。最核心的部分是有关 AI 提供广告策略的环节，其中包括广告渠道标记策略、排除异常信息的策略以及基于预测结果的实施策略。

然而，在整个过程中，我们发现即使使用了业界最强大的 GPT-4（基于 New Bing Chat）模型，也会出现一些初级错误。正确的提示指令对于帮助 AI 改正错误至关重要。虽然 New Bing Chat 非常强大，但仍需要我们的智慧和指导来确保最终的广告效果达到预期目标。也就是说，在使用 AI 时，我们需要结合自身的经验来引导和纠正 AI 的行为。AI 目前的定位仍然是一个辅助角色，而非主导角色，真正的主导者永远是人类智慧。因此，在这个流程中，人工智能和人类智慧的结合才能够取得最佳的结果。

8.2 AIGC+Python 商品分析：基于多维指标的波士顿矩阵分析

随着企业的商品种类不断增多，商品分析变得日益重要。波士顿矩阵是商品分析的重要方法。本案例将对波士顿矩阵进行扩展，将传统的二维指标扩展到更多维度，并对数据进行加权处理，以获得综合的二维指标，从而完成波士顿矩阵分析。

8.2.1 利用波士顿矩阵进行商品分析概述

波士顿矩阵分析一直是业务战略的重要工具，用于评估产品或商品。然而，传统方法通常仅考虑市场份额和市场增长率这两个维度，而忽略了其他关键因素，如增长规模和利润规模的演变。这限制了对市场多样性和复杂性的全面理解。

为了更好地支持业务决策，我们需要采用多维度指标，将更多价值要素纳入波士顿矩阵分析，以便更全面地了解不同产品在市场上的表现，发现潜在机会和问题。举例来说，某些产品可能在销售额方面表现出色，但利润率较低，这可能需要成本优化。

这种分析方法有助于更好地了解产品在市场中的相对位置，优化产品组合，制定更有效的市场策略，以满足不断变化的市场需求。同时，它还可以帮助我们更好地预测市场趋势，发现新的增长机会，从而在竞争激烈的商业环境中保持竞争优势。

为完成这一过程，我们需要以下步骤：

❏ 准备多维数据，以更全面的指标评估商品价值。

❑ 进行数据归一化处理，以便不同指标之间具有可比性，这是指标间汇总计算的基础。

❑ 设计和应用权重，制定指标的权重策略，然后对指标进行加权汇总计算。

❑ 基于加权后的二维数据，得到新的综合指标，并完成波士顿矩阵分析。

在本节中，我们将使用本章配套资源提供的数据，你可以在 sku_analysis.ipynb 文件中找到本节的代码。

8.2.2　波士顿矩阵分析的四维指标

传统的波士顿矩阵只包括市场份额和市场增长率两个维度，对于企业内部的商品分析来说，这对应商品销售的现实价值和未来价值两个角度的指标。

在选择指标时，有效的衡量需要同时考虑量（规模）和率（效率）两个方向的因素。因此，我们选择了四个指标来更细致地衡量商品价值和定位。

❑ 销售额：衡量商品销售规模的指标。公式为：订单数量 × 商品单价。

❑ 利润额（或利润率）：衡量商品盈利性的指标。

❑ 增长量：衡量商品增长规模的指标。公式为：区间内的商品销量 – 上一期的商品销量。

❑ 增长率：衡量增长效率的指标。公式为：增长量 / 上一期的商品销售量。

这四个指标中，销售额和利润额反映了当前商品的市场规模和盈利状况，属于当前商品的价值贡献；而增长量和增长率则衡量了商品对企业未来的潜在贡献价值。基于这四个指标，我们可以更客观地评估商品的价值和定位，而不仅仅依赖规模和增长率两个指标。

例如，假设产品 A 和产品 B 的增长率都是 10%：在传统波士顿矩阵体系中，在市场规模相同的情况下，我们可能认为这两个产品同等重要。但如果我们了解到产品 A 和 B 的增长量分别是 10 和 100，那么这两个产品的价值就有了区别。如果再考虑到它们的利润率，那么产品 A 和 B 的价值将更容易区分。

因此，在本节的案例中，我们将使用商品销售额、利润率、增长量和增长率这四个指标来完成后续的分析。

8.2.3　商品数据准备与归一化处理

我们从企业销售数据库中提取数据，并将其保存在 sku.csv 文件中，包括字段：category1（一级分类）、category2（二级分类）、sku（商品 ID）、revenue（商品收入）、profit_margin（利润率）、growth_amount（增长量）、growth_rate（增长率）。这些指标都是按月统计并计算得到的，然后基于统计周期内的月份计算均值。下面，我们将使用 AI 来完成数据准备工作。

[ChatGPT]　8/4/1　我想让你扮演数据分析师。我已经在电脑中安装了 Anaconda 环境。请你编写 Python 代码实现如下功能：

1）读取 sku.csv 文件，返回 df。

2）使用 sklearn 库，对 df 的 revenue、profit_margin、growth_amount、growth_rate 做 Max-Min 归一化处理，归一化后的值的分布区间是 [0.1, 1]。
请给出实现上述功能的 Python 代码。

上述提示指令中，除了设置 AI 角色和介绍 Python 环境外，主要关注数据预处理步骤的描述。在进行归一化处理时，我们指定使用 Max-Min 归一化，并将归一化后的区间设置为 [0.1, 1]。这不同于默认的 [0, 1] 区间，原因是我们计划进行数据报表可视化，避免数据集中在坐标轴的起点，与坐标轴混淆。此外，如果最小值为 0，后续的权重计算将不起作用。

我们之所以要进行归一化处理，是因为不同指标的数据分布范围差异很大。因此，如果直接对原始数据进行加权汇总，将导致加权后的结果受到数据分布范围最大的指标的影响。在本案例中，revenue 的数据范围最广，因此该指标将对结果产生决定性影响。

ChatGPT 基于提示指令，返回如下 Python 代码：

```
import pandas as pd
from sklearn.preprocessing import MinMaxScaler
# 1）读取 sku.csv 文件，返回 df
df = pd.read_csv('sku.csv')
# 2）使用 sklearn 库，对 df 的 revenue、profit_margin、growth_amount、growth_rate 做
    Max-Min 归一化处理
columns_to_normalize = ['revenue', 'profit_margin', 'growth_amount', 'growth_
    rate']
scaler = MinMaxScaler(feature_range=(0.1, 1))
df[columns_to_normalize] = scaler.fit_transform(df[columns_to_normalize])
# 打印归一化后的 df
print(df)
```

我们在 Jupyter Notebook 中执行上述代码，输出结果如图 8-1 所示，可以看到所有的指标列都被归一化到目标数据区间内。

	category1	category2	sku	revenue	profit_margin	growth_amount	growth_rate
0	手机、摄影、数码	摄照配件	10675	0.111195	0.106172	0.762938	0.748837
1	电脑、办公打印、文仪	电脑选件	10202	0.113481	0.109863	0.486745	0.706977
2	电脑、办公打印、文仪	办公文仪	10064	0.171594	0.163897	0.487505	0.706977
3	电脑、办公打印、文仪	办公文仪	10065	0.206341	0.196119	0.487505	0.706977
4	手机、摄影、数码	时尚数码	10776	0.130598	0.117583	1.000000	0.822093
...	...	...	...	...	...	...	...
1284	电脑、办公打印、文仪	办公文仪	10069	0.105438	0.104988	0.559308	0.905814
1285	烟灶、小家电、卫浴	卫浴电器	11276	0.140758	0.132413	0.512579	0.780233
1286	电视、冰箱、洗衣机、空调	空调	10328	0.269583	0.263577	0.486745	0.706977
1287	电视、冰箱、洗衣机、空调	空调	10361	0.366651	0.384710	0.486745	0.706977
1288	手机、摄影、数码	时尚数码	10764	0.100561	0.100526	0.524356	0.811628

图 8-1　商品指标归一化结果

8.2.4　商品指标加权策略设计

在这一步骤中，我们需要为销售额、利润率、增长量、增长率分别设计加权策略，并将它们加权汇总为两个新的指标。首先，我们需要确定权重分配策略，即如何给这四个指标分配权重。我们可以向 AI 咨询有关权重分配的建议。

> [ChatGPT]　8/4/2　我想将 revenue 和 profit_margin 加权求和得到 value，将 growth_amount 和 growth_rate 加权求和得到 growth，以便后面做波士顿矩阵分析。
>
> 我希望 revenue 和 profit_margin 的权重之和为 1，growth_amount 和 growth_rate 的权重之和也为 1。你将如何根据实际业务场景，设计合理的指标权重？

在提示指令中，我们强调了以下关键信息：

❑ 分别介绍了两组需要加权求和的字段名，以及计算得到的新字段名。

❑ 指定了两组指标的权重之和为 1，以确保最后得到的 value 和 growth 的数据分布范围均衡。

❑ 增加了任务目标的描述，以便 AI 清楚我们的任务目的，即实现该任务后的具体应用场景。

❑ 要求 AI 考虑实际业务场景，为我们提供权重建议，这考验了 AI 如何理解和处理业务问题。

ChatGPT 基于提示指令提供了以下权重分配建议：

> 在根据实际业务场景设计指标权重时，你需要考虑业务目标和指标的重要性。权重的分配应该反映出这些因素，以确保波士顿矩阵分析能够准确地反映出你的业务需求。以下是一种可能的权重分配策略，但实际权重应根据具体情况进行调整。
>
> revenue（收入）和 profit_margin（利润率）：假设你的业务主要关注盈利能力，你可能会分配更高的权重给 profit_margin，以便更强调盈利性。例如，你可以将 profit_margin 的权重分配为 0.7，revenue 的权重分配为 0.3，以确保它们之和为 1。这表明利润率对你更重要。
>
> growth_amount（增长量）和 growth_rate（增长率）：如果你的业务主要关注增长，你可以为这两个指标分配相对较高的权重。例如，将 growth_amount 的权重分配为 0.4，growth_rate 的权重分配为 0.6，以确保它们之和为 1。这表明增长率对你更重要。
>
> 请注意，上述权重分配仅供参考，实际权重应根据你的业务战略和目标来确定。你可以与业务领导团队或利益相关者讨论，确定最合适的权重分配，以便更好地反映你的业务需求。一旦确定了权重分配，你可以使用这些权重将指标加权求和，得到 value 和 growth，然后进行波士顿矩阵分析。

AI 建议我们在加权计算中赋予利润率和增长率更高的权重，原因是它假设我们更关注盈利能力以及增长情况。AI 还强调了与业务战略和目标的综合确认的重要性，并建议与相关业务团队进行沟通和讨论，以确保权重分配策略符合实际需求。

8.2.5　商品指标加权代码设计

为了实施本项目，我们可以先采纳 AI 的建议（在实施过程中，你可以根据企业的实际目标进行灵活调整），让 AI 直接提供 Python 操作代码。

> [ChatGPT]　8/4/3　谢谢。请基于你的权重设计策略，基于上述 df，编写 Python 代码实现上述功能，并输出数据的前 3 条。

在提示指令中，我们继续使用之前对话中的数据对象 df，以便 AI 能够直接生成 Python 代码。ChatGPT 的输出如下所示：

```
# 设计权重
```

```
revenue_weight = 0.3
profit_margin_weight = 0.7
growth_amount_weight = 0.4
growth_rate_weight = 0.6
# 计算 value 和 growth
df['value'] = (df['revenue'] * revenue_weight + df['profit_margin'] * profit_
    margin_weight)
df['growth'] = (df['growth_amount'] * growth_amount_weight + df['growth_rate']
    * growth_rate_weight)
# 使用 MinMaxScaler 对 value 和 growth 做 Max-Min 归一化处理
scaler = MinMaxScaler(feature_range=(0.1, 1))
df[['value', 'growth']] = scaler.fit_transform(df[['value', 'growth']])
# 输出前 3 条数据
print(df.head(3))
```

在 Jupyter Notebook 中执行此代码，输出如图 8-2 所示。从结果中可以看到，我们新增了 value 和 growth 两列新的数值：

	category1	category2	sku	revenue	profit_margin	growth_amount	growth_rate	value	growth
0	手机、摄影、数码	摄影配件	10675	0.111195	0.106172	0.762938	0.748837	0.107679	0.754477
1	电脑、办公打印、文仪	电脑选件	10202	0.113481	0.109863	0.486745	0.706977	0.110948	0.618884
2	电脑、办公打印、文仪	办公文仪	10064	0.171594	0.163897	0.487505	0.706977	0.166206	0.619188

图 8-2　加权汇总得到的新指标结果

8.2.6　基于品类的权重汇总计算

由于我们将进行波士顿矩阵分析，而原始的 SKU 数量较多，无法在单一图形中展示出来，因此，我们选择按照商品的一级和二级类别进行汇总，以便后续更方便地展示图形数据。以下是让 AI 协助我们实现这一过程的提示指令：

> [ChatGPT] 8/4/4　请基于上述加权汇总得到的 df 对象，分别针对 category1 和 category2 做分类汇总，对 value 和 growth 求均值，分别得到 category1_summary 和 category2_summary，最后分别输出 category1_summary 和 category2_summary 的前 3 条数据。请提供实现上述功能的 Python 代码。

在上述提示指令中，我们继续在相同的会话中要求 AI 分别针对商品的一级和二级类别，对上一步的加权指标求均值，并输出结果示例。ChatGPT 根据提示指令，提供如下 Python 代码：

```
# 分别对 category1 和 category2 进行分类汇总，并计算 value 和 growth 的均值
category1_summary = df.groupby('category1').agg({'value': 'mean', 'growth':
    'mean'}).reset_index()
category2_summary = df.groupby('category2').agg({'value': 'mean', 'growth':
    'mean'}).reset_index()
# 输出 category1_summary 和 category2_summary 的前 3 条数据
print("Category 1 Summary (Top 3):")
print(category1_summary.head(3))
print("\nCategory 2 Summary (Top 3):")
print(category2_summary.head(3))
```

我们在 Jupyter Notebook 中执行此代码，得到的结果如图 8-3 所示。左侧和右侧分别展

示了针对商品一级和二级类别的汇总计算结果。

```
Category 1 Summary（Top 3）：                    Category 2 Summary（Top 3）：
     category1       value    growth               category2      value    growth
0   家居、家纺、五金  0.111835  0.716984         0    健康畅饮     0.115215  0.678229
1   户外、体育、医疗、成人  0.115448  0.722908    1    冰箱/冷柜    0.290383  0.653664
2   手机、摄影、数码  0.178582  0.692756         2    刀剪砧板     0.123983  0.779290
```

图 8-3 针对商品一级和二级类别分类汇总结果

8.2.7 波士顿矩阵结果的图形可视化

在获得需要分析和展示的目标数据后，本步骤旨在让 AI 帮助我们创建波士顿矩阵图形。波士顿矩阵的图形本质上是一个散点图，通过添加横和竖线将图形分为四个象限，以表示波士顿矩阵的四个象限。因此，我们可以按照以下方式提供提示指令：

[ChatGPT] 8/4/5 请针对上述 category1_summary 和 category2_summary，使用 matplotlib 绘
制两幅散点图，每幅图形尺寸为 10 英寸 ×6 英寸，每幅图的具体绘制要求如下：
❏ 横轴为 value，纵轴为 growth。
❏ 在散点图中，将每个点的标签信息显示在图例中，显示为对应的字段 category1（展示 category1_
 summary 数据时）或字段 category2（展示 category2_summary 数据时）对应的值。
❏ 在散点图中，增加一条横线，横线的值为 growth 的均值，线段样式为黑色虚线。
❏ 在散点图中，增加一条竖线，竖线的值为 value 的均值，线段样式为黑色虚线。
❏ 散点图中不显示网格线。
请编写实现上述功能的 Python 代码。

在上述提示指令中，需要注意以下几点：

❏ 我们需要为 category1_summary 和 category2_summary 分别绘制散点图，以确保数据不会混在一起。

❏ 设置散点图的尺寸，考虑到可能有大量数据样本，建议选择较大的尺寸，以防止数据重叠。注意，因为 matplotlib 的图形尺寸单位是英寸，当我们为 AI 提供的图形尺寸单位是厘米时，需要 AI 自行转换为英寸。例如宽 25.4 厘米为 10 英寸，高 15.24 厘米为 6 英寸，1 英寸等于 2.54 厘米。

❏ 指定散点图的横轴和纵轴列名，以确保正确绘制图形。

❏ 添加图例标签，以便识别不同点对应的商品分类名称，但不要在散点上显示标签，以防止标签重叠。

❏ 绘制横线和竖线，表示波士顿矩阵的四个象限和分界线，确保横线与纵轴的值保持一致，以保持正确的相对位置。

❏ 不显示网格线，以保持图形整洁，避免干扰。

AI 根据提示指令分别为绘制 category1_summary 和 category2_summary 的散点图提供了如下 Python 代码。

针对 category1_summary 的图形绘制代码：

```
# 设置图形尺寸和不显示网格线
plt.figure(figsize=(10, 6))
```

```
plt.grid(False)
# 绘制 category1_summary 的散点图
for _, row in category1_summary.iterrows():
    plt.scatter(row['value'], row['growth'], label=row['category1'], marker='o',
        s=100)
# 绘制 growth 均值的横线
mean_growth = category1_summary['growth'].mean()
plt.axhline(y=mean_growth, color='black', linestyle='--', label=f'Mean Growth:
    {mean_growth:.2f}')
# 绘制 value 均值的竖线
mean_value = category1_summary['value'].mean()
plt.axvline(x=mean_value, color='black', linestyle='--', label=f'Mean Value:
    {mean_value:.2f}')
# 添加标签和标题
plt.xlabel('Value')
plt.ylabel('Growth')
plt.title('Scatter Plot for Category 1 Summary (Matplotlib)')
plt.legend()
# 显示图形
plt.show()
```

我们在 Jupyter Notebook 中执行上述代码来绘制第一个图形，结果如图 8-4 所示。

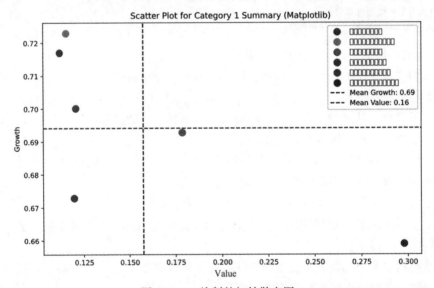

图 8-4　AI 绘制的初始散点图

观察图形后，我们发现其中包含了一些乱码信息，这些乱码信息代表要呈现和分析的
商品分类。这是因为商品分类是中文，而默认的 matplotlib 库对中文的支持较差。所以，我
们需要寻求 AI 的协助来解决这个问题。

[ChatGPT] 8/4/6　在 matplotlib 输出的散点图中，中文字符串没有正确显示（图中显示为乱码），我该
　　怎么办？

在提示中，我们明确向 AI 提出了当前问题："中文字符串没有正确显示"，AI 针对这一问题提供了以下具体解决方案：

要在 matplotlib 的散点图中正确显示中文字符串，你可以按照以下步骤进行操作。
1）安装和设置合适的字体库：你需要安装包含中文字符的字体库，并在 matplotlib 中进行配置，以确保能够正确渲染中文字符。可以使用如下代码来设置中文字体：

```python
import matplotlib.pyplot as plt
from matplotlib.font_manager import FontProperties
# 设置中文字体
font = FontProperties(fname="path/to/your/chinese/font.ttf")
```

在上述代码中，将 "path/to/your/chinese/font.ttf" 替换为你实际拥有的中文字体文件路径。
2）使用字体属性：在绘制散点图时，使用 `fontproperties` 参数将设置好的字体属性传递给绘图函数。例如：

```python
plt.scatter(x, y, label="中文标签", fontproperties=font)
```

这将确保标签中的中文字符能够正确显示。
3）修改图形的标题、标签等：同样，对于图形的标题、坐标轴标签等，你也可以使用 `fontproperties` 参数来指定中文字体，以确保其中的中文字符正确显示。

如果你不希望在每次绘图时都手动指定字体属性，可以在 matplotlib 的配置文件中进行全局设置，以便在所有图形中都自动使用指定的中文字体。这可以通过编辑 `matplotlibrc` 配置文件来实现。你可以在配置文件中指定合适的字体路径和其他设置。
请注意，字体的可用性取决于你的操作系统和安装的字体库。确保选择的字体支持中文字符，并根据需要进行适当的配置。

AI 的解决方案非常明确，主要思路是让我们设置一个支持中文显示的字体，然后修改代码以引用该特定字体。然而，鉴于我们希望充分利用 AI，我们需要 AI 直接告诉我们该字体的路径，以避免自行查找。相关提示如下：

[ChatGPT] 8/4/7　我的电脑是 Windows 10，我想设置宋体显示，具体路径是什么？

在提示中，关键信息包括两点：首先，告诉 AI 我们的操作系统是 Windows 10，因为不同操作系统的字体路径差异巨大，明确操作系统是至关重要的；其次，指定所需的字体，最好选择通用字体，以便 AI 根据通用知识识别该字体的信息。

AI 基于提示提供了以下解释信息：

在 Windows 10 上，要设置字体以在 matplotlib 中显示中文字符，你可以使用操作系统中的默认字体，其中包括宋体（SimSun）。宋体通常用于中文字符的显示。
以下是在 matplotlib 中设置默认字体为宋体的示例代码：

```python
import matplotlib.pyplot as plt
# 设置默认字体为宋体
plt.rcParams['font.sans-serif'] = ['SimSun']
```

在上述代码中，`['SimSun']` 将默认字体设置为宋体。这将确保在绘制 matplotlib 图形时，中文字符会以宋体字体正确显示。
请注意，如果你的系统中没有宋体字体或者需要使用其他字体，你可以将字体的文件路径替换为正确的路径。
　在 Windows 10 上，宋体的字体文件通常位于以下路径：

```
C:\Windows\Fonts\simsun.ttc
```

你可以将 `plt.rcParams['font.sans-serif']` 设置为指定字体文件的路径，以确保使用你想要的字体。例如：

```
plt.rcParams['font.sans-serif'] = ['C:/Windows/Fonts/simsun.ttc']
这将强制 matplotlib 使用指定路径中的字体文件来渲染中文字符。
```

通过 AI 的解释，我们了解到需要设置宋体字体，而更简便的方法是添加一行代码 plt.rcParams['font.sans-serif'] = ['SimSun']，以解决中文显示问题。AI 还提供了默认情况下宋体字体在 Windows10 中的位置，如果找不到该字体文件，我们可以自行下载并将其设置为字体文件的路径。

我们决定采用第一种简单方式，在导入 matplotlib 库后添加一行代码来设置字体。添加该代码后，再次执行绘图操作，得到如图 8-5 所示的结果。

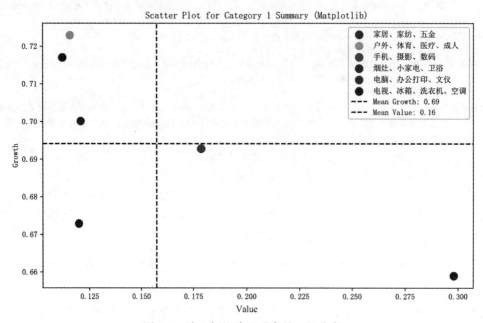

图 8-5 波士顿矩阵显示商品一级分类

以相同方式，我们执行 AI 提供的用于二级分类的波士顿矩阵的 Python 代码，结果如图 8-6 所示。

```
# 设置图形尺寸和不显示网格线
plt.figure(figsize=(10, 6))
plt.grid(False)
# 绘制 category2_summary 的散点图
for _, row in category2_summary.iterrows():
    plt.scatter(row['value'], row['growth'], label=row['category2'], marker='o',
        s=100)
# 绘制 growth 均值的横线
mean_growth = category2_summary['growth'].mean()
plt.axhline(y=mean_growth, color='black', linestyle='--', label=f'Mean Growth:
    {mean_growth:.2f}')
# 绘制 value 均值的竖线
```

```
mean_value = category2_summary['value'].mean()
plt.axvline(x=mean_value, color='black', linestyle='--', label=f'Mean Value:
    {mean_value:.2f}')
# 添加标签和标题
plt.xlabel('Value')
plt.ylabel('Growth')
plt.title('Scatter Plot for Category 2 Summary (Matplotlib)')
plt.legend()
# 显示图形
plt.show()
```

在图 8-6 中，尽管二级分类的数据较多，导致部分重叠，但我们仍然可以大致区分不同的二级类别。

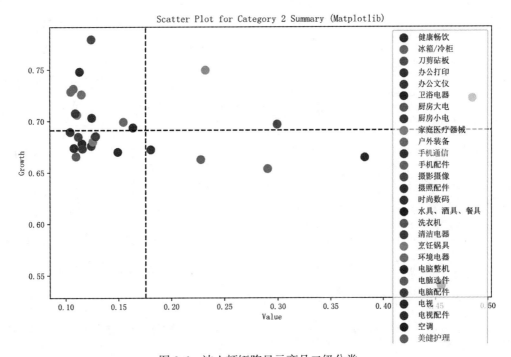

图 8-6　波士顿矩阵显示商品二级分类

> 提示　当需要展示的标签类别较多时，可以考虑其他解决方案，例如对标签进行筛选或采用不同的数据呈现方式。这是一个值得进一步讨论和调整的问题，如果你是数据分析师，你认为应该如何解决这个问题？感兴趣的读者可以继续与 AI 讨论相关解决方案，并对图形进行进一步调整。

8.2.8　波士顿矩阵分析的落地应用

以商品一级分类为例，我们进行波士顿矩阵分析。我们已将商品一级分类按照价值和增长两个维度分成四个象限。下面，我们将探讨如何进行进一步的分析，提示指令如下：

> [ChatGPT] 8/4/8 我已经按照 value 和 growth 这两个角度，将商品一级分类划分到波士顿矩阵不同的象限中。如果你是数据分析师，你该如何分析？

上述提示指令清晰地介绍了我们已完成的工作以及下一项工作的需求。现在，作为数据分析师，AI 将解释如何进行这一分析。AI 根据提示指令提供了以下分析建议：

> 当你已经根据 value 和 growth 这两个角度将商品一级分类划分到波士顿矩阵的不同象限中，可以采用以下方式进行分析：
>
> 1) **象限解释**：首先，解释每个象限代表的含义。通常，波士顿矩阵将产品或项目分为四个象限，每个象限代表不同的战略方向：
> ❏ **第一象限（高增长、高市场份额）**：这些产品或类别在市场上具有高增长潜力，并且已经占据了较大的市场份额。这是战略性产品，通常需要投资以进一步发展和维护市场份额。
> ❏ **第二象限（高增长、低市场份额）**：这些产品或类别具有高增长潜力，但市场份额相对较小。战略可能包括市场渗透、产品创新和市场扩展。
> ❏ **第三象限（低增长、低市场份额）**：这些产品或类别的增长潜力有限，市场份额较小。在某些情况下，可以考虑停止支持或退出市场。
> ❏ **第四象限（低增长、高市场份额）**：这些产品或类别在市场上所占的市场份额较大，但增长潜力有限。战略重点可能是维护市场份额、成本控制和现金流管理。
> 2) **业务策略**：根据不同象限的产品或类别特征，制定相应的业务策略。例如：对于第一象限的产品，可以考虑加大投资以推动增长；对于第二象限的产品，可以考虑扩大市场份额；对于第三象限的产品，可以考虑是否继续支持；对于第四象限的产品，可以优化成本和效率。
> 3) **资源分配**：根据产品或类别所在的象限，分配资源和预算。通常，第一象限和第二象限的产品需要更多的投资，第四象限可能需要重点关注成本控制，第三象限则需要考虑是否停止支持。
> 4) **监测与调整**：建立监测机制，跟踪不同象限产品的绩效。根据实际绩效和市场变化，随时调整战略和资源分配。
> 5) **市场调查与竞争分析**：了解市场趋势、竞争情况以及客户需求，以更好地制定战略。可能需要进行市场调查和竞争分析，以支持决策。
> 6) **创新与市场拓展**：对于低市场份额但高增长潜力的产品（第二象限），可以考虑创新与市场拓展，以实现增长。
> 7) **风险管理**：识别和管理各象限产品的风险。高增长的产品可能伴随市场不稳定性，低增长产品可能面临市场淘汰风险。
> 8) **战略协调**：确保不同象限产品的战略协调，以支持整体业务目标。
>
> 这种分析方法能够帮助你更好地理解产品组合的特点，并为制定战略和资源分配提供指导。不过需要注意，市场和业务环境会不断变化，因此定期评估和调整策略是至关重要的。

AI 提供的应用建议思路清晰且完整。在这个案例中，我们首先需要解释价值和增长的标准，其中价值包括销售收入规模和利润规模，而增长包括增长规模和增长效率。接下来，我们会解释各一级品类在四个象限中的分布情况，如图 8-7 所示。

❏ 第一象限（高价值、高增长）中没有一级品类，这表明企业没有高增长和高价值的品类，这是一个值得警惕的信号。唯一接近该象限的是"手机、摄影、数码"品类，该类的价值高于均值，增长接近均值。

❏ 第二象限（低价值、高增长）包括具有高增长潜力但对企业的价值贡献相对较小的产品或品类。战略可能包括市场渗透、产品创新和市场扩展。本案例中的"户外、体育、医疗、成人""家居、家纺、五金"和"电脑、办公打印、文仪"属于这一类。

❑ 第三象限（低价值、低增长）包括增长潜力有限且对企业价值贡献较小的产品或品类。在某些情况下，可以考虑停止支持或退出市场。本案例中的"烟灶、小家电、卫浴"属于此类。

❑ 第四象限（高价值、低增长）包括对企业的价值贡献较大的产品或品类，但增长潜力有限。战略重点可能是维护市场份额、成本控制和现金流管理。本案例中的"手机、摄影、数码"和"电视、冰箱、洗衣机、空调"属于这个品类。

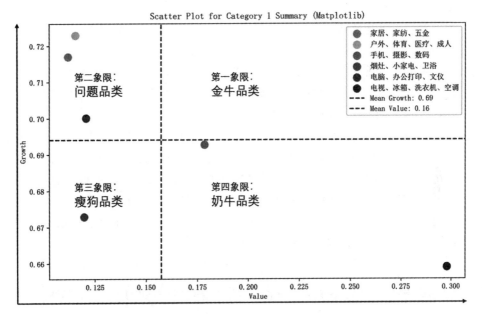

图 8-7　波士顿矩阵四象限分析

提示　象限的顺序从右上角开始，按逆时针方向分别为第一、二、三、四象限。

关于后续行动，如业务策略和资源分配，需要分析师与业务决策者进行沟通，根据不同场景和具体问题制定不同品类的推进落地策略。这方面的讨论超出了本小节的范围，因此我们不进行详细介绍。

8.2.9　案例小结

本案例涉及的波士顿矩阵分析是企业常用的宏观市场分析工具。它在监控企业总体状态、预测市场趋势和制定战略决策方面具有重要价值。通过将产品或业务分布到不同的象限中，企业可以更好地理解产品组合的结构和特点，从而优化资源分配、管理风险、挖掘增长机会，实现长期可持续发展。

波士顿矩阵分析强调市场增长率和市场份额这两个关键维度。这两个维度的组合有助于企业判断其产品或业务的市场定位，以及应采取的战略方向。在实际应用中，分析师可以根据具体业务目标和策略要求，通过引入更多的指标并将其加权汇总为两个方向的评估指标，再结合波士顿矩阵分析的思路来进行应用。

在处理多个指标的应用时，需要注意以下几点：

- ❏ 必须对多个指标进行数据归一化处理，最小值最好不为 0。
- ❏ 权重的设计应与企业经营策略和目标相一致，这需要分析师与业务方的沟通和对业务的深入理解。
- ❏ 在绘制波士顿矩阵图时，如果涉及中文字符，需要额外配置中文字体，以防出现乱码。
- ❏ 波士顿矩阵不适合展示类别过多的对象，例如本案例中的商品二级分类甚至 SKU。因此，波士顿矩阵分析的核心是宏观汇总分析，过多的信息将导致干扰，无法得出有效结论，且图形会存在大量重叠的点。

最后，波士顿矩阵分析属于宏观分析，宏观分析的核心原则是先抓大放小，通过对总体的、聚合的维度进行分析，找到主要问题，并明确相应的战略方向。然后，在整体战略确定的基础上，可以选择特定的角度进行深入分析，挖掘微观层面的细节信息。例如，在本案例中，如果需要进一步研究"烟灶、小家电、卫浴"这一分类下哪些二级品类具有高增长和高价值属性，可以首先从二级分类的数据中筛选出属于"烟灶、小家电、卫浴"的记录，然后进行详细的波士顿矩阵展示和分析。

8.3 AIGC+Python KPI 监控：基于时间序列的异常检测

KPI 是企业衡量绩效和成功的关键指标，包括销售额、利润率、订单转化率、客户数等。企业必须监测 KPI，及时发现异常，以维持业务健康发展。本节将介绍如何基于时间序列模型实现异常检测，并在发现异常后，通过告警等方式降低潜在风险，形成数据分析与落地闭环。

8.3.1 时间序列在 KPI 异常检测中的应用概述

KPI 异常检测在实际业务中有广泛需求，例如电子商务公司关心每日销售额是否突然下降，如果是，需要及时通知业务负责人采取相应措施。时间序列数据在 KPI 异常检测中扮演关键角色，能整合、处理、分析和建模季节性、趋势、异常噪声以及自定义事件，自动识别异常信息。

时间序列 KPI 异常检测包括以下步骤。

- ❏ 数据收集：收集与 KPI 相关的时间序列数据，根据需求收集不同部门或系统的数据。
- ❏ 数据预处理：清洗、填补缺失值和标准化数据。
- ❏ 建模和分析：选择适当的时间序列模型如 ARIMA、季节性分解，并分析 KPI 数据，包括趋势、季节性和异常。

❑ 异常检测：使用模型预测未来数据，比较实际观测值和预测值以分析 KPI 是否异常。

❑ 警报和反应：检测到异常后，触发警报，采取行动，包括预警、深入分析和解决问题。

本节使用 prophet 时间序列算法，基于 ads.csv 数据完成时间序列预测。相关代码可以在本章配套资源提供的 time_series.ipynb 中找到。

8.3.2　时间序列识别 KPI 异常的挑战与应对策略

在实际应用中，基于时间序列监控 KPI 异常面临很多挑战，尤其是处理节假日、促销、活动、外部事件等情况时。挑战和应对策略如下。

❑ 特殊事件影响：节假日、促销、活动和外部事件对 KPI 数据影响显著，并且难以用传统时间序列模型捕捉。应对策略：引入这些事件作为外部因素，或建立事件检测模型，更好地捕捉影响。

❑ 缺乏详细信息：KPI 数据源可能缺乏特殊事件的详细信息。应对策略：尽量使用现有信息建模，同时与业务部门沟通获取更多事件信息，考虑数据挖掘技术。

❑ 季节性和趋势变化：特殊事件可能改变 KPI 数据的季节性和趋势，传统模型不适用。应对策略：检测到事件后，重新评估模型以适应新数据模式，保持灵活性。

❑ 噪声和误报：特殊事件可能增加噪声，导致误报。应对策略：权衡敏感性和特异性，在异常检测算法中设置合适阈值，实时监测和调整。

❑ 数据稀疏性：特殊事件可能导致 KPI 数据稀疏。应对策略：使用插值法或外推法填充缺失值，保持数据连续性，确保数据质量。

8.3.3　数据准备和异常识别

我们仍使用 8.1.4 节的 ads.csv 数据，包含日期（date）、成本（cost）和收入（revenue）。日期是时间序列基础字段，收入是要监控的 KPI 字段，成本可在后续优化时间序列模型的回归特征时使用。示例数据如下：

```
date,cost,revenue
20220805,3951.82,6264.01
20220806,4269.17,5086.89
20220807,4934.22,10323.42
20220808,3723.77,6667.74
```

在前文中，我们已经完成了对 ads.csv 数据的初步洞察和处理，从中获取了一些关键信息：

❑ date 字段的数据类型为字符串，需要转换为日期格式。

❑ cost 字段存在数值为 0 的情况，例如"20220906, 0.00, 299.47"。我们需要考虑如何处理这些记录，需要 AI 提供建议，以确定最合适的处理方式。

[ChatGPT] 8/5/1 我想让你扮演数据分析师。现在有一份数据集，包括 date、cost、revenue 三个字段，分别表示：日期、广告成本、广告收入。你需要对此数据集做时间序列模型训练和预测。其中 date 为 20220906 的记录的 cost 为 0，但 revenue 为 299.47，经过与业务方沟通，当天没有进行任何广告投放，该记录产生的收入可能是之前投放广告的余量。你认为该如何处理该异常记录？

上面的提示指令包含以下重要信息：

❑ 数据集的情况，包括字段和含义。
❑ 数据集的应用目标，用于进行时间序列分析和建模。
❑ 数据中的异常情况，描述了异常记录的性质和背景信息。

AI 根据提示指令提供了如下处理策略建议：

处理时间序列数据中的异常记录是数据分析中的常见任务之一。在这种情况下，你可以考虑以下几种方式来处理异常记录。

❑ 移除异常记录：你可以选择直接从数据集中删除这个异常记录，因为它与你的分析目标不一致。这种方法简单明了，但可能会导致数据量的减少。

❑ 替代值：你可以选择用合理的估计值替代异常记录中的收入值。根据你提供的信息，你可以将该记录的收入设置为 0 或其他合适的值，以反映当天没有进行任何广告投放的情况。这种方法保留了数据记录，但可能会影响模型的训练和预测结果。

❑ 插值方法：如果你希望更加精细地处理异常记录，可以使用插值方法来估计该异常记录的收入。插值方法可以根据相邻时间点的数据进行估算，例如线性插值或基于趋势的插值。这种方法可以尝试更准确地反映异常记录的特性。

❑ 分析异常原因：你还可以进一步分析为什么在该日期的成本为 0 但收入不为 0，以了解异常情况的根本原因。这可能需要与业务方进一步沟通，以确定可能的原因，例如数据记录错误或特殊情况。

你的选择将取决于数据分析的目标以及对异常记录的理解程度。在处理异常记录时，建议将处理方法和原因记录在文档中，以便将来的分析师或团队可以了解数据处理的背景和决策过程。

AI 提供的建议非常详细和清晰，同时解释了选择策略的原因。然而，这些建议仍然相当客观。我们期望 AI 能够直接提供其个人建议，如果 AI 自己做出决策，将如何选择？因此，我们继续向 AI 提出以下问题：

[ChatGPT] 8/5/2 如果让你选择一种方案，你会选择哪种？

我们直截了当地向 AI 提出问题，AI 的回答如下：

如果我需要选择一种方案来处理这个异常记录，我可能会倾向于选择第二种方案，即替代值。将该异常记录的收入设置为 0 或其他合适的值，以反映当天没有进行任何广告投放的情况。这是因为这个方案比较简单明了，不会引入过多的复杂性，同时也能够比较清晰地反映异常记录的本质。

然而，最终的选择还取决于具体的业务背景和数据分析的目标。如果你认为异常记录对分析结果不会产生重大影响，那么移除异常记录也是一个合理的选择。如果你有足够的信息和资源，也可以考虑使用插值方法来估算异常记录的收入，以更准确地反映数据的特性。

无论选择哪种方法，都应该在数据处理过程中进行记录，以便将来的分析师或团队了解处理决策的背景和原因。

AI 最终选择了第二种策略，即将收入设置为 0。这个策略更符合实际业务情况，因为没有广告投放就不会有广告收入。我们决定采用 AI 提供的策略，将该日期对应的收入设置为 0。

时间序列数据中的异常值处理与其他模型不太相同，其中一个关键的逻辑是，时间序列具有强烈的时间性、周期性和重复性特征，这些特征是基于时间或日期的反馈。如果我们删除某些日期的记录，将破坏这种规律，从而导致时间序列模型的准确性下降。举例来说，如果数据集中存在每周重复的规律（例如，每 7 天为一个周期，周一到周五的效果较好，周六日的效果较差），如果删除其中任何一天的数据，时间序列模型将无法准确地识别和捕捉这个周期性规律。

8.3.4　时间序列中的异常值处理

我们请求 AI 编写 Python 代码来协助完成上述异常值处理过程。以下是相关提示指令：

```
[ChatGPT] 8/5/3　请你通过 Python 代码实现下列功能：
1）读取 ads.csv 文件的数据并返回 df。
2）将 df 中 cost 值为 0 的记录对应的 revenue 值替换为 0。
3）将 df 中 date 列从字符串格式转换为日期格式，例如，将 20220906 转换为 2022-09-06。
4）输出 df 中 cost 为 0 的记录的所有字段信息。
请提供实现上述功能的 Python 代码。
```

上述提示指令描述了 AI 的数据处理步骤，包括读取数据、替换数值、日期格式转换以及输出替换后的数值。这些指令旨在帮助我们进行数据排查。需要特别注意的是，日期格式的转换必须包含格式说明，以确保 AI 正确识别和执行转换操作。建议在指令中使用示例来清晰地描述转换前的日期字符串格式。根据提示指令，AI 返回如下结果。

```python
import pandas as pd
# 1）读取 ads.csv 文件的数据并返回 df
df = pd.read_csv('ads.csv')
# 2）将 df 中 cost 值为 0 的记录对应的 revenue 值替换为 0
df.loc[df['cost'] == 0, 'revenue'] = 0
# 3）将 df 中 date 列从字符串格式转换为日期格式，例如，将 20220906 转换为 2022-09-06
df['date'] = pd.to_datetime(df['date'], format='%Y%m%d').dt.strftime('%Y-%m-%d')
# 4）输出 df 中 cost 为 0 的记录的所有字段信息
zero_cost_records = df[df['cost'] == 0]
print(zero_cost_records)
```

在 Jupyter Notebook 中执行上述代码，输出的结果如下所示：

```
        date  cost  revenue
32  2022-09-06   0.0      0.0
```

从结果中可以看出，日期格式已被正确识别和转换，同时正确替换了 cost 为 0 的记录对应的 revenue 值。

8.3.5　利用 AI 实现时间序列模型训练

在本节中，我们将利用 AI 的智能帮助，使用 Prophet 库进行时间序列模型的构建和训练。在开始之前，请确保你已经安装了 Prophet 库。以下是相关提示指令：

[ChatGPT] 8/5/4　请使用 Python 的 Prophet、Sklearn 等库，完成如下任务：

1）对 df 按 date 从小到大排序，得到 df_sort。

2）对 df_sort 按 date 的先后顺序拆分为训练集和测试集，date 值在 2023-08-03 的记录为训练集，剩下的为测试集。

3）以 df_sort 的 date 为日期时间特征，使用 df_sort 的 revenue 为目标，使用 Prophet 建立时间序列模型，并使用训练集做模型训练。

4）基于训练后的时间序列模型，使用测试集做交叉检验，检验指标是 R2。

5）输出模型交叉检验结果 R2。

6）使用时间序列模型的 plot 方法，将训练集和检验集结果输出到同一个图形中，字段包括预测值、实际值、预测的上下限区间。

请提供实现上述功能的 Python 代码。

上述提示指令详细描述了模型建立的步骤，其中包括一些与其他模型不同的特殊信息。

❑ 数据排序：与其他模型不同，时间序列模型通常需要先按时间顺序对数据进行排序，以便模型能够更好地捕捉日期和时间特征。

❑ 训练集和测试集拆分：在时间序列算法中，我们需要按照时间顺序而非随机方式来划分训练集和测试集，以确保模型在历史数据上训练并在未来数据上测试。

❑ 时间序列建模：需要指定日期时间字段、目标字段和模型名称，并指定训练数据集。

❑ 交叉验证：我们使用 R2 进行交叉验证，以便与 8.1.5 节和 8.1.6 节的模型进行比较。

❑ 图形输出：我们需要输出训练集和测试集的信息，以便进行模型效果分析。

根据提示指令，ChatGPT 提供了以下 Python 代码：

```python
import pandas as pd
from fbprophet import Prophet
from sklearn.metrics import r2_score
import matplotlib.pyplot as plt
# 1）对 df 按 date 从小到大排序，得到 df_sort
df_sort = df.sort_values(by='date')
# 2）对 df_sort 按 date 的先后顺序拆分为训练集和测试集
train_df = df_sort[df_sort['date'] < '2023-08-03']
test_df = df_sort[df_sort['date'] >= '2023-08-03']
# 3）以 df_sort 的 date 为日期时间特征，使用 df_sort 的 revenue 为目标，使用 Prophet 建立时间
#     序列模型，并使用训练集做模型训练
prophet_model = Prophet()
prophet_model.fit(train_df[['date', 'revenue']].rename(columns={'date': 'ds',
    'revenue': 'y'}))
# 4）基于训练后的时间序列模型，使用测试集做交叉检验，检验指标是 R2
test_predictions = prophet_model.predict(test_df[['date']].rename(columns=
    {'date': 'ds'}))
r2 = r2_score(test_df['revenue'], test_predictions['yhat'])
# 5）输出模型交叉检验结果 R2
print("R2 Score:", r2)
# 6）使用时间序列模型的 plot 方法，将训练集和测试集结果输出到同一个图形中，字段包括预测值、实际
#     值、预测的上下限区间
fig = prophet_model.plot(test_predictions)
plt.scatter(test_df['date'], test_df['revenue'], color='red', label='Actual')
plt.legend()
plt.show()
```

8.3.6　利用 New Bing Chat 上传截图调试代码

我们在 Jupyter Notebook 中执行上述代码时遇到了一个错误，如图 8-8 所示。

```
ModuleNotFoundError                          Traceback (most recent call last)
Cell In[5], line 2
      1 import pandas as pd
----> 2 from fbprophet import Prophet
      3 from sklearn.metrics import r2_score
      4 import matplotlib.pyplot as plt

ModuleNotFoundError: No module named 'fbprophet'
```

图 8-8　Prophet 导入报错

由于这个错误是由 ChatGPT 引起的，我们决定更换一个 AI 工具，通过 New Bing Chat 上传错误截图的方式来寻求修复。以下是我们发送的提示指令和附件，如图 8-9 所示。

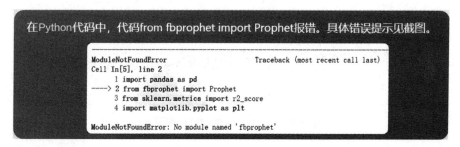

图 8-9　向 New Bing Chat 发送 Prophet 导入报错问题提示指令

New Bing Chat 基于提示指令文本和图片附件，给出了以下解决方案：

根据你的截图，你的错误是 ModuleNotFoundError，意味着你尝试导入的模块（fbprophet）没有被正确安装。要解决这个问题，你可以尝试以下方法：
- 使用 pip 命令安装 fbprophet 模块。在命令行中输入 python -m pip install fbprophet。注意，从 v1.0 开始，PyPI 上的包名是 "prophet"，而不是 "fbprophet"。
- 使用 conda 命令安装 fbprophet 模块。在命令行中输入 conda install -c conda-forge fbprophet。这将下载所有需要的依赖包。然后输入 conda install -c conda-forge/label/cf201901 fbprophet。
- 如果你使用的是 Windows 系统，你可能需要安装一个 C++ 编译器，以便安装 PyStan，这是 fbprophet 的一个依赖包。你可以按照 PyStan 的安装说明来操作。

New Bing Chat 的解决方案中提到了一个关键信息点：注意，从 v1.0 开始，PyPI 上的包名是 "prophet"，而不是 "fbprophet"。由此，我们了解到当前安装的版本名称是 prophet，而不是 fbprophet。因此，我们需要修改代码：将 from fbprophet import Prophet 修改为 from prophet import Prophet。

然后，我们再次执行修改后的代码，得到如图 8-10 所示的结果。

通过图 8-10，我们可以看到 R2 的值为 −4.994523793628499。图中①区域表示测试集的范围，红点表示真实值，蓝色线条表示预测值。与 8.1.6 节中的 R2 值为 0.7289549240565165

相比，尽管两个场景使用不同的训练集、测试集和模型，但 R2 值的差异非常明显。这足以说明时间序列模型比 AutoML 的回归模型效果差，因此需要进一步调整。

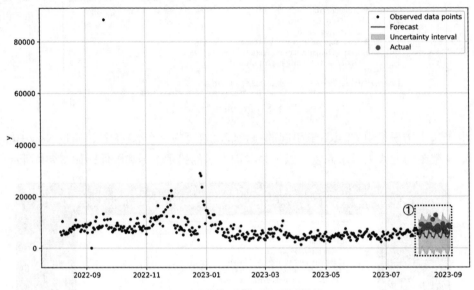

图 8-10　时间序列模型的预测结果

8.3.7　利用自定义回归特征改进时间序列模型

在 AutoML 中，我们使用回归模型自动建模，而在这里，我们使用时间序列模型。因此，我们想知道是否可以将 8.1.6 节中的回归特征，即广告成本，添加到时间序列模型中，以查看模型是否会有所改善。带着这个问题，我们让 AI 来实现这个过程。

> [ChatGPT] 8/5/5　df 中的 cost 字段表示广告成本，该字段是否可以放到 Prophet 中作为回归特征使用，以增加时间序列模型效果？请更新上个对话中时间序列模型的训练过程，并提供完整 Python 代码。

在上述提示指令中，我们明确告知 AI 可以将回归特征添加到时间序列中，并描述了这个任务的前提条件：我们已经知道 Prophet 可以增加回归特征，自定义事件、日期等。因此，基本的数据工作经验在这里是关键要素。在描述任务时，我们希望 AI 更新代码，然后返回完整的 Python 代码。ChatGPT 根据提示指令，提供了以下脚本：

```python
import pandas as pd
from fbprophet import Prophet
from sklearn.metrics import r2_score
import matplotlib.pyplot as plt
# 1）对 df 按 date 从小到大排序，得到 df_sort
df_sort = df.sort_values(by='date')
# 2）对 df_sort 按 date 的先后顺序拆分为训练集和测试集
train_df = df_sort[df_sort['date'] < '2023-08-03']
```

```
test_df = df_sort[df_sort['date'] >= '2023-08-03']
# 3）以 df_sort 的 date 为日期时间特征，使用 df_sort 的 revenue 为目标，使用 Prophet 建立时间
     序列模型，并使用训练集做模型训练
prophet_model = Prophet()
prophet_model.add_regressor('cost')  # 添加 cost 字段作为回归特征
prophet_model.fit(train_df[['date', 'revenue', 'cost']].rename(columns={'date':
     'ds', 'revenue': 'y', 'cost': 'cost'}))
# 4）基于训练后的时间序列模型，使用测试集做交叉检验，检验指标是 R2
test_predictions = prophet_model.predict(test_df[['date', 'cost']].
     rename(columns={'date': 'ds', 'cost': 'cost'}))
r2 = r2_score(test_df['revenue'], test_predictions['yhat'])
# 5）输出模型交叉检验结果 R2
print("R2 Score:", r2)
# 6）使用时间序列模型的 plot 方法，将训练集和测试集结果输出到同一个图形中，字段包括预测值、实际
     值、预测的上下限区间
fig = prophet_model.plot(test_predictions)
plt.scatter(test_df['date'], test_df['revenue'], color='red', label='Actual')
plt.legend()
plt.show()
```

在 AI 提供的上述代码中，关于导入 Prophet 库的问题已经在前面的步骤中提到，这里不再赘述。在这段代码中，重要的是添加了 prophet_model.add_regressor('cost') 这一行。执行上述代码（注意将 from fbprophet import Prophet 修改为 from prophet import Prophet），我们得到了如图 8-11 所示的结果。

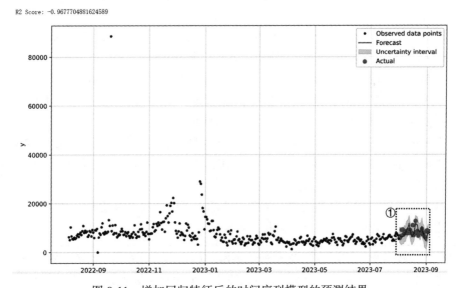

图 8-11　增加回归特征后的时间序列模型的预测结果

通过图 8-11，我们可以看到 R2 的值为 −0.9677704881624589，相比之前有了明显的改善。图中①区域表示测试集的范围，红点表示真实值，蓝色线条表示预测值。这些结果表明，添加回归特征对于时间序列模型的性能提升是有效的。

在实际业务场景中，你可以根据企业的实际情况提供其他相关特征，如特定日期是否发生改变、着陆页数据分布、网站流量数据等，这些因素都会对收入产生重要影响。通过添加这些因素，可以更好地拟合时间序列模型。

8.3.8 利用时间序列模型检测 KPI 异常状态

在前一步骤中，我们已经通过增加广告预算这一特征的方式提升了时间序列模型的效果。现在我们需要重新训练模型，基于完整数据，预测未来的数据趋势和上下波动区间，并根据实际值来判断数据的异常状态。我们让 AI 来协助实现这一过程，以下是提示指令：

> [ChatGPT] 8/6/1　请使用 Python 的 prophet、sklearn 等库，完成如下任务：
> 1）读取 ads.csv 文件的数据并返回 df。
> 2）将 df 中 cost 值为 0 的记录对应的 revenue 值替换为 0。
> 3）将 df 中 date 列从字符串格式转换为日期格式，例如，将 20220906 转换为 2022-09-06。
> 4）对 df 按 date 从小到大排序，得到 df_sort。
> 5）以 df_sort 的 date 为日期时间特征，使用 df_sort 的 revenue 为目标，同时添加 df_sort 的 cost 为回归特征，使用 Prophet 建立时间序列模型。
> 6）基于训练后的时间序列模型，设置未来 1 天的 cost 值为 2500，预测未来 1 天的 revenue 值。
> 7）输出预测日期的预测值、预测的上下限区间。
> 请提供实现上述功能的 Python 代码。

在上述提示指令中，我们需要启动一个新的对话。原因是我们这次要重新训练模型，之前的 AI 对话中包含了很多信息，可能对后续的模型任务产生干扰。以下是本次提示指令的要点解释：

- ❑ 第 1～4 步的内容与之前的需求相同。由于我们启动了新对话，因此需要从头开始，让 AI 完整实现数据的读取、处理、清洗和排序过程。
- ❑ 第 5 步是时间序列模型的构建，指定日期时间特征、目标字段以及添加回归特征，与之前的功能相同。但这次需要以完整数据作为训练集对象，因为不再需要检验，而是基于完整数据直接预测尚未发生的数据。
- ❑ 第 6 步描述了预测任务，需要注意，由于我们设置了回归特征，因此必须指定未来要预测的日期的 cost 值。在这里，我们要预测未来 1 天，也就是明天的 revenue，因此需要设置"明天"的广告预算。
- ❑ 第 7 步是输出预测日期的预测值和预测的上下限区间，以便我们可以将实际值与预测信息进行比较，然后综合判断是否异常。

提示　在交互对话中，要适当地使用对话区间内的内容，这样 AI 才能准确地理解你的当前需求和历史背景。背景信息不宜过多也不宜过少，否则会影响对话的效果。

ChatGPT 基于提示指令，给出如下实现代码：

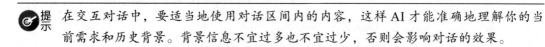

```
import pandas as pd
# from fbprophet import Prophet # 老版本导入方式
from prophet import Prophet
```

```
# 1）读取 ads.csv 文件的数据并返回 df
df = pd.read_csv('ads.csv')
# 2）将 df 中 cost 值为 0 的记录对应的 revenue 值替换为 0
df.loc[df['cost'] == 0, 'revenue'] = 0
# 3）将 df 中 date 列从字符串格式转换为日期格式
df['date'] = pd.to_datetime(df['date'], format='%Y%m%d')    # 假设日期格式为 YYYYMMDD
# 4）对 df 按 date 从小到大排序，得到 df_sort
df_sort = df.sort_values('date')
# 5）建立 Prophet 时间序列模型
prophet_model = Prophet(weekly_seasonality=False, daily_seasonality=False)
prophet_model.add_regressor('cost')
# 以 df_sort 的 date 为日期时间特征，revenue 为目标，cost 为回归特征，建立模型
df_prophet = df_sort.rename(columns={'date': 'ds', 'revenue': 'y', 'cost': 'cost'})
prophet_model.fit(df_prophet)
# 6）设置未来 1 天的 cost 值为 2500，预测未来 1 天的 revenue 值
future = pd.DataFrame({'ds': [df_sort['ds'].max() + pd.Timedelta(days=1)],
    'cost': [2500]})
forecast = prophet_model.predict(future)
# 7）输出预测日期的预测值、预测的上下限区间
print("预测日期:", forecast['ds'].dt.date.iloc[0])
print("预测值:", forecast['yhat'].iloc[0])
print("上限:", forecast['yhat_upper'].iloc[0])
print("下限:", forecast['yhat_lower'].iloc[0])
```

注意，代码中的第二行导入 Prophet 的错误与之前相同，因此这里我们直接修改。

8.3.9　利用 ChatGPT-Jupyter-AI Assistant 调试代码

将上述代码粘贴到 Jupyter Notebook 中执行后，发现代码仍然报错，具体提示如图 8-12 所示。

```
KeyError                                Traceback (most recent call last)
Cell In[3], line 26
     23 prophet_model.fit(df_prophet)
     25 # 6. 设置未来1天的cost为2500，预测未来1天的revenue值
---> 26 future = pd.DataFrame({'ds': [df_sort['ds'].max() + pd.Timedelta(days=1)], 'cost': [2500]})
     27 forecast = prophet_model.predict(future)
     29 # 7. 打印出预测日期的预测值、预测的上下限区间

File D:\Anaconda3\lib\site-packages\pandas\core\frame.py:3807, in DataFrame.__getitem__(self, key)
   3805 if self.columns.nlevels > 1:
   3806     return self._getitem_multilevel(key)
-> 3807 indexer = self.columns.get_loc(key)
   3808 if is_integer(indexer):
   3809     indexer = [indexer]

File D:\Anaconda3\lib\site-packages\pandas\core\indexes\base.py:3804, in Index.get_loc(self, key, method, tolerance)
   3802     return self._engine.get_loc(casted_key)
   3803 except KeyError as err:
-> 3804     raise KeyError(key) from err
   3805 except TypeError:
   3806     # If we have a listlike key, _check_indexing_error will raise
   3807     #  InvalidIndexError. Otherwise we fall through and re-raise
   3808     #  the TypeError.
   3809     self._check_indexing_error(key)

KeyError: 'ds'
```

图 8-12　时间序列模型预测执行报错

这次，我们将使用 Jupyter Notebook 的浏览器插件（ChatGPT-Jupyter-AI Assistant）来帮助我们解决这个问题。解决过程如图 8-13 所示。

- ❑ 首先，我们选择了错误的代码单元格，如图中①所示。
- ❑ 接下来，我们单击 Notebook 工具栏中的"调试代码"按钮，如图中②所示。此时，该插件会将错误的代码以及预设的提示指令发送给 ChatGPT。

图 8-13　使用 ChatGPT-Jupyter-AI Assistant 调试错误代码

在 ChatGPT 正常登录的情况下，该插件在 Jupyter Notebook 页面上以浮层形式显示交互文本信息。图 8-14 展示了 ChatGPT 对此错误代码的描述和解决方案建议。

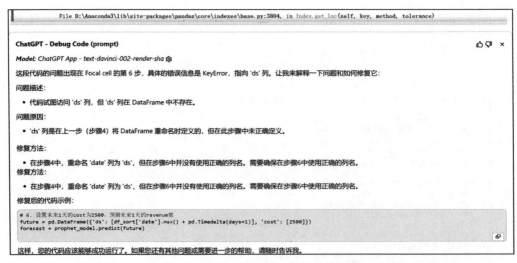

图 8-14　ChatGPT-Jupyter-AI Assistant 返回的代码描述和解决方案建议

经过 AI 的详细解释，我们了解到代码报错的原因在于第 6 步中的代码："future =

pd.DataFrame({'ds': [df_sort['ds'].max() + pd.Timedelta(days=1)], 'cost': [2500]})" 中 的 df_sort['ds'] 列不存在；AI 的建议是将列名 ds 改为 date。

我们按照 AI 的建议修改了代码，并再次执行后获得了正确的结果，预测如下：

```
预测日期：2023-09-04
预测值：3987.029446771867
上限：7276.9680507312905
下限：790.0455146702653
```

训练集的最后一天为 2023-09-03，因此预测的第二天是 2023-09-04。对于第二天的预测结果，模型提供了三个值，分别为预测值、预测值的上限和下限。

一旦我们获得了预测信息，就可以基于预测值与实际值进行比对，以判断是否存在异常状态。以本案例的数据为例，2023-09-04 结束后（通常为 2023-09-05 的零点），我们将获得 2023-09-04 的实际 revenue 值。此时，我们可以将实际值与预测的三个值进行比对，以确定数据是否异常。基本思路是：如果实际值落在预测的上下区间范围内，则属于正常状态；否则，就视为异常状态。

8.3.10　异常检测信息的部署应用与告警通知

在判断数据是否异常后，通常需要发送告警通知并采取进一步的行动。常用流程如下所示。

1）发送告警通知：使用邮件、短信、Slack 等通信工具发送告警通知，包括以下信息。

❑ 告警等级：通常分为信息、警告、严重等级，以区分告警的重要性。

❑ 告警内容：明确指出哪些数据出现异常，包括日期、实际值、预测值、上下限等信息。

❑ 时间戳：记录告警的时间。

❑ 告警来源：标识是哪个系统或模块触发了告警。

❑ 告警处理建议：提供处理异常数据的建议或步骤。

2）自动化告警处理：针对核心 KPI 设定一些常见的应急处理机制，以确保及时、有效地控制异常状态。

❑ 在某些情况下，可以自动处理异常，例如，停止广告投放、降低预算或触发其他自动化的补救措施。

❑ 如果自动处理不可行，告警通知可以包括联系人信息，以便相关人员能够快速响应并采取必要的措施。

3）告警记录和跟踪：记录和跟踪有助于事件回溯，特别对于长周期的历史状态管理、总体数据影响分析和决策非常有用。

❑ 记录每次告警的详细信息，包括时间、原因、处理结果等。

❑ 建立告警历史记录，以便追踪和分析异常的趋势和模式，有助于改进预测模型或数据处理流程。

8.3.11　案例小结

本案例介绍了如何使用时间序列模型构建针对 KPI 的异常检测的整个过程。案例中采用的主要时间序列算法是 Prophet，它是 Meta 于 2017 年发布的可扩展时间序列预测框架。它的设计目标是使时间序列建模更加直观、灵活且易于实施，适用于各种领域的时间序列预测问题，包括销售预测、天气预测、网站流量预测等。Prophet 具有以下特点。

- 季节性分解：Prophet 能够自动检测和建模时间序列数据中的年度、季度、周和日的季节性成分，使用户更轻松地处理季节性模式。
- 节假日效应：Prophet 允许用户指定重要的节假日和事件，以帮助模型更好地捕捉这些特殊时期的影响。
- 趋势分解：算法会自动拆分数据的趋势，包括非线性趋势，有助于更准确地捕捉数据的变化。
- 回归特征处理：Prophet 能够将影响目标的核心回归特征纳入时间序列模型，对于外部可控的因素描述和增强时间序列算法的准确性具有重要意义。
- 可解释性：Prophet 提供了直观的可视化工具，帮助用户理解模型如何拟合数据，有助于决策制定。

本案例篇幅有限，无法详细介绍所有特性。有兴趣的读者可以在 https://facebook.github.io/prophet/docs/installation.html#python 了解更多信息。

在异常检测中，检测只是第一步，更关键的是及时预警和采取适当的措施来解决问题。要充分发挥检测的作用，必须将异常检测与及时预警和应对机制结合使用。企业需要建立完善的异常处理流程和应对机制，以确保业务平稳和安全。同时，持续改进和学习是高效异常管理的关键。

此外，本案例使用了 Chrome 插件 ChatGPT - Jupyter - AI Assistant 来进行代码错误调试，这比直接使用 ChatGPT 对话或上传错误截图更简单和高效。